MMS의 이해와 응용 프로그래밍

- 체계적 분석에서 실습까지 -

권욱현 · 김동성 공저

Ohm사

머리말

생산 메시지 규약인 MMS는 Manufacturing Message Specification의 약자로서, 통신망으로 연결된 산업용 장치 및 자동화 기기간의 실시간성 데이터와 다양한 감시제어정보를 교환하기 위한 국제 표준의 메시지 교환 규약이다.

MMS는 실행되는 응용 기능의 종류나 대상 기기에 관계없이 표준적인 방법을 통해 상호정보를 교환하도록 설계되었다. 현재까지 MMS는 국제표준인 ISO 9506으로 지정되어 TC184(Technical Committee Number 184)와 ISO(International Organization for Standardization)에서 공동으로 관리되고 있다.

MMS에서 제공되는 다양한 메시지 시방과 서비스 규약들은 각종의 자동화 기기 및 여러 산업현장에서 필요로 하는 메시지 서비스 기능 들을 모두 만족하기에 충분하다. 로봇, NC등 각종 자동화 기기 들이 MMS를 지원하면 응용 프로그램 측에서는 공작기계 메이커의 차이를 의식하지 않아도 되며 소프트웨어의 개발, 변경, 보수의 기간 및 비용이 크게 삭감될 것을 기대할 수 있다. 응용프로그램이 다른 기종의 접속에 종속되지 않는다는 것은 공작기계, PLC 등 다른 메이커의 제품을 사용할 수 있는 것을 의미하며 수요자의 목적에 맞는 기기의 도입이 용이하게 됨을 뜻한다.

MMS는 공장용 메시지 규약에서 발전해 우주선, 발전소 등 여러 다양한 분야에서 사용되어지고 있다. 특히 발전소 같은 대규모 분산 제어 시스템을 위하여 발전 시설 및 에너지 관련 산업체들은 MMS API가 강화된 ICCP를 응용 매세지 표준으로 채택했다. 또한 널리 사용되어지는 프로피버스, FIP의 응용 메시지 표준도 MMS이용해 만들어진 것들이다. 이외에도 MMS는 원격 기기 제어에서 다양한 서비스에 이르기까지 폭 넓은 분야로 적용되어 질 수 있다.

저자들이 속한 연구실에서는 산업용 통신망 및 관련 응용 기술들의 중요성을 인식하고 국제 생산 메시지 규약과 이와 관련된 프로토콜 스택을 오랜 시간 동안 개발해 왔다. 이 책은 그 결과물인 SNU-MMS 라이브러리 및 산업 현장에 적용되어진 다양한 결과물을 이용하여 MMS의 이해와 응용 프로그래밍에 대해 기술하였다.

이 책의 목적은 산업용 통신망 시스템을 연구 개발하는 엔지니어들에게 산업용 메시지 표준의 기초와 그 응용 프로그래밍에 관한 유용한 정보와 구현 기술 들을 제공하는 것에 있다. 나아가서는 본 서에 소개된 내용이 국내 기술을 이용한 산업용 통신망 시스템을 개발하고 관련 산업의 관심을 증진시키는 것에 자그마한 보탬이 되고자한다.

이 책의 구성은 다음과 같다.

이 책은 1부와 2부로 나뉘어 있으며, 1부에는 MMS를 이용한 자동화 시스템, 실례로 알아보는 자동화 시스템, 통신망과 자동화 및 자동화에 필요한 국제 생산 메세지 규약과 표준접속, MMS와 MMSI의 탄생, 산업용 메세지 규약(MMS) 에 대한 적용, 연구사례 등의 내용이 제공된다.

2부에서는 MMS 통신프로토콜, MMSI의 데이터 구조, 지원함수, MMS 환경관리, 가상 생산 장치 지원 서비스, 영역 관리, PI 관리 서비스, 변수접근 서비스, MMS의 이식, MMS 사용의 실례, 오류관리, MMS 실습예제, 참고문헌, 색인 등의 내용이 제공된다. 또한, 이 책에 포함된 다양한 실습 자료는 http:// knut. kumoh. ac.kr/~nsl/ 에서 다운로드 받아 볼 수 있습니다. 각 실습 자료에 대한 매뉴얼 및 테스트 절차들도 웹사이트에서 받아 볼 수 있다.

끝으로 이 책을 사용하는 모든 분들께 감사드리고 원고 작성 및 실습 프로그램 구현에 많이 도움을 준 서울 대학교 제어 정보 시스템 연구실 연구원 들게 깊은 감사를 드린다. 또한, 이 책이 출판할 수 있게 도와주신 오옴사의 곽종학 사장님께도 깊은 감사를 드린다.

마지막으로 미약하나마 이 책이 많은 엔지니어들과 연구자들에게 산업용 통신망의 응용 메시지 표준 기초와 응용 기술을 이해하는데 도움이 되었으면 하는 것이 필자들의 작은 바램이다.

2008년 6월

권욱현, 김동성

차 례

제 1 부

자동화 시스템과 MMS

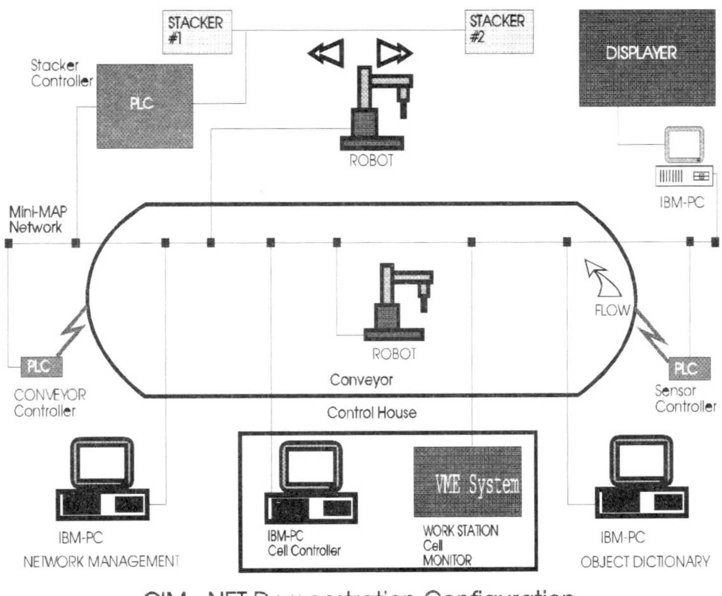

CIM - NET Demonstration Configuration

제 1 장

자동화 시스템

제1장에서는 앞으로 본격적으로 다루어질 MMS(Manufacturing Message Specification)에 대한 이해를 돕고자 일반적인 자동화 시스템과 그것을 구성하는 대표적인 단위 자동화기기에 대하여 간략히 알아보고, 컴퓨터 통합 생산공정(CIM: Computer Integrated Manufacturing)을 계층적인 관점에서 설명을 하고자 한다. 또한 컴퓨터 통합 생산공정을 구축하는 데 있어서 네트워크의 역할과 네트워크 표준의 필요성에 대해 설명을 하고자 한다.

1.1 자동화 시스템 개요

공장 자동화 시스템에서는 하나의 완성된 제품이 나오기까지의 과정을 설계과정과 생산과정으로 구분할 수 있다. 설계과정은 제품에 따라 많이 달라질 수 있으나 생산과정은 어느 정도 체계적인 면을 갖추고 있다고 볼 수 있다. 생산기술을 통하여 제품의 생산비를 낮추고 품질을 높이며 생산소요 시간을 단축할 수 있기 때문에 생산기술은 국가경쟁력에 대단히 중요한 역할을 한다. 생산기술면에서 앞서 가고 있는 일본이 경제적으로 부강하다는 것이 대표적인 예이다.

생산을 자동화하기 위해서는 프로그램 가능 논리 제어기(PLC : Programmable Logic Controller), 로봇(Robot), 컴퓨터 수치 제어기(CNC : Computerized Numerical Controller) 등 여러 가지 자동화기기를 활용해야 하며 이것들을 서로 연계하여 작업을 수행해야 한다. 여러 가지 자동화기기들을 서로 유기적으로 연계하여 작업을 수행하기 위해서는 이들 자동화기기 사이에 필요한 정보가 교환되어야 하는데, 공장의 규모가 점점 커짐에 따라 교환되어야 하는 정보의 양은 더 많아지고 있다. 특히 관리 및 경영에 필요한 정보의 양이 방대해 지고 있는 실정이다. 따라서 이런 모든 기능을 갖는 컴퓨터 통합 생산공정이 필요하게 된다. 다음 절에서 좀더 상세히 검토해 보기로 하자.

1) 자동화기기

본 절에서는 대표적인 자동화기기들을 개략적으로 알아보고, 이들이 자동화된 시스템 속에서 수행하는 역할과, 다른 기기들과 교환해야하는 생산 정보를 중심으로 설명을 하고자 한다.

(1) 프로그램 가능 논리 제어기

프로그램 가능 논리 제어기는 순차적 제어능력을 제공하는 특별한 목적의 산업용 컴퓨터로서, 자동화 공장의 뼈대로 간주할 수 있을 만큼 중요한 역할을 담당하고 있다. 프로그램 가능 논리 제어기는 엑츄에이터, 모터, 센서 등과 같은 하위 레벨의 장치들을 쉽게 통합시킬 수 있으며, 일반적으로 컨베이어, 치구, 팔렛타이저(palletizer) 등의 여러 가지 자동화기기를 제어하는 데 사용된다. 이렇게 자동화 공장에서 중요한 역할을 하고 있는 프로그램 가능 논리 제어기는 상위레벨의 기기들로부터 다양한 정보를 필요로 하게 되며 이러한 정보를 이용하여 적절한 임무를 수행하기 위하여 다른 기기들과 통신을 한다. 이러한 통신의 내용으로는 다음과 같은 것을 포함한다.

① 프로그램의 올려 보내기(Uploading)와 내려받기(Downloading)
(예를 들면, relay ladder logic, 공정 제어 프로그램, 파라미터, 변수 등)
② 프로그램 백업
③ 공정의 시작, 또는 종료와 같은 제어 기능
④ 생산 데이터의 보고
⑤ 공정과 기기의 상태나 문제점의 보고
⑥ 다른 공정과의 협력

【그림 1.1.1】 자동화 시스템 구성기(PLC)

(2) 로 봇

로봇은 인간이 작업하기에는 부적절한 위험한 환경에서 작업을 수행하거나, 높은 수준의 정밀도와 힘을 필요로 하는 반복적인 작업을 수행할 수 있도록 고안된 자동화기기이다. 이러한 로봇은 상위레벨 기기로부터의 지시에 따라 동작하도록 프로그램 되어있고, 자동화 공장에서 적절히 임무를 수행하기 위해서 다른 기기들과의 통신은 필수적이다.

로봇이 다른 기기와 행하는 통신의 내용은 다음과 같은 것을 포함한다.

① 제어 프로그램 올려 보내기와 내려받기

② 공정의 시작 또는 종료와 같은 제어 기능
③ 생산 데이터의 보고
④ 공정과 기기의 상태나 문제점의 보고

【그림 1.1.2】 자동화 시스템 구성기기(로봇)

(3) 컴퓨터 수치제어기

컴퓨터 수치 제어기는 공작기계를 이용한 가공공정에서 종래에 작업자가 수행해 오던 속도, 위치, 패턴 제어 등을 수치 정보를 이용해 제어하는 컴퓨터 기반 기기이다. 컴퓨터 수치제어기는 최근에 개발된 기기로서 조작자가 기계를 자동운전하기 위해 프로그램을 테이프에 천공하는 방식의 수치제어기(NC : Numerical Controller)보다 훨씬 더 큰 유연성을 제공하고 있다. 그리고 많은 컴퓨터 수치제어기는 자동으로 공구를 교체하는 기능을 제공하고 있다.

다음은 컴퓨터 수치제어기가 다른 기기들과 행하는 통신 메시지 중 대표적인 것들이다.

① 프로그램 올려 보내기(Uploading)와 내려받기(Downloading)
② 시작 또는 종료와 같은 제어 기능
③ 생산 데이터의 보고
④ 공정과 기기의 상태나 문제점의 보고

【그림 1.1.3】 자동화 시스템 구성기기(CNC)

(4) 기타 자동화 기기

앞에서 설명한 것 이외에도 자동화 공장에서 중요한 역할을 하고 있는 자동화기기들로는 물건의 운반을 담당하는 AGV(Automatic Guided Vehicles), 물건의 저장을 담당하는 자동창고(AS/RS : Automated Storage and Retrieval Systems), 자동검사 장치(Automated Inspection System), 그리고 정보수집장치(Data Collection System) 등이 있다. 이들 기기들은 자동화 공장의 운용에 있어서 아주 중요한 정보들을 가지고 있으며, 다른 기기들과 적절한 통신을 통해 다음과 같은 정보를 교환하여야 한다.

① 상위레벨 기기들과의 경로 정보
② 프로그램의 올려 보내기(Uploading)와 내리받기(Downloading)
③ 프로그램 백업
④ 시작 또는 종료와 같은 제어 기능
⑤ 생산 데이터의 처리와 수집
⑥ 공정과 기기의 상태나 문제점의 보고
⑦ 다른 공정과의 협력

【그림 1.1.4】 자동화 시스템 구성기기(AGV)

【그림 1.1.5】 자동화 시스템 구성기기(ASRS)

2) 컴퓨터 통합 생간공정

컴퓨터 통합 생산공정은 대규모이기 때문에 그림 1.1.6과 같이 계층적인 구조로 구성하는 것이 효과적이다.

계층구조로 구성된 컴퓨터 통합 생산공정은 소규모의 자동화기기로 셀(Cell)을 구성하고 셀 제어기(Cell Controller)에 의해서 통제 관리되며, 이러한 셀이 다수가 모여 영역(Area)를 구성하고 영역 제어기(Area Controller)에 의하여 통제 관리된다. 또한 이러한 영역이 다수 연계되어 플랜트(Plant)를 구성하여 플랜트 제어기(Plant Controller)로 통제 관리된다. 다음에 셀 레벨, 영역 레벨, 플랜트 레벨의 역할과 각 레벨에서 통합 생산공정을 원활히 운용하기 위해 필요한 통신 정보에 대해서 알아본다.

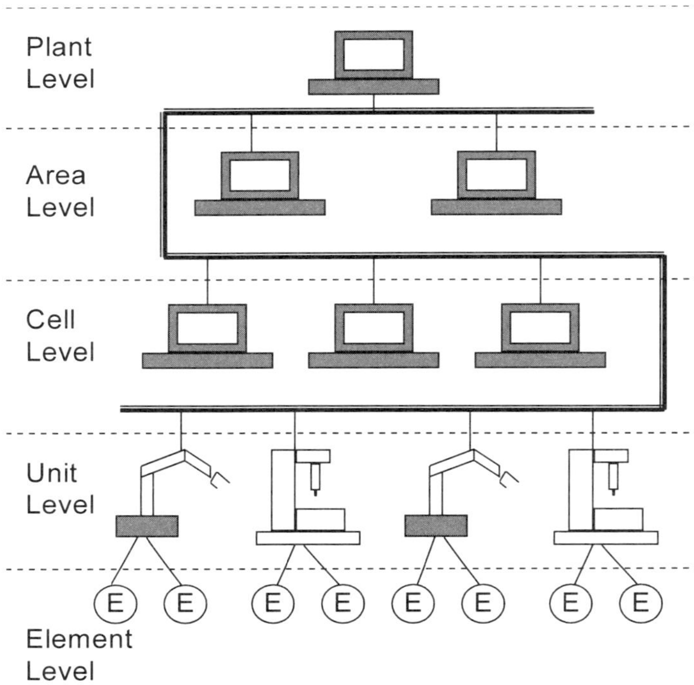

【그림 1.1.6】 CIM의 계층구조

(1) 셀 제어기

제조 공정을 컴퓨터를 사용하여 계층적으로 통합하고자 할 때 보아서 첫번째 레벨에 해당하는 것이 셀 제어기이다. 단위 기기들의 상태를 모니터링하고 제어함으로써 이러한 단위기기들을 서로 협력적인 작업군(Work Group)으로 분류하여 통합시키는 것이 이 레벨의 역할이다. 셀 제어기는 생산 목표나 제어시점과 같은 중요한 제어 정보를 갖게 되며 하위레벨의 기기로부터 생산량이나 품질관리 정보 등의 데이터를 수집하게 된다. 또한 셀 제어기는 다음과 같은 작업들을 이루기 위해 통신이 필요하게 된다.

① 기기 프로그램의 올려 보내기(Uploading)와 내려받기(Downloading)
② 기기 프로그램의 백업
③ 시작, 종료 또는 리셋과 같은 기기 제어

④ 생산 데이터 수집
⑤ 기기의 상태와 셀의 모니터링
⑥ 셀 내부의 자원 모니터링
⑦ 영역 제어기에게 생산량이나 제품 사양과 같은 정보 제공

(2) 영역 제어기

컴퓨터로 통합된 제조 공정의 계층에서 두번째 레벨에 해당하는 것이 영역 제어기이며, 여러 개의 셀 제어기를 담당하는 컴퓨터들을 가리킨다. 이들의 주요 기능은 각각의 셀에게 작업을 할당하고 셀들을 모니터링하는 것으로서 다음과 같은 작업들을 행하기 위해 통신이 필요하게 된다.

① 셀 프로그램의 올려 보내기(Uploading)와 내려받기(Downloading)
② 셀 프로그램의 백업
③ 각 셀에게 생산 정보 제공
④ 생산 정보의 수집
⑤ 영역 레벨의 모니터링과 문제점의 파악
⑥ 공장 전체에 걸친 자원의 할당
⑦ 플랜트 제어기에 생산 정보를 제공

(3) 플랜트 제어기

컴퓨터로 통합된 자동화 공장의 계층에서 가장 상위레벨에 위치하는 것이 플랜트 제어기이다. 여기서는 공장 전체의 정보를 관리하는 역할을 수행하게 되며 하위 레벨로 다음과 같은 정보를 제공하는 것이 필요하다.

① 프로그램의 올려 보내기(Uploading)와 내려받기(Downloading)
② 기기 프로그램의 백업
③ 제품 사양
④ 장비의 유지·보수 기록
⑤ 작업 정보
⑥ CAD 시스템으로부터의 설계도면

또한 자체적으로 엔지니어링, 연구, 판매 그리고 회계와 같은 기능을 수행한다.

(4) 컴퓨터 통합 생산공정과 네트워크

오늘날과 같이 제조업계의 치열한 시장경쟁, 소비자의 다양해진 욕구, 작업자의 임금상승 등의 어려운 여건 속에서 살아남기 위해 제조업계는 생산공정을 자동화시키기 위하여 전력을 다하고 있다. 이러한 방안의 하나가 제품의 주문으로부터 설계, 생산, 관리 및 판매 등 제조업에 관련된 모든 업무들을 수행하는 데 있어서 컴퓨터의 기능을 이용하는 것이다. 이를 통하여 이들을 수평적, 수직적으로 통합함으로써 생산성을 극대화시키고자 하는 것인데, 이런 시스템을 컴퓨터 통합 생산공정이라고 한다. 컴퓨터 통합 생산공정은 현재 많은 분야에서 사용되고 있고 꾸준히 연구되고 있는 미래의 제조 기술로써 국내외적으로 크게 각광을 받고 있다.

컴퓨터 통합 생산공정은 제조 공정에 컴퓨터를 이용하여 공정 처리에 자동화를 추진하고 이들을 통합하여 전체 공정을 일관되게 관리함으로써, 공정관리에 유연성을 주어 다품종의 소량 생산은 물론 생산 계획과 생산 공정의 급격한 변화에 대하여서도 적절히 대처할 수 있다. 또한 제품의 품질과 생산성을 향상시킬 뿐만 아니라 생산 기간을 단축시키며 고가의 장비들을 공유화하고 노동력 및 불필요한 재고를 감소시킴으로써 생산비를 절감시키는 효과를 가져올 수 있다.

최근에 급격히 이루어지고 있는 컴퓨터의 고기능화 및 저가격화, 통신 네트워크 및 데이터베이스 기술의 발달에 의한 정보 시스템의 진전, 설계 및 개발 소프트웨어의 급격한 발전 등 하드웨어·소프트웨어 양면에서 컴퓨터 통합 생산공정 도입의 환경이 정비됨으로써 컴퓨터 통합 생산공정 도입이 급격히 진전되고 있다.

컴퓨터 통합 생산공정과 같은 대형의 복잡한 시스템을 설계 및 운용하기 위해서는 각각의 공정과 주위 환경에 관련된 방대한 정보의 흐름을 파악할 수 있고, 각각의 요소에 필요한 정보를 적시에 제공할 수 있는 기능이 갖추어져야 한다. 통신 네트워크는 각각의 시스템들을 연결하여 시스템간의 정보 교환을 가능케 함으로써 컴퓨터 통합 생산공정에서의 중추적 역할을 담당하고 있으며 궁극적으로 모든 공정들의 통합을 추구하는 컴퓨터 통합 생산공정에 있어서 가장 핵심이 되는 기술 중의 하나이다.

1.2 통신 네트워크

자동화 시스템에서 통신 네트워크는 중요한 역할을 수행한다. 시스템을 구성하고 있는 각 단위기기들을 통합하여 운영하기 위해서는 이들을 연결하여 원하는 수행을 하도록 명령이나 메시지를 주고받아야 하는데, 이와 같은 기능들이 통신 네트워크를 통해서 이루어진다. 통신 네트워크는 통신 프로토콜(Protocol), 전송매체(Media), 토폴로지(Topology)의 세가지 구성요소로 이루어져 있다.

통신 프로토콜이란 자동화 시스템 내에 구성된 기기들이 상호 메시지를 정해진 규칙에 따라 주고받으며, 메시지의 정확한 송수신 및 오류에 대해 보정 및 복구하는 기능을 가진다. 데이터 전송을 담당하고 있는 통신기기의 다양화와 복잡화에 따라 프로토콜도 복잡, 다기능화 되고 있다. 현재 자동화 시스템에서 사용되는 프로토콜에는 미국의 제록스사에서 제시한 XNS(Xerox Network System)가 미국 국방성에서 개발한 TCP/IP(Transmission Control Protocol/ Internet Protocol), 국제표준기구인 ISO(International Oraganization for Standardization)[1)]에서 제시한 개방형 시스템간 상호 접속(OSI : Open System Interconnection) 프로토콜 등이 있다.

전송매체는 기기들 간의 메시지 전송을 위해서는 각 기기가 상호 물리적으로 연결되어 있어야 하는데 그 연결매체를 의미하게 된다. 전송매체로 사용되는 것에는 꼬임쌍선 케이블(Twisted Pair Cable), 동축케이블(Coaxial Cable), 광섬유(Optical Fiber) 등 다양하게 존재하는데 꼬임쌍선 케이블은 기기에 연결된 선들을 꼬아놓은 형태의 케이블로 저속의 전송속도를 갖지만 그 비용은 저렴하다. 동축 케이블은 꼬임쌍선 케이블보다 원거리 데이터 전송을 할 수 있고 외부 잡음에도 강하지만 그 비용은 비교적 고가이다. 광섬유는 빛을 통해 데이터를 전송하는 매체로서 통신속도, 거리 등 모든 면에서 우수하다. 하지만, 물리매체의 재료가 광섬유인 관계로 그 비용이 고가이다.

1) 국제 표준화 기구

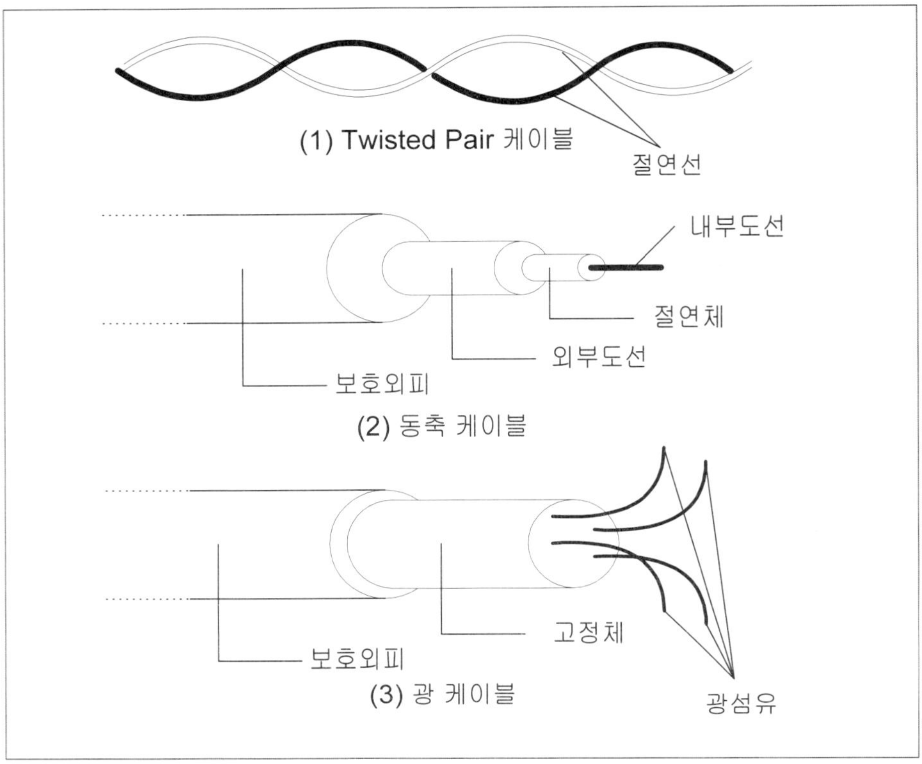

【그림 1.1.7】 통신 네트워크에서 사용되는 전송매체

토폴로지는 통신 네트워크의 연결형태를 의미하는 것으로 네 가지로 나뉜다. 버스형, 링형, 스타형, 허브/트리형 등이다.

버스형은 통신선로에 다수의 노드(기기)들이 하나의 공유선로를 사용하는 것으로 통신망에서 분산제어를 위해 가장 많이 이용된다.

링형은 노드와 노드가 상호 연결되는 형태로 각 노드가 순환형태를 지니게 된다. 따라서, 이 형태의 토폴로지를 사용한 통신망인 경우는 통신 메시지가 각 노드를 원형으로 순환하게 된다. 이 형태에서 중요한 점은 노도와 노드가 서로 1대1로 연결되어 있기 때문에 한 노드에서 상대노드로 메시지가 전송되기 위해서는 상대노드의 주소정보를 정의해야 하며 또한 자신의 주소도 정의되어 있어야 메시지가 수신될 때 올바로 그 기능을 수행할 수 있게 된다. 스타형의 토폴로지는 각 노드가 하나의 중심노드에 연결되어 있는 형태로 중심노드가 이것에 연결된 각 노드들을 제어하게 된다. 하지만, 메시지의 양이 많은 경우 중심노드에 과다한 통신수행 부담을 주게 된다. 이 형태는 소규모의 집단화된 네트워크에 가장 많이 사용된다.

허브/트리형은 버스형과 링형을 변형한 형태로 실제로는 스타형의 모습을 갖게 된다.

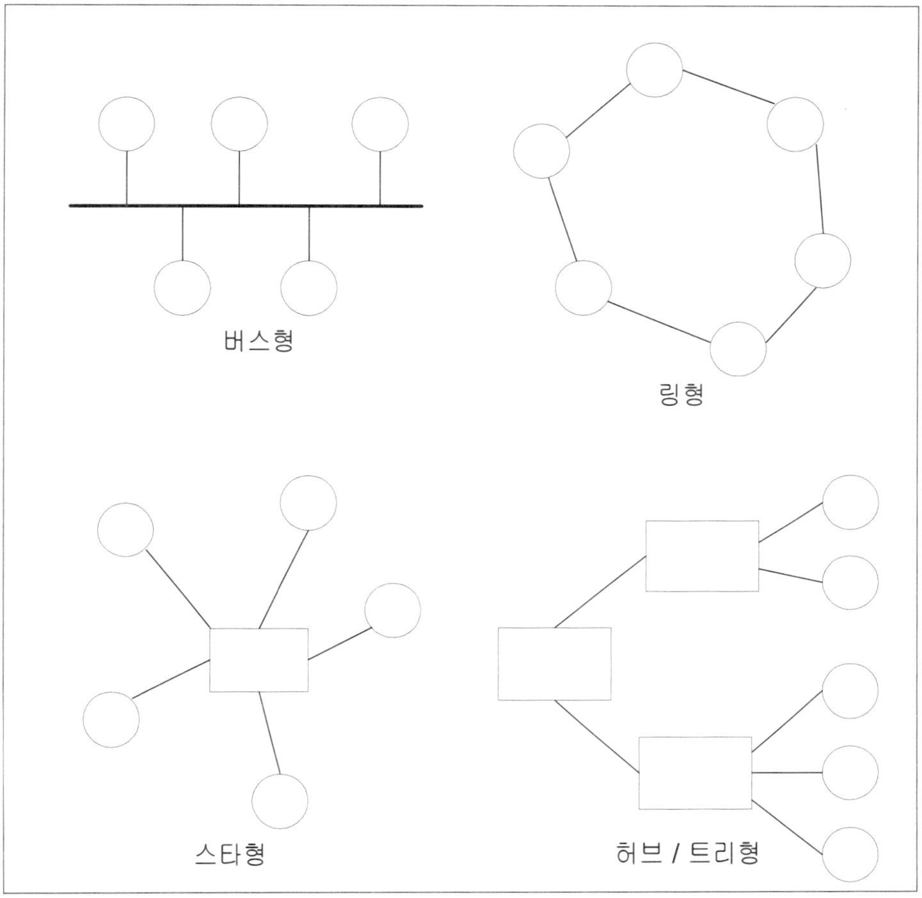

【그림 1.1.8】 통신 네트워크 토폴로지 종류

1.3 시스템 설정

모의 자동화 시스템은 2가지 종류의 원자재를 자동창고(AS/RS : Automatic Storage and Retrieval System)로부터 로봇을 사용하여 출고하고 컨베이어를 사용하여 이동시켜서 가공로봇으로 가공한 후 다시 자동창고에 입고시키는 동작을 반복한다. 컨베이어에 설치된 제품판정기는 원자재의 종류를 판단하여 가공로봇이 원자재의 종류에 따라 다른 가공을 하도록 하며 불량품인 경우는 제거하도록 한다. 각 자동화기기는 셀 제어기에 의해 통제되며 셀 제어기는 각 자동화기기에게 다음번에 수행해야 하는 작업을 접속장치를 통하여 지시한다. 각 자동화기기가 작업의 완료를 접속장치를 통하여 셀 제어기에게 알려주면 셀 제어기는 다음 작업을 지시한다.

이와 같은 생산공정은 셀 제어기에서 작업순서 및 내용을 변화시킴으로써 손쉽게 다른 생산공정으로 변경될 수 있으며, 필요한 경우 각 자동화기기는 필요한 작업 프로그램을 미리 셀 제어기로부터 접속장치를 통하여 전달받을 수 있다. 접속장치를 통하여 알려지는 상태정보를 작업감시기가 받아들여서 각 작업상황을 계속 감시하며 현재의 상황을 모니터와 상황판에 나타낸다.

통신망의 상태를 감시하고 유지, 보수하기 위하여 망관리 스테이션(network management station)이 있으며 통신망에 연결된 접속장치와 각 접속장치에서 통신하게 되는 대상들을 관리하기 위한 객체 사전 스테이션(object dictionary station)이 있다.

다음 그림은 모의 생산 자동화 시스템의 평면도를 보여주고 있다.

- 작업제어기 : 개인용 컴퓨터로 구성. CISL MAP접속장치 탑재
- 운반로봇 : LG산전 로봇으로 구성. LG산전 MAP 접속장치 탑재
- 작업로봇 : 삼성전자 로봇으로 구성. CISL MAP접속장치로 통신
- 자동창고 : 삼성항공 프로그램 가능 논리 제어기로 제어
  삼성항공 MAP 접속장치로 통신
- 컨베이어 : 삼성항공 프로그램 가능 논리 제어기로 제어
  삼성항공 MAP 접속장치로 통신
- 제품판정기 : 코오롱 프로그램 가능 논리 제어기로 제어

코오롱 MAP 접속장치로 통신

- 상황감시기 : 감시기용 개인용 컴퓨터와 상황판으로 구성
  CISL MAP 접속장치로 통신
- 망관리 스테이션 : 개인용 컴퓨터로 구성. CISL MAP접속장치 탑재
- 객체 사전 개인용 컴퓨터 : 개인용 컴퓨터로 구성
  CISL MAP 접속장치 탑재

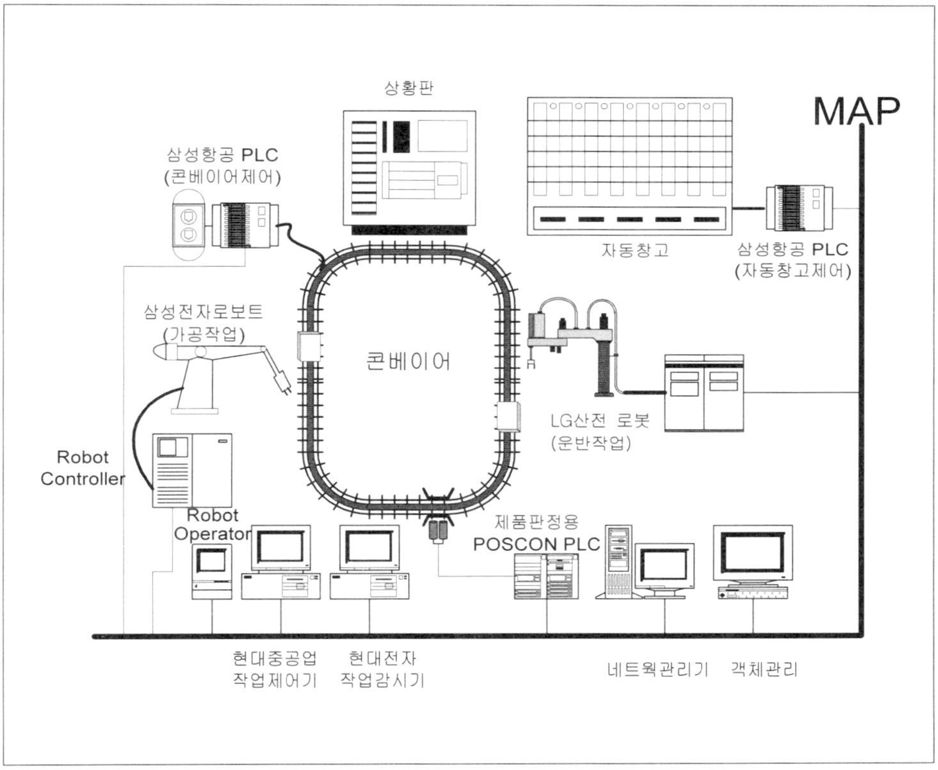

【그림 1.1.9】 모의 자동화 시스템의 평면도

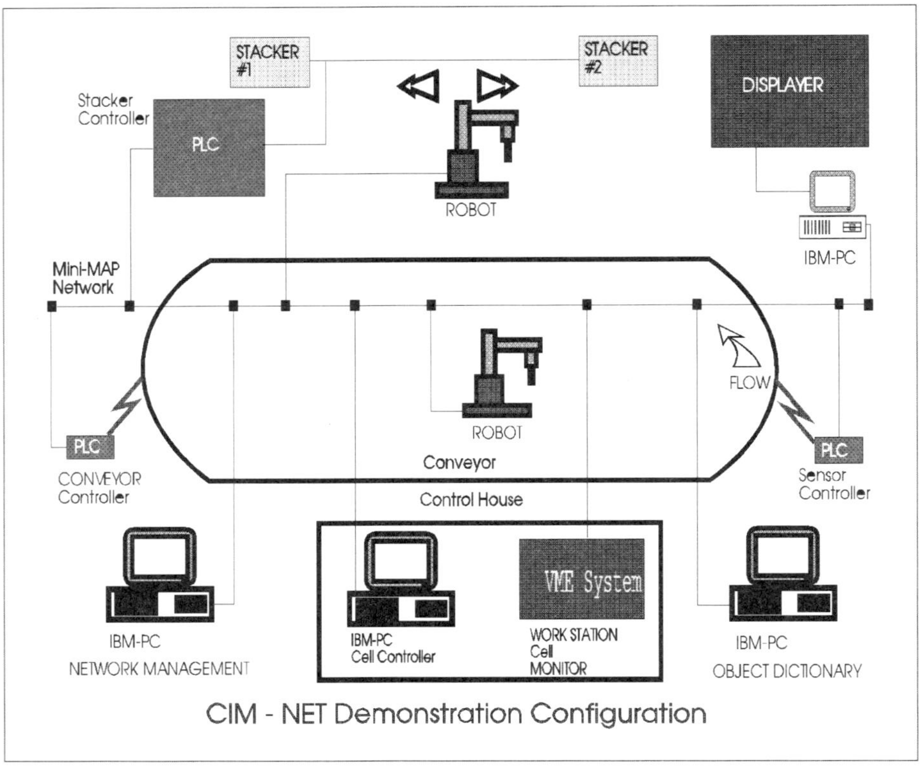

【그림 1.1.10】 모의 자동화 시스템의 구성

전체 시스템의 동작을 살펴보자. 먼저 전체 동작의 개요를 설명하고, 컨베이어의 동작 및 제품판정기의 동작에 대해 살펴보자.

다음 그림은 생산 시스템의 전체 동작을 보여준다.

▶ 동작의 개요

① 작업제어기에서 전체 공정 시작

② 작업제어기가 자동창고에 물건 출고 명령

③ 상황감시기 : 물건출고에 대한 데이터 설정 - 출고 위치, 창고 제어 프로그램 가능 논리 제어기

④ 출고

⑤ 출고가 끝남을 작업제어기가 자동창고로부터 폴링(polling)으로 읽음

⑥ 작업제어기가 운반로봇에 명령

⑦ 상황감시기 : 출고에 대한 데이터 복귀(reset) - 물건 없애기

⑧ 상황감시기 : 운반 로봇 데이터 설정

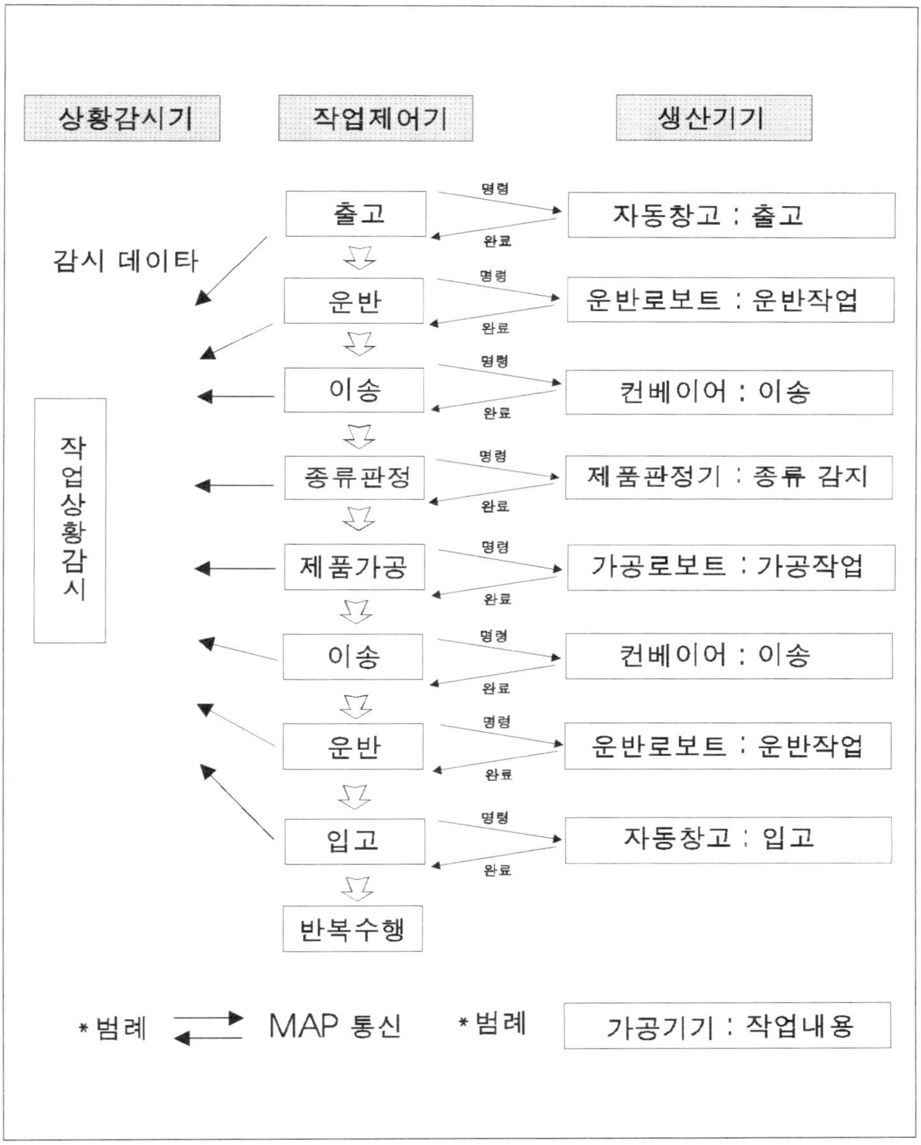

【그림 1.1.11】 모의 자동화 시스템의 동작 흐름도

⑨ 운반로봇은 물건을 컨베이어에 있는 팔레트에 올려놓음

⑩ 작업제어기는 운반로봇의 동작이 끝났음을 프로그램 가능 논리 제어기의 값을 읽어서 확인한다.(로봇은 작업이 끝나면 출력을 내보내고 이 출력을 프로

그램 가능 논리 제어기에 연결하여 프로그램 가능 논리 제어기로부터 읽는다)

⑪ 작업제어기는 운반로봇에 명령을 내려 입고할 물건을 창고 쪽으로 운반 (불량이거나 물건이 없는 경우는 하지 않는다)

⑫ ⑩번을 반복

⑬ 상황감시기 : 운반로봇 데이터 복귀

⑭ 작업제어기는 컨베이어 동작(컨베이어 위에는 항상 팔레트 3개)

⑮ 상황감시기 : 컨베이어 프로그램 가능 논리 제어기 데이터 설정. 스토퍼 감시 램프를 위해 작업제어기는 프로그램 가능 논리 제어기 폴링. 물건 형태 설정

⑯ 물건이 작업로봇 앞에 오면(컨베이어의 스토퍼 2번이 동작되면) 작업제어기는 작업로봇을 작동. 제품판정기는 미리 제품판정용 센서 앞을 물건이 지나갈 때, 감지하여 레지스터에 설정해 놓는데, 이 시점에서 작업제어기가 제품판정기의 값을 읽어서 종류에 따라 다음의 동작을 하도록 한다.

- A type : 우측으로 이동
- B type : 좌측으로 이동
- 불량 : 버림

⑰ 상황감시기 : 작업로봇 데이터 설정

⑱ 작업로봇이 물건을 놓으면 컨베이어 제어 프로그램 가능 논리 제어기의 변수가 설정되고 이를 작업제어기가 읽어서 작업 끝을 확인

⑲ 한편 ⑪에서 자동창고 쪽으로 놓여진 물건은 ⑬이 끝나면 작업제어기가 입고 명령(정해진 번호)

⑳ 상황감시기 : 물건 입고 데이터 설정

㉑ 입고 프로그램 끝부분에 입고 끝났음을 알리는 레지스터 설정. 이를 작업제어기가 폴링

㉒ 입고가 끝났으면 다음 물건 출고. ②번으로 계속

▶ 컨베이어의 동작

① 컨베이어는 아래의 그림처럼 6개의 기준점이 있어서 각각의 위치에 센서(sensor)와 스토퍼가 있다. 물건(팔레트)이 컨베이어를 따라 움직여서 각 기준점을 지날 때, 먼저 센서를 통과하고 다음에 스토퍼를 지나게 된다. 따라서,

물건을 멈추게 하고 싶으면 센서에서 물건을 감지하여 스토퍼를 올리면 된다.

② 5번의 위치에 운반로봇이 있고 2번의 위치에 작업로봇이 있고 6번의 위치에 제품판정기의 센서가 위치한다.

③ 제품판정기는 물건이 제품판정기의 센서를 지나갈 때, 물건을 확인하여 이를 레지스터에 설정.

④ 컨베이어 제어 프로그램 가능 논리 제어기는 팔레트가 2, 4, 5번에 오면 스토퍼로 세운다.

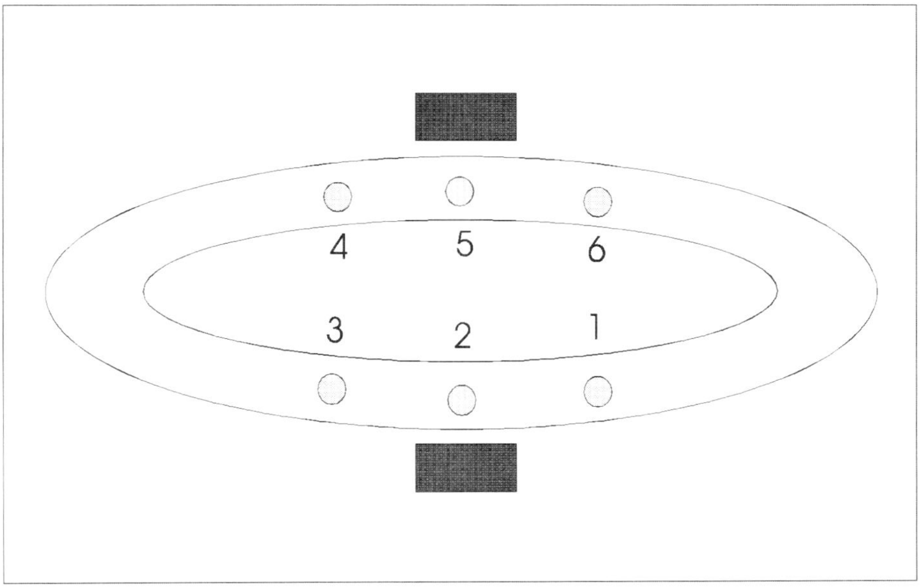

【그림 1.1.12】 컨베이어의 구조

▶ **관련 기기**

(1) 프로그램 가능 논리 제어기와 프로그래밍

일반적인 중형 프로그램 가능 논리 제어기의 기능을 한다. RS232 비동기 통신을 통하여 개인용 컴퓨터의 프로그램 개발환경 프로그램과 프로그램 올려받기, 내려받기, 모니터링 등을 할 수 있다. 이것은 BRAIN의 CPU 모듈(module) 바로 옆에 설치되어있고, Mini-MAP이 구현되어 있다. Mini-MAP MMS는 변수 서비스를 통하여 BRAIN의 특정 메모리(또는 내부접점)를 접속할 수 있다.

(2) 자동창고

자동창고는 모델제작업체인 다인 엔지니어링에서 제작하였고, 자동창고를 제어하기 위한 제어반을 포함하고 있다. 이 제어반을 이용하여 자동창고를 수동으로 제어할 수 있고, 프로그램 가능 논리 제어기의 제어를 받도록 할 수도 있다.

자동창고는 dolly, A/C travel, conveyer, buggy, S/C travel, lift, fork 등의 동작부분들과 팔렛을 저장하는 프레임으로 구성되어 있다. 각 동작부분들에 대한 설명은 다음과 같다.

* dolly : store, 또는 retrieve될 물건을 로봇이 가져다 놓거나 집어가는 곳, dolly conveyer와 2개의 팔렛위치검출센서가 있다.
* A/C travel : 반송궤도차량으로서 dolly와 conveyer간의 물류를 처리한다. 이동능력과 자체 conveyer를 가지고 있고, 2개의 팔렛위치검출센서와 1개의 자기위치검출센서를 가지고 있다.
* conveyer : buggy와 A/C travel사이의 팔렛반송을 처리한다. 2개의 팔렛위치검출센서를 가지고 있다.
* buggy : 팔렛을 fork가 와서 가지고 가거나 또는 놓아둘 수 있도록 해주는 장치로서 conveyer와 연동한다. 1개의 자기위치검출센서와 1개의 팔렛위치검출센서를 가지고 있다.
* S/C travel : frame내를 팔렛을 가지고 좌우로 움직이는 이송장치이다. 2개의 연속된 위치검출센서를 가지고 있으며, 좌우의 극한에 limit switch가 부착되어있다.
* lift : S/C travel에 부착되어 있으며 pallet을 상하로 움직이는 이송장치이다. 3개의 연속된 위치검출센서를 가지고 있고, 상하의 극한에 limit switch가 부착되어있다.
* fork : 이송도중 팔렛이 놓여지는 부분으로 전면 frame 또는 후면 frame에 팔렛을 옮겨 놓거나 가지고 오는 동작을 하게 된다. 4개의 위치검출센서를 가지고 있다.
* frame : pallet이 격납되는 장소, 전면과 후면에 각각 가로 8칸, 세로 5칸, 총 80칸의 저장장소가 있다.

이상에서 설명한 각 부분들을 적절히 연동하여 팔렛을 입고하거나 출고하게 된다. 이러한 제어는 프로그램 가능 논리 제어기가 하게 되고 프로그램 가능 논리 제어기는 래터(ladder) 프로그램으로서 제어된다. 래터 프로그램은 MMS와 연계된 내부접점의 값을 읽어서 해당기능 및 저장장소 등의 정보를 가져와서 수행하고 그 결과를 역시 내부 접점을 통하여 MMS에 알린다.

(3) 컨베이어

컨베이어는 크게 구동모터와 6개의 센서, 스토퍼 등으로 구성되어 있고, 컨베이어 위에 놓여진 물건을 흐르게 한다. 이때 물건에 어떤 작업을 가하기 위해서 센서로 물건을 감지하고 스토퍼로 사용 물건을 세울 수 있다. 현재 앞에서 설명한 대로 6개의 센서와 스토퍼 중 3개만을 사용하고 있다. 이의 동작은 삼성항공 프로그램 가능 논리 제어기를 통해서 제어되고 있는데 그 동작은 물건이 정해진 센서에 감지되면 스토퍼를 사용하여 세우는 것이다. 이렇게 세워진 물건은 그 위치에 따라 입고되거나 출고, 또는 작업에 사용된다.

컨베이어 프로그램 가능 논리 제어기는 MMS의 변수 읽기/쓰기 명령을 주로 사용하여 제어한다. 제어에 사용되는 레지스터는 앞에서 설명한 것과 같다. MAP에서는 주로 레지스터를 워드(word) 모드로 사용한다.

(4) 로 봇

내부에 저장되어 있는 프로그램은 두 가지로 program #0와 program #1이 있다. program #0은 출고 프로그램으로 자동창고에서 컨베이어로 물건을 옮긴다. program #1은 입고 프로그램으로 컨베이어에서 자동창고로 물건을 옮긴다. 이를 위해 MMS의 프로그램 기동(program invocation) 서비스를 사용한다.

- 직렬통신으로 로봇을 제어하는 법

  먼저 직렬통신을 이용한 제어에 대한 기본적인 준비를 한다. 현재 망기능이 가능하도록 되어있다. 직렬통신을 통해서 '1R RUN TEST' 등의 명령을 내리면 된다. 현재 직렬통신에서 사용하는 로봇 제어용 프로그램은 'MTYPEA', 'MTYPEB', 'MTYPEC' 등이 있는데 각각 A type 물건일 때, B type 물건일 때, 불량일 때 사용되는 프로그램이다.
- 개인용 컴퓨터에서 동작하는 프로그램

이 프로그램은 MMS의 변수 서비스를 사용하여 변수의 내용에 따라 세 가지 중 한가지 로봇 프로그램이 동작되도록 되어있다. 로봇 동작의 끝을 알아야 하는데 이를 위해서는 '2R' 명령을 사용하여 되돌아오는 값을 보고 이를 판단한다. 여기서 주의할 것은 상태(status)가 비트(bit) 단위로 의미를 가지고 있지만 되돌아오는 값은 이를 나타내는 1~2바이트(byte) 데이터가 아니라 캐릭터(character) 형태의 데이터라는 것이다. 즉, 예를 들면 1C0가 아니라 '1C0'이다.

(6) 상황판

데모 시스템의 전반적인 상태를 지시하고, 셀 감시기용 개인용 컴퓨터에서 RS232를 사용하여 제어를 한다.

(7) 제품판정 프로그램 가능 논리 제어기

프로그램 가능 논리 제어기는 VME-bus로 구성된 시스템이므로 프로그램 가능 논리 제어기용으로 하드웨어를 추가 제작하지 않았으므로 하드웨어 관련사항은 8018 CPU의 VME MAP보드를 참고하면 된다. 프로그램 가능 논리 제어기의 MAP 보드에는 MMS까지 이식되어 있다는 점이 소프트웨어적인 장점이다.

프로그램 가능 논리 제어기는 데모시스템에서 원자재의 종류를 판단하는 일을 한다. 원자재의 종류는 박스에 알루미늄으로 지시가 되는데 이를 근접센서가 읽어서 프로그램 가능 논리 제어기에 입력한다. 프로그램 가능 논리 제어기의 CPU는 이 입력점의 값을 MAP보드에 전달하면 이 값을 MMS의 기동 보고(information report) 서비스를 이용하여 셀 제어기에게 알리게 된다.

프로그램 가능 논리 제어기는 다른 기기와 달리 셀 제어기의 요구가 도착하지 않아도 자발적으로 현재 읽은 박스(원자재)의 종류를 셀 제어기에 통보한다. 이는 MMS의 기동 보고 서비스를 통해서 이루어진다. 특별한 환경설정이 없이 프로그램 가능 논리 제어기의 파워를 공급하면 계속해서 동작하도록 되어 있으므로, 데이터를 송신하는 셀 제어기의 주소 등 특정 파라미터를 조정하려면 보관된 프로그램을 수정해야 한다. 프로그램 가능 논리 제어기의 CPU도 센서의 입력값을 계속해서 읽어서 보관하고 있다가, MAP 보드의 요구가 오면 이를 전달하는 일을 무한히 반복하고 있다.

(8) 셀 감시기

MMS의 변수 서비스를 사용한다. 암시적 연결(implicit connection)로 설정되어 있으며, 폴링으로 해당 채널의 변수 데이터가 오면 주어진 구조체에 넣어 적당한 내부 변수들을 설정해 주어서 메인 루프에서는 이 변수의 값을 보고 계속 화면을 갱신한다.

(9) 셀 제어기

MMS의 변수 서비스를 사용하여 보낸다.

이상과 같이 구축된 CIMNET 데모 System을 통해 실제 자동화 시스템을 구축하기 위해서 생각해야 할 사항들을 다음절에서 설명한다.

1.4 자동화 시스템을 꾸미기 위해서 고려해야 할 사항들

다양한 기기로 이루어진 자동화 시스템을 구축하기 위해서는 다음과 같은 요소들에 대한 고려가 선행되어야 한다.

▶ 물리층

각 기기간에 상호통신을 하기 위해서는 통신 데이터를 전송하기 위한 물리적 매체로 연결이 이루어져야 한다. 여기서 물리적 매체란 우리가 전화를 할 때 상대와 연결된 전화선을 의미한다. 이 물리적 매체를 어떤 것을 사용하느냐에 따라 물리층이 상이하게 존재하게 된다. 상대와 통신할 때 전화선을 이용하느냐, 무전기를 사용하느냐에 따라 서로 다르게 존재한다는 의미다. 즉, 자동화 시스템에서 로봇은 직렬통신이라는 통신매체를 사용하여 통신을 하고, 공작기계는 근거리 통신망(LAN : Local Area Network)을 통하여 통신을 한다면 이 두 가지의 기기를 상호 연결할 때 서로 상이한 물리층으로 연결되어있어 두 기기의 통신 구축은 용이하지 못하다. 따라서, 자동화시스템 구축시 어떤 매체를 사용할 것인가에 대하여 시스템 구축자는 고려를 해야 한다.

▶ 응용층

각 기기가 자동화시스템의 단위기기로 사용되기 위해서는 상호간 통신을 통한 시스템 통합이 이루어진다. 이때, 각 기기에 대한 물리층이 결정되고, 이 물리층을 통한 데이터 통신을 수행하기 위해서는 물리층을 통해 얻어진 정보를 해석 및 판독하는 기능을 가진 응용층이 필요하다. 응용층은 그 하위층에서 받은 데이터를 해석하고, 그 내용을 확인한다. 해석과 확인을 거친 데이터를 응용프로그램으로 넘겨주는 일도 수행한다. 예를 들면, 직렬통신을 사용할 경우 물리적 매체는 직렬케이블이 되고, 이 케이블을 통해 전송되는 데이터를 검출하여 통신내용을 해석하고 확인하여 그 응용을 수행하게 된다.

▶ 응용프로그램

응용프로그램은 응용층 상위에 존재하는 프로그램으로 물리적 매체와 응용층을 거쳐 얻어진 정보에 대해 기기가 해당 정보에 상응하는 동작을 수행하도록 프로그램 되어진다. 즉, 데이터의 해석과 확인을 통해 통신내용을 알게 되면 기기가 그 내용에 따른 동작을 할 수 있게 하는 것이다. 예를 들면, 컴퓨터와 로봇이 연결되어 있을 때 컴퓨터가 로봇의 동작을 수행시키는 과정을 살펴보자.

우선 컴퓨터와 로봇은 서로 물리적 매체로 연결되어 있어야 통신이 가능해지는데 이 물리적 매체를 직렬통신으로 사용한다고 하자. 컴퓨터에서 통신규약에 따라 통신내용을 로봇에게 전송한다. 로봇은 물리적 매체를 통해 컴퓨터로부터 통신내용을 수신 받는다. 통신 내용을 수신한 로봇은 그 내용을 해석하고, 확인하여 그 내용에 따라 로봇동작을 수행하게 된다. 여기서 컴퓨터에서 보내진 통신데이터의 해석과 확인을 거쳐 그 내용을 알게 되는 부분이 응용층이며, 그 내용에 따라 로봇을 동작시키는 프로그램과 연결하는 부분이 응용프로그램이다.

위의 요구사항들에서 응용층과 응용프로그램간의 연결은 응용층에 어떤 프로그램이 이식되느냐에 따라 결정된다. 여기서 각 단위기기들을 연결하여 통신을 수행할 때 응용프로그램이 각 기기마다 서로 상이하기 때문에 공통의 표준화된 응용프로그램이 요구된다. 즉, 로봇, 프로그램 가능 논리 제어기, 공작기계, 주 컴퓨터 등 각 기기마다 각각의 응용프로그램을 독립적으로 구성할 경우 비록 물리적 매체와 통신방법이 통일되더라도 상이한 응용프로그램에 의해 전체 시스템을 구현하여 통합하는데 있어서 매우 많은 노력이 요구되게 된다. 하지만 각 기기에 관계없이 공통적인 표준응용프로그램을 만들어 이 프로그램을 각 단위기기에 실장하게 된다면 시스템 통합이 훨씬 용이해진다.

다음 그림은 자동화 시스템에 구성된 각 기기들의 통합시 발생하는 문제점을 나타낸 것으로 그림처럼 각 기기마다 서로 독립된 형태의 통신을 한다면 각 기기들간의 통신이 원활하지 못하며 네트워크를 구성하는 데에도 많은 비용과 시간이 소요된다. 하지만 서로 통일된 표준의 통신망을 구현한다면 이러한 문제점은 쉽게 해결될 수 있다. 이러한 요구에 등장한 것 중의 하나가 바로 MMS(Manufacturing Message Specification)이다. MMS는 응용층에 존재하는 표준응용프로그램으로 각 기기가 이 MMS를 공통적으로 사용하여 시스템이 구축된다면 응용프로그램의 상호 연결이 쉬워진다. MMS에 대한 자세한 내용은 책 후미에서 다시 설명한다.

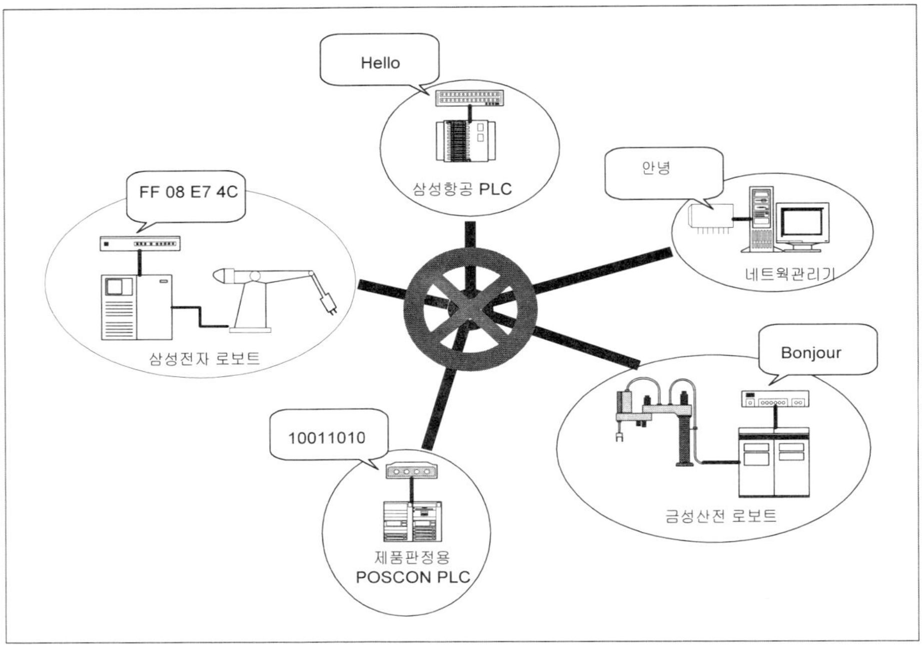

【그림 1.1.13】 각 기기마다 상이한 통신방법을 이용한 경우

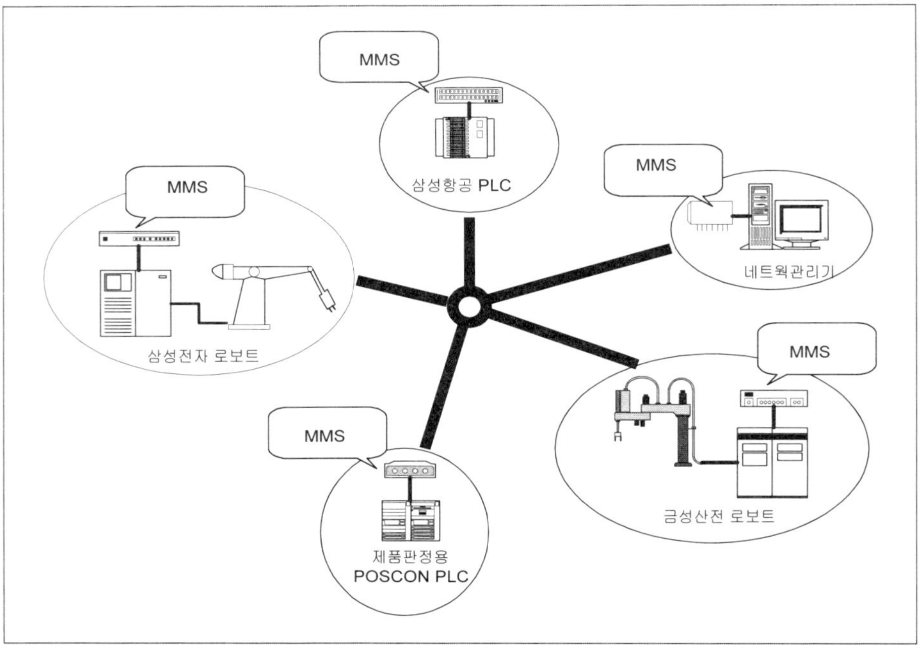

【그림 1.1.14】 각 기기가 서로 통일된 표준 통신방법을 이용한 경우

1.5 응용 프로그램의 작성

자동화 시스템의 각 기기에 대한 통신 물리층의 연결이 완성되고 기타 제반사항(통신규약)들이 완료되면 시스템 통합을 위한 응용프로그램을 구현하여야 한다. 응용프로그램은 통신망 구축의 최상위 레벨에서 존재하는 것으로 이것을 통해 시스템이 구축(동작)되어진다. 이 응용프로그램의 대표적인 것이 MMS이며 이것을 사용하여 응용프로그램을 구현한다. 응용프로그램은 각 기기별로 작성되어지며 각 기기는 시스템 통합에 있어서 담당해야 할 역할을 정의하게 된다. 그 예로써, 삼성전자 로봇과 작업제어기와의 통신응용프로그램에 대해 예를 들어 살펴보자.

만약, 작업제어기(주 컴퓨터)가 삼성전자 로봇의 현재상태를 알려고 한다면 MMS 서비스중 하나인 상태서비스(Status Service)를 이용하면 된다. 다음은 상태서비스를 이용한 예제 프로그램으로 작업제어기의 응용프로그램에서 구현된다.

```
main()
{
   char *samsung_robot_status ;     ----> 로봇의 상태값 변수설정
   ...
   Status(samsung_robot_status) ;  ----> 기기상태 서비스 호출
   ...
}
Status(char *samsung_robot_status)
{
   ...
   mm_status(samsung_robot_status); ----> MMS 상태서비스
   ...
   printf("Status of Samsung Robot is %s.₩n",
           samsung_robot_status);
}
```

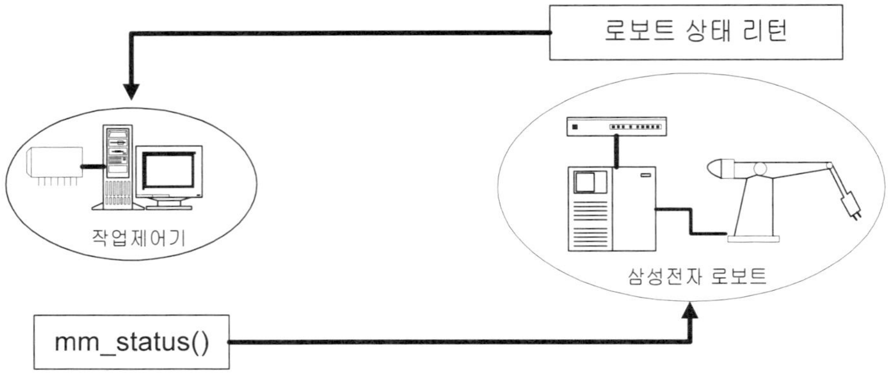

위의 프로그램 중 Status()함수 내에서 호출되는 mm_status()함수는 MMS API (Application Program Interface) 함수 중 하나로 문자형 변수 samsung_robot_ status가 mm_status()함수의 매개변수로 입력되어 이 변수에 기기의 상태가 정의되어 함수호출 후 그 값이 전송되어와 호출 측에서 알게 된다. 즉, 작업제어기에서는 이 문자변수값을 살펴봄으로써 로봇의 상태를 알 수 있게 된다.

다음 예제 프로그램은 작업제어기와 로봇과의 통신 응용프로그램을 나타낸 것이다. 이 프로그램은 컨베이어에 있는 가공물을 로봇이 옮기는 작업을 하는 로봇 실행 프로그램을 작업제어기가 실행시키는 예제이다. 이 프로그램도 위의 예제 프로그램과 마찬가지로 작업제어기에 들어있는 프로그램이다. 여기서 사용된 mm_strt()함수는 MMS API 함수 중 하나가 되며 이 함수에 매개변수로 사용되는 lg_robot_program변수에 PG1이라는 로봇이 실행할 프로그램 이름이 입력되어 로봇에게 전달되며 로봇은 이 변수의 내용인 프로그램 이름을 찾아 그 프로그램을 실행하게 된다. 여기서, PG1이라는 로봇 실행프로그램은 이미 로봇에 있어야 한다.

```
main()
{
   char *pg_name;                ----> 로봇실행 프로그램명 변수설정
   ...
   strcpy(pg_name, "PG1");       ----> 프로그램명 설정
   Program_Start(pg_name);       ----> 로봇실행 서비스 호출
   ...
}
Program_Start(char *program_name)
```

```
{
    char *lg_robot_program;
    ...
    strcpy( lg_robot_program, program_name);
    mm_strt(&lg_robot_program); ----> MMS 실행서비스 호출
    ...
}
```

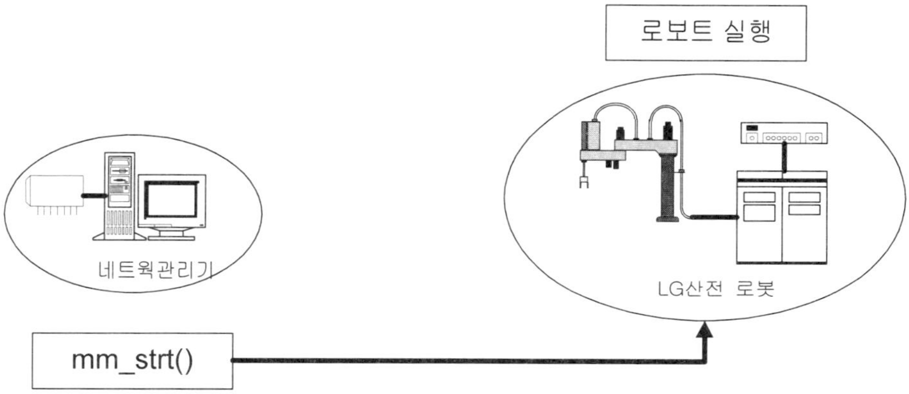

위의 예제들을 통해서 알 수 있듯이 각 응용프로그램마다 MMS API 함수(mm_status, mm_strt)를 사용하였다. 물론 각 기기마다 그 응용에 맞는 프로그램 함수를 만들어 사용할 수도 있지만 이렇게 표준화된 응용프로그램 함수를 사용한 이유는 저마다 다른 특성을 가진 시스템 내의 각 기기에서 사용하는 응용프로그램 함수를 표준화시킴으로써 시스템을 통합하는 사람이나, 각 기기 응용프로그램 작성 담당자가 서로 통일된 함수를 사용함으로써 그 개발 시간과 비용을 절감시킬 수 있는 효과를 얻을 수 있으며, 기기로의 응용프로그램 이식성이 좋아진다. 만약, 각 기기마다 다른 함수를 사용하여 응용프로그램을 개발한다면 사용된 기기가 바뀔 경우 새로운 기기에 대한 상호 인터페이스에 대하여 매번 새로운 작업이 필요하게 된다.

따라서, 통일된 표준 API함수를 사용함으로써 다음과 같은 이점을 얻을 수 있게 된다.

▶ **다양한 응용층위에 위치하는 표준적인 인터페이스를 정함**

① API의 사양만 맞추면 응용 프로세서를 쉽게 구성 가능
② 응용 프로세서는 API의 기능, 동작, 구성만 알면 원하는 네트워크 서비스를 제공받을 수 있음
③ API 표준에 의하여 사용자는 쉽게 표준적인 네트워크 서비스를 사용할 수 있음

▶ **사용자가 쉽게 통신 서비스를 사용할 수 있도록 함**

① MMS 구성과 동작의 복잡성을 감소
② 사용할 때에 숙달되는 많은 어려움의 해소

이러한 표준 API는 MMS에서 MMSI(MMS Interface)라 하며, MMS를 이용하여 시스템 통신을 하려는 사용자들은 보다 쉽고 효율적인 프로그램 작성 환경을 제공하는 MMSI를 사용하여 MMS 서비스에 대한 기본적인 지식만을 가지고도 MMS 응용프로그램을 작성할 수 있다. MMS와 MMSI에 대해서는 5장에서 자세히 설명한다.

제 2 장

통신망과 자동화

인류의 출연 이래 인간은 서로 떨어져 있는 상대와 통신을 하기 위해 다양한 방법을 사용하였다. 초기에는 불이나, 자연의 소리 등을 이용한 원시적인 방법부터 최근에는 위성을 이용한 위성통신까지 인류의 통신방법은 끊임없이 발전되었다. 이러한 통신기술의 발전과 더불어 통신기술을 자동화 시스템에 접목시키려는 노력이 요구되었다. 따라서, 본 장에서는 통신을 자동화 시스템에 적용시킬 때 발생되는 문제와 자동화 시스템에서 통신망의 필요성에 대한 내용을 서술한다.

2.1 통신망에서의 약속의 중요성

1) 편지를 이용한 통신

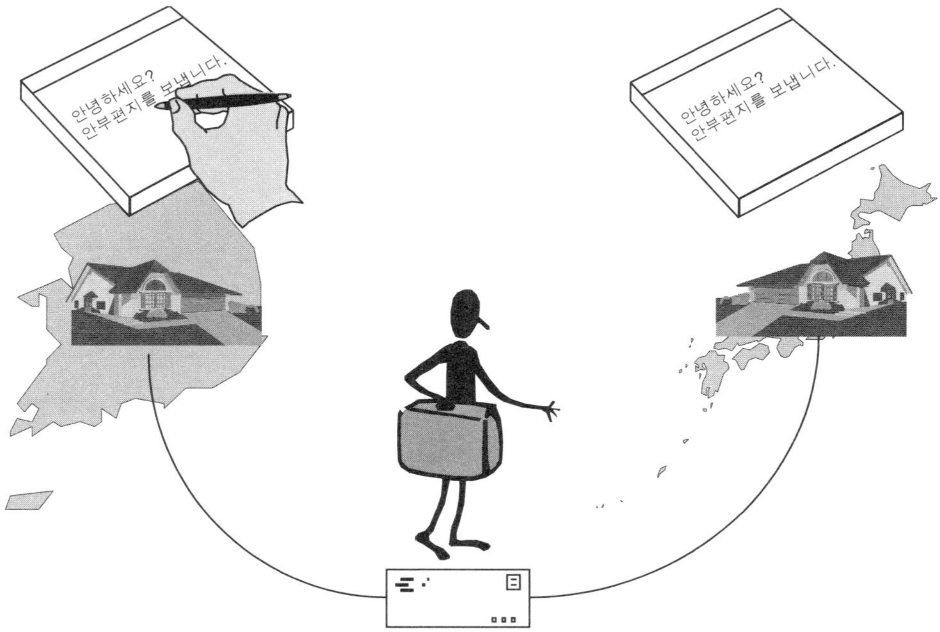

상호간에 통신을 하는 방법으로는 가장 간단한 방법인 편지를 통한 상호통신이 있다. 편지를 이용한 통신은 보내는 측에서 편지내용을 작성한 후 작성된 편지를 우편배달원이 수거하여 수신 측으로 배달을 함으로써 상호간에 통신이 이루어진다. 이러한 방법은 한 곳에서 다른 곳으로 편지(메시지)를 전달할 때 우편배달원이 중간연결을 담당하기 때문에 전송시간이 오래 걸리며 전달도중에 분실 위험성도 있다.

상호간에 편지를 이용한 통신을 할 때에는 서로 알아볼 수 있는 공통의 문자를 사용하여야 그 내용의 전달이 가능하다. 만약, 한국 사람이 일본 사람에게 편지를 보낼 때 그 편지 내용을 한국 사람이 한글을 사용하여 보내면, 비록 통신으로 연결은 될지라도 일본사람이 한국어를 하지 않는 한 그 통신내용을 알아볼 수 없다. 그렇다고 한국 사람이 일본어를 알지 않는 한 일본어로도 보낼 수 없게 된다.

따라서, 이러한 문제점의 해결방안은 상호간(한국과 일본)에 서로 공통의 언어, 즉 영어를 사용하여 편지내용을 작성한다면 상호간의 편지를 이용한 통신이 가능해 진다.

2) 전화를 이용한 통신

상호간에 통신을 위한 또 하나의 방법은 전화를 이용한 통신이다. 전화를 이용한 통신은 편지를 이용한 통신방법보다 빠르며, 통신라인이 끊기지 않는 한 통신 연결의 신뢰성도 있다.

상호간에 전화를 이용한 통신을 할 때는 편지를 이용한 방법과 마찬가지로 서로 알 수 있는 공통의 언어를 사용하여야 한다. 만약, 한국 사람이 일본에 전화를 하는 경우에 한국 사람이 한국어를 이용하여 일본사람에게 전화통화를 하면 전화를 수신하는 일본사람이 한국어를 알지 않는 한 그 내용을 알 수 없을 것이다. 또한 일본사람이 한국 사람에게 전화통화 할 때도 마찬가지의 상황이 발생한다. 따라서, 상호간에 전화를 이용한 통신을 할 때에는 서로 듣고 말할 수 있는 상호간의 공통언어를 사용하여야 통신이 가능해진다. 즉, 위의 예에서 한국 사람과 일본 사람이 공통의 언어를 영어로 정해서 상호간에 전화 통화시 미리 정해진 영어를 이용하여 통화한다면 아무런 장애없이 서로 통신이 가능해질 것이다.

3) 컴퓨터를 이용한 통신

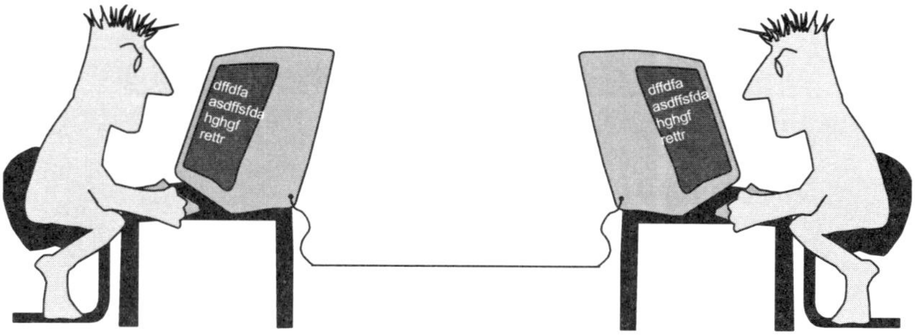

최근 들어 개인용 컴퓨터가 널리 보급되면서 컴퓨터를 이용한 통신이 등장하였다. 컴퓨터를 이용한 통신방법에는 크게 전화를 이용하는 방법과 통신전용선을 이용하는 방법이 있다. 전화를 이용한 통신은 모뎀(Modem)을 이용하게 된다. 통신전용선을 이용한 방법은 근거리 통신망(LAN : Local Area Network) 카드를 사용하게 된다. 일반적으로 전화를 이용한 통신방법보다 통신전용선을 이용한 방법이 속도 면에서 빠르다. 컴퓨터를 이용한 통신은 앞의 예들에 비해 통신의 신뢰성 및 통신속도(전송속도) 등에서 월등히 우수하다. 컴퓨터끼리의 통신은 사용자와 상관없이 단지 컴퓨터라는 매체를 사용한 통신이기 때문에 컴퓨터의 통신 라인을 통해 주고받는 정보에는 상호간의 컴퓨터에서 알 수 있는 공통의 통신방법을 사용하여야 한다. 이러한 공통의 통신방법은 상호간에 이해를 위해서 일정한 약속된 규약이 필요하다. 즉, 상호간에 공통의 정보전달을 위한 약속이 되어있는 데이터가 구성되어야 통신이 된다. 통신 방법은 다음과 같다.

- 상대방 컴퓨터 확인
- 보낸 측 컴퓨터 확인
- 보낼 내용의 크기
- 보낼 내용
- 보낼 내용의 끝을 표시

위와 같이 상호간에 일정한 약속을 정해야 상호통신이 가능해진다. 이 약속은 통신에 따라 서로 다르게 설정될 수 있다.

2.2 자동화에서 통신망이 차지하는 위치

앞에서 언급된 다양한 통신방법은 최근의 자동화 공장에 응용할 수 있다. 공장 자동화를 위해서는 통신망의 구축이 필수적이다. 본 절에서는 그 예를 살펴보고 문제점 및 그 해결방안을 제시한다.

현재 자동화 공장에서 사용되는 통신방법에 대해서 알아보기 위해 다음의 예를 들어보자. 공장 내에는 A작업을 수행하는 조립라인이 있고, B작업을 수행하는 조립라인이 있다. 공장의 공정순서는 A조립라인에서 작업이 완료되면 완성된 부품을 B조립라인으로 운반한다. 이때 A조립라인에서 B조립라인으로 넘어가기 위해서는 다음공정으로 가기 위한 내용을 알리는 방법이 있어야 한다. 이런 상황에서 통신으로 주고받는 내용은 A작업의 종료, B작업으로의 이동 요청, A작업에서 B작업으로 제품이동, B작업으로의 이동 완료 등이 될 수 있다.

가장 원시적인 방법으로 말로써 상호간에 통신을 이루는 방법이다. 다음에 나타낸 그림은 공정의 이동을 말로써 그 내용을 전달하는 방법을 나타낸다.

1) 사람(언어)에 의한 자동화 공장의 조립라인 통신망

사람(언어)을 이용한 자동화 공장의 작업을 위해서는 A작업 담당자, 공장감독자, 운반담당자, B작업 담당자가 있어야 하며, 각자 작업의 내용에 따라 자신의 역할을 수행하게 된다.

① A작업에서 부품작업이 완료되면 그 결과를 A작업의 담당자가 공장감독자에게 알리거나 공장감독자가 직접 그 결과를 인지하고 운반을 담당하고 있는 사람에게 알려준다.

② A작업의 완료를 공장감독자에게서 인지한 운반담당자는 A작업에서 완성된 부품을 B작업으로 손수레나 운반차를 이용하여 B작업으로 완성된 가공물을 옮기는 작업을 수행한다.

③ 운반담당자는 A작업의 완성품을 B작업으로 옮겼음을 공장감독자에 알린다. 이러한 결과를 보고 받은 공장감독자는 B작업 담당자에게 B작업을 수행하도록 지시한다.

위의 과정들은 내용에서 알 수 있듯이 모든 작업이 사람에 의해 이루어짐을 알 수 있다. 이러한 형태의 통신방법은 작업의 능률이 매우 떨어져 시간 및 비용이 많이 들게 된다. 다음 절은 이러한 작업 내용을 좀 더 진보시킨 형태의 경우이다.

작업내용	작업내용 송신측	작업내용 수신측	통신방법
A작업 완료	A작업 담당자	공장감독자	언어
A작업 완성품 이동	공장감독자	운반담당자	
완성품 이동완료	운반담당자	공장감독자	
B작업 개시	공장감독자	B작업 담당자	

2) 컨베이어(Conveyor)를 이용한 조립라인

앞에서는 작업의 내용을 위해 각자의 역할이 부여된 사람이 필요하였으나 이 절에서는 운반담당자 대신 컨베이어를 A작업과 B작업 사이에 위치시킴으로써 작업물의 이동을 사람대신 기계가 담당하게 하는 예를 알아본다.

① A작업에서 작업이 완료되면 A작업 담당자는 그 결과를 공장내의 공정을 관리하는 시스템운영자에게 알린다. 이때 알리는 방법은 말이나, A작업의 컴퓨터와 시스템운영자 컴퓨터가 서로 연결되어 있어 컴퓨터 통신을 사용할 수도 있다.

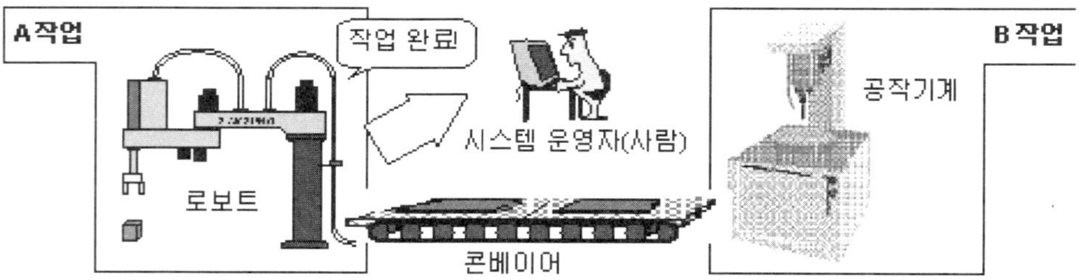

② A작업의 완료를 수신한 시스템 운영자는 손수레나 운반차가 아닌 컨베이어를 가동시켜 A작업에서 완성된 부품을 B작업으로 옮긴다.

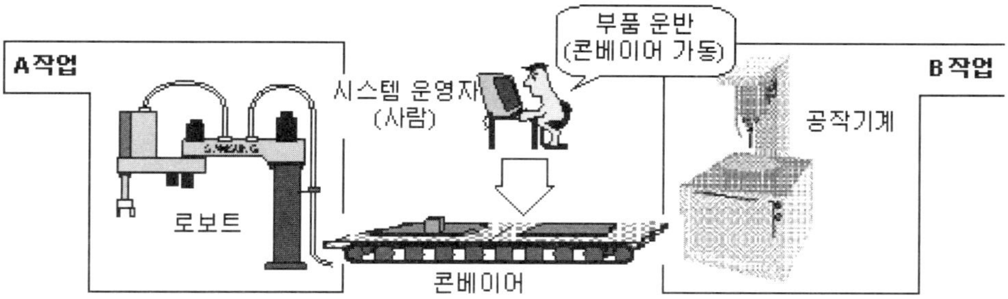

③ 컨베이어에 의해 A작업이 완료된 부품을 이동시킨 시스템운영자는 작업물 이동완료를 B작업 담당자에 알리고 B작업 담당자는 작업을 개시한다. B작업 완료되면 그 결과를 시스템운영자에게 보고한다.

위의 과정은 A작업과 B작업 사이에 시스템 운영자가 있어서 A작업에서 B작업으로의 공정이동을 제어하게 된다. 또한 컨베이어를 사용하게 됨으로 사람의 도움 없이 손쉽게 작업공정을 진행시킬 수 있게 된다. 이러한 작업 시스템은 시스템운영자가 존재하여 공정의 내용을 관장하고 공정이동시 컨베이어를 동작시킴으로써 사람을 이용한 앞의 예보다 작업의 효율성을 상당히 높일 수 있게 된다. 하지만, 이 예에서도 완전한 자동화 공정이 이루어졌다고 볼 수 없다. 그 이유는 시스템운영자가 존재해야 하고, 또한 운반담당자 대신 자동운반기를 사용하였다고는 하나 이것 역시 시스템운영자의 제어에 의해 운영이 가능하기 때문에 완벽한 공장자동화라고 보기는 어렵다. 따라서, 다음절에서는 이러한 문제를 해결한 방법에 대해 알아본다.

작업내용	작업내용 송신측	작업내용 수신측	통신방법
A작업 완료	A작업 담당자/컴퓨터	시스템운영자/컴퓨터	언어/전화/근거리통신망
A작업물이동	시스템운영자/컴퓨터	컨베이어 제어기	근거리통신망
이동완료	컨베이어 제어기	시스템운영자/컴퓨터	근거리통신망
B작업 개시	시스템운영자/컴퓨터	B작업 담당자/컴퓨터	언어/전화/근거리통신망

3) 보다 발전된 조립라인의 구성

앞에서 시스템운영자의 도움으로 자동화 공장을 구성하는 예를 보였다. 여기서, 시스템운영자가 A작업과 B작업의 중간자로서 역할을 수행하고 있는데 이보다 더욱 발전된 조립라인의 구성은 운영자의 도움없이 A작업의 완료, 이동, B작업의 개시를 수행하는 예를 본 절에서 알아본다. 시스템운영자 없이 자동화 공정을 수행하기 위해서는 A작업을 담당하고 있는 로봇이 직접 컨베이어 제어기와 통신을 이용해 각 결과를 주고받으며 또한 컨베이어 제어기와 B작업의 공작기계가 상호 통신하는 자동화 공장의 구성이다.

① A작업에서 작업이 완료되면 그 결과를 A작업 담당 로봇이 컨베이어 제어기에게 통신을 통해 알린다.

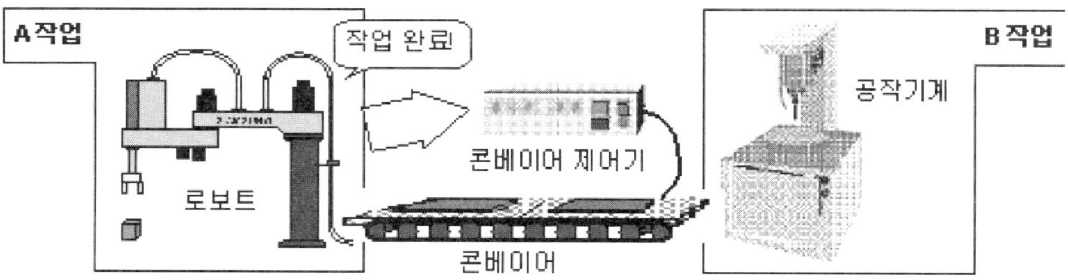

② A작업의 완료를 로봇으로부터 수신한 컨베이어 제어기는 컨베이어를 가동시켜 A작업에서 완성된 부품을 B작업으로 옮긴다.

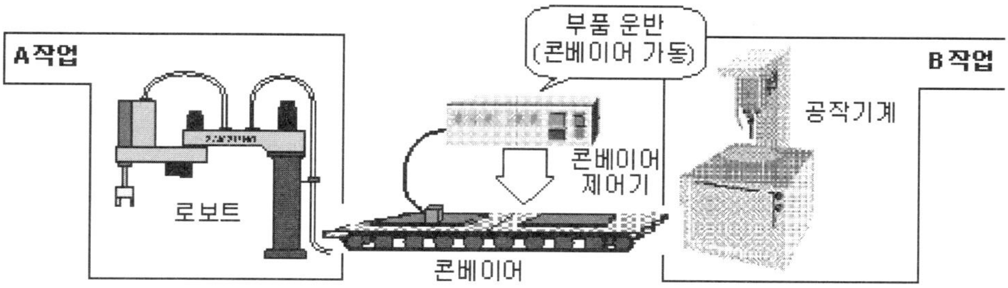

③ B작업으로 작업물의 운반이 완료되면 그 결과를 B작업 공작기계가 컨베이어 제어기에 통신을 통해 알리고 B작업을 수행한다.

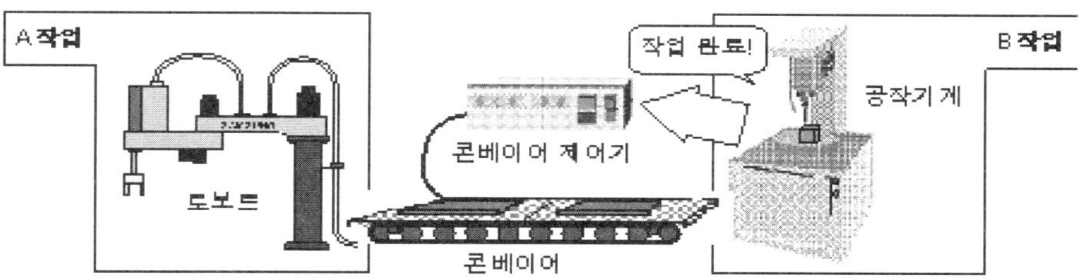

위의 예는 자동화 공장의 구성 예로써 사람의 도움없이 공정을 수행할 수 있다.

작업내용	작업내용 송신측	작업내용 수신측	통신방법
A작업 완료	A작업 로봇	컨베이어 제어기	
A작업물 이동	컨베이어 제어기		근거리 통신망
이동완료	B작업 공작기계	컨베이어 제어기	근거리 통신망
B작업 개시	B작업 공작기계		근거리 통신망

이때, A작업의 로봇과 컨베이어 제어기, 혹은 컨베이어 제어기와 B작업의 공작기계 사이에는 통신을 통한 정보교환을 수행하게 되는데 이러한 통신을 위한 정보교환을 할 때에는 상호간에 일정한 약속을 정해야 한다. 즉, A작업의 로봇이 컨베

이어 제어기에게 A작업 완료신호를 보낼 때 완료신호를 무엇으로 할 것인지, 상호간의 통신연결은 어떻게 할 것인지, 완료정보와 함께 전송될 정보는 무엇이 되는지 등등을 미리 약속(규약)을 정해야 할 것이다. 만약, A작업 담당 로봇이 작업의 완료를 자동운반 제어기에 통신을 통해 보낼 때 다음과 같은 예를 사용하게 된다.

- Connection Oriented Mode ----> 통신연결방식
- Conveyor_Controller ----> 수신기기명
- A_Region_Robot ----> 송신기기명
- Finish_Operation ----> 송신내용
- Next_State_Idle ----> 추가사항
- End_Of_Message ----> 송신종료

위와 같은 일정한 약속을 정하고 송신측에서 통신내용을 전송하면 수신측에서는 정해진 약속에 따라 송신된 통신내용을 해석하게 된다. 위의 예를 통해 알아보면 통신내용이 어디서 왔는지, 통신연결방식은 무엇을 사용하였는지, 송신내용은 무엇인지, 송신측의 기기 상태는 어떤지 등등을 수신측에서는 알게 되는 것이다. 더욱 자세한 내용은 다음절에서 설명한다.

2.3 자동화 시스템 통신망에서 필요한 규약들

자동화 공장을 구축하기 위한 통신방법에 관해 앞의 예를 통해 알아보았다. 자동화를 이루기 위해서는 앞의 3.2절에서 나타났듯이 자동화 시스템을 구성하고 있는 각 기기들 간의 통신이 이루어져야 한다는 것을 알 수 있었고, 또한 이러한 통신을 하기 위해서는 일정한 상호간의 약속(규약)이 있어야 한다는 것을 알 수 있었다. 구체적으로 앞의 예의 로봇과 자동운반 제어기 사이의 통신에 대하여 알아보자.

로봇과 자동운반 제어기 사이의 통신을 위해서는 우선 물리적으로 상호연결 되어 있어야 한다. 물리적 상호연결이란 통신을 주고받을 수 있는 매체로 서로 연결되어 있어야 한다는 것이다. 즉, 우리가 가정에서 전화로 친구와 통화할 때 자기집과 친구집 사이에는 전화국에서 설치한 전화선이 서로 연결되어 있듯이 로봇과 자동운반 제어기 사이에도 이러한 연결매체로 이어져 있어야 한다. 연결매체는 다양한 종류의 방법이 있는데 그중 자동화 공장에서 가장 많이 사용되는 것은 2중 개방선(2-wire open line), 꼬임쌍선(twisted pair line), 동축케이블(coaxial cable), 광섬유(optical fiber) 등으로 나뉠 수 있다. 2중 개방선은 가장 간단한 연결매체로써 전송속도가 느리고, 전송거리도 짧다. 꼬임쌍선은 전송속도가 1Mbps(bps : bit per second) 정도이고, 100m 정도의 전송거리를 갖는다. 또한 잡음에 강하다. 동축케이블은 전기적 전송매체중 전자파 장애에 가장 강하며, 약 10Mbps의 전송속도를 지니며 전송거리도 수 Km에 달한다. 마지막으로 광섬유는 빛을 이용한 전송매체로써 전자파 장애와는 무관하며 전송속도가 보통 수 Gbps이며, 수백Km까지도 전송할 수 있다.

연결매체	전송속도	전송거리	노이즈	설치비용
2중 개방선	19.2Kbps 이하	50m	약함	저렴
꼬임쌍선	1Mbps 이하	100m	양호	보통
동축케이블	10Mbps-수백Mbps	수 Km	강함	고가
광섬유	수 Gbps	수백 Km	매우 좋음	매우 고가

이러한 연결매체에 사용되는 신호의 종류도 다양한데 그 중 대표적으로 RS232C, 20mA 전류루프, RS422, 동축케이블 등이 있다. 이 중 RS232C는 가장 쉽고 편리하게 구현할 수 있으며 설치비용도 비교적 저렴한 편으로 널리 사용되고 있다. 주로 사용되는 곳은 전산기기나 전산기와 주변장치들과의 접속에 사용된다. 이 방식은 전압 레벨 방식으로 전압의 크기에 따라 전송내용을 전달하게 된다. RS232C는 구현은 쉽지만 통신거리가 다른 방식에 비해 짧으며, 전송속도가 상대적으로 느리고, 잡음에도 약한 단점이 있다. 20mA 전류루프방식은 전류를 사용하여 정보를 전달하며, 전류를 사용하기 때문에 전압을 사용한 방식보다 잡음에 강하다. 전압방식에 비해 먼 거리 전송이 가능하지만, 전송속도는 비교적 느리다. RS422는 차동전송방법으로 이 방법은 원거리 전송이 가능하며, 잡음에도 우수하다. 전송속도도 RS232C에 비해 우수하다. 동축케이블을 이용한 방법은 전송속도가 우수하고, 원거리 통신도 가능하다.

매체 신호 방식	전송속도	전송거리	노이즈
직렬통신	9600bps	15m	약함
20mA 전류루프	느림	1Km	보통
RS422	1Mbps	100m	우수
동축케이블	10Mbps	수백 - 수 Km	매우 우수

이중 본 예에서 로봇과 자동운반 제어기가 상호 RS232C로 연결되어 통신을 한다고 가정하자. 우선 통신을 수행하려는 각 기기 즉, 로봇과 자동운반 제어기에는 통신을 실행하기 위한 응용프로그램이 존재하여야 한다. 여기서 응용프로그램이란 앞절에서 설명된 일정한 약속을 정하고 그것을 프로그램하여 각 기기가 서로 정한

약속을 알 수 있도록 하는 것이다. 또한, 통신내용을 통해 기기가 임의의 동작을 수행하도록 하는 부분도 포함된다. 즉, 통신내용의 송·수신 및 통신내용에 따른 기기동작 등을 프로그램하는 것이 바로 응용프로그램의 역할이 된다. 각 제어기내에 통신 응용프로그램이 존재하면 이 프로그램을 이용하여 상호간에 직렬통신 케이블로 연결된 통신선로를 통해 정보의 교환이 이루어진다.

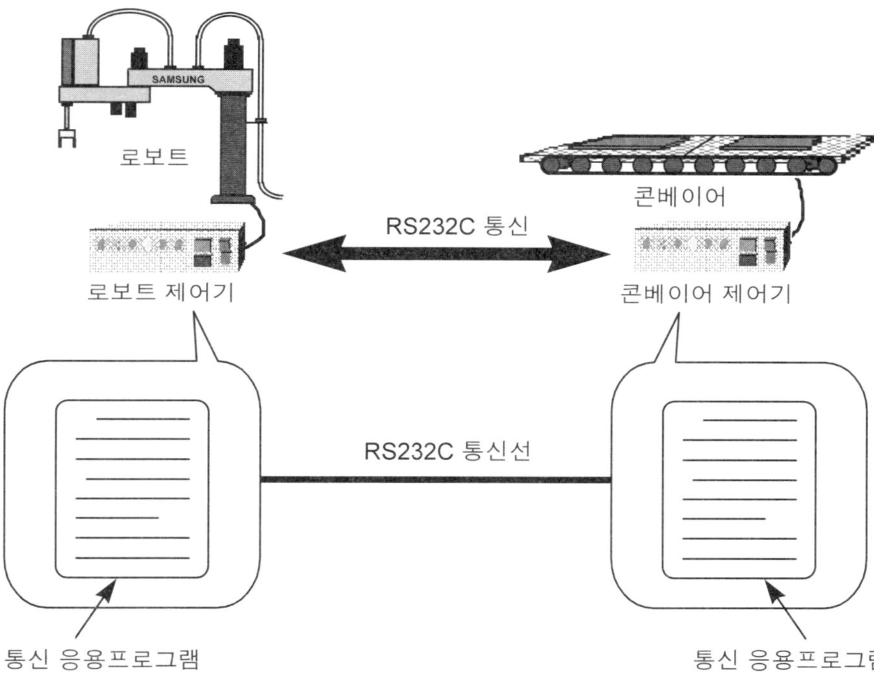

로봇과 운반기간의 통신을 수행하기 위해서는 다음과 같은 요구사항이 필요하게 된다.

- 공통의 자료구조를 가져야 한다.
- 주고받을 수 있는 규약이 있어야 한다.

공통의 자료구조라는 것은 상호간에 통신을 수행할 때 상대방의 정보, 자신의 정보, 통신내용 등 상호 동일한 구조를 구성함으로써 통신시 전송되어진 데이터의 해석을 원활하게 한다. 또한 일정한 규약의 정의는 전송 데이터의 크기, 데이터 구성 방법, 전송방식 등을 통일함으로써 보내는 기기나 받는 기기 모두 송·수신을 위해 필요한 요구사항이다.

- Connection Oriented Mode ----> 통신연결방식
- Conveyor_Controller ----> 수신기기명
- A_Region_Robot ----> 송신기기명
- Finish_Operation ----> 송신내용
- Next_State_Idle ----> 추가사항
- End_Of_Message ----> 송신종료

데이터 크기	송신측 정보	수신측 정보	통신내용	데이터 종료

통신 데이터 구조

이러한 요구사항들의 필요성은 서로 연결해야할 기기가 많은 경우 더욱 필요해지는데 예를 들어 생산자가 상이한 기기간의 상호연결시 위의 요구사항들을 지키지 않는다면 상호 연결된 시스템 구성의 통신을 만족시키기 어렵게 된다. 즉, 자동화 공장에 구성된 기기가 삼성전자 로봇, LG 공작기계, 대우 자동운반기, 현대 AGV 등이 있을 때 삼성로봇은 통신방법을 RS232C를 사용하고, LG 공작기계는 RS422, 대우 컨베이어와 현대 AGV는 자사 고유의 통신방법을 사용하고 또한 각 회사마다 자사 고유의 전송규약(약속)을 정해서 통신한다면 타 기기와의 통신은 어려워지며 이 시스템의 통합 및 통신망 구축은 힘들어진다. 따라서, 이러한 모든 사항들 (통신방법, 전송규약 등)을 각 회사가 공통의 표준화된 통신방식을 만들어 사용한다면 자동화 공장의 통신망 구축이 쉽게 가능해 질 것이다.

2.4 자동화 시스템 구축을 위한 통신망 약속의 중요성

앞에서 자동화 공장 시스템을 구축할 때 문제점과 해결방안에 대해 간략히 설명하였다. 본 절에서는 시스템 구축시 표준화된 통신망의 중요성 및 통신규약의 필요성에 관해 설명한다. 자동화 시스템을 구축할 때 시스템 내에서 사용되는 각 기기마다 각 기기생산 회사 고유의 통신방법을 사용할 경우, 아래의 그림에 나타냈듯이 다양한 자동화 기기의 상호연결이 어려워진다.

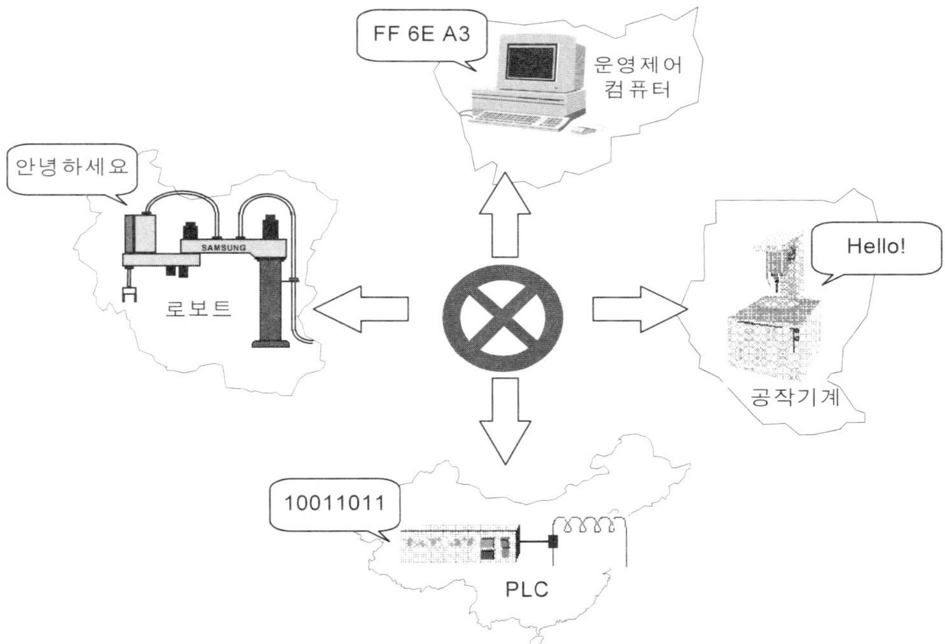

즉, 로봇은 한국어를 사용한 통신방법을 사용하고, 공작기계는 영어를 사용한다면 이 두 가지의 기기가 서로 통신을 원할 때 그 결과는 이루어질 수 없게 된다. 이러한 문제점의 해결방안은 각 기기가 공통의 언어를 사용하여 구축하는 방법이다. 여기서 공통의 언어는 각 기기들이 서로 공통의 자료구조를 지니고, 주고받는 일정한 규약을 정하는 것을 말하며, 이러한 공통의 방법을 이용하여 상호연결을

한다면 비록 시스템 내에 다양한 기기들이 구성되더라도 통신망을 통한 상호연결은 용이해 진다.

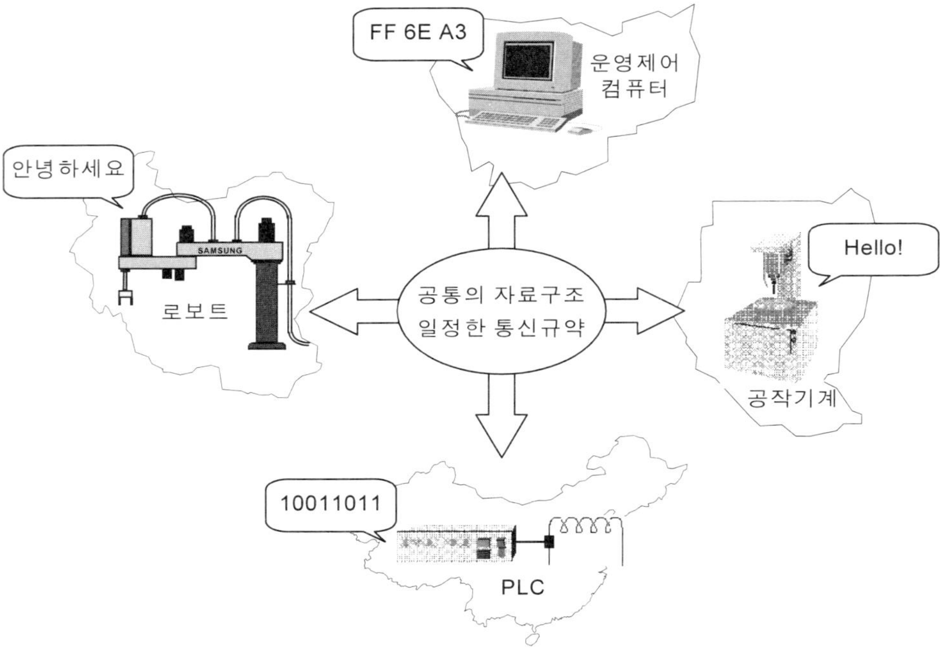

다양한 기기로 이루어진 자동화 공장의 통신망 구축시 필요한 것이 바로 공통의 통신방법의 제공이다. 공통의 통신방법은 국가적으로나 국제적으로 하나의 통신방법을 정하여 사용한다면 문제가 발생되지 않겠지만 현재상황으로는 불가능하다. 각 자동화생산기기 업체는 자사의 통신방법을 사용하기 원할 것이고, 타사의 통신방법에 따르려 하지 않을 것이다. 이러한 문제를 해결하려면 각 회사가 고유의 통신방법을 사용하더라도 타 기기와 상호연결시 통신의 원활함을 위해 공통의 자료구조와 공통의 통신규약을 사용하는 것은 어려운 일이 아니며, 이것은 이종기기간의 통신망 구축에 필요한 사항이다. 이러한 약속된 규약은 공장의 자동화를 위해서 반드시 요구되는 사항이다. 현재 이 부분에 관련된 규약이 나와있는 것으로 대표적인 것이 바로 MMS(Manufacturing Message Specification)이다. MMS는 생산자동화의 표준통신규약이다. 앞에서 열거한 자동화 공장의 통신망 구축의 경우 MMS를 사용하여 구축한다면 자동화기기에 관계없는 공통의 표준통신규약을 이용하여 시스템을 구축하기 용이해진다. 결론적으로 다양한 기기로 이루어진 자동

화시스템을 구축할 때 표준화된 통신망을 사용한다는 것은 매우 중요한 문제로 복잡한 시스템의 통신망 구현에 있어서 가장 좋은 해결책이라고 볼 수 있다.

2.5 자동화 시스템에서의 표준 통신 네트워크

1) 필요성

자동화기기의 통합은 기업이 오늘날의 경쟁적인 산업환경에서 살아남기 위해서 대단히 중요한 요소가 되고 있다. 그러나 이러한 고도의 생산기술을 가능케 하는 자동화기기의 통합시 다음과 같은 이유로 인해 기술적으로 어려움이 많으며 경비 또한 많이 들게 된다.

① 새로운 장비가 도입될 때 새로운 통신접속 방식이 요구된다.
② 새로운 통신 접속 방식이 사용되면 기존의 자동화기기 접속이 어렵다.
③ 자동화기기는 다양하기 때문에 여러 회사로부터 구입되어야 하는데, 여러 회사의 자동화기기를 각각 프로그램하기가 어렵다. 참고로 프로그램 가능 논리 제어기를 공급하는 회사를 예로 들면 각 기기의 명령체계는 각각 독자적이기 때문에 응용 프로그램의 작성, 변경, 보수 등에 많은 노력이 소요된다.
④ 자동화기기 사용자 입장에서는 만약 특정한 통신접속방식을 가진 하나의 제조업체에서 생산하는 자동화기기만 사용하게 된다면, 좀더 값싼 다른 제조업체의 장비를 구입할 수 없어 경영상 문제점이 많다.

따라서 통신 네트워크를 표준화하고 여러 장비 제조회사의 자동화기기가 이러한 표준화를 채택한다면 위에서 언급한 문제가 해결될 수 있다. 그러나, 통신 네트워크 표준은 항상 장점만 있는 것은 아니며 다음과 같은 단점도 가지고 있다.

① 표준 시스템은 새로운 기술이 출현할 때 그 기술을 빨리 따라가지 못한다.
② 표준 개발 경비 때문에 초기의 제품 값은 보다 높은 경향이 있다.

또한, 자동화기기 제조업체는 RS232C와 같은 단순한 통신 네트워크이거나 아니면 회사 고유의 통신 네트워크를 보유하고 있으므로 만약 표준 통신 네트워크가 시장에서 널리 사용되고 있지 않다면 그 개발을 꺼리게 된다. 산업용 환경에서는 자동화기기의 사용자가 표준 통신 네트워크를 많이 사용할 때만 널리 보급되는 경향이 있다.

그러나 이러한 단점에도 불구하고 앞에서 말한 컴퓨터 통합 생산공정(CIM : Computer Integrated Manufacturing) 구축의 필연성과 시스템 통합시 발생하는 네트워크의 문제점을 해결하기 위해서는 공적인 규격이나 기준에 의거한 네트워크에의 접속수단을 가지고 있어야 한다. 유력한 기기 제조업체의 규격을 채용해도 같은 효과를 얻을 수는 있지만 장래의 발전성, 규격의 안정성 등을 고려하면 공적인 규격을 채용하는 것이 올바르며, 바로 여기에 네트워크의 표준 규격에 대한 필요성이 있는 것이다.

그리고, 좋은 통신 네트워크는 다음과 같은 목표를 달성할 수 있어야 한다.

① 물리적으로 서로 연결 가능해야 한다.(연결성(Connectivity))
② 데이터나 정보를 전달하여 공유할 수 있어야 한다.
(상호운용성(Interoperability))
③ 하드웨어나 운용시스템(OS : Operation System)과 무관한 응용 프로그램이 개발될 수 있어야 한다.(이식성(Portability))

2) 표준과 OSI 계층 모델

전세계의 자동화 관련 협회들은 표준화의 기치를 들고 ECMA(European Computer Manufacturers Association), IEEE(Institute of Electrical and Electronic Engineers)와 같은 조직들을 구성하였는데, ISO(International Organization for Standardization)[2]는 이러한 조직들을 지원하는 총괄 단체라고 할 수 있다. 현재 ISO에서는 산업용 자동화기기의 생산자와 소비자를 대표하는 많은 회원 단체들이 참가하여 새로운 기술의 흐름에 의해 창출되는 문제에 대한 해결책으로서 표준화 작업을 진행시키고 있다.

표준화가 이루어지면 소비자들은 한 회사의 제품에만 제한을 받지 않고 자신의 욕구를 만족시키는 가장 최상의 제품을 여러 제조업체의 제품에서 그들 스스로 선택할 수 있게 된다. 또한 생산자도 표준화로 인해 다른 제조업체의 제품과도 쉽게 통합될 수 있기 때문에, 과거에 거래를 했던 소비자뿐 아니라 다른 업체의 제품을 사용했던 소비자와도 거래를 할 수 있으므로 잠재적 시장이 증가되는 혜택을 갖게

2) 국제 표준화 기구

된다.

ISO에서는 이러한 개방형시스템 접근법을 모든 산업의 모든 시스템에 적용 가능하도록 하는 작업을 수행하고 있으며, 연결성, 상호운용성, 이식성의 세 가지 주요 통신 목표를 갖고 많은 산업 표준안들을 채택해 오고 있다.

통신망에 연결된 컴퓨터는 적절하게 정의된 통신 규약을 사용하여야 한다. 여기서 규약이라 함은 통신 상호간의 여러 가지 규칙과 협정을 뜻한다. 그러나 서로 다른 컴퓨터상의 응용 프로그램이 서로 통신을 하는 작업은 너무 복잡하기 때문에 그 통신에 대한 규약을 하나의 계층으로만 정하는 것은 충분하지 못하다. 따라서 통신 규약을 만들기 이전에 통신작업을 정의하는 구조가 필요하게 되었다. 이것이 바로 계층구조인데 이 기법은 통신 기능을 수직적 계층으로 분할하여 각 계층별로 다른 시스템과 통신하는 데 필요한 각 계층 고유의 기능들을 수행하게 함으로써 각 계층은 다른 계층의 변화에 대해 영향을 받지 않도록 하는 장점을 가지고 있다.

ISO에서는 이런 구조를 만족시키기 위해서 1977년에 부위원회를 구성해서 각 계층을 정의하고 각 계층별로 수행하는 작업을 규정하는 작업을 수행하여 개방형 시스템간 상호접속(OSI : Open Systems Interconnection) 7계층 모델을 제정하였다. 다음 표에 개방형 시스템간 상호접속 7계층과 각 계층의 역할에 대해 간략히 정리하였다.

【표 1.2.1】 OSI 7계층 모델

계층	이 름	역 할
7	응 용 계 층	하위계층을 경유하여 사용되는 응용프로그램과 서비스 들을 포함하며 사용자와의 인터페이스를 하는 계층
6	표 현 계 층	통신 기기들 사이의 정보 표현의 일관성을 유지하는 서비스 제공
5	세 션 계 층	하위계층에 의해 연결이 구축된 후 데이터 교환을 제어
4	트랜스포트계층	신뢰성 있고 에러자유(error-free)한 데이터 전송 서비스 제공
3	네 트 워 크 계 층	통신망내의 통신노드들 사이의 정보 경로지정기능 제공

2	데이터 링크계층	에러검출, 보정, 데이터 및 어드레스의 전송과 물리적 매체를 엑세스하기 위한 기능 제공
1	물 리 계 층	물리적 매체를 통한 데이터의 송수신

이러한 개방형 시스템 간 상호접속 계층 모델의 어떤 한 계층이 수행하는 일은 바로 위에 존재하는 계층의 일을 지원하는 것이며, 반대로 바로 아래계층에 의해 지원을 받게 된다. 사용자로부터 모델의 가장 상위 계층으로 전달된 정보는 7계층을 아래로 통과한 후 네트워크를 통하여 상대방의 기기로 전달되며, 반대로 도착지의 기기에서는 정보가 모델의 가장 아래 계층부터 위로 7계층을 통과한 후 사용자에게 전달된다. 다음 그림은 이러한 과정을 보여주고 있는 그림이다.

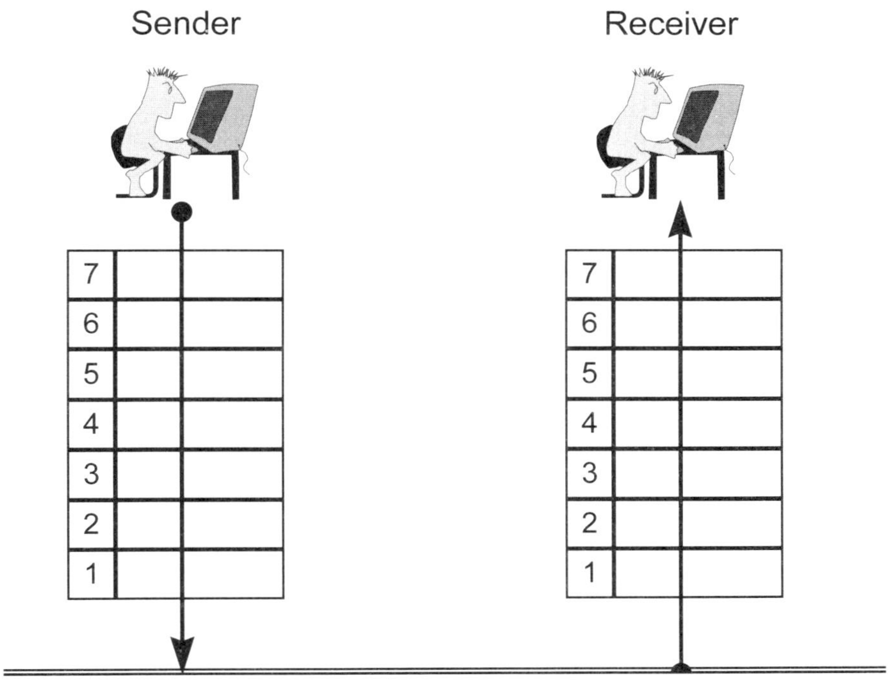

【그림 1.2.1】 OSI 모델에서 메시지 전달 과정

개방형 시스템간 상호접속모델은 각 계층에 서로 다른 많은 표준안으로 구성된다. 예를 들면 7계층은 결합제어 서비스 요소(ACSE : Association Control Service

Element), 파일전송·접근 및 관리(FTAM : File Transfer, Access and Management), JTM(Job Transfer and Manipulation), 가상단말기 서비스(VTS : Virtual Terminal Services), MMS를 포함하고 있고, 이와 비슷하게 개방형 시스템간 상호접속 모델의 다른 계층들도 그 계층의 목적에 부합되는, 다양한 국제 표준 단체의 많은 통신 표준안들을 포함하고 있다.

이상과 같이 본 장에서는 생산자동화 시스템 구축시 구성되는 자동화 기기들에 대해 알아보았고, 자동화 시스템에서 표준통신망의 위치와 필요성에 대해 간략히 설명하였다.

제 3 장

자동화에 필요한 메시지 규약과 표준접속

3.1 자동화에 필요한 메시지 규약

자동화 시스템을 구축할 때 각 기기간의 상호통신을 위해 메시지가 사용되는데 이러한 메시지는 그 내용에 있어서 일정한 규약을 가져야 한다. 공통의 규약이 정해져 있지 않으면, 상호 기기와의 통신은 어려워진다. 따라서, 메시지 규약은 시스템내에 구성되어 있는 로봇, 수치제어기(NC : Numerical Controller), 프로그램 가능 논리 제어기(PLC : Programmible Logic Controller) 등 각 기기들의 상호 통합에 필요한 내용들을 서술하게 된다. 즉, 독립적인 각 기기들을 하나의 시스템으로 통합하기 위해서는 시스템 구성을 위한 공통의 메시지에 대한 상호 규약을 작성하여야 한다. 이것은 시스템 통합에 있어서 핵심 부분이며, 또한 메시지 규약을 사용함으로써 통합이 쉽고, 시간이 절약되며, 비용의 감소를 얻을 수 있다. 이러한 이유로 인하여 자동화 관련 제조업체들은 공통의 표준 메시지 규약의 필요성을 인식하게 되었다. 여기서 나온 것이 생산 메시지 규약인 MMS(Manufacturing Message Specification)이다. 생산 메시지 규약인 MMS는 개방형 시스템간 상호접속(OSI : Open System Interconnection)의 7계층에 해당하는 응용계층(Application Layer)에 존재하는 표준응용프로그램 규약으로 로봇, 수치제어기, 프로그램 가능 논리 제어기, 공정제어(PC : Process Control) 등 자동화 시스템내의 각 기기들을 통합하기 위해 사용되는 공통의 표준 메시지 규약이다. 따라서 자동화 시스템내의 각 기기들은 표준 메시지 규약인 MMS를 사용함으로써 시스템 통합시 통신규약, 응용프로그램 등에서 발생하는 여러 가지 문제들을 해결할 수 있다. 또한 이러한 이유에서 MMS는 국제 표준 기구인 ISO(International Organization for Standardization)[3]에서 국제 표준규격(ISO/IEC 9506)으로 제정함으로써, 자동화 기기에서 통신상의 메시지 처리를 위한 국제표준을 제시하게 되었다.

MMS를 사용함으로써 얻어지는 이점은 다음과 같다.

- 프로그램 가능한 기기들 간의 향상된 통신기능 가능
- MMS의 국제적 표준에 의해 많은 사용자들이 이용 가능
- 생산기기의 제조업체에 대한 의존도 감소

3)국제 표준화 기구

- 설치비용과 유지 보수비 감소
- 응용 프로그램의 개발비용 감소
- 시스템 통합 편리성
- 응용 프로그램의 기기 이식 용이성
- 표준구조의 지속적인 개선

위에서 살펴본 표준 메시지 규약에는 시스템 통합시에 요구되는 메시지 통신 서비스(MMS 서비스)들을 포함하게 되는데 이러한 서비스에는 자동화 시스템내의 각 기기에 대한 상태를 나타내거나 기기에 관련된 프로그램의 올려 보내기(Uploading) / 내려받기(Downloading), 기기의 실행 제어 등 시스템 구축과 그 응용을 위한 내용들이 포함된다. 그 예로 다음에 MMS 서비스들을 열거한다.

- 통신연결관리 서비스
- 기기 정보관련 서비스
- 프로그램 올려 보내기 및 내려받기
- 동작관련 서비스
- 변수관련 서비스
- 공통 자원 운영관련 서비스
- 사건발생관련 서비스
- 단말기 조작관련 서비스
- 파일관련 서비스

이상과 같이 열거된 각 서비스들은 자동화 시스템 구축에 필요한 내용들을 담고 있으며, 이 서비스를 이용하여 구축에 관련된 응용프로그램을 구현하게 된다.

이렇게 자동화를 위해 요구되는 메시지의 규약은 다음과 같은 내용으로 구성되어야 한다.

- 자동화 구축을 위해 요구되는 기능 제공
- 자동화 설비 사이의 통신 프로토콜을 포괄적으로 서술
- 메시지 형태 정의
- 통신을 처리하는 절차 및 수행결과에 대한 내용

결론적으로 자동화 시스템 내에 구성되는 기기들을 통합, 통신망을 구축하기 위해서는 각 기기에 관계없이 공통으로 사용될 표준화된 메시지 규약이 요구된다. 이러한 공통의 메시지 규약을 정함으로써 자동화 시스템 구축이 용이해진다. 또한 메시지 규약에는 시스템 통신망 구현에 요구되는 사항들이 포함된다. 그렇다면, 이러한 공통의 메시지 규약에는 어떤 것을 포함시키는지 4.2절에서 자세히 알아본다.

3.2 자동화에 필요한 표준 API

자동화를 위한 메시지에는 시스템 구축을 위해 요구되는 통신 서비스들이 존재한다는 것을 4.1절에서 언급하였다. 하지만, 통신프로토콜이나 서비스가 정해진 규약에 따라 구현되어 있어도 실제 응용에 있어서는 다양한 방법이 존재할 수 있게 된다. 공통의 통신규약을 정해 사용하더라도 응용시 다양한 관계성으로 인해 시스템 구축이 매번 새로운 작업이 필요하게 된다. 자동화시스템의 응용을 대상으로 하는 대표적인 것으로 MMS가 있지만 이것의 응용인터페이스는 매우 다양하게 존재한다. 사용자의 편의를 위해 만들어진 통신규약과 많은 서비스는 오히려 그 응용의 다양성을 제시하게 되었고, 사용자는 복잡한 규약을 숙지하는 데 많은 시간을 들이게 되었다. 결국 사용자들이 쉽고 편하게 사용할 수 없다는 단점을 지니게 되었다. 따라서, 표준 API(Application Program Interface)는 자동화시스템의 응용 프로그램 개발자들이 표준화된 통신망에서 쉽게 응용 프로그램을 개발할 수 있는 환경을 제공하는데 그 목적이 있다. 그러므로, 표준 API는 다음과 같은 기능을 만족하여야 한다.

- 다양한 응용 프로그램에서 사용할 수 있는 표준적인 인터페이스 제공
- 사용자의 쉬운 통신 서비스 구현

표준적인 인터페이스는 자동화시스템 통신망에 관계없이 표준API의 사양만 갖춘다면 그 응용을 쉽게 구현할 수 있게 된다는 의미이며, 편리한 통신 서비스의 구현은 응용프로그램 개발자들이 표준 API를 통해 쉽게 통신서비스를 제공받을 수 있어야 한다는 것이다. 결론적으로 표준 API는 자동화시스템의 응용프로그램 개발을 위해 사용하기 쉽고 표준적인 연결방법을 제공하는데 그 목적이 있다.

자동화시스템에서 요구되는 응용은 기기의 실행, 프로그램 올려 보내기/내려받기, 각 기기의 상태확인 등이다. 이러한 서비스의 사용은 미리 정해진 규약에 따라 수행되는데, 로봇, 프로그램 가능 논리 제어기, 수치제어기, 운영제어 컴퓨터로 구현된 자동화 시스템의 경우에 대해 알아보자.

운영제어 컴퓨터가 각 기기(로봇, 프로그램 가능 논리 제어기, 수치제어기)에게 동작을 실행시키려면 【그림 1.4.1】 과 같이 각 기기로 메시지를 보내게 된다.

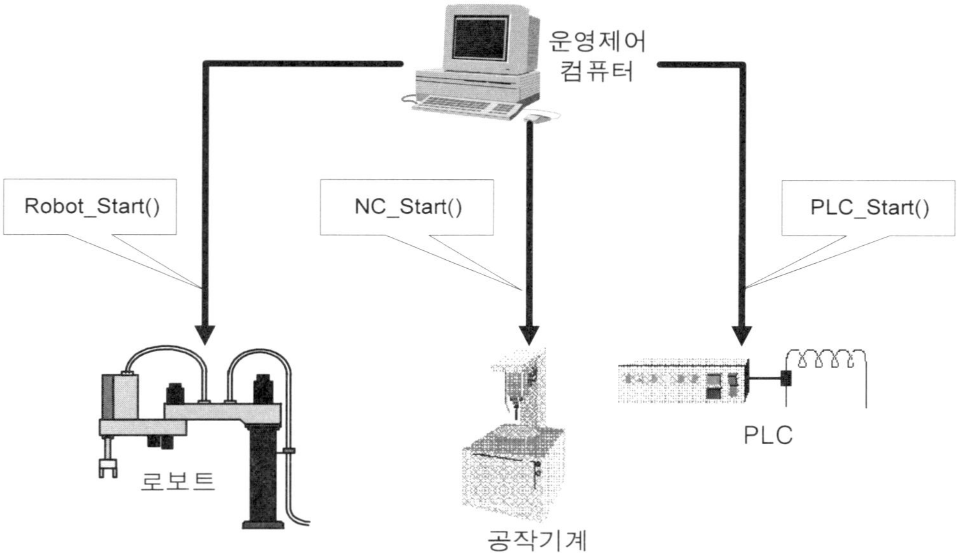

【그림 1.3.1】 MMS 서비스를 이용한 기기 실행

이때 메시지를 수신받는 각 기기는 정해진 규약에 의해 메시지의 내용을 인식하고, 그 내용에 따라 동작한다. 즉, 로봇을 실행시키려면 운영제어 컴퓨터는 Robot_Start()라는 함수(메시지, 서비스)를 사용하여 정해진 규약에 따라 로봇으로 메시지를 전송시키면 이 메시지를 수신받은 로봇은 그 내용에 따라 동작하게 된다. 수치제어기, 프로그램 가능 논리 제어기도 각각 NC_Start(), PLC_Start()라는 함수를 사용하면 각 기기를 동작시킬 수 있게 된다.

▶ **로봇의 예**

```
main()                  ---->  응용 프로그램 함수
{
...
Robot_Start();
...
}

Robot_Start()           ---->  기기 실행 함수
{
   ...
```

```
Device_Start();          ---->   MMS함수(기기종류에 상관없이 사용)
...
}
```

하지만, 위의 예에서 메시지 규약이 정해져 있더라도 각 기기마다 서로 다른 함수(Robot_Start(), NC_Start(), PLC_Start())를 사용하게 된다면, 각 기기에 의존되는 고유의 응용프로그램이 독립적으로 존재하게 된다. 즉, 로봇에는 로봇만이 사용할 수 있는 고유의 응용 프로그램이 존재하고 이러한 로봇전용 응용 프로그램은 다른 기기에 사용할 수 없는 상황이 된다. 이러한 문제는 어떤 기기에 형태나 종류에 관계없이 사용할 수 있는 공통의 표준 응용프로그램을 만들어 사용하게 된다면 해결될 수 있다. 이러한 이유로 대두된 것이 표준 API이다. 이것은 정해진 규약과 공통의 표준화된 응용 프로그램 함수를 사용함으로써 각 기기에 독립적인 응용 프로그램 구현시 발생하는 문제를 해결할 수 있게 된다. 국제적으로도 국제표준기구를 활용, 그 내용에 대해 국제표준규격으로의 제정에 노력하고 있는 실정이다. 따라서, 공통된 표준 API를 사용하여 응용 프로그램을 작성한다면 임의의 기기에 상관없이 그 응용 프로그램의 이식성이 높아지며, 노력과 비용의 절감을 얻을 수 있게 된다. 다음에 표준 API를 사용한 로봇의 실행 응용 프로그램을 보인다.

▶ **로봇의 예**

```
main()
{
...
Start();
...
}

Start()                         ---->   실행 표준 API 함수
{
...
Device_Start();                 ---->   MMS 함수
...
}
```

위의 프로그램 예에서 Start()라는 함수가 바로 표준 API에 해당된다. 이렇게 Start()라는 표준 API를 사용함으로써 자동화 시스템 내에 구성되어 있는 어떤 기기라도 관계없이 응용 프로그램 작성에 있어서 통일된 형태의 응용 프로그램을 만들 수 있게 되며, 다른 기기로의 응용 프로그램 이식성을 높일 수 있게 된다. 따라서, 각 기기의 응용 프로그램 작성자는 공통된 표준 함수(표준 API)를 마치 C 프로그램의 라이브러리처럼 자신의 응용 프로그램에 삽입하여 작성함으로써 시스템 내의 메시지를 처리하는 응용 프로그램 구현이 쉽게 이루어진다. 즉, 로봇에 사용되었던 응용 프로그램을 다른 기기(수치제어기, 프로그램 가능 논리 제어기 등)에 쉽게 이식할 수 있다는 것이다. 이러한 표준 함수들에는 자동화 시스템에서 사용할 수 있는 다양한 기능을 함수로 작성하여 제공하는데 위의 예처럼 기기의 실행은 Start(), 기기의 상태확인은 Status(), 기기로의 프로그램 올려 보내기/내려받기는 Upload()/Download() 등이 있게 된다.

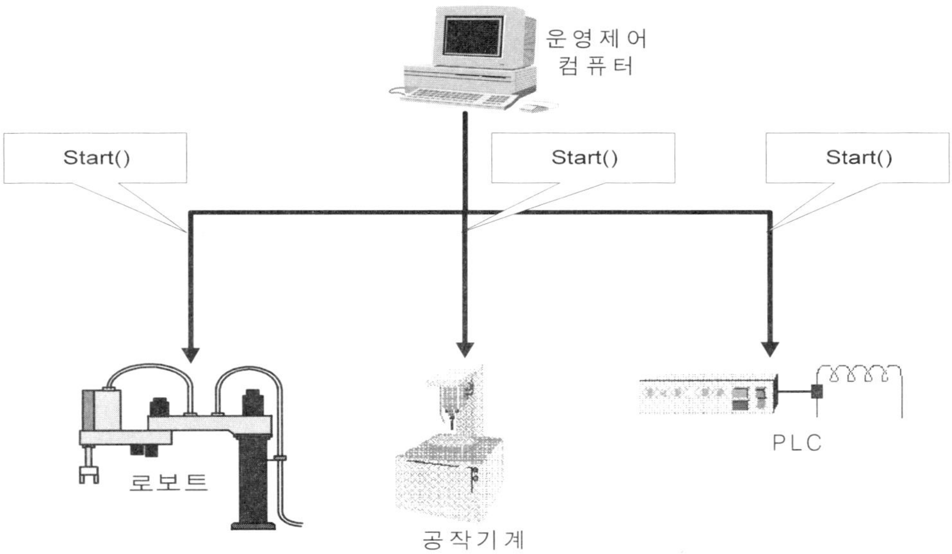

【그림 1.3.2】

본 장에서는 자동화 시스템을 위한 표준 메시지 규약과 이 메시지 규약을 이용한 표준 함수(표준 API)의 필요성과 중요성에 대해 설명하였다. 5장에서는 메시지 규약과 표준 API에 대해 MMS와 MMSI(MMS Interface)를 통해 좀더 자세히 알아본다.

제 4 장

MMS와 MMSI의 탄생

인류의 출연 이래 인간은 서로 떨어져 있는 상대와 통신을 하기 위해 다양한 방법을 사용하였다. 초기에는 불이나, 자연의 소리 등을 이용한 원시적인 방법부터 최근에는 위성을 이용한 위성통신까지 인류의 통신방법은 끊임없이 발전되었다. 이러한 통신기술의 발전과 더불어 통신기술을 자동화 시스템에 접목시키려는 노력이 요구되었다. 따라서, 본 장에서는 통신을 자동화 시스템에 적용시킬 때 발생되는 문제와 자동화 시스템에서 통신망의 필요성에 대한 내용을 서술한다.

4.1 MMS가 탄생하기까지의 여로와 의미

1980년대 들어서면서 제조업체들은 자신의 공장에 대해 컴퓨터 통합 생산공정(CIM : Computer Integrated Manufacturing)을 추진하게 되었다. 이러한 컴퓨터 통합 생산공정을 구축하면서 발생한 문제가 서로 다른 장치, 즉 이기종간의 상호 연결시 그 비용과 기술이 필요하게 되었다. 따라서, 이러한 문제를 해결하기 위해 통합이 쉽고, 시간이 절약되는 공통의 통신규약이 요구되었고 이로 인해 탄생한 것이 바로 MMS(Manufacturing Message Specification)이다. MMS는 1980년에 미국의 GM (General Motors)사에서 컴퓨터 통합 생산공정을 자신들의 공장에 적용하기 위해 작업이 시작되었다. GM사가 자동차 조립라인을 구축할 때 조립라인 시스템에 사용되는 기기들이 많았고, 사용된 기기들의 생산업체가 다양하게 구성되었다. 이렇게 다양하고, 생산업체도 다른 기기들을 조립라인에 통합시키는 과정에서 시스템 통합 담당자는 그 어려움에 직면하게 되었다. 그것은 각 기기마다 고유한 통신 프로토콜을 사용하기 때문에 이들 기기들을 상호연결하여 시스템을 통합하기란 쉬운 일이 아니었기 때문이다. 이러한 문제를 해결하는 방안으로 각 기기의 통신 프로토콜을 표준화하여 공통된 통신사양을 제시하고, 그 사양에 따름으로써 기기에 관계없이 시스템 통합이 쉽게 이루어질 수 있게 하는 것이었다. 이러한 작업을 위해 사용되는 통신규약은 개방형 시스템간 상호접속(OSI : Open System Interconnection) 참조모델(Reference Model)의 7계층을 기초로 하여 표준화된 개념을 도입하였다.

이렇게 제시된 공통의 표준통신망이 바로 MAP(Manufacturing Automaion Protocol)이었고, 이 MAP의 응용프로그램에 해당되는 것이 MMS였다. GM사에서 MAP을 제시한 이래 계속적인 수정을 거쳐 1988년에 MAP 3.0이 발표되었다. 그 후, MMS는 국제표준기구인 ISO(International Organization for Standardization)[4]에서 국제표준으로 2003년에 최종 확정됨으로써 자동화 공장의 생산환경에서 사용되는 공통의 통신규약으로 인식되었다.

4) 국제 표준화 기구

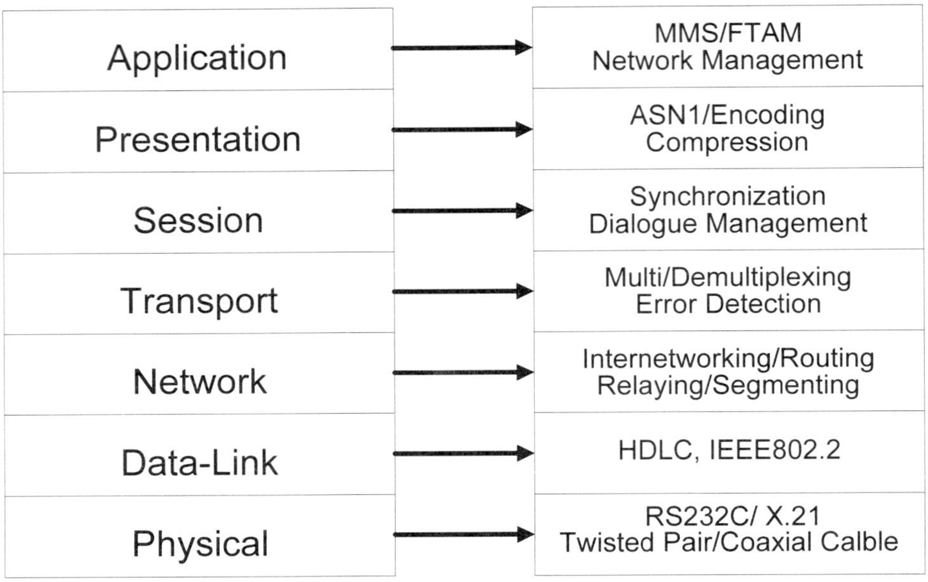

【그림 1.4.1】 OSI 7계층과 MMS 기반의 통신망 계층

MMS의 표준화 과정을 살펴보면 1988년에 MAP Ver3.0이 발표되었고 여기서 MMS가 MAP의 응용계층으로 정의되었다. 그해 MMS의 최종판을 완성하였으며, 1989년에 EIA RS-511로 출판되었다. 1990년에는 국제표준기구인 ISO에서 ISO /IEC 9506이라는 규격으로 완성되었으며 이 규격을 Part1, 2로 확정하였다. MMS는 생산 자동화용의 유일한 개방형 시스템 간 상호접속 응용계층 규약이 되었으며, 1990년 중반 이후에 특정 자동화기기(로봇, 프로그램 가능 논리 제어기(PLC : Programmible Logic Controller)), 컴퓨터 수치 제어기(CNC : Computerized Numerical Controller) 등에 대한 표준 통신 규격 구현을 제시한 부가표준안(CS : Companion Standard)도 발표되었다. 이러한 표준화된 자동화 시스템용 통신 응용 프로그램인 MMS를 사용함으로써 프로그램 가능한 기기간의 통신을 향상시켰고, MMS의 국제 표준제정에 의해 많은 사용자들이 이용하게 되었다. 최종 개정안은 2000년 이후에도 계속 진행되고 있다.

자동화 시스템 구현시 생산기기의 제조업체에 대한 의존도가 감소되었으며, 설치비용과 유지보수비의 절감을 가져왔다. 응용 소프트웨어의 개발비용의 감소, 시스템 통합의 편리성, 기기에 대한 응용 프로그램 이식의 편리성, 중소업체의 자동화기기 제작기술의 발전, 표준 구조의 지속적인 개선이 이루어졌다.

【표 1.4.1】 MMS를 사용함으로써 얻어지는 장·단점

장 점	단 점
• 제조기기의 향상된 통신 가능 • 국제적인 표준에 의한 사용자의 증가 가능 • 생산기기의 제조업체에 대한 의존도 감소 • 설치비용과 유지보수비의 감소 • 응용 소프트웨어의 개발비용 감소 • 시스템 통합의 편리성 • 응용 프로그램의 편리한 이식성 • 중소업체의 자동화기기 제작기술 발전 • 국제표준으로 표준구조의 지속적인 개선	• 상대적인 제품종류의 적음 • 제한된 숙련성과 구현경험 요구 • 적합성 문제에 대한 확증이 부족 • 표준화된 응용계층 접속이 부족 • 단기적인 비용은 상승가능 • 특정응용분야에서 자사고유의 통신규약이 MMS를 능가 가능 • 기존장비에 응용시 비용상승 가능

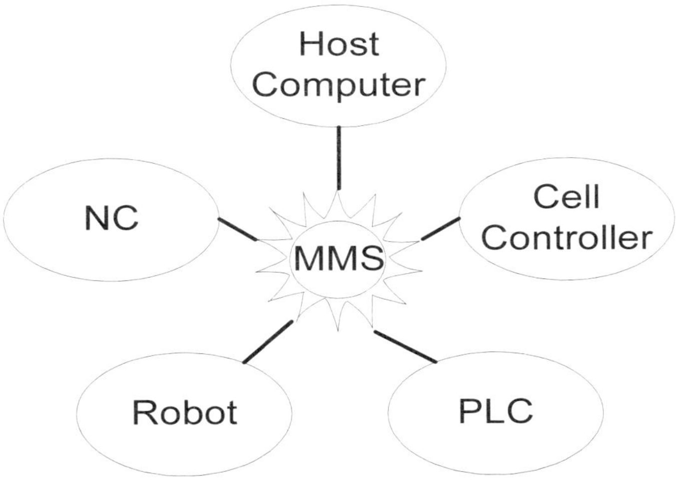

【그림 1.4.2】 MMS를 이용한 이종기기 연결

다음 그림은 자동화 시스템 통신망 구축시 MMS를 사용할 때와 안했을 때를 잠정적으로 비교한 것이다.

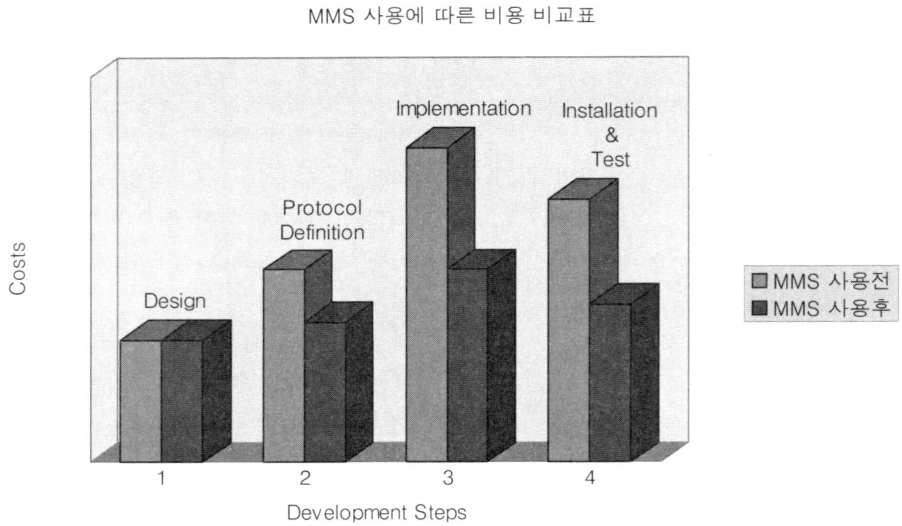

【그림 1.4.3】 MMS 사용에 따른 비용 비교표

MMS에서 가장 중요한 개념은 가상 생산 장비(VMD : Virtual Manufacturing Device)라는 것이다. 가상 생산 장비는 서버(Server)로 동작되는 자동화 기기가 클라이언트(Client)로 동작되는 기기에서 보이는 기기의 기능성에 대한 가상의 모형이 된다. 즉, 공작기계와 컴퓨터가 상호 통신할 때 컴퓨터에서 공작기계의 특정서비스(예 냉각수 상태)를 요구할 때 서버는 공작기계가 되며 클라이언트는 컴퓨터가 된다. 이때 공작기계와 컴퓨터 사이에는 가상 생산 장비라는 것이 존재하여 컴퓨터가 서비스 요구시 공작기계를 직접 접속하는 것이 아니라 가상 생산 장비라는 가상의 모형을 접속하여 그 서비스에 대한 내용을 얻게 되는 것이다. 이러한 결과를 얻으려면, 가상 생산 장비가 공작기계에 존재하여야 하고 가상 생산 장비는 실제기기인 공작기계에 연결되어 공작기계의 기능 및 정보를 공유하고 있어야 한다는 것을 알 수 있다. 이러한 가상 생산 장비는 표준의 규약으로 정의되어 있어서 어떠한 응용 프로그램이든지 혹은 자동화 기기든지 상관없이 클라이언트와 서버의 기능을 동시에 구현할 수 있다. MMS 서버를 구현하게 되면 반드시 가상 생산 장비를 만들어 여기에 실제 기기의 기능에 대응하는 방법을 제시, 제공하여야 한다. 이것은 MMS를 지원하는 기능을 가진 자동화기기 생산업체에서 담당해야 되는 것으로, 이러한 기기를 이용하는 시스템 통합자는 표준 규약에 의해 정의된 기기의 가상 생산 장비를 이용하여 통신망을 구현하게 된다.

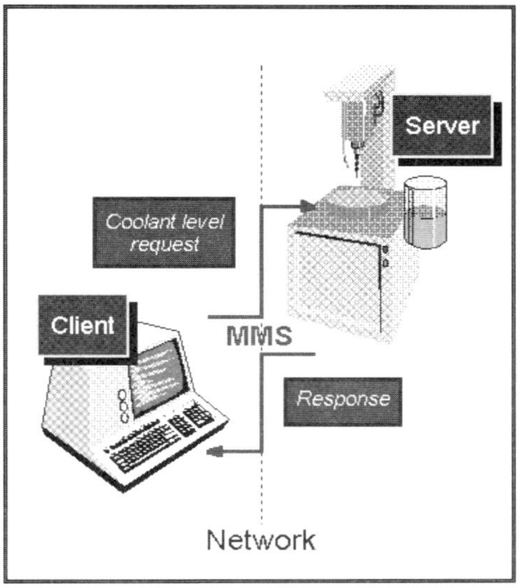

【그림 1.4.4】 Server와 Client 관계

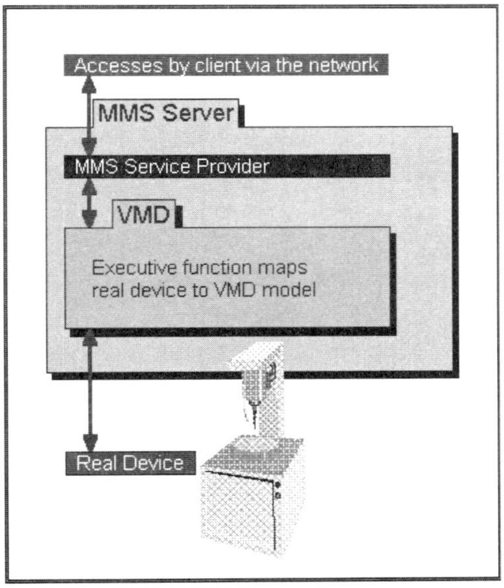

【그림 1.4.5】 Client 요구에 대한 Server의 응답

MMS는 다음에 열거하듯이 자동화시스템의 통신망에 필요한 대부분의 기능을

제공하는 서비스들을 포함하고 있다. MMS 서비스는 총 10개의 그룹으로 이루어진 86가지의 서비스를 제공하고 있다. 이들 서비스들의 내용을 살펴보면 MMS가 자동화 시스템에서 요구되는 대부분의 기능을 제공하고 있다는 것을 알 수 있다.

【표 1.4.2】 MMS와 C언어와의 비교 예

서비스 그룹	서비스 개수
환경 및 일반관리(Environment & Gerneral Management)	5
가상생산장비 지원(VMD Support)	6
영역관리(Domain Management)	12
프로그램 기동 관리(Program Invocation Management)	8
변수접근(Variable Access)	14
세마포어 관리(Semaphore Management)	7
조작자 통신(Operator Communication)	2
사건 관리(Event Management)	19
저널 관리(Journal Management)	6
파일 접근(File Access) - 참고사양	7

위에서 열거한 MMS의 각 서비스군에 대해 그 내용을 간략히 소개하면 다음과 같다.

▶ 환경 및 일반관리 서비스

환경 및 일반 관리 서비스는 클라이언트와 서버 간 통신의 연결 초기화, 종결, 강제종료, 취소, 그리고 거부 서비스를 포함하고 있다.

▶ 가상 생산 장비 지원 서비스

가상 생산 장비 지원 서비스는 가상 생산 장비의 상태, 자원의 목록 얻기, 식별, 자원의 이름 바꾸기, 기능성의 목록 얻기 서비스를 포함한다.

▶ 영역 관리 서비스

영역은 특별한 목적에 사용되는 가상생산장비의 자원을 나타내는 것으로서 주로 특정 메모리 영역을 표현하는 경우가 많다. 예를 들면 로봇의 팔의 위치를 어떤 지점에서 또 다른 특정 지점으로 이동시키는 동작 프로그램을 저장하는 메모리의 버퍼를 영역으로 표현한다. 이러한 영역은 "PROGRAM_A"와 같은 이름을 가질 수도 있다. 이러한 동작 프로그램은 로봇이 자체적으로 가지고 있을 수도 있고 제어 컴퓨터로부터 내려받을(Download) 수도 있다. 또한, 프로그램 가능 논리 제어기의 어떤 메모리영역은 "LOG_DATA"라는 이름을 가지고 과거 1분 동안 특정 입력점의 값을 읽어서 보관하고 있다고 한다면, 그 내용을 1분에 한 번씩 제어컴퓨터에 올려주기(Upload)할 수도 있다. 이러한 영역은 하나의 가상 생산 장비 내에 여러 개가 존재할 수 있으며 이름으로써 구분된다.

영역관리 서비스 군은 기기의 가상 생산 장비에 어떤 메모리 영역 또는 자원에 이름을 붙이고 그 영역에 프로그램 또는 데이터를 내려주고, 올려 받는 서비스들을 포함한다.

▶ 프로그램 기동 관리 서비스

프로그램 기동은 서버기기를 실제로 동작시키기 위한 서비스이다. 서버기기는 가상 생산기기를 통해 제어되고 동작된다. 서버기기가 다중작업 환경에서 동작을 수행하는 경우에도 각 작업별로 제어할 수 있다. 프로그램 기동은 MMS 서비스를 통해 서버 기기의 가상 생산기기에 생성될 수도 있고 서버기기의 제작자에 의해 미리 정의되어 있을 수도 있다.

프로그램 기동은 영역들의 집합으로 구성되는데 수행에 필요한 제어 정보를 함께 포함한다.

▶ 변수 접근 서비스

MMS는 통신망을 통하여 다양하고 유연성 있는 방법으로 데이터를 전달하는 구조를 가지고 있다. 데이터는 하나의 단순한 정수 또는 실수값으로부터 배열과 복잡한 자료구조에 이르기까지 다양한 종류가 있는데, MMS는 이러한 모든 종류의 데이터를 정의하고 송수신할 수 있게 한다.

데이터의 송수신은 변수 접근을 지원하는 서비스들로 이루어진다.

MMS의 변수 접근 방법은 이름이 있거나 이름이 없는 객체에 대한 접근방법과 이름이 있는 객체의 리스트에 대한 접근방법을 포함하고 있다.

MMS는 변수의 형태도 하나의 객체로 취급함으로서 별도의 이름을 가지는 객체로서 유지한다. MMS의 변수는 정수, 불리안(Boolean), 실수, 문자열 등 단순한 형태부터 배열이나 구조체에 해당하는 복잡한 형식의 변수를 모두 취급할 수 있게 한다. MMS의 변수 서비스는 한번의 서비스를 통하여 여러 개의 변수를 한꺼번에 읽고 쓸 수 있으며, 큰 배열이나 복잡한 자료구조의 데이터도 접근이 가능하다. 또한, 변수의 타입을 변화하여 자신의 목적에 맞게 지정하는 것도 가능하다.

▶ 세마포어 관리 서비스

세마포어 관리 서비스는 MMS 사용자 간에 공유되는 자원들의 동기(synchronization), 제어(control), 조정(coordination)을 가능하게 하는 서비스이다. 세마포어는 가상 생산 장비 한정(VMD-specific) 또는 영역 한정(Domain-specific) 이름에 의해 참조된다. 미리 정의될 수도 있고, 영역의 생성에 의해 정의되거나 세마포어 정의 서비스에 의해 정의될 수도 있다.

세마포어는 MMS 사용자에 의해 가상 생산 장비의 특정한 부분집합에 대한 접근을 제어하기 위하여 사용되거나 원격 응용을 동기 시키기 위하여 사용될 수 있다. 그런데, 가상생산장비는 세마포어에 의해 특정한 부분집합이 보호되도록 할 수 없으며, 주어진 응용에서의 세마포어의 이용에 관한 규칙은 사용자 응용 사이에서 동의되어야 한다.

MMS는 두 가지 유형의 세마포어를 관리하는 능력을 제공한다. 단일 소유자나 다중 사용자를 허용하는 토큰 세마포어(token semaphore), 이름 있는 토큰의 동적 또는 명시적 할당을 허용하는 풀 세마포어(pool semaphore)이다. 응용할 때는 타임아웃을 사용하여 교착상태를 방지할 수 있다. 응답하는 MMS 사용자의 경우는 세마포어 제어를 얻기 위해 사용되는 서비스 프리미티프의 매개변수를 제공하고 요구하는 MMS사용자의 경우는 계류중인 요구를 취소한다.

▶ 조작자 통신 서비스

조작자 통신 서비스는 데이터, 데이터의 엔트리 또는 둘 다의 출력을 허용하는 교환부와 통신하는 동작체계를 제공한다. 조작자 통신 서비스는 입력(Input), 출력(Output) 서비스 두 가지이다. MMS 조작자 통신 서비스는 제한적이고 간단하도록 제안되었다. 개방시스템상호접속 환경에서 광범위한 출력관리를 포함하는 일반 가상단말기의 능력들은 보통 각각 ISO 9040과 ISO 9041에 정의된, ISO 가상단말기 서비스와 규약을 통해 제공되기 때문이다. 따라서 일반 조작자 통신 기능을 요구하는 시스템은 MMS 조작자 통신 서비스 대신 가상단말기 서비스를 이용해야 한다.

▶ 사건 관리 서비스

사건 관리 서비스는 가상 생산 장비에서 클라이언트 MMS 사용자로 하여금 사건 객체들을 정의, 관리하고 사건의 발생보고를 알 수 있도록 편의를 제공한다.

▶ 저널 관리 서비스

저널 관리 서비스의 목적은 시간적 순서로 정보들을 저장하고 불러내는 기능을 제공하는 것이다. 이러한 정보들은 사건들과, 사건에 관련된 중요한 변수들의 내용, 그리고 설명 및 조작자의 관측을 기록한 문자열 등이 될 수 있다.

▶ 파일접근 서비스

MMS 파일 관리 서비스는 제어 장비들과 파일 서버들에 있는 파일 저장소로부터 제어 프로그램과 데이터들을 포함하고 있는 파일들을 읽기 위한 그리고 파일의 이름들과 속성들을 열거하고, 파일들을 이름 바꾸기 하고, 삭제하여 파일저장소를 관리하기 위한 필요한 기능들을 제공한다.

위와 같이 MMS는 자동화 통신에 필요한 매우 다양한 기능의 서비스를 제공하고 있다. 하지만, 이러한 서비스들이 존재하더라도 이 서비스를 이용하여 그 응용을 하는 개발자들에 따라 매우 다양한 응용프로그램의 구현이 가능해진다. 이것은 MMS의 장점중 하나인 기기간 이식성의 용이함을 부각시키지 못할 수 있게 된다. 그 이유는 개발자가 비록 표준화된 통신 서비스인 MMS 서비스를 사용한다 하더라도 그 서비스를 이용한 응용프로그램이 개발자에 따라 고유해짐으로써 상호이식성이 낮아지게 된다는 것이다.

4.2 MMS만을 자동화에 적용할 때의 어려운 점

앞에서 설명된 MMS는 단지 ISO/IEC 9506에서 규정한 규약이기 때문에 각 제조업체 및 개발자들은 이 MMS에서 제공하는 서비스를 이용하여 응용 프로그램을 구현할 때 다양한 방법으로 구현할 수 있게 된다. 이것은 비록 표준을 따르는 MMS를 사용한다하더라도 그것을 이용할 때 상이한 응용 계층의 상호 인터페이스를 가질 수 있게 된다는 것을 나타낸다. 따라서, 이러한 문제를 해결하기 위해서 서로 통일된 형태로 동작할 수 있는 공통의 응용계층 인터페이스가 필요하게 되었으며, 이는 응용 프로그램 이식성의 효율을 높일 수 있고, 새로운 응용 프로그램을 구현하는데 있어서 그 노력을 최소화시키는 것이 필요하게 되었다. 이러한 문제를 해결하고자 나온 것이 MMSI(MMS Interface)라는 표준 API(Application Programming Interface)이다. 응용 계층에서 표준 규약인 MMS를 이용하고, 이 MMS를 이용하는 측면에서 공통의 상호 인터페이스를 위한 표준 API를 둠으로써 개발자는 표준 API의 라이브러리를 사용하여 응용 프로그램을 작성하게 된다. 이렇게 개발된 응용 프로그램은 각 기기간의 상호 이식성이 좋아지게 되고, 임의의 기기에 관계없이 응용 프로그램을 사용할 수 있다는 장점을 지니게 된다. 표준 API인 MMSI는 다양한 응용계층의 위에 위치하는 표준적인 인터페이스를 정함으로써 네트워크에 상관없이 표준 API의 기준사양에만 맞춘다면 응용 프로세서를 쉽게 구성할 수 있게 된다. 이것은 사용자가 통신 서비스를 쉽게 사용할 수 있도록 해준다. MMS와 같은 응용 계층의 경우 매우 다양하고 광범위한 기능을 제공하고 있으므로 그 구성과 동작이 매우 복잡하여 익숙하게 사용하는 데 많은 어려움이 따르고, 사용자의 경우 스스로 인터페이스 환경을 조성해야 한다. 이러한 문제들을 해결하기 위해서 표준적인 연결 방법을 제시한 것이 바로 MMSI이다. MMSI의 사용은 우리가 사용하고 있는 C언어의 라이브러리와 같다고 생각하면 된다. 즉, C언어로 프로그램을 작성할 때 C언어에서 제공하는 라이브러리를 사용하게 된다. 이와 같이 MMS를 사용할 때도 라이브러리화 되어있는 MMSI의 함수들을 사용함으로써 쉽게 그 응용 프로그램을 구현할 수 있다. 따라서, 개발자는 MMS의 내용이나 그 이하의 내용에 관하여 자세히 모르더라도 쉽게 MMS를 사용할 수 있게 된다.

【표 1.4.3】 MMS와 C언어와의 비교 예

	기기동작 응용프로그램 (MMS 사용)	화면출력 응용프로그램 (C언어 사용)
응용프로그램	main()	main()
호출함수 (MMSI/C-Lib)	Start()	printf()
실제함수내용 (MMS/C-Func.)	Device_start() 하위층 인터페이스	그래픽카드 인터페이스

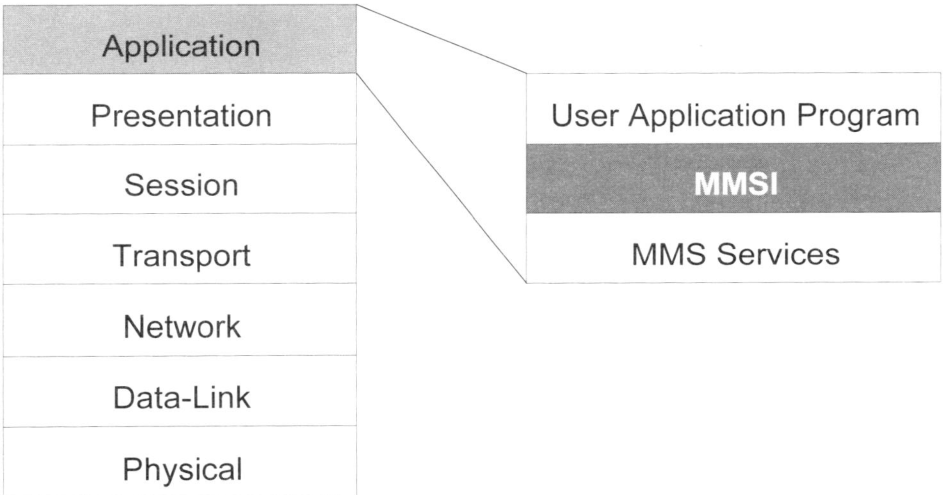

【그림 1.4.5】 응용층의 실제 구조

따라서, 통신망 구축에 있어 응용층에는【그림 1.4.5】와 같이 시스템 응용 프로그램과 MMSI, MMS가 존재하게 된다.

【그림 1.4.6】은 작업 제어 컴퓨터와 작업 기기인 로봇간의 통신을 나타낸 것으로 작업 제어 컴퓨터의 응용 프로그램을 통해 서비스를 요구할 때 미리 표준하여 정해진 MMSI 함수를 사용하여 요구하게 된다. 또한 서비스를 제공하는 로봇 쪽에서도 MMSI 함수를 통해 서비스를 인지하게 된다. 이 그림을 통해 알 수 있듯이 자동화 시스템내에 구성되어 있는 각 기기들이 공통의 MMS 인터페이스를 사

용함으로써 MMS와 응용프로그램과의 연계성을 쉽게 구현할 수 있고, 통신개발자는 그 응용을 편리하게 사용할 수 있다.

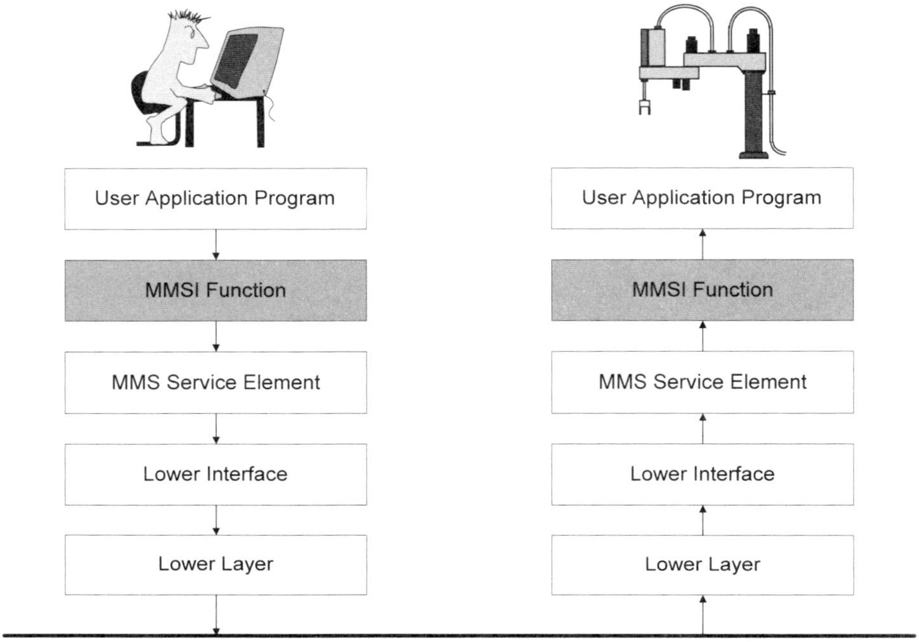

【그림 1.4.6】 작업관리 컴퓨터와 로봇간의 통신예

4.3 MMSI의 의미와 자동화 응용 프로그램의 구현

MMSI는 일종의 C 라이브러리 형태로써 사용자는 응용 프로그램을 구현할 때 이 라이브러리들의 함수를 호출하여 응용프로그램에 링크해서 사용하면 쉽게 구현할 수 있게 된다. 따라서, 이러한 공통의 라이브러리 이용은 자동화 시스템을 구축하는 개발자가 시스템 내의 각 기기에 대해 각각 독립적으로 존재하더라도 그 응용 프로그램에서 사용하는 라이브러리 함수의 호출과 사용이 동일하기 때문에 상호 이식성이 좋게 된다. 앞에서 예를 들어 보였던 C프로그램을 다시 살펴보자.

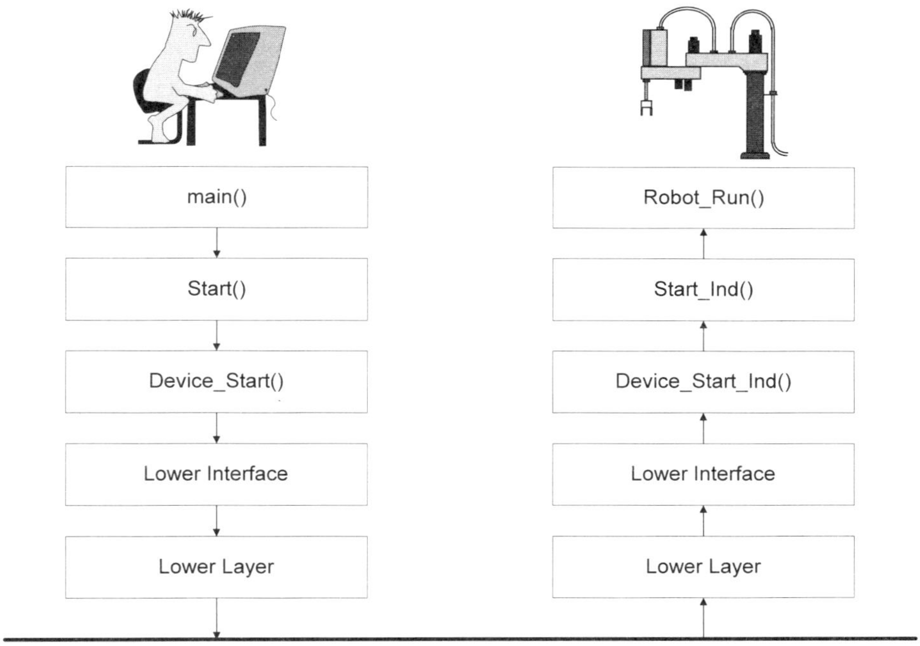

▶ **로봇의 예**

```
main()
{
char *Exe_Pg_Name;              ----> 동작프로그램이름 사용변수
...
```

```
strcpy(Exe_Pg_Name, "Robot1"); ----> 동작프로그램 Robot1을
                                       변수에 할당
Start(Exe_Pg_Name);            ----> 기기동작 MMSI 함수호출
...
}

void Start(char *Exe_Pg_Name)  ----> 기기동작 MMSI 함수
{
...
Device_Start(Exe_Pg_Name);     ----> 기기동작 MMS 함수호출
}
```

위의 예제 프로그램은 기기제어 컴퓨터와 로봇간의 통신프로그램의 예제로써 로봇내에 있는 "Robot1"이라는 로봇 실행 프로그램을 구동시켜 로봇을 동작시키는 응용 프로그램이다. 이 프로그램에서 변수 "Exe_Pg_Name"이라는 문자열 변수를 통해 로봇의 구동프로그램을 선택, 실행하게 된다. 또한 함수 "Device_Start()"는 기기의 실행프로그램을 문자열 매개변수로 입력받아 그 내용에 의해 기기를 구동하는 MMS함수에 의해 MMS를 통한 로봇의 실행 프로그램이 이루어진다. 여기서, 함수 "Start()"는 표준 API함수 즉, MMSI로 자동화 시스템 구현시 이 표준 API함수를 사용하여 그 응용 프로그램을 구현할 때 어떤 기기에 상관없이 기기의 실행을 원할 때는 이 함수를 사용하면 쉽게 그 결과를 얻게 된다. 즉, 로봇, 프로그램 가능 논리 제어기, 컴퓨터 수치 제어기 등에 관계없이 단지 "Exe_Pg_Name" 변수만을 조작함으로써 기기의 실행을 수행시킬 수 있다는 것이다. 이러한 결과는 로봇에서 개발된 통신 응용 프로그램을 프로그램 가능 논리 제어기나 컴퓨터 수치 제어기에 약간의 수정을 통해 쉽게 이식하여 바로 사용할 수 있다는 것이다. 이것은 자동화 시스템 구현에 있어서 시스템 통합 측면에서 본다면 매우 효율적인 내용으로 개발된 응용 프로그램을 이용하여 시스템 내의 기기에 상관없이 쉽게 사용할 수 있다는 것이다. 따라서, 표준화된 MMS 인터페이스의 사용은 매우 중요하다고 볼 수 있다.

다음 예제 프로그램에서 프로그램 가능 논리 제어기에서는 "PLC1"이라는 프로그램 가능 논리 제어기 구동 프로그램을, 컴퓨터 수치 제어기의 경우는 "CNC1"이라는 컴퓨터 수치 제어기 구동 프로그램을 문자열 변수 "Exe_Pg_Name"을 이용한

표준 API함수인 “Start()”를 사용함으로써 로봇에서 사용하던 응용 프로그램을 타 기기에서 쉽게 사용할 수 있음을 알 수 있다.

▶ PLC의 예

```
main()
{
char *Exe_Pg_Name;
...
strcpy(Exe_Pg_Name, “PLC1” );      ---->   PLC기기의 동작프로그램 이름
Start(Exe_Pg_Name);
...
}

void Start(char *Exe_Pg_Name)      ---->   기기동작 MMSI 함수
{
...
Device_Start(Exe_Pg_Name);         ---->   기기동작 MMS 함수호출
...
}
```

▶ CNC의 예

```
main()
{
char *Exe_Pg_Name;
...
strcpy(Exe_Pg_Name, “CNC1” );      ---->  기기 동작프로그램 이름
Start(Exe_Pg_Name);
...
}

void Start(char *Exe_Pg_Name)      ---->  기기동작 MMSI 함수
{
...
```

```
Device_Start(Exe_Pg_Name);          ----> 기기동작 MMS 함수호출
...
}
```

지금까지 MMS의 탄생과 의미 그리고 약간의 MMS에 대한 설명을 하였고, 여기에 덧붙여 MMS 인터페이스인 MMSI에 대해서도 설명하였다. 1장부터 6장까지 자동화 통신망을 위한 내용들에 대해 설명하였으며, 이러한 자동화 통신망을 구축하기 위해서 만들어진 MMS의 사용에 관해 나타내었다. 본 교재의 2부에서는 구체적으로 MMS에 대한 실제 내용과 그 기능에 대해 자세히 알아보며 MMS를 이용한 예제를 통해 그 기능과 내용에 대한 좀더 쉽게 다루고자 한다.

제 2 부

MMS 프로토콜과 응용프로그래밍

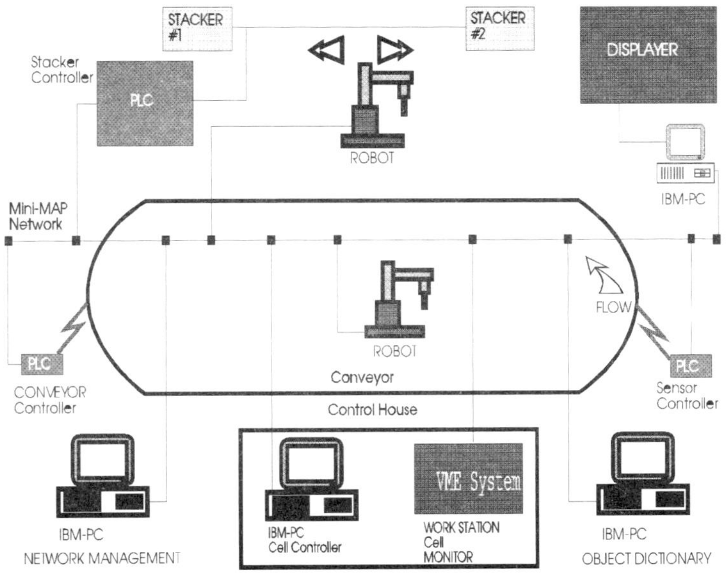

CIM - NET Demonstration Configuration

제 1 장

MMS 통신 프로토콜

제1장에서는 앞으로 본격적으로 다루어질 MMS(Manufacturing Message Specification)에 대한 이해를 돕고자 일반적인 자동화 시스템과 그것을 구성하는 대표적인 단위 자동화기기에 대하여 간략히 알아보고, 컴퓨터 통합 생산공정(CIM: Computer Integrated Manufacturing)을 계층적인 관점에서 설명을 하고자 한다. 또한 컴퓨터 통합 생산공정을 구축하는 데 있어서 네트워크의 역할과 네트워크 표준의 필요성에 대해 설명을 하고자 한다.

1.1 개 요

1장에서는 개방형 시스템 간 상호접속(OSI : Open Systems Interconnection) 통신망, MMS(Manufacturing Message Specification)의 일반적인 특성에 대해 소개한다.

다음 개념들이 이 장에서 다루어진다.

- 개방형 시스템 간 상호접속 통신망의 기초
- MMS와 MMS 프로그램 인터페이스의 기초
- MMS 통신 모델의 이해
- 가상 생산장비(VMD : Virtual Manufacturing Device)와 MMS 객체와 같은 추상적 개념들
- MMS 서비스와 함수들

1.2 개방형 시스템간 상호접속에 관한 소개

오랜기간동안 생산자가 다른 여러 종류의 컴퓨터들 사이에서 통신을 가능하도록 해줄 수 있는 일반화되고 표준화된 통신 프로토콜은 없었다. 이러한 문제를 해결하기 위해서 개방형 시스템간 상호접속 모델이 제안되었다. 컴퓨터 사이의 상호운용(interoperability)을 효과적으로 해 주는 것이 개방형 시스템간 상호접속 모델의 목표라고 할 수 있다.

개방형 시스템간 상호접속의 목적은 서로 다른 제조업자에 의하여 제공된 컴퓨터 시스템들 사이에 통신에 근거한 사용자 서비스를 제공하는 것이다. 그러한 사용자 서비스의 현재 상태는 상당한 제한성을 가지고 있다. 일반적으로 한 제조업자의 생산품은 유사한 기원을 가진 장비들과 상호작업을 수행할 수 있다. 단일 제조업자로부터 모든 장비를 확보하거나 모든 설비된 장비상에 동작의 표준화를 구현함으로써 이러한 문제를 해결할 수 있다.

이를 해결하기 위하여 ISO(International Standards Organization)[5]은 기술적인 분야의 넓은 범주상에서 국제적표준을 개발하기 위한 책임을 지고 있으며, 컴퓨터 통신에 관여하는 표준화의 집합으로 개방형 시스템간 상호접속을 채택하였다.

우리는 데이터의 전달, 에러 감지와 수정, 등, 컴퓨터 통신망에 요구되는 작업들을 상상할 수 있다. 개방형 시스템간 상호접속 모델은 이들 작업을 통신망 "계층(layer)"이라 부르는 일곱 개의 계층적인 범주로 나눈다. 【그림 2.1.1】 은 7계층의 개방형 시스템간 상호접속 모델을 보여준다. 7계층 모델은 프로토콜 스택이라 불리기도 한다.

5) 국제 표준화 기구

7 계층 (Application)	응용과 관련된 서비스를 제공
6 계층 (Presentation)	데이터 포맷을 번역 (ASCII, EBCDIC, etc)
5 계층 (Session)	접근, 안보, 우선순위 (access, security, privileges)를 관리
4 계층 (Transport)	안정한 데이터 전송과 패킷 순서를 관리
3 계층 (Network)	망의 routing (gateway, bridge, etc)
2 계층 (Data Link)	망의 접근 제어, 전송 오류를 검출, 수정
1 계층 (Physical)	데이터의 부호화/복호화 (encode/decode), 신호의 송수신

【그림 2.1.1】 OSI 7계층 모델

개방형 시스템간 상호접속 프로토콜의 기능성은 각 계층에 대한 규격을 정의함으로써 주어진다. 개방형 시스템간 상호접속 통신망 프로토콜은 서로 다른 판매자의 컴퓨터들 사이의 통신을 가능하게 해주는 개방형 표준이 되었다. ISO는 개방형 시스템간 상호접속 표준 통신망 프로토콜을 만드는 것을 조정하고 관리한다.

개방형 시스템간 상호접속 통신망은 각각의 시스템이 통신에서 같은 상태를 가지는 통신 실체간(peer to peer) 통신을 제공한다. 이것은 정보 처리 기능을 가진 시스템 - 마스터(master) - 이 그러한 기능이 없는 시스템 - 슬레이브(slaves) - 과의 통신을 제어하던 옛날의 통신 개념과는 대조를 보인다. 통신 실체간 모델은 현대의 근거리 통신망(LAN : Local Area Network)으로 연결된 장치들에 더욱 적합하다고 할 수 있다.

개방형 시스템간 상호접속 모델의 7계층은 응용 계층이다. 개방형 시스템간 상호접속 프로토콜이 제공하는 응용 서비스는 이 계층에서 정의된다. 개방형 시스템간 상호접속 모델에서의 응용 계층에 대한 인터페이스는 사용자 관점에서의 통신망을 나타낸다.

7계층 아래의 동작은 일반적으로 통신망을 사용하는 사용자에게는 명백하지 않다. 그러므로, 개방형 시스템간 상호접속 프로토콜의 내부적인 작업은 일반적으로 응용 프로그래머에게 있어서는 관심의 대상이 아니다. 다른 부분으로부터 통신망의 응용 부분만을 떼어냄으로써, 개방형 시스템간 상호접속 모델은 프로그래머로부터 통신망의 세부 사항들을 알아야 한다는 부담을 덜어 주었다. 이것은 컴파일러가 프로그래머에게로부터 기계어의 세부사항을 알아야 한다는 부담을 덜어 주는 방식과 유사하다.

1.3 MMS

MMS는 개방형 시스템간 상호접속의 개방형 시스템간 상호접속 응용 계층 서비스이다. 1987년에 발표된 것을 시점으로 하여 현재까지 보완점들이 추가 개정되고 있으며, 공장 등의 생산 환경에서 사용되는 통신망 프로토콜을 규정한다.

최근에는 발전소 관련 IT표준의 응용메시지 표준으로 선정되었으며, 프로피버스의 FMS 및 FIP의 상위계층도 MMS의 변형된 메시지 표준을 현재까지 사용하고 있다.

MMS는 생산에 관련된 프로그램이 가능한 공장 현장 장치(Factory Field Device)들을 제어하고 조정하기 위해 사용된다. 이 FFD들은 다음을 포함한다.

- 로봇(Robot)
- 수치 제어기(NC : Numerical Controller)
- 프로그램 가능 논리 제어기(PLC : Programmable Logic Controller)
- 프로세스 제어기(PC : Process Controller)

MMS가 구현된 컴퓨터는 몇 개의 서로 다른 생산 동작에 연관된 다수의 FFD를 제어할 수 있다. 이 환경에서, 다수의 FFD를 제어하는 컴퓨터를 종종 셀 제어기라 부른다. MMS는 전형적으로 각각의 FFD와 그것의 셀 제어기 사이의 통신, 셀 제어기 사이의 통신 또는 셀 제어기와 공장의 다른 컴퓨터들 사이의 통신에 사용된다.

1.3.1 MMS의 목적

MMS 규약은 통신망을 통해 작업을 수행하는 다수의 통신망 서비스를 정의한다. 예를 들면, 다음과 같은 목적으로 MMS를 사용할 수 있다.

- 하나 또는 여러 FFD에 실행 이미지를 내리기
- MMS 변수를 사용하여 FFD와 원격 컴퓨터의 자료를 처리하기

- FFD들로부터 상태 정보를 요구하고 얻기
- FFD의 조작자 콘솔(operator console)을 조작하기
- FFD들의 프로그램 실행을 제어하기
- 컴퓨터들 사이에 파일을 전송하기

이런 응용들을 보면 MMS는 공장 자동화 응용을 위한 일종의 강력하고 유연한 언어라고 생각할 수 있다. 그래서 MMS 응용은 미래에도 존립할 수 있을 것이다.

그러나, 다른 통신망 서비스처럼 MMS는 모든 목적에 효과적인 도구는 되지 못하며, 다음과 같은 종류의 응용에는 부적합할 수 있다.

- 분배된 데이터베이스(distributed database)
- 전자 우편(e-mail)
- 정교한 파일 전송, 처리, 또는 관리, 분배된 파일 시스템
- 가상 터미널들(virtual terminal)

이런 경우에는 다른 개방형 시스템간 상호접속 통신망 프로토콜을 사용하면 된다. 이러한 목적을 위한 표준이 있기 때문이다. 다시 말하면 MMS를 포함하여 개방형 시스템간 상호접속의 응용 계층의 규격은 응용의 목적에 따라 사용할 수 있는 일종의 도구이다. 그 중에 MMS는 공장 자동화를 위한 메시지와 서비스에 대한 규격을 규정한다.

1.3.2 MMS와 MMS 인터페이스

MMS는 정보처리 시스템에 필요한 서비스를 정의하고 프로토콜을 규정한다. 이 서비스들은 MAP 3.0의 MMS 장치들 사이에서 표준화되어 있다. MMS를 지원하는 모든 생산 장치들은 함께 동작할 수 있다. 이 속성을 상호 조작 가능성이라 부른다. 이것이 개방형 시스템간 상호접속 프로토콜의 핵심 장점이다. 다시 말하면, 상호 조작 가능성은 MMS를 다른 판매자의 장치들 사이에서 동작할 수 있게 해준다.

ISO/IS 9506은 장치 세부사항에 대한 규약이 아니라 기능에 대해 정의한다. MMS 인터페이스는 현재 MMS 정의의 일부가 아니다. 개방형 시스템간 상호접속

표준 아래에서, MMS 서비스가 사용자에게 주어지는 방식은 본질적으로 두 장치가 성공적으로 협력하지 않는 한 보잘 것 없다. 그러나, MMS는 어떤 일반적인 목적의 프로그램 언어를 사용하여, 다양한 방식으로 실행될 수 있다. ISO 9506 규약에 따르는 MMS 산물들은 매우 다른 응용 계층 인터페이스를 가질 수 있다.

1.3.3 MMS 인터페이스

위에서 설명한 단점에도 불구하고 표준 응용 MMS 인터페이스는 여러 가지 이점을 가지고 있다. 표준 인터페이스는 다양한 응용들을 다른 컴퓨터들 사이에서 이식가능토록 만드는 것을 돕는다. 그것은 또한 새로운 응용을 만드는 노력을 절감시킨다. 일단 알게 되면, MMS 표준 인터페이스는 프로그래머에게 새로운 응용을 더 빨리, 더 믿을 만하게 만들 수 있도록 해준다. 특히, 표준 인터페이스를 사용하는 응용프로그램은 표준을 제공하는 어떠한 컴퓨터상에서도 쉽게 채용되어 운영될 수 있다.

본 교재에서 SNU MMS는 MMSI라 불리는 표준 MMS 인터페이스를 통해 ISO/IS 9506에 의해 정의된 바대로 표준 MMS 서비스를 제공한다. SNU MMS를 사용한다면 표준을 사용하여 얻을 수 있는 여러 가지 장점들을 누리게 된다.

1.3.4 MMSI로의 입문

앞에서 언급했듯이 MMSI는 C프로그래밍 언어를 사용한다. MMSI는 다음과 같은 요소들로 구성된다.

- MMS 서비스를 실행하는 C함수 라이브러리 : 응용 프로그램을 구현할 때 이 라이브러리를 링크해야 한다.
- MMSI 헤더 파일 : 이 헤더 파일은 MMSI가 사용하는 많은 자료 구조를 정의한다.

MMSI 함수에 대한 호출의 함수 결과(또는 return_code)는 호출이 성공했는지 못했는지를 나타낸다. 만약, 함수 결과가 SUCCESS(내부에 정의된 상수)가 아니라면, 그것은 왜 함수 호출이 실패했는지를 알려주는 값을 돌려준다.

1.4 MMS의 통신망 모델

이 절은 MMS의 설계와 실행을 도와주는 기본적인 개념들을 다룬다. 이 개념들을 잘 이해하는 것이 MMS 응용시스템을 만드는 데 중요하다.

1.4.1 MMS 모델에서의 프로세스

1) 응용 프로세스 (AP:Application Process)

응용 프로세스는 실행 중에 있는 응용 프로그램이다. 다시 말하면, 응용 프로세스는 우리가 MMS 응용을 시작할 때 만들어지는 프로세스이다. 응용 프로세스는 생산 환경에서 제어하거나 혹은 감시할 때 어떤 방식으로든 사용된다.

2) 서비스 제공 프로세스 (SPP:Service Provider Process)

MMS에서 서비스 제공 프로세스는 응용 프로세스의 종속 프로세스이다. 응용 프로세스가 서비스 제공 프로세스를 만들며, 그때 서비스 제공 프로세스는 응용 프로세스가 만든 MMS 요구를 돕는다. 응용 프로세스는 서비스 제공 프로세스의 존재를 제어한다. 서비스 제공 프로세스는 응용 프로세스에 의해서 만들어지고 종결되며 항상 응용 프로세스가 끝날 때 종결된다. 하나의 응용 프로세스가 하나보다 더 많은 서비스 제공 프로세스를 만들 수 있고, 하나의 서비스 제공 프로세스는 하나 이상의 원격 장치들과 통신할 수 있다.

응용 프로세스와 서비스 제공 프로세스의 관계를 예를 들어 살펴보면, 어떤 응용 프로세스가 원격의 상대방에 대해 연결을 설정하려면, 그것은 mm_connect() 함수를 호출해야만 한다. 이 함수는 요구 서비스 제공 프로세스(request SPP)에 통지하고 적절한 세부 사항을 제공한다. 서비스 제공 프로세스는 연결을 설정하기 위한 실제 절차를 수행한다. 일단 연결이 설정되면, 서비스 제공 프로세스는 연결과 관련된 세부 사항과 함께 이 사실을 다시 응용 프로세스에 알린다.

1.4.2 용 어

통신망을 기술하기 위해서, MMS에는 관련된 시스템에 대한 몇몇 용어들이 정리되어 있다.

1) 클라이언트와 서버

MMS 프로세스에서 클라이언트는 MMS 응용을 운영하는 셀 제어기이다. 서버는 셀 제어기의 명령 아래에 있는 FFD이다. 이 정의에 기초하여 MMS는 기본적으로 클라이언트 기능을 실행한다. 그러나, 통신 실체간 통신을 허용하고 서비스의 균형을 유지하지 위해서 MMS는 임의의 서버-클래스 함수를 실행한다.

2) 요구자와 응답자

요구자는 원격 시스템에 대해 요구를 하는 응용 프로세스에서 작동하는 서비스 제공 프로세스이다. 응답자는 응답 응용 프로세스에서 요구를 받아 응답하는 서비스 제공 프로세스이다.

3) 호출 응용 프로세스(calling AP)와 피호출 응용 프로세스(called AP)

Mm_connect()를 통해서 연결 요구를 하는 응용 프로세스를 호출 응용 프로세스라고 부른다. Mm_answer()을 통해서 요구에 응답하는 응용 프로세스를 피호출 응용 프로세스라고 부른다. 이들 용어는 mm_connect()와 mm_answer()에 대한 함수 파라미터에서 나타난다.

4) 송신(sending) 그리고 수신(receiving) 응용

서비스 제공 프로세스가 요구 또는 응답 중 하나를 줄 때, 그것은 송신 서비스 제공 프로세스이다. 수신 응용은 보완적인 임무를 가진다. 서비스 제공 프로세스는 자주 MMS 서비스 처리 동안 양쪽의 임무를 취한다.

【그림 2.1.2】는 이 관계를 보여준다. 앞에서 설명한 용어들은 이 책 전반에 걸쳐 나타나기 때문에 이들에 대해 잘 알아두면 유용하다.

1.4.3 응용 프로세스 사이의 상호작용

응용 프로세스는 작동 시스템과 운영되는 시스템의 물리적 자원 사이에서 작용한다. 더 나아가, 응용 프로세스는 원격 시스템 상의 다른 응용 프로세스와 함께 협력해야 한다. 생산 자동화를 이룩하려면 모든 응용 프로세스들은 생산 환경을 잘 묘사할 수 있어야 한다. 다시 말하면 협력하는 응용 프로세스들은 실행되는 환경과 작업에 대한 공통된 모델을 가져야 한다. 이 절에서는 이런 개념들을 설명한다.

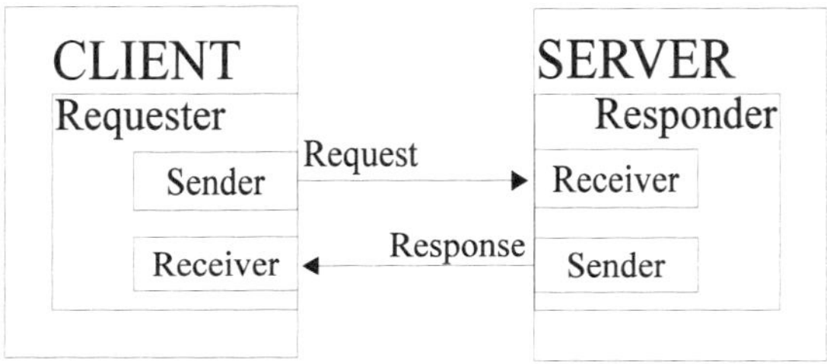

【그림 2.1.2】 MMS 용어들 사이의 관계

실제 환경은 압축기, 컨베이어, 수압 펌프 등과 같은 실제 장치를 포함한다. 공장 자동화 시스템은 이 실제 환경과 그것의 내부 제어 메커니즘을 MMS 객체로 모델링한다. MMS 객체에는 다음과 같은 것들이 있다.

- 자료 유형 (Data type)
- 변수 (Variable)
- 조작자 스테이션 (Operator station)
- 프로그램 (Program)

이 MMS 객체들은 MMS 응용이 조정할 수 있는 요소들이다. 이 객체들과 이들 사이의 관계를 가지고 환경 모델을 구성하게 된다. 이 객체들의 어떤 특성은 객체의 정의에 의해 고정되고 또 어떤 것들은 동적이며 실행 과정 중에 변화하기도 한다. 예를 들면 어떤 프로그램의 한 정적 특성은 140킬로바이트와 같은 파일의 크기이고, 동적 특성은 쉬는 상태(IDLE), 동작중(RUNNING) 등 그 프로그램의 상태라고 할 수 있다.

협력중인 응용 프로세스들의 활동은 다음 두 개의 요인에 기반한다.

- 공통의 환경 모델: 모델이 포함하는 객체, 특성, 상호 작용 등의 영향
- 응용 프로세스들의 이전 상호작용의 영향

예를 들어 임의의 두 응용 프로세스간의 상호작용을 고려해보자. 둘 다 어떤 특정 프로그램이 어떤 장치에서 작동하는지를 알고, 더 나아가, 그것들은 프로그램이 그 장치에서 시작되었는지에 대한 정보도 공유한다. 성공적인 상호작용은 양쪽이 관련된 모든 객체의 존재와 특성에 동의하고, 계속되는 상호작용의 영향을 이해하는 한 계속된다. 만약, 응용 프로세스들 중 어느 하나가 다른 응용 프로세스에게 특정 변수의 값을 제공할 것을 요구하는 경우, 응답하는 응용 프로세스가 이 변수에 대해 모른다면 에러 응답을 할 수 밖에 없다. 이런 경우에는 상호작용이 계속되지 않을 수 있게 된다.

이 개념은 MMS 응용을 개발하는 사람들에게 중요하다. 이것은 MMS 응용 프로그램이 다음과 같은 사항을 포함해야 한다는 것을 의미한다.

- MMS 응용이 동작하는 환경에 대한 정보 및 지식은 다음과 같은 것들이 있다.
  - 통신할 수 있는 다른 응용 프로세스에 대한 지식. 즉, 다른 응용 프로세스가 응용 프로세스로부터 어떤 동작을 요구하고 발생시키는지 알아야 한다.
  - 다른 응용 프로세스와 함께 공유하는 객체들에 대한 지식
  - 공유하는 객체의 특성과 관계에 대한 지식
- 다른 응용 프로세스와의 상호작용을 성공적으로 하는 조건을 가지고 있어야 한다.
- 실패하는 경우와 다른 기대하지 못한 조건을 다룰 수 있어야 한다.
- 어떻게 이 모든 요인들이 실제 환경과 실행되는 작업에 관계되는지에 관한 명확한 이해를 하고 있어야 한다.

1.4.4 서비스 제공 프로세스와 응용 개체 (AE : Application Entity)

앞에서 언급했듯이 MMS 응용은 몇 개의 장치 상의 프로그램들 사이의 상호작용과 협력에 의존한다. 이러한 분산된 환경은 많은 수의 협력하는 응용 프로세스로 이루어져 있다. 그러나, 응용 프로세스의 대부분의 기능은 국부적이며 다른 응용 프로세스와 통신하는 것과는 무관하다. 이런 의미에서 통신망과 관련된 일부 응용 프로세스를 기술하기 위해서, 개방형 시스템간 상호 접속 통신망 모델에 대해 응용 개체라는 용어를 사용한다.

MMS에서 서비스 제공 프로세스와 인터페이스 라이브러리는 응용 개체와 밀접한 관계가 있다. MMSI 인터페이스와 서비스 제공 프로세스는 응용 프로세스에게 MMS 서비스를 사용할 능력을 제공하며, '응용 개체 기동'을 구성한다. 하나의 응용 프로세스는 같은 응용 개체에 있는 기동의 여러 서비스 제공 프로세스를 시작할 수 있다. MMS 라이브러리에 있는 함수들과 자료 구조들 중 약간은 '응용 개체'를 그들의 이름 중 일부로써 포함한다.

예를 들면 mm_aeactivation() 함수는 list_of_ae_title이라 불리는 변수를 파라미터로 받는다.

1.4.5 MMS 통신의 기본

MMS 통신의 기본 개념 중 기본적인 내용들을 소개한다. 이들 개념에 대해 잘 이해하는 것이 MMS 응용을 설계하고 실행하는 데에 있어서 필수적이다.

1.4.6 MMS 통신의 작동 방법

1) 요 구(Request)

응용 프로세스가 MMS 서비스를 요구할 필요가 있을 때 하는 것이다. 요구는 협력하는 응용 프로세스로부터의 응답을 끌어내려는 의도를 가진 외적인 알림이다.

2) 지 시(Indication)

요구가 도착지에 다다르고 협력 응용 프로세스에게 보이게 되었을 때, 그 응용 프로세스는 그것을 지시라고 본다. 지시는 응용 프로세스가 반응하도록 요구하는 내적인 알림이다.

3) 응 답(Response)

응용 프로세스가 지시를 받고 그것에 반응하면 요구자에게 응답을 준다. 응답은 요구자에게 다시 요구의 결과를 전달하려는 의도를 가진 외적인 알림이다.

4) 확 인(Confirmation)

응답이 그것의 도착지에 다다르고 원래 요구한 응용 프로세스에게 보이게 되었을 때, 그 응용 프로세스는 그것을 확인이라고 본다. 확인은 응용 프로세스가 이전 요구의 결과와 관련된 정보를 포함하기 위한 내적인 알림이다.

【그림 2.1.3】에서 위의 4가지 기본통신 방법을 설명하고 있다.

1.4.7 확인(confirmed), 비확인(unconfirmed) 서비스

MMS 표준은 두 가지 형태의 기초통신 서비스를 정의한다. 확인 서비스는 요구, 지시, 응답, 확인의 전 과정을 사용한다. 확인되지 않는 서비스는 단지 요구와 지시만을 사용한다. 그것들은 응답이나 확인을 사용하지 않는다.

1) 확인 서비스

확인 서비스를 요구하면 응답자는 요구를 받아 처리했다는 것과 그 결과를 알려준다. 말하자면, 응답자가 요구에 대한 확인을 한다. 확인 서비스 요구는 요구, 지시, 응답, 확인의 완전한 순환으로 이루어진다. 대부분의 MMS 서비스가 확인 서비스이며 예를 들면 mm_read()가 있다. 이 함수는 서버에게 MMS 변수로부터 자

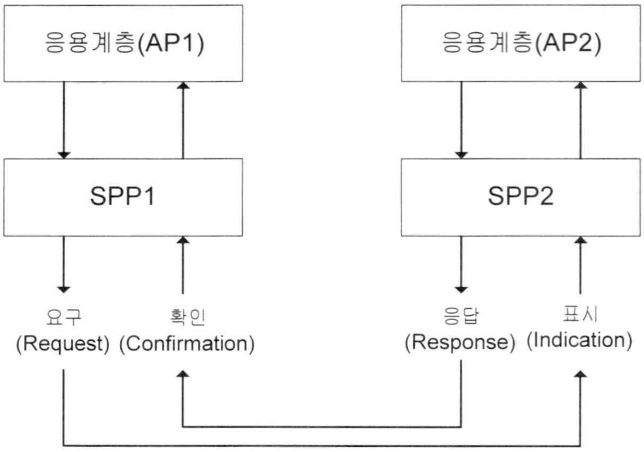

【그림 2.1.3】 4가지 MMS 메시지 기초함수

료값을 제공할 것을 요구한다. 확인은 요구된 자료를 포함한다.

2) 비확인 서비스

일반적으로 사용자가 비확인 서비스를 사용할 때, 응답자는 확인을 보내지 않는다. MMS 프로토콜의 낮은 수준의 요구의 전달이라 할 수 있다. 수신자는 요구를 처리하나, 받았음을 알리지는 않는다. 비확인 서비스는 단지 하나의 요구와 지시만을 포함한다. 응답이나 확인은 없다. 예를 들어, FFD는 특정 프로그램이 실행을 완성했을 때 셀 제어기에 통지하기를 원할 수 있다.

그때 FFD는 UnsolicitedStatus()라는 비확인 함수를 사용할 수 있다. 이 함수는 클라이언트에게 현재 상황을 알린다.

1.4.8 동기, 비동기 통신 (Synchronous and Asynchronous Communications)

우리는 동기 함수 호출에 익숙하다. 동기 호출을 따르는 코드는 호출의 효과가 완료되었다고 가정한다. 예를 들어, mm_malloc()함수가 되돌아왔을 때, 에러의 경우를 제외하고는 메모리가 할당되어진다. 따라서 이 호출의 효과는 동기적이라고 할수 있고, MMSI 함수에 대해서 동기 호출을 할 수 있다.

또한 많은 MMSI 함수에 대해서 비동기 호출도 할 수 있다. 이들 함수는 호출이 동기인지 비동기인지를 명시하는 파라미터를 포함한다. 우리가 비동기 호출을 했을 때, 인터페이스는 초기에 호출이 유효한지를 결정한다. 만약 그렇다면, 요구는 서비스 제공 프로세스를 지나며, 응용 프로세스는 호출이 성공되었다는 것을 통보받는다. 이 경우의 성공은 요구의 성공적인 초기화에 해당된다. 응용 프로세스가 성공적인 초기화에 대해 통보받은 후에, 그것은 처리를 계속할 것을 허용한다. 그것은 나중에 요구 그 자체가 성공했는지 아닌지를 서비스 제공 프로세스에게 묻는다. 그 동안, 서비스 제공 프로세스는 원격 시스템에 요구를 다시 보낸다. 원격 시스템은 이 요구에 기반하여 동작하며, 그것에 응답한다. 요구한 국부 시스템이 확인을 받았을 때, 서비스 제공 프로세스는 다른 도착하는 확인들과 함께 서비스를 대기시킨다. 그런 다음, 국부 응용 프로세스의 요구에, 서비스 제공 프로세스는 원격 시스템이 제공한 정보를 제공한다. 만약 원격 시스템이 성공적으로 이 요구를 처리할 수 없다면, 그 사실은 응용 프로세스에게 알려지게 된다. 통신망 요구가 처리되는 동안 응용 프로세스도 또한 처리를 계속하도록 허용된다는 사실에 주목하자.

MMSI 함수에 대해 비동기 호출을 하는 기능은 응용 설계와 코드화에 중요한 역할을 한다. 이 기능은 또한 MMS에게 비동기 함수 호출의 최종 결과를 보고하는 em_wait() 함수의 제공을 요구한다

주) 만약 양쪽이 동시에 다른 응용 프로세스로부터의 응답을 요구하는 동기 함수 호출을 준다면, 두 응용 프로세스 사이에서 교착 상태가 생길 수 있다. 이 경우에, 양쪽의 응용 프로세스는 계속 중지되어 있게 된다.

▶ 비동기 응용

예를 들어, 셀 제어기가 10개의 서로 다른 프로그램 가능 논리 제어기로부터 자료를 모으고 있고, 응답의 순서는 중요하지 않다고 가정하자. 셀 제어기는 10개의 장치로부터 자료를 읽는 10개의 비동기 호출을 줄 수 있다. 그리고 나서 응답이 되돌아 올 때마다 기기들의 통계를 처리한다. 통계 전부를 처리하는 작업은, 셀 제어기가 각각의 장치에게 따로따로 묻고 그것의 응답을 기다려야 하는 방법보다는 이러한 방식으로 바로 처리될 수 있다.

다른 예제로서, 5개의 프로그램 가능 논리 제어기에게 프로그램 자료를 내려줄 필요가 있는 셀 제어기를 생각해보자. 프로그램 가능 논리 제어기가 준비되었을 때, 서비스들은 자동차 몸체 용접 작업과 같은 어떤 일을 함께 수행하고 있을 것이다. 셀 제어기는 처리를 빠르게 하기 위해 비동기로 내려받기를 수행할 것이다. 5개의 내려받기 모두가 끝났을 때, 셀 제어기는 작업을 시작하라는 비동기 요구에 연속적으로 빠르게 5개의 프로그램 가능 논리 제어기를 활성화시킬 수 있다.

1.4.9 MMSI에서 콘텍스트 센서티브 (Context Sensitivity)

많은 MMSI 함수의 효과는 함수가 실행되었을 때의 응용 개체 기동의 현 상태에 의존한다. 응용 개체 기동의 상태는 모든 환경을 반영해 준다. 앞에서 지적되었던 바와 같이, 이 상태들은 종종 이전의 MMSI 함수 호출의 결과이다. 다른 함수들은 이전의 사건에 무관하다.

함수는 속성에 따라 다음과 같이 분류된다.

- 만약 어떤 함수가 국부적인 범위에 영향을 주든지 원격으로 영향을 주든지 간에 응용 개체와 함께 상호작용하면 그것은 콘텍스트-센서티브(context-sensitive)라고 말한다.
- 만약 어떤 함수가 국부적인 범위에 영향을 주든지 원격으로 영향을 주든지 간에 응용 개체와 상호작용하지 않으면 그것은 콘텍스트-프리(context-free)라고 말해진다. 이 함수들은 나중에 콘텍스트-센서티브한 함수 호출에 사용될 MMS 자료 구조를 조정한다. 대부분의 콘텍스트-프리 함수들은 변수 접근 관련 서비스와 관계있다.

예를 들어, mm_stop() 함수에 대한 호출을 고려하자. mm_stop()에 대한 호출은 원격 장치 상의 프로그램의 실행을 멈추도록 한다. 이것을 실행하는 것은 원격 장치 상의 AE와의 상호작용을 요구한다. 그러므로 mm_stop()은 콘텍스트-센서티브하다.

그리고 mm_mlist() 함수를 고려하자. 이 함수는 다른 MMSI 함수가 사용되기 위한 항목들의 목록을 만든다. 이것은 서비스 제공 프로세스와의 상호작용을 요구하지는 않는다. 그러므로 mm_mlist()는 콘택스트-프리하다.

이들 개념은 MMS 전반에 걸쳐 나온다. 예를 들어, 콘택스트-프리 함수들은 어떤 응용개체와도 상호작용하지 않기 때문에, 그것들은 정의상 논리적이고 원격의 응용 프로세스들에 어떠한 작용도 할 수 없다는 것에 주목하자. 그 반대로, 콘택스트-센서티브 함수는 이들 함수가 통신망을 가로질러 정보의 교환을 할 수 있기 때문에 원격 응용 프로세스들에게 어떤 작용을 할 수 있다.

1.5 MMS 기초

이 절에서는 이 책 전반에 걸쳐 많이 나오는 개념들을 소개한다. 다음 사항들은 우리가 MMS 응용 프로그램을 설계하거나 코드화할 때 기초가 된다. 이 절은 다음과 같은 내용들을 포함한다.

- 가상생산 장치
- MMS 객체와 정의 그리고 사용
- MMS 서비스의 다양한 활용

1.5.1 가상생산 장치에 대한 소개

많은 판매자들이 FFD를 만든다. 각각의 장치는 자체의 기능적 성분, 처리 자원, 저장 요소 및 구조를 가지고 있다. 이러한 복잡함에 대처하기 위해서, MMS는 어떠한 FFD에도 적용할 수 있는 일반적인 장치인 가상생산 장치를 채용했다. 가상생산 장치에 대한 MMS의 개념은 클라이언트 프로그램에게 서버 자원과 기능에 대해 예측가능하고 일관된 설명을 할 수 있게 해준다.

MMS에 대한 MMSI 인터페이스는 가상생산 장치들을 기술하는 자료 구조를 사용한다. 이 자료 구조에 포함된 값들은 자원과 능력, 그리고 서버의 상태를 정의한다.

1) 가상생산 장치에 대한 클라이언트의 관점

물리적 장치는 가상생산 장치로 MMS에 모델링 된다. 가상생산 장치는 클라이언트가 이해하는 일반적인 형식으로 서버의 실제 자원과 기능을 나타낸다. 클라이언트는 가상생산 장치만을 보며 가상생산 장치가 기술하는 자원의 사용만을 요구할 수 있다.

이 일관된 방법은 클라이언트가 서버를 조정하는 것을 쉽게 만든다. 즉, 모든 서버는 클라이언트에게 같은 형태로 제시되며, 클라이언트는 사용하는 각각의 FFD

에 대한 세부 사항을 모두 알 필요는 없다. 그러나 MMS 응용의 설계자는 환경에 대한 상당한 지식을 가지고 있을 것이며, 따라서 응용 설계는 명확하게 이 지식들을 활용하게 된다.

2) 가상생산 장치에 대한 서버의 관점

서버로 동작하기 위해서, 응용 프로세스는 통신망을 나타낼 하나 또는 여러 가상생산 장치를 정의한다. 이것은 실제 구조와 그것이 정의하는 가상생산 장치 사이 관계의 내부적인 대응을 요구한다. 가상생산 장치에 정의되지 않은 자원은 원격 응용 프로세스가 사용할 수 없다. 그리고 하나의 장치는 여러 개의 가상생산 장치로 모델링 될 수 있는데, 하나의 가상생산 장치에서 실제 자원의 한 부분을 나타내고, 하나 또는 여러 다른 가상생산 장치에서 나머지를 나타낼 수도 있다. 예를 들어, 프로그램 가능 논리 제어기가 몇 개의 로봇을 제어할 수 있다고 하면, 각각의 로봇은 프로그램 가능 논리 제어기에서 개개의 가상생산 장치로서 모델화될 수 있다.

가상생산 장치를 만들지 않은(mm_vactivation()을 통해서) MMS 응용 프로세스는 쉽게 MMS 통신을 실행할 수 없다. 그리고 우리는 변수 처리 서비스를 사용하기 위해 가상생산 장치를 만들 필요가 있다. mm_vactivation() 함수를 통해서 가상생산 장치를 만들 수 있다..

3) 가상생산 장치의 요소

MMS 객체는 MMS 응용이 조작할 수 있는 요소임을 상기하자. MMS 객체는 실제 객체와 환경을 나타낸다. 가상생산 장치는 다음 MMS 객체를 포함할 수 있다.

- 변수(Variables)
- 자료 형(Data Types)
- 영역(Domains)
- 프로그램 기동(Program Invocations)
- 조작자 스테이션(Operator Stations)
- 능력(Capabilities)

이 객체들 중 일부는 가상생산 장치의 영구적인 특성이 될 수 있다. 다른 것들은 일시적이며, 단지 특정 연결에 대해서만 존재한다. MMS에서 MMS 객체는 자료 구조의 형태를 취한다. 이 자료 구조에서 값들은 국부와 원격 가상생산 장치 모두에서 MMS 객체를 정의한다. MMS 객체는 다음에 설명된다.

1.5.2 MMS 객체에 대한 소개

MMS 객체에 대한 다음 설명들은 일반적이고 기본적인 내용들을 다루고 있다. 자세한 내용은 각 MMS 객체에 해당하는 부분을 참고하기 바란다.

1) 변 수

MMS 변수는 통신망 위에서 자료를 읽고 쓸 수단을 제공한다. MMS는 접속이 복잡한 자료형을 다룰 수 있기 때문에(배열과 구조를 포함하여), 프로그램 변수의 직접적인 읽기와 쓰기를 허용함으로써 상당한 노력을 절약하게 해준다. 대신에 MMS 인터페이스와 서비스 제공 프로세스가 해당 변수가 메모리 상에 어디에 있는지, 자료형은 무엇인지 등, 프로그램 변수에 대한 상당한 정보를 가지고 있어야 한다. 그리고 변수 중에 어떤 것은 동적이며 어떤 것은 정적이다. 그러므로, 응용 프로세스는 실행하는 동안 MMS 인터페이스에게 이러한 정보를 제공해야만 한다. MMS는 동적으로 이 정보를 정의하기 위해서 몇 개의 함수를 제공한다.

▶ 변수의 범위

MMS 변수에는 정의된 범위가 있다. 어떤 변수의 범위는 가상생산 장치이고, 어떤 변수의 범위는 응용 연계(AA : Application association)이다. 여기서 범위라고 하는 것은 변수에 대한 접근성과 변수의 존재 범위를 동시에 나타낸다.

- 가상생산 장치(VMD specific) 변수는 가상생산 장치가 연결되어 있는 한 존재하며, 그리고 그 가상생산 장치에 대한 어떤 클라이언트도 그 변수를 사용할 수 있다. 예를 들어, 한 가상생산 장치 한정의 변수는 그 장치를 활성화시키는 특정 프로그램 기동에 관계없이 장치에 대한 제어 및 모니터링을 위해 존재할 수도 있다.

- 응용 연계(AA-specific) 변수는 단지 하나의 특정한 연결에 대해 정의되는 변수이다. 이 변수는 단지 연결이 존재하는 한 존재한다.

주) "응용 연계" 와 "연결 한정(connection-specific)" 은 서로 호환되어 사용하는 용어이다.

- 영역(Domain-specific) 변수는 특정한 영역이 존재할 때마다 존재하는 변수이다.

MMS 변수들은 목록으로 함께 나타날 수 있다. 이것은 자료를 더 쉽게 다루게 한다. 우리는 하나의 변수 목록을 읽거나 씀으로써 여러 개의 변수를 한 번에 읽거나 쓸 수 있다.

2) 형(Type)

MMSI는 우리에게 응용이 공유할 수 있는 MMS형 설명을 정의하도록 해준다. 우리에게 익숙한 C자료형처럼 모든 MMS 변수는 모두가 MMS에서 정의한 어떤 자료형이 된다. MMS 형 설명은 실행 중에 정의된다. 이것은 일반적으로 프로그래밍을 요구한다. MMS 자료형은 범위와 수명에 대해 위에서와 같은 규칙을 지니며 가상생산 장치, 영역(원격의 형에 대해) 또는 응용 연계 중 어느 하나일 수 있다.

3) 영 역

영역은 실행 가능한 정보, 자료 또는 둘 다를 포함하는 이미지이다. 영역은 서버에서 특정 자원에 묶여 있고 특정 가상생산 장치에 속한다. 영역들을 빌딩 벽돌처럼 볼 수도 있다. 하나 또는 여러 영역들이 서로 연결되어 다음에 다루어질 프로그램 기동이라고 하는 더 크고 복잡한 단위를 형성한다. 영역에 대한 예로 다음과 같은 것들이 있을 수 있다.

- 자동적으로 안내되는 전달 매체에 대한 경로 자료
- 표준 픽업 캡(pickup cab)상의 꼭대기를 용접하는 로봇 팔을 움직이는 명령과 자료(【그림 2.1.4】에서 영역 1)
- 확장된 픽업 캡(pickup cab)상의 꼭대기를 용접하는 로봇 팔을 움직이는 명

령과 자료((【그림 2.1.4】에서 영역 2)

- 쉬고 있는 또는 "안전한" 자세로 로봇 팔을 움직이는 명령과 자료(【그림 2.1.4】에서 영역 3)

4) 프로그램 기동

프로그램 기동은 하나 또는 여러 영역들의 순서있는 집합으로 구성된 실행 가능한 프로그램이다. 여러 가지 방법으로 다양한 영역들을 연결함으로써 프로그램 기동은 다양한 작업을 실행할 수 있다. 하나의 가상생산 장치는 하나 이상의 프로그램 기동을 포함할 수 있으며, 서로 다른 프로그램 기동들은 영역들을 공유할 수 있다. 【그림 2.1.4】는 이러한 관계를 보여준다.

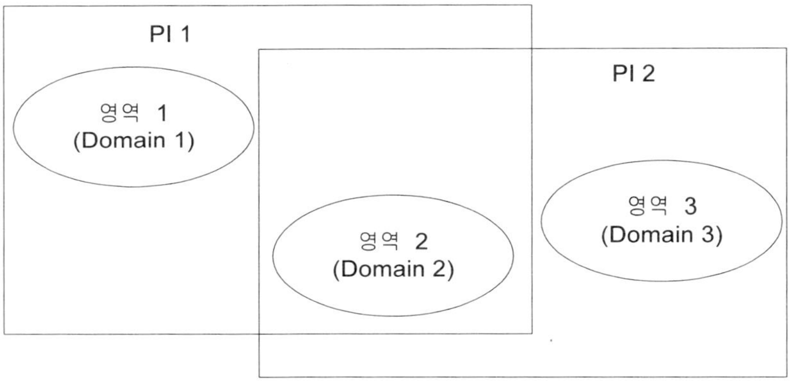

【그림 2.1.4】 2개의 PI와 연계된 3 개의 영역

5) 조작자 스테이션

가상생산 장치는 조작자와 상호작용할 수 있는 조작자 스테이션을 포함할 수 있다. 클라이언트 응용은 장치에 대한 원격 입출력 제어를 위해 가상생산 장치의 조작자 스테이션 객체를 사용할 수 있다.

6) 능 력

가상생산 장치의 능력은 가상생산 장치의 다른 특성을 구성한다. 능력은 어떤 영역에 할당될 수 있는 서버에서의 실제 자원을 나타낸다. 능력에 대한 예로는 다음과 같은 것들이 있을 수 있다.

- 영역을 포함하는 메모리
- 표시 또는 프린터에 대한 입출력 자원
- 모터와 센서로 구성된 전달자 시스템
- 각각의 단위에서 확인 자료를 포함하는 바코드 스캐너

실제 장치 능력은 흔히 능력을 이름짓는 문자열로써 표현된다. 하나의 능력은 다른 혹은 모든 것을 포함한 능력에 포함될 수 있다. 또한 서로 다른 능력들은 공유될 수 있거나 그렇지 못할 수 있다. 능력은 기술적으로 MMS 객체가 아니라 더 일반적인 가상생산 장치 속성임에 주의하자. 특정 속성에 대한 정확한 어의적 의미는 장치 판매자와 협력하는 응용 프로세스들에 의해 정의된다.

1.5.3 MMS 서비스에 대한 소개

이 절은 앞 절에서 기술된 객체를 조정하는 서비스를 소개한다. MMS 객체는 실제 장치와 물리적 환경 사이의 관계를 모델링한다. MMS 사용자는 이들 객체를 조정함으로써 유용한 제조 작업을 할 수 있다.

1) 환경 관리

두 개의 응용 프로세스는 상호 작용하기 전에 먼저 그들 사이에 논리적 연결 또는 응용 연계를 설정해야만 한다. 응용 연계 혹은 연결과 관련된 부분을 주로 다루는 서비스가 환경 관리 서비스이다. 이 환경 관리 서비스에는 다음과 같은 서비스가 있다.

- 연결 초기화(Connection initiation)
- 연결 받아들이기(Connection acceptance)
- 연결 해제(Connection dissolution)
- 국부 가상생산 장치의 활성화와 관리(Activation and management of a local VMD)

- 서비스 제공 프로세스의 활성화와 관리(Activation and management of a SPP)

환경관리에는 아래와 같은 함수들이 있다.

▶ mm_vactivation()

VMD Activation
MMS 문맥을 구축하기 위해 국부 가상생산 장치를 활성화한다.

▶ mm_vdeactivation()

VMD Deactivation
국부 가상생산 장치를 비활성화 한다.

▶ mm_vreset()

VMD Reset
국부 가상생산 장치를 비활성화고 복귀한다.

▶ mm_aeactivation()

AE Activation
서비스 제공 프로세스를 기동한다.

▶ mm_aedeactivation()

AE Deactivation
서비스 제공 프로세스를 비활성화 한다.

▶ mm_aereset()

AE Reset
서비스 제공 프로세스의 연결을 모두 끊고 서비스 제공 프로세스가 활성화되었던 초기 상태로 만든다.

▶ mm_connect()

Connect
정의된 응용 프로세스에 논리적인 연결을 만들거나 지정된 응용 프로세스에 응용 연계를 형성한다.

▶ mm_listen()

Listen
연결 표시(connect indication)를 받을 준비를 한다.

▶ mm_slisten()

Stop Listen
연결 표시를 받는 것을 중지한다.

▶ mm_answer()

Answer
연결 표시에 대해 응답한다.

▶ mm_conclude()

Conclude
연결 종료를 요구한다.

▶ mm_coresponse()

Conclude Response
연결 종료 표시(conclude indication)에 대해 응답한다.

▶ mm_abort()

Abort
정의된 연결과 연계된 서버와의 모든 상호 동작을 종결한다.

▶ mm_ireceive()

Indication Receive
원격 요구자로부터의 표시(indication)를 수신한다.

▶ mm_cancel()

Cancel
이전 확인 요구(confirmed request) 서비스를 취소한다.

▶ mm_caresponse()

Cancel Response
최소 요구에 대해 응답한다.

2) 가상생산 장치 지원 함수

가상생산 장치 지원 서비스를 사용하여 특정 가상생산 장치에 대한 자세한 내용을 얻을 수 있다. 가상생산 장치에서 얻을 수 있는 정보들 중에는 다음과 같은 것들이 있다.

- 장치의 제조자 이름(vendor name), 모델명, 판 번호(revision)
- 가상생산 장치의 현재 상태
- 가상생산 장치에 정의되어 있는 MMS 객체들의 목록
- 가상생산 장치의 능력

위와 같은 정보들은 다음 함수들을 사용하여 얻을 수 있다.

▶ mm_identify()

Identify
가상생산 장치에 관한 ID 정보(제조자 이름, 모델명, 판 번호)를 요구한다.

▶ mm_vresponse()

Identify Response
가상생산 장치에 관한 ID 정보를 요구자에 알려준다.

▶ mm_status()

Status

가상생산 장치의 상태 정보를 서버에 요구한다.

▶ mm_sresponse()

Status Response
상태 정보를 위한 요구자의 요구에 응답한다.

▶ mm_gnlist()

Get Name List
가상생산 장치에 정의된 MMS 객체들의 목록을 서버에 요구한다.

▶ mm_nlresponse()

Name List Response
가상생산 장치에 정의된 능력과 자원들의 목록에 대한 요구자의 요구에 응답한다.

▶ mm_gclist()

Get Capability List
가상생산 장치에 정의된 능력과 자원들의 목록을 서버에 요구한다.

▶ mm_gcresponse()

Get Capability Response
가상생산 장치에 정의된 능력과 자원들의 목록에 대한 요구자의 요구에 응답한다.

▶ mm_ustatus()

Unsolicited Status
요구자에 비요청 상태(Unsolicited status) 정보를 보낸다.

3) 영역 관리 함수

▶ mm_idsequence()

Initiate Download Sequence
영역을 내려받기하기 위해 서버에 요구한다.

▶ mm_idresponse()

Initiate Download Response
영역을 내려받기하기 위한 요구자의 요구에 대해 응답한다.

▶ mm_dsegment()

Download Segment
영역 세그먼트를 전송하기 위해 요구자에 요구한다.

▶ mm_dsresponse()

Download Segment Response
영역 세그먼트를 전송하기 위한 서버의 요구에 대해 응답한다.

▶ mm_tdsequence()

Terminate Download Sequence
내려받기 시퀀스를 종결하기 위하여 요구자에 요구한다.

▶ mm_tdresponse()

Terminate Download Response
내려받기 순서의 종결을 위한 서버의 요구에 대해 응답한다.

▶ mm_iusequence()

Initiate Upload Sequence
영역을 올려주기 위해 서버에 요구한다.

▶ mm_iulresponse()
Initiate Upload Response
영역을 올려주기 위한 요구자의 요구에 응답한다.

▶ mm_usegment()

Upload Segment
영역 세그먼트를 전송하기 위해 서버에 요구한다.

▶ mm_usresponse()

Upload Segment Response
영역 세그먼트를 전송하기 위한 요구자의 요구에 대해 응답한다.

▶ mm_tusequence()

Terminate Upload Sequence
올려주기 순서를 종결하기 위해 서버에 요구한다.

▶ mm_turesponse()

Terminate Upload Response
올려주기 순서를 종결하기 위한 요구자의 요구에 대해 응답한다.

▶ mm_rddownload()

Request Domain Download
영역 내려받기 순서를 기동하기 위해 요구자에 요구한다.

▶ mm_ddresponse()

Domain Download Response
영역 내려받기 순서를 기동하기 위한 서버의 요구에 대해 응답한다.

▶ mm_rdupload()

Request Domain Upload
영역 올려주기 순서를 기동하기 위해 요구자에 요구한다.

▶ mm_duresponse()

Domain Upload Response
영역 올려주기 순서를 기동하기 위한 서버의 요구에 대해 응답한다.

▶ mm_ddelete()

Domain Delete

정의된 영역을 삭제하기 위해 서버에 요구하고 모든 연계메모리를 해제한다.

▶ mm_ddtresponse()

Delete Domain Response
정의된 영역을 삭제하기 위한 요구자의 요구에 대해 응답하고 모든 연계메모리를 해제한다.

▶ mm_gdattribute()

Get Domain Attribute
정의된 영역에 관한 속성 정보를 얻기 위해 서버에 요구한다.

▶ mm_daresponse()

Domain Attribute Response
정의된 영역에 관한 속성 정보를 얻기 위한 요구자 요구에 대해 응답한다.

▶ mm_ldcontent()

Load Domain Content
파일 저장소나 파일 서버로부터 목적 영역으로 파일을 로드하기 위해 서버에 요구한다.

▶ mm_ldresponse()

Load Domain Response
목적 영역으로 파일을 로드하기 위한 요구자의 요구에 대해 응답한다.

▶ mm_sdcontent()

Store Domain Content
서버에 정의된 영역의 내용을 파일이나 파일 저장소에 저장시키기 위해 요구한다.

▶ mm_sdresponse()

Store Domain Response
영역의 내용을 파일이나 파일 저장소에 저장하기 위한 요구자의 요구에 대해 응답한다.

4) 프로그램 기동 관리 함수

▶ mm_cpinvocation()

Create Program Invocation
프로그램 기동을 생성할 것을 서버에 요구한다.

▶ mm_cpresponse()

Create Program Response
요구자의 프로그램 기동 생성 요구에 대해 응답한다.

▶ mm_pidelete()

Program Invocation Delete
정의된 프로그램 기동을 삭제할 것을 서버에 요구한다.

▶ mm_dpresponse()

Delete Program Response
요구자의 프로그램 기동 삭제 요구에 대해 응답한다.

▶ mm_strt()

Start
정의된 프로그램 기동을 시작할 것을 서버에 요구한다.

▶ mm_sttresponse()

Start Response
요구자의 프로그램 기동 시작 요구에 대해 응답한다.

▶ mm_stop()

Stop
정의된 프로그램 기동을 중지할 것을 서버에 요구한다.

▶ mm_stpresponse()

Stop Response
클라이언트의 프로그램 기동 중지 요구에 대해 응답한다.

▶ mm_resume()

Resume
정의된 프로그램 기동을 재개할 것을 서버에 요구한다.

▶ mm_rsmresponse()

Resume Response
요구자의 프로그램 기동 재개 요구에 대해 응답한다.

▶ mm_rst()

Reset
정의된 프로그램 기동을 복귀할 것을 서버에 요구한다.

▶ mm_rsresponse()

Reset Response
요구자의 프로그램 기동 복귀 요구에 대해 응답한다.

▶ mm_gpinvocation()

Get Program Invocation
정의된 프로그램 기동의 속성을 얻기 위해 서버에 요구한다.

▶ mm_piaresponse()

Program Invocation Attribute Response
정의된 프로그램 기동의 속성을 얻기 위한 요구자의 요구에 대해 응답한다.

▶ mm_kill()

Kill Program Invocation
프로그램 기동을 소멸할 것을 서버에 요구한다.

▶ mm_kresponse()

Kill Response
요구자의 프로그램 기동 소멸 요구에 대해 응답한다.

5) Variable Access Functions

▶ mm_read()

Read
한 개 혹은 다수의 변수 값을 읽기 위해 서버에 요구한다.

▶ mm_rresponse()

Read Response
한 개 혹은 다수의 변수 값을 읽기위한 요구자의 요구에 대해 응답한다.

▶ mm_write()

Write
한 개 혹은 다수의 변수값을 쓰기 위해 서버에 요구한다.

▶ mm_wresponse()

Write Response
쓰기 요구에 대한 요구자의 요구에 대해 응답한다.

▶ mm_rinformation()

Report Information
한 개 혹은 다수의 변수의 값을 요구자의 요구없이 요구자에게 전달한다.

▶ mm_gaattribute()

Get Access Attribute
서버에 정의된 변수(변수 데이터 형태)의 속성을 얻기 위해 요구한다.

▶ mm_gvresponse()

Get Variable Response

변수의 속성을 얻기 위한 요구자의 요구에 대해 응답한다.

▶ mm_dlvariable()

Define Local Variable
국부 가상생산 장치에 MMS 변수를 만든다.

▶ mm_glvariable()

Get Local Variable
국부 MMS 변수의 속성을 얻는다.

▶ mm_lvdelete()

Local Variable Delete
국부 가상생산 장치로부터 변수를 삭제한다.

▶ mm_dllist()

Define Local List
변수들의 목록을 만들어서 국부 가상생산 장치에 목록를 저장한다.

▶ mm_gllist()

Get Local List
국부 변수 목록의 속성을 얻는다.

▶ mm_lldelete()

Local List Delete
국부 가상생산 장치에서 변수 목록을 삭제한다.

▶ mm_dltype()

Define Local Type
새로운 MMS 데이터 형의 사양과 이름을 가상생산 장치에 정의한다.

▶ mm_gltype()

Get Local Type

이름 형의 사양을 얻는다.

▶ mm_ltdelete()

Local Type Delete
MMS 데이터 형을 삭제한다.

▶ mm_nmtype()

New MMS Type
새로운 MMS 형을 만든다.

▶ mm_nvspecification()

New Variable Specification
변수의 사양을 만든다.

▶ mm_nvassociation()

New Variable Association
변수를 나타내는 단일 객체(Variable association)를 만든다.

▶ mm_ndata()

New Data
MMSI가 사용할 수 있도록 프로그램 변수값의 복사본을 만든다.

▶ mm_vget()

Variable Get
국부적 프로그램 변수로부터 데이터를 얻고 MMS 변수 연계 객체의 사용을 위한 데이터 핸들을 만든다.

▶ mm_vput()

Variable Put
데이터 핸들을 통해 접속된 MMS 변수 연계로부터 프로그램 변수로 데이터를 만든다.

▶ mm_imtype()

Interpret MMS Type
원격 가상생산 장치에 의해 사용된 데이터 형을 해석한다.

▶ mm_ivspecification()

Interpret Variable Specification
변수 사양이 지정된 변수 식별자(identifier)를 얻는다.

▶ mm_ivassociation()

Interpret Variable Association
변수 연계에 관한 자세한 정보를 얻는다.

▶ mm_idrepresentation()

Interpret Data Representation
데이터 핸들을 통해 MMS 변수의 값을 얻는다.

▶ mm_dvariable()

Define Named Vairable
원격 가상생산 장치에 변수를 정의하고 이름을 부여한다.

▶ mm_dvresponse()

Define Named Variable Response
변수를 생성하기 위한 요구에 대해 응답한다.

▶ mm_vadelete()

Delete Variable Access
원격 가상생산 장치에 이름있는 변수 접근(variable access) 객체를 삭제하기 위해 서버에 요구한다.

▶ mm_vadresponse()

Delete Variable Access Response

이름있는 변수 접근 객체를 삭제하기 위한 요구자의 요구에 대해 응답한다.

6) 운용자 통신 함수

▶ mm_input()

Input
데이터 스트링을 전송하라고 서버에 요구한다.

▶ mm_inresponse()

Input Response
데이터 스트링을 전송하라는 요구자의 요구에 대해 응답한다.

▶ mm_output()

Output
조작자 스테이션에 데이터 스트링을 출력하라고 서버에 요구한다.

▶ mm_otresponse()

Output Response
데이터 스트링을 출력하라는 요구자의 요구에 대해 응답한다.

7) 사건 관리 함수

▶ em_wait()

Wait For Event

사건의 발생을 기다리라는 함수이다. 비동기 서비스 방식을 사용할 경우에 이용하는 유용한 함수로 미리 정의된 사건이나 프로그래머가 정의한 사건이 발생하면 해당 사건의 발생을 응용에 알려준다.

8) 지원 함수

▶ mm_didcb()

Dynamic Initialize DCB(Data Control Block)
MMSI 자료제어블록에 해당하는 메모리를 할당하고 기본값으로 초기화한다.

▶ mm_dfdcb()

Dynamic Free DCB
mm_didcb에 의해 할당된 메모리를 해제한다.

▶ mm_fdmemory()

Free Dynamic Memory
응용이 수행되는 동안 MMS에 의해 자동적으로 할당되는 비자료제어블록(non-DCB) 메모리를 해제한다.

▶ mm_mlist()

Make List
MMS 목록을 새로 만들거나 목록에 구성 요소를 추가한다.

▶ mm_leextract()

List Element Extract
MMS 목록으로부터 구성요소를 얻는다.

▶ mm_dhandle()

Duplicate Handle
핸들의 논리적 사본이나 물리적 사본을 만든다.

▶ mm_fhandle()

Free Handle
데이터 핸들을 해제하고 할당된 자원을 복구한다.

제 2 장

MMSI의 데이터 구조

2.1 개 요

이 장에서는 다음과 같은 내용들을 다룬다.

- MMSI의 헤더파일(header file)
- MMSI 함수 파라미터
- 자료제어블록(DCB : Data Control Block)의 개념
- MMSI의 기본 자료 형태와 자주 사용되는 자료 구조체
- MMSI의 마스크
- 오류 기록과 보고에 대한 자료 구조
- 연결을 만들기 위한 자료 구조

MMSI는 내부적으로 자료관리를 하게 되는데 이는 유연성을 비롯한 여러 가지 장점들을 제공한다. 이 장에서 소개하는 여러 가지 표와 서비스 제공 프로세스(SPP : Service Provider Process)의 여러 자료 구조들을 통해 MMS 변수와 다른 MMS 객체에 대한 많은 정보를 얻을 수 있으며 진보하는 통신에 대해서도 알 수 있게 된다. SNU MMS는 자료의 조직과 호환성을 확실하게 해준다. 필요한 내부 자료는 보통 각각의 장치마다 다르고, 수행 중에도 동적으로 변한다. 따라서 정보를 주고받을 때 편리하고 유용한 메커니즘이 MMS에 필요하였다. 이러한 요구에 의해서 MMSI의 데이터 구조가 국제표준협회에서 결정되었고 SNU MMS도 이 표준 MMSI 데이터 구조를 사용한다. 그러므로 MMSI의 자료 구조를 이해하면 SNU MMS 응용을 설계하고 만드는 데 큰 도움이 될 것이다.

2.2 헤더 파일

MMSI 함수는 파라미터로 많은 자료 구조를 사용한다. 이 자료 구조들은 "snummsi.h"라는 헤더 파일에 선언되어 있다. SNU MMS 프로그램에는 이 헤더 파일이 포함되어야 한다. SNU MMS가 설치되어 있을 때, 이 파일들은 SNU MMS/INCLUDE 디렉터리에 설치되어 있다. 이 장에서는 헤더 파일에서 선언한 자료 형태와 구조체 중 중요한 것만 다룬다.

2.3 MMSI 함수 파라미터

각 MMSI 함수는 파라미터들을 필요로 하게 된다. 이 파라미터들은 MMS 클라이언트와 서버 사이에서 정보를 운반하는 화물차와 같다. 즉, 함수 파라미터는 SNU MMS 응용과 MMS 서비스 제공 프로세스 사이에서 정보를 나르는 역할을 한다. 서비스 제공 프로세스는 MMS 네트워크 통신을 관리한다. 함수 파라미터들은 다음과 같은 성질들을 가진다.

- 반드시 사용해야 하는 파라미터와 선택적으로 사용하는 파라미터가 있다.
- 입력으로 사용되는 파라미터가 있고, 출력으로 사용되는 파라미터가 있다. 그리고 어떤 파라미터는 입력인 동시에 출력으로 사용된다.
- 직접 사용되는 파라미터와 자료제어블록에 포함되는 파라미터가 있다.

주) 자료제어블록은 뒤에 2.4절에서 설명된다.

2.3.1 파라미터 사용의 일반적인 순서

대부분의 MMS 함수의 경우 아래와 같은 규칙으로 함수에 파라미터들이 사용된다.

- 입력 파라미터가 출력 파라미터보다 앞서 나온다.
- 함수에 직접 사용되는 파라미터가 입력 자료제어블록(input DCB)보다 앞서 나온다.
- 입력과 출력에 모두 사용되는 파라미터인 입출력 자료제어블록(inout DCB)은 입력 자료제어블록의 바로 뒤에 온다.
- 함수에 직접 사용되는 출력 파라미터는 자료제어블록보다 뒤에 온다.

MMSI 함수는 일반적으로 이 규칙을 따르게 된다. 그러나 특정 함수에서는 위의 사항과 일치하지 않는 경우도 있다.

2.4 자료제어블록

MMSI는 자료제어블록, 즉 자료제어블록의 개념을 광범위하게 사용한다. 자료제어블록이란 어떤 MMSI 함수에서 파라미터로 사용하는 C구조체를 말한다. 자료제어블록들은 다음과 같은 목적을 만족한다.

- 각 함수들은 각각 다른 개수와 다른 종류의 파라미터들을 갖는다.
- 몇몇 파라미터는 선택적이다. 이는 모든 장치가 똑같은 파라미터들을 사용할 필요는 없다는 것을 의미한다.
- 파라미터의 값은 어떤 필드가 유용한지 또 어떤 필드가 요구되었는지를 말해 준다.
- 함수 파라미터의 수를 확장할 방법이 있어야만 한다.

자료제어블록들은 이 목적에 따라 함수와 관련된 입력 자료를 유연하게 돕는다. 선택적으로 함수와 관련된 파라미터들은 다음 두 종류의 자료제어블록 파라미터 중 하나를 포함한다.

- 입력 자료제어블록 : 함수의 입력 전용 파라미터로 사용된다.
- 입출력 자료제어블록 : 입력과 출력을 모두 다루는 파라미터로 사용된다.

MMSI 함수는 대부분 한 개씩의 입력 자료제어블록과 입출력 자료제어블록을 갖는다. 어떤 자료제어블록은 단순하고 어떤 것은 매우 복잡하다. 이것들은 주로 연결 구조(linked structure)이고 여러 개의 데이터로 이루어져 있다. 모든 자료제어블록은 헤더 파일에 선언되어 있다. 단, 모든 MMSI 함수가 자료제어블록 파라미터를 가지는 것은 아니다.

2.4.1 입력 자료제어블록

입력 자료제어블록을 일반적으로 설명하는 규칙은 없다. MMSI 함수가 다양하기 때문에 각 함수에 대해 입력 자료제어블록이 있다고 보면 된다. 각 입력 자료제어블록은 특정 함수에서 요구하는 특정 입력을 가지게 된다. 입력 자료제어블록에 메모리를 할당하는 방법에는 다음과 같은 세 가지가 있다.

- mm_didcb()(Dynamically Initialize a DCB)를 호출한다. mm_didcb()가 적절하게 몇 개의 초기 값을 할당하기 때문에, 이것은 가장 쉽고 추천할 만한 방법이다.
- 해당 자료제어블록 형의 변수를 선언한다.
- malloc()을 사용하여 동적 메모리를 얻는다.

입력 파라미터가 차지한 메모리는 함수가 수행을 마쳤을 때 즉시 다시 사용될 수 있다. 그러나 이러한 일은 요구가 완결되기 전에 함수에서 리턴하는 비동기 호출에서는 일어나지 않는다. 응답 함수에서 입력 자료제어블록을 구성하는 파라미터에는 다음의 세 가지가 있다.

인 자	설 명
invoke_id	요구에 대한 사용자의 응답이 적절한지를 확인하기 위한 것이다. 이때, 값은 mm_ireceive() 함수의 출력 파라미터이다. 사용자의 응용 프로세스가 이 값을 바꾸어서는 안된다.
positive_response	원격 AP의 요청이 성공했는지를 알려주는 부울(boolean) 변수
error_response	positive_response의 값이 FALSE인 경우 오류 정보를 포함하는 변수

다음과 같은 응답 함수들이 존재한다.

```
mm_caresponse()         mm_coresponse()         mm_cpresponse()
mm_daresponse()         mm_ddresponse()         mm_tdresponse()
mm_ddtresponse()    mm_dpresponse()     mm_dsresponse()
mm_duresponse()         mm_gcresponse()         mm_gvresponse()
mm_idlresponse()    mm_inresponse()  mm_iuresponse()
mm_kresponse()          mm_nlresponse()  mm_otresponse()
mm_piaresponse()    mm_rresponse()      mm_rsresponse()
mm_sresponse()          mm_wresponse()   mm_stpresponse()
mm_sttresponse()    mm_usresponse()  mm_turesponse()
mm_rsmresponse()
```

2.4.2 입출력 자료제어블록

입출력 자료제어블록(Input/Output DCB)은 보통 줄여서 Inout DCB라 한다. 어떤 비동기 함수의 호출에서는 함수의 수행이 끝났다고 해서 요구가 완결된 것이 아니므로 입출력 자료제어블록이 차지한 메모리는 em_wait() 함수를 통한 요구가 완결될 때까지 재선언이나 재사용을 해서는 안된다. 비동기 호출에서 SUCCESS를 리턴하는 순간부터 em_wait()가 요청을 완결하는 순간까지는 입출력 자료제어블록이 완성된 상태가 아니므로 물론 참고해서도 안된다.

1) 입출력 자료제어블록의 보통 필드

입출력 자료제어블록의 다른 파라미터들은 다음 두 종류 파라미터 뒤에 온다.

인 자	설 명
size	이 부호 없는 정수는 자료제어블록의 크기를 알려준다. 이것은 특별히 메모리 관리가 필요한 장치에서 중요하다.
error_block	이것은 함수 수행이 실패했을 때의 오류 정보를 가진다. error_block 인자는 이 장 후반에 설명할 Mm_Error_type형이다.

몇 개의 함수는 다른 순서를 갖는다. 다른 순서를 갖는 경우에는 오류 정보가 보통 입출력 자료제어블록의 결과(result)라 부르는 변수(Api_rc 형태)에 들어간다. 가끔 입출력 자료제어블록의 다른 구조체가 오류 정보를 가지는 경우도 있다. 이것은 이 장의 후반부에 설명하도록 하겠다. 위의 표와는 다른 입출력 자료제어블록을 갖는 8개의 함수는 다음과 같다.

```
mm_abort(),
mm_aeactivation(),
mm_aereset(),
mm_answer(),
mm_connect(),
mm_ireceive()
mm_listen(),
mm_slisten()
```

2.5 MMSI의 기본 자료 형태

다음 표는 MMSI 인터페이스가 사용하는 기본적인 자료 형태이다.

자료형	설 명	범 위
Uint8	8비트 부호 없는 정수	0에서 $(2^{8}-1)$
Uint16	16비트 부호 없는 정수	0에서 $(2^{16}-1)$
Uint32	32비트 부호 없는 정수	0에서 $(2^{32}-1)$
Sint8	8비트 부호 있는 정수	-2^{7}에서 $(2^{7}-1)$
Sint16	16비트 부호 있는 정수	-2^{15}에서 $(2^{15}-1)$
Sint32	32비트 부호 있는 정수	-2^{31}에서 $(2^{31}-1)$
Bool	논리적 2진수	0이면 FALSE 아니면 TRUE
Octet	8비트 자료	

많은 종류의 MMSI 자료가 위의 단순한 형태를 기초로 하고 있다.

2.5.1 파라미터 자료형

이 장에서 설명되는 형태의 변수들은 MMSI 함수의 파라미터로 사용된다. 이 자료 형태들은 단순하며 앞 절의 기본 형태에 기초하고 있다. 그러나 이것들은 MMSI의 문맥에서 특별한 의미를 가진다. 이 자료 형태들에 대해 간략히 알아보자.

▶ Ae_label

```
typedef Uint32          Ae_label;
```

형태 Ae_label의 변수는 특정 응용 개체(AE : Application Entity)를 나타내는 ID이다. SNU MMS에서 동시에 지원하는 Ae_label의 개수는 5개이다. 이 값은 헤더 파일에서 변경할 수 있다. Ae_label 형태의 변수의 값은 mm_aeactivation()을 사용하여 얻는다. 그리고 mm_connect(), mm_listen(), mm_slisten(), mm_aereset()과 mm_aedeactivation()을 포함한 다른 몇 함수들의 입력으로 사용된다.

▶ Connection_id

```
typedef Uint32          Connection_id;
```

Connection_id 형태의 변수는 하나의 연결을 지칭한다. SNU MMS에서는 각 응용 개체마다 동시에 최대 5개의 연결을 유지할 수 있도록 되어 있으며 이 크기는 헤더 파일에서 변경할 수 있다. Connection_id 형태의 변수의 값은 mm_connect()와 mm_listen()의 결과로 얻으며 여러 함수에 입력으로 사용된다.

▶ Local_event_name

```
typedef Sint32     Local_event_name;
```

형태 Local_event_name의 변수는 특정 함수 호출을 구별해 주는 ID이다. 그리고 이 변수는 함수의 호출이 동기인지 비동기인지를 알려주는 중요한 역할을 한다. 만일 변수가 동기값을 갖는다면 호출은 동기이고, 그렇지 않다면 이 변수는 특정 비동기 호출을 나타내는 ID를 가지게 된다. 이때 음의 값은 허용되지 않는다. Local_event_name은 모든 문맥 고려(context sensitive) 함수를 호출할 때 입력 파라미터로 사용되며, em_wait()의 출력 파라미터이다.

▶ Mm_Vmd_id

```
typedef Uint32          Mm_Vmd_id;
```

형태 Mm_Vmd_id 변수는 특정 가상생산 장치의 ID를 나타낸다. 이 변수는 mm_vactivation() 함수를 호출하여 얻을 수 있으며 많은 문맥 고려(context sensitive) 함수를 호출할 때 입력 파라미터로 사용된다.

▶ Return_code

```
typedef Sint32Return_code;
```

형태 Return_code는 함수의 리턴 값을 나타내는 데 사용하는 변수에 쓰인다. 성공과 실패를 나타내며 리턴 값마다 의미가 있다. 함수의 SUCCESS 리턴 값은 다음의 두 가지 의미 중에서 한가지 경우이다.

① 함수의 호출이 동기인 경우에는 요구의 결과가 성공임을 의미하며 결과는 출력 파라미터에서 얻을 수 있다.
② 함수의 호출이 비동기인 경우에는 함수의 호출 자체가 유효하다는 것을 의미한다. 하지만 이 때 요구의 결과는 아직 확인되지 않은 상황이다. 이 경우 결과에 해당하는 요구의 확인은 em_wait()의 호출로 얻을 수 있다. SUCCESS 이외의 값을 리턴하는 것은 호출이 실패했음을 의미한다.

2.5.2. 자료제어블록 구성요소 데이터 형

이 절에서는 MMSI에서 자료제어블록에 사용되는 데이터 형들에 대해서 소개한다. 여기서 소개하는 데이터 형들은 특별한 의미와 특징을 가진다. MMS 응용 프로그램을 구현하는 데 많은 도움이 될 것이다.

▶ Mask

```
typedef Uint16     Mask;
```

마스크는 16비트 길이를 가지며 비트 단위의 논리적 변수로 사용된다. 16개의 각 비트가 의미를 가지며 특정 비트를 설정함으로써 선택적인 파라미터를 고르게 하는 역할을 한다. 예를 들어 다음의 Mm_Response_error라는 구조체를 보자. 이 구조체에는 마스크 형의 mask라는 변수가 정의되어 있다. 그리고 2개의 정의문을 사용하고 있다. 이 경우 mask의 0번 비트가 설정되어 있으면 선택적 파라미터 additional_error가 의미를 가지고, mask의 1번 비트가 설정되어 있으면 선택적 파라미터 additional_description이 의미를 가지게 된다. 만일 mask의 0번 비트와 1번 비트가 모두 설정되어 있지 않으면 additional_error와 additional_description은 의미를 가지지 않는다. 마스크 형은 자료제어블록 전반에 걸쳐 사용되는 데이터 형태로 사용법을 잘 알아두어야 한다.

```
typedef struct Mm_Response_error
{
   Mask mask;
#define     MM_RE_ADDITIONAL_ERROR              BIT(0)
#define     MM_RE_ADDITIONAL_DESCRIPTION        BIT(1)
   Sint32                  error_class;
   Uint16                  error_code;
   Uint16                  additional_error;
   Printable_string        additional_description;
} Mm_Response_error;
```

위 구조체의 경우 mask의 사용을 살펴보자. 일단 MM_RE_ADDITIONAL_DESCRIPTION이라 불리는 mask 비트에 대해서만 생각하자. #define 선언은 BIT()라는 매크로를 사용하여 MM_RE_ADDITIONAL_DESCRIPTION를 1비트의 mask 상수로 정의하였다. Mask의 초기 값은 0이다. 사용자가 유효한 값을 갖는 additional_error와 additional_description 필드를 지정할 필요가 있다고 가정한다면, mask에 적절한 비트를 설정할 때 bitwise-or(|)를 사용하여 다음과 같이 한다.

```
mask = MM_RE_ADDITIONAL_ERROR | MM_RE_ADDITIONAL_DESCRIPTION;
mask = MM_RE_ADDITIONAL_ERROR | MM_RE_ADDITIONAL_DESCRIPTION;
```

주) 다른 비트의 변화 없이 mask를 초기화시킬 때 bitwise-or(|)를 사용한다.

유사한 예로, 다음 선언은 bitwise-and(&)를 사용하여 다른 mask의 MM_RE_ADDITIONAL_DESCRIPTION을 살펴보는 것이다.

```
flag = mask & MM_RE_ADDITIONAL_DESCRIPTION;
```

이 때, mask의 지정된 비트가 설정되어 있는 경우 flag는 TRUE가 된다.

▶ Visible_string

typedef char *Visible_string;

Visible_string은 가시 문자열을 나타낸다. 일반적인 문자열이라고 생각하면 된다. 이 가시 문자열은 NULL-terminated로 가정한다. 이 형태의 변수는 표시 장치나 프린터로 출력할 수 있는 자료를 포함한다.

▶ Octet_string

```
struct Octet_string
{
 Uint32          length;
 Octet_pointer      pointer;
}
```

Octet_sctring은 Octet의 열을 나타낸다. 위 구조체에서 Octet_pointer는 단지 Octet의 포인터이다. 이 경우에 Octet_pointer가 가리키는 Octet의 문자열은 NULL-terminated일 필요가 없기 때문에 길이를 알려주어야 한다. 아래와 같은 방법으로 영역을 할당하여 사용한다.

```
Octet_string.pointer = malloc(Octet_string.length * sizeof(Octet));
```

▶ Mm_Identifier

```
typedef Mm_Byte_string Mm_Identifier;
```

Mm_Identifier는 MMS 객체를 확인할 수 있는 문자열(이름)을 나타낸다. 위 형 선언에서 사용된 Mm_Byte_string은 Octet_string과 동일한 형태를 가지므로 Mm_Identifier가 NULL-terminated일 필요는 없다.

▶ Object_id

```
struck Object_id
{
 Uint16length;
```

```
 Sint32*element;
};
```

element 필드는 주소(address)를 가리키거나 아래와 같은 방법으로 영역을 할당하여 사용한다.

```
object_id.element = malloc(object_id.length * sizeof(Sint32));
```

▶ MMS_list 와 MMS_list_element

```
typedef Uint32*MMS_list;
typedef Uint32*MMS_list_element;
```

MMS_list는 MMS 헨들(handle)이다. MMS_list_element는 어떤 MMS 핸들을 포함하여 MMS 목록이 인정하는 어떤 아이템일 수 있다.

함수 이름	설 명
mm_mlist()	Make List : MMS 목록에 원소를 포함시킨다.
mm_leextract()	List Element Extract는 MMS 목록에서 한 원소를 제거한다. 만일 특정 목록이 존재하지 않는다면 mm_leextract는 실패한다. 만일 특정 목록이 한 원소만을 가진다면 mm_leextract()는 그 원소를 리턴한다.

목록은 자료제어블록의 파라미터로 빈번하게 사용된다. 하나의 MMS 목록은 논리적으로 연결된 구조체이고, 보통 연결 목록(linked list)과 유사하다. 다음은 목록을 다루는 함수와 그에 대한 간단한 설명이다.

▶ Mm_Object_name

Mm_Object_name은 MMS 객체의 이름을 표현하는 데 사용되는 데이터 형이다. name_scope 필드는 그 객체의 범위를 지정한다.

```
typedef struct Mm_Object_name
{
  enum
  {
   Mm_NS_Vmd_specific,
   Mm_NS_Domain_specific,
   Mm_NS_AA_specific
  } name_scope;
  Mm_Identifier  vmd_specific;
  Mm_Domain_specific_block  domain_specific;
  Mm_Identifier  aa_specific;
} Mm_Object_name;
```

주) SNU MMS는 국부 영역 한정 객체를 지원하지 않는다. 그러므로 국부 객체의 name_scope 값은 항상 Mm_NS_Vmd_specific이거나 Mm_NA_AA_specific이고 Mm_NS_Domain_specific일 수는 없다. name_scope 필드 값에 따라 세 필드 중 하나가 유효하게 되며 실제 이름값을 포함한다. 각 필드의 자료 구조는 snummsi.h 헤더 파일에 설명되어 있다.

▶ Mm_Time_of_day

시간과 관련된 몇 가지의 구조체가 아래에 있다.

```
typedef enum Mm_Gen_time_format
{
  Mm_GTForm_UTC_Time,
  Mm_GTForm_Local_Time,
  Mm_GTForm_Local_With_Offset
}  Mm_Gen_time_format;

typedef enum Mm_Bin_time_format
{
  Mm_BTForm_No_Date,
  Mm_BTForm_With_Date
}  Mm_Bin_time_format;
```

```
typedef struct Mm_Time_of_day
{
  union {
    Mm_Gen_time_format general_time;
    Mm_Bin_time_format     binary_time;
  }  format;
  Uint8second;     /* range 0 to 59   */
  Uint8minute;     /* range 0 to 59   */
  Uint8hour;       /* range 0 to 23   */
  Uint8date;       /* range 1 to 31   */
  Uint8month;      /* range 1 to 12   */
  Uint16   year;       /* range:       */
                       /* 0-9999    (Gen. time) */
                       /* 1984-2162 (Bin. time) */
  Uint8  ofs_min;      /* range 0 to 59 */
  Sint8  ofs_hour;     /* range -12 to 13 */
                       /* If ofs_hour equal to -12 or 13, ofs_min
                          value must be set to 0.   */
} Mm_Time_of_day;
```

Mm_Time_of_day는 응용 프로세스 사이에 날짜와 시간 정보를 주고받을 때 사용한다. 이 자료 형태는 Generalized Time 과 Binary Time의 두 포맷을 가진다.

Generalized Time은 항상 파일 서비스의 출력 파라미터이다. Generalized Time에는 다음의 세 가지가 있다.

- Mm_GTForm_UTC_Time : 실제로 Universal Coordinated Time(UCT)은 Greenwich Mean Time(GMT)와 같다.
- Mm_GTForm_Local_Time : Local Time은 값이 설정된 국부 시간이다. offset 필드 (ofs_min과 ofs_hour)는 유효하지 않다.
- Mm_GTForm_Local_With_Offset : Local Time with offsets to UTC는 offset이 유효한 경우이다. 다음의 식이 적용된다.

Local Time - offset 값 = UTC

Binary time에서 offset 필드(ofs_min과 ofs_hour)는 유효하지 않다. Binary Time에는 다음의 세 가지가 있다.

- Mm_BTForm_No_Date : 유효한 데이터 값 없이, 단지 초, 분, 시간 필드만 유효하다.
- Mm_BTForm_With_Date : 유효한 데이터 값과 함께 모든 필드가 유효하다. (단, ofs_min과 ofs_hour는 제외)

2.6 오류 기록 구조체

이 장에서는 오류 정보를 기록할 때 사용되는 자료 형태에 대해 소개한다. 오류 코드에는 기본적으로 다음의 네 가지 종류가 있다.

- return_code, 부호 있는 정수 값
- error_code, 부호 없는 정수 값
- additional_error, 부호 없는 정수 값
- additional_description, 출력 가능한 문자열(printable string)

또한, return_code와 vendor_code로 되어 있는 구조체(Api_rc)도 있다. 이 코드들은 이 절 후반에서도 다룰 다양한 자료 형태를 나타낸다.

오류 기록에는 다음 두 가지 관점이 있다.

① 요구한 장치가 요구에 실패하고 정보를 필요로 할 때, 장치는 입출력 자료제어블록 파라미터의 필드에서 실패의 원인에 대한 정보를 얻을 수 있다. 대부분의 MMSI 함수에서는 입출력 자료제어블록의 두번째 필드가 Mm_Error_type의 error_block이다. 그러나 몇 개의 함수는 일반적 법칙에 위배되는 다른 순서를 가지고 있는데, 이 함수들은 보통 result(Api_rc 형)라는 변수를 포함한다. 가끔 입출력 자료제어블록 안의 다른 구조체에서 error_block이라는 변수를 포함하고 있는 경우도 있다.

② 응답 장치가 요구자에게 요구의 실패를 알려야 할 필요가 있을 때, 응답 장치가 실패에 대해 자세한 사항을 제공하여 준다. 이런 장치는 클라이언트에게 실패의 원인과 관련된 정보를 제공하기 위해 Mm_Response_error 형의 파라미터를 사용한다.

▶ Api_rc

```
typedef struct Api_rc{      /*CM*/
  Return_code  return_code;
```

```
  Return_code  vendor_code;
} Api_rc;
```

이 파라미터는 함수의 수행이 실패했을 때 요구자에게 실패 정보를 제공한다. 함수의 리턴 값을 제외하면 이 파라미터가 가장 간단한 오류 보고 구조이다. 보통의 함수는 입출력 자료제어블록 안에 이 형태의 파라미터를 가지는데 Mm_Error_type 파라미터와 연관되어 있다. return_code 필드는 밑에서 설명할 함수 리턴 값과 관련되어 있다. vendor_code 필드는 통신망의 초기화 없이 호출이 일어났을 경우에 추가적인 정보를 담게 된다.

① 동기 호출에서 함수 리턴 값과 Api_rc의 return_code 파라미터의 값은 같다.
② 비동기 호출에서는 다음의 두 가지 가능성이 있다.
- 0이 아닌 값을 리턴하는 함수 : 이 경우 함수의 호출 자체가 유효하지 않다. 함수의 리턴 값과 Api_rc의 return_code 파라미터의 값은 같다.
- 리턴 값이 0인 함수 : 이 경우 함수의 호출은 유효하다. Api_rc 파라미터는 em_wait()를 통해 요구가 완결된 후에 유효하다. 이 파라미터의 return_code 필드는 요구가 성공일 경우에는 0이 된다. 요구가 실패할 경우에는 가능한 오류값 중 하나를 갖게 된다.

▶ Mm_Error_type

```
typedef struct Mm_Error_type
{
  Mask      mask;
#define   MM_ET_ERROR_CODE                  BIT(0)
#define   MM_ET_ADDITIONAL_ERROR        BIT(1)
#define   MM_ET_ADDITIONAL_DESCRIPTION        BIT(2)
  Api_rc       result;
  Uint16    error_code;
  Uint16    additional_error;
  Printable_string     additional_description;
} Mm_Error_type;
```

이 형태의 파라미터(error_block)는 때때로 입출력 자료제어블록의 요소가 된다. error_code와 additional_error 파라미터는 더 많은 오류 정보를 포함하고 있다. result 파라미터가 Api_rc 형태이기 때문에 return_code 필드를 포함한다. 이 return_code, error_code와 additional_error 파라미터는 다음과 같이 관련되어 있다.

- 모든 return_code 값에 대해 유일한 error_code 값의 집합이 있다.
- 모든 error_code 값에 대해 유일한 additional_error 값의 집합이 있다.

이러한 조직은 오류 상태 정보를 매우 정확하게 제공한다. additional_description 필드는 더 깊은 정도의 오류 정보 문자열을 포함한다. 응답자는 응답 함수 호출에서 additional_description을 설정시킬 수 있다. 마지막 세 필드는 각각 mask에 설정되었을 때만 값이 유효하다.

▶ Mm_Response_error

```
typedef struct Mm_Response_error
{
  Mask       mask;
#define     MM_RE_ADDITIONAL_ERROR       BIT(0)
#define     MM_RE_ADDITIONAL_DESCRIPTION         BIT(1)
  Sint32         error_class;
  Uint16         error_code;
  Uint16         additional_error;
  Printable_string      additional_description;
} Mm_Response_error;
```

이 형태의 파라미터는 error_response 응답 함수의 입출력 자료제어블록의 일부분이다. 이 파라미터를 사용하여 응답자는 요구가 실패한 이유를 요구자에게 설명하게 된다. 예를 들어, 한 응용 프로세스가 존재하지 않는 MMS 변수에 대해 mm_read() 요구를 했다고 하자. mm_rresponse()에서 응답자 장치는 이 파라미터의 필드에 문제점을 나타내어 클라이언트에게 설명하게 된다.

응답자가 입출력 자료제어블록의 Mm_Response_error 구조체에 지정하는 값은 요구자가 Mm_Error_type 구조체에서 받는 값과 밀접하게 연관되어 있다.

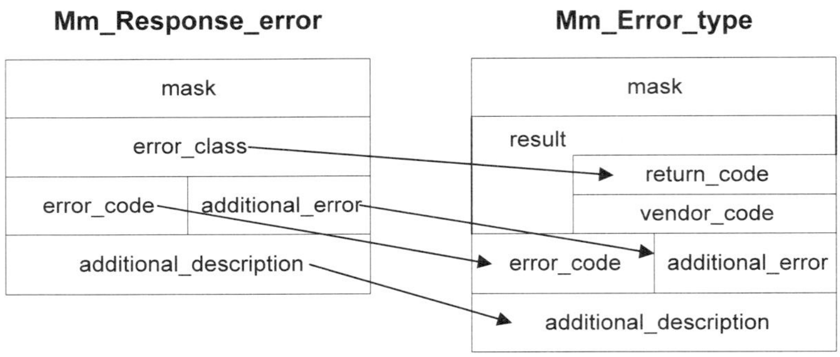

【그림 2.2.1】 error_response와 error_block의 관계

【그림 2.2.1】은 이를 설명해 주고 있다. 이 연관성은 이 형태의 유효한 입력 상수 목록과, Mm_Error_type 구조체에 가능한 오류 상수를 비교하면 명확하다. 정의된 상수가 다르기 때문에, 이것들은 이미 정의된 의미와 유사한 문구를 가지고 있다. 예를 들어, 응답 함수의 입출력 자료제어블록의 error_class 값이 MM_ACCESS_ERROR라면, 요구된 함수의 입출력 자료제어블록 안의 return_code 값은 MME222_ACCESS_ERROR이다.

주) 응답 함수가 항상 Mm_Response_error 변수에 입력한 값이 정당한지 확인할 필요는 없다. 그러나 부주의하게 지정된 값은 요구 응용 개체에 오동작을 일으킬 수 있다.

제 3 장

지원함수

3.1 개 요

이 장에서는 MMS 응용에서 많이 사용되는 지원 함수들에 관하여 소개한다. 이 함수들은 어느 특별한 MMS 서비스에만 국한되는 것이 아니라, 다음과 같은 지원 임무를 지니고 있다.

- 파라미터들에 대해 메모리를 할당하고 풀기
- 비동기(asynchronous) 함수의 호출
- MMS 객체들의 목록을 만들고 조정하기
- MMS 핸들을 복사하거나 풀기

이 장에서는 다음의 SNU MMS 함수에 대해 설명한다.

- mm_didcb(), mm_dfdcb()와 mm_fdmemory()
- mm_wait()
- mm_mlist()와 mm_leextract()
- mm_dhandle()와 mm_fhandle()

3.2 메모리 관리

MMSI 함수에 대한 입력과 입출력 자료제어블록 파라미터들은 보통 구조와 크기가 다르다. 그리고 입출력 자료제어블록은 호출 결과에 따라서 크기가 변한다. 이는 MMSI를 사용할 때 자주 메모리를 동적으로 할당하여 사용해야 할 때가 많기 때문이다. MMSI는 다음의 함수들을 제공함으로써 사용자가 메모리를 할당하거나 풀어 주는 것을 돕는다.

함수 이름	설 명
mm_didcb()	자료제어블록를 동적으로 초기화하는 함수이다. mm_didcb()를 사용하면 사용자는 함수 호출 준비를 쉽게 할 수 있다. mm_didcb()는 자료제어블록에 대한 메모리를 할당하고, 기본값(DEFAULT)을 가지는 특정 영역들을 초기화한다. 핵심 입력에는 만들어질 자료제어블록이 어떤 종류의 것인지를 나타내는 열거된 값(dcb_type)이 포함된다.
mm_dfdcb()	자료제어블록를 동적으로 풀어 주는 함수이다. mm_dfdcb()를 사용하면 사용자의 SNU/OSI MMS 응용은 시스템 메모리를 소모시키지 않게 된다. mm_dfdcb()는 mm_didcb()를 사용하여 만든 자료제어블록의 메모리, 혹은 입출력 자료제어블록을 NULL로 하였을 때 MMSI가 내부에서 만든 자료제어블록의 메모리를 풀어 준다.
mm_fdmemory()	동적 메모리를 풀어 주는 함수이다. SNU/OSI MMS가 할당한 비자료제어블록(non-DCB) 메모리를 풀어 주는 데 사용된다.

이 함수들은 각각 풀어주려는 구조에 대한 포인터 파라미터를 사용한다.

3.2.1 자료제어블록 지향 함수

일반적으로 mm_dfdcb()는 응용 전반에 걸쳐 mm_didcb()와 함께 하나의 쌍으로 존재해야 한다. 그 방식은 다음과 같다.

- 자료제어블록 파라미터를 만들어 낼 필요가 있을 때, mm_didcb()에 대한 explicit 또는 implicit 호출로 그 파라미터를 얻는다. (mm_didcb()에 대한 explicit와 implicit 호출은 다음에 다루기로 한다)
- 자료제어블록가 더 이상 필요하지 않을 때, mm_dfdcb()는 그 자료제어블록이 차지했던 메모리를 풀어 준다. 이때, 이 함수는 더 이상 implicit 호출되지 않는다.

1) 자료제어블록의 할당을 위한 mm_didcb()의 사용

자료제어블록에 대한 메모리를 할당하고 초기화하는 방법은 다음의 두 가지가 있다.

- 자료제어블록을 사용하는 함수를 호출하기 전에 mm_didcb()를 호출한다. 이것이 explicit 호출 방식이다.
- NULL 포인터의 주소를 입출력 자료제어블록 파라미터로 만들어 넘겨준다. 그러면 mm_didcb()는 NULL 포인터를 알아내어 입출력 자료제어블록을 할당하고 초기화한다. 이것은 implicit 호출 방식이다.

주) SNU MMS에 의해 할당된 자료제어블록 메모리를 풀어 줄 때, 절대로 C 함수인 free()를 사용해서는 안된다. free() 함수는 프로그램을 실패하게 하거나, 프로세스 메모리를 망가뜨릴 수 있다. 이러한 것은 자동화 환경에서는 매우 위험한 상황을 초래할 수도 있다.
mm_didcb()를 implicit하게 또는 explicit하게 호출함으로써 할당된 메모리는 다음 절에서 다루게 될 mm_dfdcb()를 사용하여 풀어 주어야 한다.

다음은 권장하는 mm_didcb()의 사용 방법이다.

▶ 입출력 자료제어블록

입출력 자료제어블록들은 mm_didcb()에 대한 implict 호출로 할당되는 것이 좋다. 즉, NULL 포인터의 주소를 SNU MMS 함수의 입출력 자료제어블록 파라미터로 사용해야 한다. 이렇게 하면 입출력 자료제어블록은 항상 올바른 크기를 가지게 되며 버퍼 범람(overflow) 오류를 줄일 수 있다. 수동적으로 입출력 자료제어블록을 할당시키고 초기화하는 것은 시간이 오래 걸리며 오류가 발생하기 쉽다.

▶ **입력 자료제어블록**

입력 자료제어블록들은 mm_didcb()에 대한 explicit 호출로 할당되어야 한다. 이렇게 하면 함수가 호출되기 전에 적당한 입력 자료 값을 제공할 수 있다. 이것은 기본값이 없는 것에 대해서 사용자가 넣어 주어야 하는 특정 정보가 있는 경우가 있기 때문에 필요하다.

2) 자료제어블록을 풀어 주기 위한 mm_dfdcb()의 사용

mm_didcb()를 implicit하게 또는 explicit하게 호출함으로써 할당된 입력 또는 입출력 자료제어블록은 mm_dfdcb()를 사용하여 풀어 주어야 한다. 만약 mm_didcb()에 의해 할당되지 않은 메모리를 참조하는 포인터를 mm_dfdcb()에 넘겨준다면 에러가 발생할 것이다.

- 함수 mm_didcb()와 mm_dfdcb()를 사용하는 방법에 대한 예는 이 책의 단원마다 있는 프로그램 예제들을 참고하면 된다.

3.2.2 일반적인 메모리 풀어주기

SNU MMS가 mm_didcb()의 explicit 또는 implicit 호출 없이 할당하는 메모리를 풀어주기 위해서는 mm_fdmemory()를 사용한다.

주 1) mm_fdmemory()는 SNU MMS에 의해 할당된 메모리에 대한 포인터를 요구한다. 그러므로 함수에 포인터를 넘겨주기 위해서는 사용자는 할당된 메모리의 포인터를 가지고 있어야 한다. mm_fdmemory()를 한 번만 호출해도 연속적으로 할당된 메모리들을 풀어줄 수 있다.

주 2) SNU MMS에 의해 할당된 자료제어블록 메모리를 풀어 줄 때, 절대로 C의 표준 라이브러리 함수인 free()를 사용해서는 안된다. free() 함수는 프로그램을 실패하게 하거나, 프로세스 메모리를 망가뜨릴 수 있다. 이러한 것은 자동화 환경에서는 매우 위험한 상황을 초래할 수도 있다.

SNU MMS에 의해 할당된 메모리는 앞에서 설명했듯이 mm_fdmemory() 또는 mm_dfdcb()에 대한 호출에 의해 풀려져야만 한다.

- 다음의 MMSI 함수들에 의해 할당되는 메모리는 mm_fdmemory()를 사용하여 풀어 주어야 한다.

함 수	Explicit하게 풀려져야 하는 요소
mm_leextract()	이 함수는 다음 중 어느 하나를 되돌려 준다. • Extract된 구조 또는 형태에 대한 포인터의 주소 전체 구조(안에 포함된(Embeded) 문자열까지도 모두 포함)에 대해 할당된 메모리는 포인터에 대해 mm_fdmemory()를 적용시킴으로써 풀 수 있다. • mm_fhandle()을 사용하거나, 함수를 호출하여 사용함으로써 풀 수 있는 핸들의 포인터
mm_imtype()	해석된 형태가 형태 명일 때, Mm_Object_name 구조 안의 문자열에 대해 메모리가 할당된다. 이 문자열은 입출력 자료제어블록의 부분이며, 그 구조 내에서의 이 문자열의 정확한 위치(mm_fdmemory()의 입력이 되는 포인터)는 객체의 범위에 따른다. 예를 들어 다음의 코드는, mm_imtype()에 대한 특정 종류의 호출로부터 메모리를 풀어 준다. res = mm_fdmemory(type_dcb_ptr -> type_name.vmd_specific.pointer, result);
mm_invspecification()	이 함수는 다음 세 종류의 변수 규약들 중 어느 것이라도 되돌릴 수 있다. 이들 대부분은 사용자가 메모리를 풀어 주어야 한다. • 이름(named) 변수들에 대해 : 이 변수들의 이름은 Mm_Object_names이다. 그리고 이들은 위의 mm_imtype()에서 설명한 것처럼 풀어 주어야 한다. • 주소 변수들에 대해 : 1) 수치 주소들은 메모리를 할당하지 않는다. 2) 기호 주소들은 문자열에 대한 메모리를 할당한다. mm_fdmemory()에 대한 입력으로서 symbolic_address 영역의 포인터를 사용하라. 3) 구속받지 않는 주소는 옥텟 스트링이다. 이것은 풀어 주어

	야만 한다. mm_fdmemory()에 대한 입력으로서 unconstrained_address 영역의 포인터를 사용하라. • Address_and_type 변수들은 위에서 설명한 것처럼 사용자가 풀어 주어야 하는 주소와 형태 사양에 대한 핸들을 사용한다. 이 핸들은 mm_fhandle()을 사용하거나 또는 다른 함수에서 사용됨으로써 풀려져야만 한다.
mm_vput()	만약 프로그램 변수가 스트링(즉, Octet_string, Visible_string, 또는 Bit_string)에 대한 포인터를 가지고 있다면, 사용자가 프로그램 변수에 새로운 값을 쓰기 위해 mm_vput()을 사용할 때 다음 중 어느 하나가 발생할 것이다. • 포인터가 NULL이라면, SNU/OSI MMS는 되돌려 질 수 있는 가능한 최대의 문자열에 대한 메모리를 할당한다. 그리고 나서 이 메모리에 대한 포인터를 설정하고 자료를 메모리 안에 둔다. • 포인터가 NULL이 아니라면, SNU/OSI MMS는 문자열을 가지기에 충분한 크기의 버퍼가 있다고 가정하고, 지정된 위치에 자료를 쓴다. 이때 mm_fdmemory()는 필요하지 않다.
mm_idrepresentation()	(배열 또는 구조와 반대되는)간단한 자료 표현이 해석(interpret)될 때 SNU/OSI MMS는 자료에 대한 메모리를 할당한다. data.dcb 입력 인자는 이 자료에 대한 포인터(data_address)를 가지고 있는데, 이것은 함수가 되돌려질 때 유효하다, 이 포인터는 mm_fdmemory()로 풀어 주어야 한다. 풀어 주어야 하는 자료가 문자열에 대한 포인터를 포함하고 있는 구조일 때, 할당된 메모리는 연속되어 있고, 이는 mm_fdmemory() 함수(입력 인자로서 data_address를 사용)를 한 번 호출함으로써 풀 수 있다.

3.3 연결자원 통보

MMS 응용층 연결규약 문서에 따르면 만약 호출에 지정된 연결이 자원 사용에 있어서 한계에 이르면 많은 MMSI 함수들은 MME008_NO_CON_RESOURCES의 값들을 되돌릴 수 있다. 이때, 가능한 한계는 미완성의 지시수를 포함한다. 이 조건을 다루기 위해, MMSI 정의는 mm_nwcleared()라 불리는 함수를 포함한다. 함수가 실패하여 MME008_NO_CON_RESOURCES의 리턴 값을 돌려줄 때, 응용은 자원이 더 이상 제한되지 않았음을 통보 받기 위해 mm_nwcleared()를 사용할 수 있다. 이때, 응용은 호출을 다시 할 수 있다.

주) 어떠한 SNU MMS 함수들도 현재 MME008_NO_CON_RESOURCES 값을 돌려받지 않는다. 따라서 현재 SNU MMS 응용은 mm_nwcleared()를 사용하지 않는다. mm_nwcleared()가 SNU MMS에 포함되어 있기 때문에, 사용자는 MME 008_NO_CON_RESOURCES 리턴 값을 만드는 시스템으로부터 SNU MMS 쪽으로 응용을 더 쉽게 전송할 수 있다. 또한 SNU MMS의 이후 버전이 MME008_NO_CON_RESOURCES를 생성한다면, 사용자는 개조 없이 수행될 수 있는 SNU MMS 응용을 만들 수 있다.

지금부터는 SNU MMS 응용이 MME008_NO_CON_RESOURCES 리턴 값을 받을 수 있다고 가정하고, 이 환경 아래에서 어떻게 mm_nwcleared()를 사용할 수 있는지에 대해 알아본다. 이 정보를 통해 사용자는 MME008_NO_CON_RESOURCES를 만드는 현재 또는 미래의 MMS 제품에 쉽게 적용될 수 있는 응용을 구현할 수 있을 것이다.

연결의 제한된 자원이 다시 사용 가능하게 되었을 때, 그것을 통보받기 위해 mm_nwcleared()를 사용해야 한다. 다음은 mm_nwcleared() 사용의 전형적 형태이다.

① 어떤 특정 연결에서의 SNU MMS 함수 호출이 실패하면서 MME008_NO_CON_RESOURCES 리턴 값을 돌려준다.

② 이때 응용은 실패한 함수 호출과 같은 connection_id를 사용하면서 mm_nwcleared()를 비동기로 호출한다. 예를 들어, mm_nwcleared() 호출의 return_event_name이 2000이라고 가정해 보자.

③ 응용은 연결과 관련된 자원을 풀어 주기 위한 단계를 밟는다. 예를 들어, 응

용은 지정된 연결에서의 어떤 미완성의 지시를 받기 위해 mm_ireceive()에 대한 호출을 한다.

④ 결국, em_wait()에 대한 어떤 호출에서, return_event_name 2000이 되돌려 진다.

⑤ 응용은 자신이 만든 비동기 호출에 대한, return_event_names의 내부적인 자체 기록을 em_wait()의 return_event_name 출력 파라미터에 맞춘다.

⑥ 응용은 자원 제한 때문에 실패했던 원래의 함수를 다시 호출한다.

주) mm_nwcleared()에 대한 동기 호출은 사용자의 응용을 완전히 정지시킬 만큼의 치명적인 위험성을 지니고 있다. 일단 동기 호출이 기록되었다면, 응용은 자원이 풀려질 때까지 실행을 중지하고 있을 것이다. 그러나, 응용은 자신이 다 써버린 자원을 제어하고 풀어 줄 수 있는 유일한 행위자이므로, mm_nwcleared()을 동기 호출하면 응용은 결코 일어나지 않을 일을 기다리게 된다. 그러므로, SNU/MMS 는 mm_nwcleared()에 대한 비동기 호출만 사용할 것을 추천한다.

mm_nwcleared()가 대기 행렬에 통보하는 순간과, 응용이 em_wait()를 통해 그 통보를 아는 순간 사이에는 지연이 있기 마련이다. 이 시간 동안 자원이 다시 한계에 도달할 수도 있다. 그 결과, 응용이 em_wait()를 통해 mm_nwcleared()이 끝났다는 것을 알게 될 때, 이미 그 연결에서의 요구는 다시 실패하면서 MME008 _ NO _CON_RESOURCES의 리턴 값을 돌려줄 수도 있다.

그러나 응용이 상대편 응용 프로세스에 너무나 많은 요구를 하지 않는 한, 상대편 응용 프로세스는 계속해서 즉시 응답할 것이고, 위에서 설명한 문제들은 거의 발생하지 않을 것이다.

3.4 MMS 핸들

MMSI 인터페이스는 MMS 변수, MMS 형태, MMS 목록, 그 외의 MMS 객체들에 대한 많은 정보를 보유하게 된다. 인터페이스가 이 객체들을 저장하는 방식은 그다지 중요하지 않다. 응용은 MMS 객체를 직접 접속할 필요가 없다. 그 대신 응용은, 이 절에서 설명하게 될 mm_mlist()와 mm_leextract() 함수에서처럼, 간접적으로 정보들을 참조한다.

MMSI는 사용자에게 인터페이스가 보유하는 MMS 객체에 대한 "핸들"을 제공한다. MMS 핸들은 이미 우리에게 친숙한 파일 설명자의 개념과 비교해 볼 수 있다.

파일 설명자의 개념	MMS 객체에 대한 핸들의 개념
파일 그 자체가 아니다.	객체 그 자체가 아니다.
파일의 이름이 아니다.	객체의 이름이 아니다.
논리적으로 파일을 지적하나, 메모리 주소라는 일반적인 의미의 포인터는 아니다.	논리적으로 메모리 객체를 지적하나, 메모리 주소라는 일반적인 의미의 포인터는 아니다.
알려진 파일에 대한 편리한 참조이다.	알려진 MMS 객체에 대한 편리한 참조이다.

특히 다음과 같은 두 개의 특별한 함수가 MMS 핸들에 대해 작동한다.

함수 이름	설 명
mm_dhandle()	핸들 복사 : MMS 변수에 대한 자료 핸들을 논리적으로 또는 물리적으로 복사한다.
mm_fhandle()	핸들 해제 : 자료 핸들을 지운다.

핸들이 어떤 함수에 대한 입력 파라미터이고 그 함수의 수행이 성공하면 핸들이

"소비된다"라고 말한다. 만약 그 함수 호출이 성공하지 못하면 핸들은 소비되지 않는다. 이미 소비된 핸들은 더 이상 유효하지 않으며 본질적으로 더 이상 존재하지 않는다. 이러한 동작은 MMS 상위 연결 규약에 명확히 나타나 있으며, 인터페이스가 자원을 최소한으로 사용해야 한다는 필요성을 만족시킨다.

그러나 때때로 사용자는 다른 함수의 호출에서 활용하기 위해 핸들의 사본을 필요로 할 수도 있다. 이때 존재하는 핸들을 복사하기 위해 mm_dhandle()을 사용한다. 만약 사본이 소비된다고 해도 원본은 여전히 사용 가능하다. mm_dhandle()을 사용하면 핸들을 만드는 원래의 단계들을 반복할 필요가 없다.

【그림 2.3.1】에 나타나 있는 것과 같이, 다음 두 종류의 핸들 복사가 있다.

① 같은 객체를 참조하는 논리적 복사
② 분리되어 있지만, 동일한 객체를 참조하는 물리적 복사

위 두 가지의 핸들 복사를 다음의 표에서 비교해 보았다.

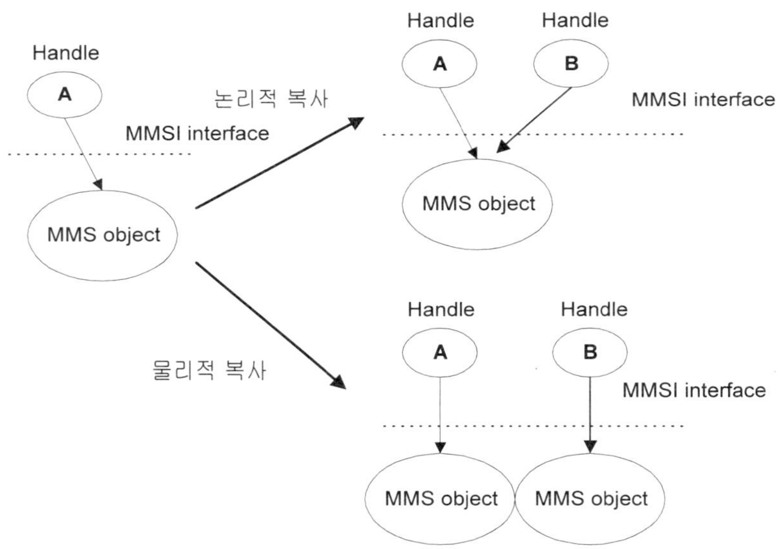

【그림 2.3.1】 논리적 복사와 물리적 복사

만약 논리적 복사를 만든다면	만약 물리적 복사를 만든다면
인터페이스 안에서 같은 객체를 참조한다.	객체의 물리적 복사를 참조한다.
두 개의 핸들은 어떤 것도 소비될 수 있고, 나머지 하나는 유효하다.	두 개의 핸들은 어떤 것도 소비될 수 있고, 나머지 하나는 유효하다.
획득이 빠르고 약간의 부가적 메모리를 소비한다.	획득이 느리고 많은 부가적인 메모리를 소비한다.
원래 객체에서의 모든 변화가 사본에도 반영된다.	원래 객체에서의 변화들이 사본에 반영되지 않는다.
목록에 대한 핸들의 사본을 만들고 그 목록에 항목들을 더하거나 제거하거나 변경하면, 그 목록에 항목들이 더해지거나 제거되거나 변화된다.	

사용자는 mm_dhandle()에 대한 입력 파라미터로 어떤 형태의 복사를 원하는가를 나타낼 수 있다. 함수에 의해 소비되지 않는 불필요한 핸들은 mm_fhandle() (자유 핸들) 함수를 사용하여 풀어 주어야 한다. 핸들(또는 어떤 다른 자원들)을 풀어줄 때 실패하면 응용의 성능을 점차적으로 저하시키며, 마침내 자원의 감소로 인한 실행 중지를 야기한다. mm_fhandle() 함수는 핸들을 풀어 준다. 그리고, 만약 객체에 대한 다른 핸들이 없다면, mm_fhandle() 함수는 객체를 제거하고 그 객체와 관련된 자원들을 재생한다. 그러므로, 만약 핸들의 논리적 사본에 mm_fhandle () 을 적용한다면, 다른 논리적 사본들은 영향받지 않는다.

또한 마찬가지로 mm_fhandle()은 언제나 물리적 복사와 관련된 모든 자원을 풀어 준다.

3.5 MMS 목록

MMSI 함수는 종종 변수나 영역과 같은 MMS 객체들에 대한 목록을 사용하여 작업을 수행한다. 이들 목록들은 MMSI 인터페이스에 의해 만들어지거나 유지되어야 하고, 이 절에서 설명할 함수를 사용하여 조작되어야 한다. MMS 목록이 인터페이스 내에 존재하기 때문에, MMS 핸들을 사용하여 그 목록 및 그 목록의 객체들을 참조한다.

3.5.1 목록을 다루는 함수

MMS 목록을 만들거나 조작하기 위한 두 개의 함수가 존재한다.

함수 이름	설 명
mm_mlist()	목록을 만든다 : mm_mlist()를 호출하면 지정된 MMS 목록에 하나의 요소가 더해진다. 목록이 존재하지 않는다면 새로 만든다. 목록에 대한 핸들이 함수 수행의 결과이다. 핵심 입력 파라미터들은 다음과 같다. • 목록에 대한 핸들. • 목록에 더해져야 하는 핸들, 또는 요소를 가리키는 포인터 (NULL일 수도 있다.). 만약 NULL 요소가 비어 있는 새 목록에 더해진다면, 결과는 비어 있는 목록이다. • 목록의 요소 형태의 지정 출력 인자들에는 새로운 목록에 대한 핸들이 포함된다.
mm_leextract()	목록 요소를 extract한다 : mm_leextract()를 호출하면 하나의 요소가 MMS 목록으로부터 제거된다.

	그 목록에 대한 핸들이 입력 파라미터에 포함된다. 출력 인자에는 남아 있는 목록, 목록의 요소 형태의 지정, 그리고 목록으로부터 extract된 요소(핸들일 수도 있다.)들이 포함된다. mm_leextract()가 호출되었을 때 목록이 비어 있다면, 함수는 실패하며 ME248_NO_ITEM_ON_LIST를 리턴한다. 목록에서 extract된 항목들이 차지하고 있는 메모리를 mm_fdmemory()를 사용하여 풀어주는 것을 잊으면 안된다.

3.5.2 목록의 형태

하나의 MMS 목록의 요소들은 동일한 형태를 가지고 있다. 즉, 새로운 목록은 어떠한 형태도 가능하지만, 다음에 추가되는 요소들은 첫번째와 같은 형태이어야만 한다. 다음과 같은 요소 형태들이 지원된다.

```
typedef enum Mm_Element_type
{
    Mm_ET_Struct_component,
    Mm_ET_Alt_access_component,
    Mm_ET_Var_association,
    Mm_ET_Data,
    Mm_ET_Capability,
    Mm_ET_Domain_name,
    Mm_ET_Object_name,
    Mm_ET_Token_name,
    Mm_ET_Semaphore_entry,
    Mm_ET_Entry_content,
    Mm_ET_Journal_variable,
    Mm_ET_Variable_tag,
    Mm_ET_Dir_dn,
    Mm_ET_Journal_entry,
    Mm_ET_Access_result,
```

```
        Mm_ET_Write_result,
        Mm_ET_Alarm_summary,
        Mm_ET_Identifier,
        Mm_ET_Directory_entry,
        Mm_ET_Scattered_access_comp,
        Mm_ET_Local_map_comp,
        Mm_ET_Network_rep_comp,
        Mm_ET_Visible_string,
        Mm_ET_Var_spec,
        Mm_ET_Object_identifier
    } Mm_Element_type;
```

MMSI 함수에서 사용할 이들 객체들에 대한 목록을 만들기 위해서는 mm_mlist()를 사용하라. 그리고, MMS 목록으로부터 이들 객체를 하나씩 꺼내기 위해서는 mm_leextract()를 사용하라.

3.5.3 목록 핸들을 복사하기

우리는 앞에서 핸들에 대한 물리적 복사와 논리적 복사 사이의 차이를 알아본 바 있다. 논리적 복사를 만들 때에는, MMS 목록에 관련된 함축적 의미를 이해하고 있어야 한다. 사용자가 MMS 목록을 가지고 있는 MMS 객체에 대한 핸들의 논리적 사본을 만든다고 가정해 보자. 또 새로운 핸들을 얻기 위해 이미 만들어진 목록에 대한 새로운 핸들을 얻기 위해 이들 두 개의 핸들 사본 중 하나를 사용한다고 가정하자.(예를 들어, 이미 만들어진 목록에 대한 핸들을 얻기 위해 mm_ivassociation()을 사용) 그리고, 사용자가 이미 만들어진 목록에 mm_leextract() 동작을 수행한다고 가정하자. 결과적으로, 핸들 그 자체가 사용되지는 않는다고 하더라도, 사용되지 않고 남아 있는 핸들의 사본이 참조하고 있는 객체가 변경된다. 즉, 이미 만들어진 목록으로부터 한 요소가 나온다. 다음 그림은 이 내용을 설명하고 있다.

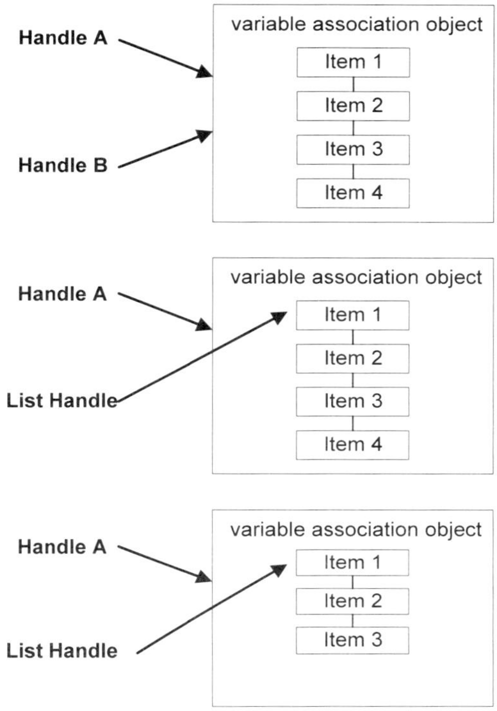

【그림 2.3.2】 논리적 복사 핸들에 대한 조작

논리적으로 복사된 핸들들을 조작하면 하나의 객체가 영향을 받는다. 물리적 복사의 경우에는 복사된 것은 새로운 객체를 참조하게 되므로 위와 같은 동작은 일어나지 않는다.

제 4 장

MMS 환경관리

4.1 개 요

이 장에서는 MMS 통신을 하기 위한 기본적인 서비스들을 다룬다. 이 서비스들은 MMS를 사용하기 위해 응용을 준비하고 연결을 설정하고 해제하기 위해 모든 MMS 응용 프로그램에서 사용된다. 이 장의 주요내용은 다음과 같다.

- MMS 환경
- 가상생산 장치(VMD : Virtual Manufacturing Device)와 응용개체(AE : Application Entity)의 관계
- 가상생산 장치의 활성화와 비활성화
- 응용 개체의 활성화와 비활성화
- MMS 환경관리 서비스

4.2 MMS 환경관리

4.2.1 MMS 환경

MMS 응용이 실행되기 위해서는 MMS 환경이 설정되어 있어야 한다. 여기서는 MMS 환경의 변화를 상태도로 나타내었다. 【그림 2.4.1】을 보면 어떻게 MMS 환경이 바뀌는지 쉽게 알 수 있다. 그리고 각 상태에 대해서 설명하였다.

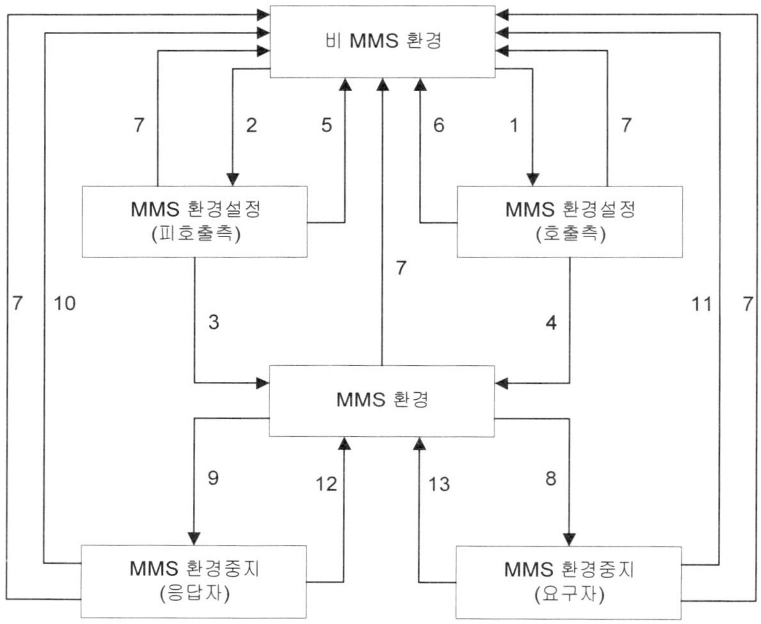

【그림 2.4.1】 MMS 환경관리 상태도

▶ 천이 ;

1 - 초기화 요구	8 - 종결 요구
2 - 초기화 지시	9 - 종결 지시
3 - 초기화 응답 +	10 - 종결 응답 +
4 - 초기화 확인 +	11 - 종결 확인 +
5 - 초기화 응답 -	12 - 종결 응답 -
6 - 초기화 확인 -	13 - 종결 응답 -

7 - 강제종료 요구 혹은 강제종료 지시

1) "비 MMS 환경" 상태

MMS 환경이 준비되어 있지 않은 상태이다. 이 상태에서 MMS 사용자는 초기화 요구 서비스 프리미티프만을 발생시킬 수 있다.

2) "MMS 환경 설정(호출측)" 상태

이 상태에 있는 동안 MMS 사용자는 단지 강제종료 요구 서비스 프리미티프만을 발생시킬 수 있다.

3) "MMS 환경 설정(피호출측)" 상태

이 상태에 있는 동안 MMS 사용자는 단지 초기화 응답이나 강제종료 요구 서비스 프리미티프만을 발생시킬 수 있다.

4) "MMS 환경" 상태

다양한 종류의 MMS 서비스를 요구하고 응답할 수 있는 상태이다. "비 MMS 환경" 상태, "MMS 환경 설정(호출측)" 상태, "MMS 환경 설정(피호출측)" 상태, "MMS 환경 중지(요구자)", 그리고 "MMS 환경 중지(응답자)"를 제외한 모든 MMS 상태들은 "MMS 환경" 상태이다. 강제종료 요구나, 종결 요구 서비스 프리미티프 발생, 강제종료 지시의 수신, 혹은 종결 지시 서비스 프리미티프의 수신 등의 사건이 발생하면 "MMS 환경" 상태를 빠져나오게 된다.

"MMS 환경" 상태에 있는 동안 MMS 사용자는 다음과 같은 사항을 만족하면서 요구 혹은 응답 서비스 프리미티프를 발생시킬 수 있다.

- 각 서비스 프리미티프는 ISO/IEC 9506 MMS 규격에 정의되어 있는 요구 사항들을 만족한다.
- 응답 프리미티프는 해당되는 서비스 지시에 대한 요구가 수신되지 않았다면 발생될 수 없다.
- 초기화 요구 서비스 프리미티프는 발생될 수 없다.

5) "MMS 환경 중지(요구자)" 상태

이 상태에서 MMS사용자는 강제종료 서비스 프리미티프만을 요구 프리미티프로 발생시킬 수 있다. 응답으로서 (+)나 (-)가 계속 발생될 수 있다.

6) "MMS 환경 중지(응답자)" 상태

이 상태에 있을 때 MMS 사용자는 단지 강제종료 요구나 종결 응답 서비스 프리미티프만을 발생시킬 수 있다.

4.2.2 가상생산 장치와 응용 개체의 관계

가상생산 장치와 응용 개체의 개념은 MMS 통신을 준비하는 데 중요한 요소이다. 여기서는 이 둘의 관계에 대해 다룬다.

1) 응용 개체

MMS의 모든 통신은 하나 이상의 응용 개체를 통해 이루어진다. 통신을 수행하기 위해서 사용자는 먼저 mm_aeactivation()을 통해서 응용 개체를 활성화시켜야 한다. 이렇게 하면 "응용 개체 기동"이라는 것이 생성된다.

주) 어떤 MMS 통신을 지원하기 위해서는 적어도 하나의 응용 개체가 활성화되어 있어야 한다.

2) 가상생산 장치

일반적인 MMS 응용은 원격 개체를 가상생산 장치로 본다. 이것은 원격 개체의 입장에서도 같은 얘기가 된다. 그것들은 응용이 만든 응용 개체 기동을 통해 그 응용과 접속하며 보통 그 응용 개체를 소유한 가상생산 장치와 작업을 수행한다. 가상생산 장치는 MMS 객체를 생성하고 유지하기 위해 존재한다. 그리고 가상생산 장치 없이도 사용자는 MMS 변수를 포함하지 않는 MMSI 요구 함수를 사용할 수 있다. 하지만 전체 MMS 서비스가 사용 가능하기 위해서는 MMS 응용은 적어도 하나의 국부 가상생산 장치를 활성화시켜야 한다. 이때 사용하는 함수가

mm_vactivation() 이다. 이 함수를 호출하면 하나의 가상생산 장치가 활성화된다. (응용 프로세스는 여러 개의 가상생산 장치가 시작되도록 할 수 있고, 가상생산 장치는 여러 개의 응용 개체와 관련이 있을 수 있으나 응용 개체는 단 하나의 가상생산 장치와 관련을 맺을 수 있다)

주) MMS 응용은 응용 개체가 가상생산 장치의 일부인지 아닌지에 관계없이 응용 개체를 활성화시킬 수 있다. 그러나 변수 접근 서비스를 사용하기 위해서는, 응용 개체 기동이 가상생산 장치의 일부이어야만 한다.

3) 가상생산 장치와 응용 개체의 관계

다음의 두 가지 상황 중 하나에서 응용 개체가 활성화될 수 있다.

【표 2.4.1】 활성화된 AE

활성화된 응용 개체의 형태	설 명
응용 개체가 한 가상생산 장치의 일부분으로써 활성화됨	응용 개체에게 완전한 MMS 기능을 줌
응용 개체가 어떤 가상생산 장치와도 관계없이 활성화됨	응용 개체에게 제한된 기능을 줌 : association을 구성할 수 있고 대부분의 MMS 요구를 사용할 수 있다. 그러나 MMS 변수 접근 서비스는 사용할 수 없다.

대부분의 응용에서는 일반적인 MMS 서비스를 필요로 하기 때문에 첫 번째 형태를 사용한다. 두번째 방법을 사용하는 응용은 변수 접근 서비스들을 효과적으로 사용할 수 없다. 가상생산 장치와 함께 응용 개체를 관련시키고자 한다면 먼저 mm_vactivation()을 통해서 가상생산 장치를 활성화시켜야만 한다. mm_vactivation()에 넣을 입력 인자 중 하나는 가상생산 장치와 관련될 응용 개체의 목록이다. 후에 응용 개체가 활성화되었을 때, 가상생산 장치에 속한 응용 개체의 목록에 기반하여 MMS는 이전에 활성화된 가상생산 장치와 새로운 응용 개체를 관련시킬 수 있다.

그러므로 특정한 가상생산 장치 안에서 응용 개체 기동을 시작한다면 mm_aeactivation()의 입력 자료제어블록의 my_ae_title 인자 안에 지정되어 있는 응용 개체 타이틀이 이전에 호출된 mm_vactivation()의 입력 자료제어블록의 list_of_ae_title에 의해 지정된 목록에도 존재해야만 한다. 이런 식으로 활성화된 응용 개체는 완전한 기능을 하게 된다. 만약 응용 개체 타이틀이 이 목록에 존재하지 않는다면 결과의 응용 개체 기동은 가상생산 장치와 관련이 없을 것이다.

4.2.3 자료 구조

이 절에서는 환경 관리 함수에 사용되는 중요한 자료 구조들에 관해 알아본다. 이는 앞으로 설명하게 될 몇몇 서비스들을 사용하는 데 필요하다.

1) PSAP(Presentation Service Access Point)

"MMS 기반" 통신망에서 메시지를 주고받기 위해서는 두 개의 응용 개체 기동이 하나의 논리적 연결을 만들어야 한다. 대부분의 MMS 응용은 가상생산 장치를 포함하기 때문에 이 개념은 확장하여 생각해 볼 수 있다. 즉 두 개의 가상생산 장치가 작동하기 위해서는 논리적 연결을 만들 필요가 있다. 물론, 이것은 가상생산 장치가 통신하기 위해서 활성화된 응용 개체를 가져야함을 의미한다. 어떤 의미에서 응용은 원격 가상생산 장치에 연결되어야 한다. 또한 원격 응용 개체가 자신에 연결되도록 허용해야 한다. 모든 가상생산 장치는 적어도 하나의 사용 가능한 논리적 소켓을 가지고 있다. 이를 PSAP이라 한다. PSAP은 유일한 식별자이며 응용 개체의 배타적인 속성이다. 그러므로 각각의 응용 개체는 단지 하나의 PSAP을 가진다. 또한 두 개의 응용 개체는 하나의 PSAP를 공유할 수 없다.

가상생산 장치는 MMS 통신을 지원하기 위해 응용 개체를 포함해야만 하므로 배타적 속성으로 응용 개체의 PSAP을 물려받아 가진다. 그러나 하나의 가상생산 장치는 다른 응용 개체들 아래에서 여러 개의 서비스 제공 프로세스를 시작시킴으로써 여러 개의 PSAP을 가질 수 있다.(이는 마치 물리적 장비가 다양한 소켓을 가지는 것과도 같다)

요약하자면,

- PSAP은 MMS에서 기본적인 주소 메커니즘이다.
- 모든 응용 개체는 특정한 PSAP을 가진다.
- 만약 하나의 응용 개체가 가상생산 장치에 포함된다면 그 응용 개체에 대한 PSAP은 유일하게 그 가상생산 장치를 식별한다.
- 여러 개의 응용 개체를 시작시킴으로써 가상생산 장치는 관련된 여러 개의 고유한 PSAP을 가질 수 있다.
- 만약 하나의 응용 개체 기동이 가상생산 장치에 대해 독립적이라면 그 PSAP은 단지 그 응용 개체 하나만을 식별한다.

2) 프레젠테이션 주소(Presentation Address)

각각의 PSAP은 유일한 이름을 가지는데 프레젠테이션 주소라 한다. 그 프레젠테이션 주소는 개방형 시스템간 상호 접속(OSI : Open Systems Intercoonnection)에서 특정 응용 개체를 정확히 나타낸다. 만약 사용자가 응용 개체에 대한 프레젠테이션 주소를 알고 있다면, 연결을 설정할 때 이를 직접 사용할 수 있다. 프레젠테이션 주소는 확실하게 응용 개체의 주소를 나타내기 때문에 이 작업은 간단하다. 그러나, 만약 응용 개체에 대한 PSAP이 변한다면(이러한 변화는 통신망이 진전됨에 따라 일어날 수 있다), 응용은 그에 따라 바뀌어야 한다.

(1) P_address

P_address 구조는 프레젠테이션 주소를 나타낸다. P_address를 초기화하는 것에 관한 정보는 그 통신망의 관리자로부터 얻을 수 있다. 다음은 P_address의 영역에 관한 설명이다.

【표 2.4.2】 P_address의 영역

영역 이름	설 명
p_selector	프레젠테이션 SAP 선택자(Presentation Service Access Point Selector) : 프레젠테이션 계층이 상대방과의 연결을 확인하는 데 이용하는 정수
s_selector	세션 SAP 선택자(Session Service Access Point Selector) : 세션 계층이 상대방과의 연결을 확인하는 데 이용하는 정수
t_selector	트랜스포트 SAP 선택자(Transport Service Access Point Selector) : 트랜스포트 계층이 상대방과의 연결을 확인하는 데 이용하는 정수
n_nsaps	nsaps의 수 : 사용자가 하나의 노드에 두 개 이상의 네트워크 카드를 사용한다면 카드에 레이블(label)을 붙이기 위해서 여러 개의 nsaps를 사용할 수 있다.
nsaps	네트워크 SAP : 네트워크 계층이 상대방과의 연결을 확인하는 데 이용하는 정수

P_address의 최대 길이는 224옥텟(octet)이다. 이 값은 다음의 내용을 기초로 한다.

- p_selector(psap selector)의 최대 길이는 16옥텟이다.
- s_selector(ssap selector)의 최대 길이는 16옥텟이다.
- t_selector(tsap selector)의 최대 길이는 32옥텟이다.
- NSAPs(n_nsaps)의 최대 수는 8이다.
- NSAP의 최대 길이는 20옥텟이다.

(2) 응용 주소 설정(Application Address Configuration)

프레젠테이션 주소 정보는 MMS에서 동적으로 획득될 수 있다. MMS에는 응용 개체의 이전에 선언된 논리적 이름을 프레젠테이션 주소로 대응시키는 기능이 있다. 먼저 선언된 응용 개체의 논리적인 이름을 사용하는 것이 프레젠테이션 주소를 사용하는 것보다 더 좋은 것이 될 수 있다. 우리는 mm_connect()와 mm_answer() 함수의 호출에서 이 기능을 사용한다. 입력 자료제어블록에 프레젠테이션 주소를 명시하는 것 대신 사용자는 mm_connect()에 대한 called_dir_name 입력 인자를 이용하여 응용 개체의 논리적인 이름을 명시할 수 있다. SNU MMS는 올바른 프레젠테이션 주소를 얻은 후 연결을 만드는데 이것을 사용한다.

또, 국부 응용 개체는 (프레젠테이션 주소와 함께) PSAP를 가지고, 설정된 논리적인 이름을 가진다. 환경 관리 서비스를 사용하기 위해 사용자는 응용 개체의 프레젠테이션 주소 또는 다음에 설명될 directory distinguished name을 알아야만 한다.

3) 환경관리 서비스 자료 구조

(1) 디렉터리 구별 표기명(Directory Distinguished Name)

응용 개체의 논리적 이름을 디렉터리 구별 표기명이라 부른다. Ae_dir_dn 자료 구조와 그 아래의 자료 구조는 디렉터리 구별 표기명을 인코드(encode)한다.

① Ae_dir_name

이 형태의 변수는 포인터로서 디렉터리 구별 표기명(Dir_dn) 자료 구조를 가리킨다. 이것은 환경 관리 함수를 호출할 때, 디렉터리 구별 표기명을 맞추는 기본구조이다. 여러 개의 구조가 이 변수에 들어 있다.

② Dir_dn

이 자료 구조는 디렉터리 구별 표기명을 인식한다

- 첫번째 영역은 이 디렉터리 구별 표기명에 관한 상대 구별 표기명(Relative Distinguished Name)들의 수인 Dir_rdns를 가리킨다.
- rdn(relative distinguished name) 영역은 avas(attribute value assertions)를 포함하는 Dir_rdn 구조의 배열을 가리킨다.
- 응용 개체를 지시하는 각각의 Dir_dn은 local_app와 remote_app 설정 파일에 저장된 대응하는 P_address를 가진다. Dir_dn은 그 P_address로 대응된다.
- local_app와 remote_app 설정 파일 내의 Dir_dn 자료는 설정 중에 맞춰진다.

③ Dir_rdn

이 구조는 상대 구별 표기명을 확인한다.

- 각각의 rdn은 디렉터리 구별 표기명의 일부분이다.

- rdn의 첫번째 영역은 rdn에 관한 Attribute Value Assertion, 즉 avas의 수를 나타낸다.
- avas 영역은 attr_id, attr_value, syntax_id를 포함하는 Dir_ava 구조의 배열을 가리킨다.

④ Dir_ava

Attribute Value Assertion은 디렉터리 구별 표기명 자료 구조 내의 마지막 요소이다. 여기의 값들은 디렉터리 내의 정보를 반영한다. attr_id는 attr_value에 어떤 속성이 주어졌는지를 인식한다. attr_id는 Object_id 형이다. 그 길이는 1로 설정되어 있고, 포인터는 attr_id 또는 디렉터리 입력 확인 수(directory entry identification number)를 참조해야만 한다. Octet_string형의 attr_value는 ava가 포함하는 이름이다. 이것은 속성에 관한 자료 값이다. attr_value의 길이는 문자열의 문자 수이다. syntax_id는 현재 사용되지 않는다. 그것은 디렉터리 서비스에 관해 미래에 ISO가 정의할 것으로의 확장을 위해 남아 있다.

⑤ Ae_title

이 형태로는 다음의 두 가지 변수가 있다.

- my_ae_title : 국부 응용 개체 확인 정보를 포함하는 Ae_dir_name 또는 Object_id. 이것은 mm_aeactivation() 함수의 인자이다.
- called_ae_title : 원격 응용 개체 확인 정보를 포함하는 Ae_dir_name 또는 Object_id. 이것은 mm_connect() 함수의 인자이다.

이 두 인자가 중요한 MMSI 함수에서 나타난다. mm_aeactivation()의 my_ae_title를 입력하는 것은 응용 개체의 ae_title을 활성화시키도록 지정한다.

mm_connect()에 관한 called_ae_title 입력은 원격에 대해 선택적인 ae_title을 지정하도록 해준다. my_ae_title과 called_ae_title 둘 다 ae_object_id 또는 ae_dir_dn으로 나타낼 수 있다. SNU MMS 는 단지 ae_object_id만 지원한다.

주) 현재 Ae_title은 어떠한 의미를 가지는 값도 담고 있지 않다. 만약 그것을 사용하지 않는다면, 길이를 0으로, ae_dir_dn을 NULL로 설정하면 된다.

⑥ 응용 개체

원격 응용 개체 실체에 관한 정보는 dir_dn 또는 object_id에 포함된다. 만약 폼 영역의 값이 No_value_form이라면 타이틀 영역에는 어떠한 정보도 없다. 이 형태를 가지는 다음의 세 가지 변수가 있다.

【표 2.4.3】 AE 변수

변수 이름	사 용
responding_ae	이 인자는 mm_connect()의 inout DCB 안에 있다.
called_ae	이 인자는 mm_listen()의 inout DCB 안에 있다.
calling_ae	이 인자는 mm_listen()의 inout DCB 안에 있다.

MMS 서비스에 관한 다른 인터페이스를 사용하는 다른 MMS 제품은 이 자료를 보낼 방법을 제공하지 않을 수도 있다.

4.2.4 환경관리의 기초

원격 응용 프로세스와 유용한 작업을 수행하려면 응용은 먼저 통신을 설정하거나 관리해야 한다. 이 통신의 어떤 면이 더 이상 목적을 수행하지 않는다면, 그것은 시스템 자원을 풀어주기 위해 해제되어야만 한다. 이는 환경 관리 함수의 필수 기능이다.

- MMS 통신에 관한 런-타임 환경 만들기
- 환경 관리하기
- 더 이상 쓸모없는 환경의 일부 또는 전체를 해제하기

이 기능에 접근하는 방법은 다양하다. 여기에서는 환경관리 서비스를 사용하는 보통의 방법에 대해 설명하겠지만 특정 응용에 대해서는 그보다 더 적합한 다른 방법들이 있을 수 있다. 【그림 2.4.2】는 이 절을 요약하고 있다. 이 그림은 MMS 환경을 만들고 두 개의 MMSI 노드들 사이의 연결을 설정하고, 또 종결하며, MMS 환경을 해제하는 일반적 순서를 설명하고 있다.

1) MMS 환경 만들기

다음 단계들은 연결을 설정하기 위해 요구되는 대략적인 기본사항들이다. 이는 어느 한 쪽이 통신을 끊기 위해 일방적인 행동을 취하는 경우가 발생하지 않는 통신에 대한 간략한 설명이다.

① 국부 가상생산 장치를 활성화시키기 위해서 mm_vactivation()을 사용한다.

② 가상 생산장치 안에서 응용 개체를 활성화시키기 위해서 mm_aeactivation()을 사용한다. 이를 위해, mm_aeactivation()의 입력 자료제어블록의 my_ae_title에 지정된 응용 개체 타이틀은 mm_vactivation()의 이전 호출에 대한 입력 자료제어블록의 list_of_ae_title에 의해 명시된 목록에도 존재해야만 한다.

③ 먼 곳에 있는 응용 개체에 대한 연결을 하나 또는 여러 곳 설정한다. 응용은 다음과 같이 연결을 초기화하거나 받아들일 수 있다.

- 연결을 초기화하려면, mm_connect()를 사용한다.
- 연결을 받아들이기 위해서는 다음 단계를 인지한다.
  - mm_listen()을 사용하여 원격 응용 프로세스로부터의 연결 지시를 큐(queue)에 넣는다. 만약 mm_listen()을 비동기로 호출한다면, 연결 지시가 이미 도착했는지 em_wait()를 사용하여 알아본다.
  - mm_answer()를 사용하여 연결 지시에 응답한다.
  - 더 이상의 연결을 원하지 않는다면, mm_slisten()을 사용하여 원격 응용 프로세스로부터의 연결 지시를 큐에 넣는 것을 멈춘다.

④ 이때, 하나 또는 여러 연결이 존재한다. 이 연결들을 사용하여 다양한 MMS 통신을 수행한다.

(1) IS - DIS 협약

SNU MMS는 MMS의 DIS(Draft International Standard)와 IS(International Standard) 버전을 지원한다. 이것 때문에, SNU MMS는 DIS 또는 IS가 구현된 장치에 연결될 수 있다. 일단 DIS 또는 IS로 연결이 설정되면 그것은 그 연결이 끝날 때까지 유지된다. 기본 버전 형태는 SNU MMS가 설정될 때 함께 설정된다. 이 기본값을 덮어쓰지 않는 한, 새로운 연결을 시도하면 이 버전형으로 실행된다. SNU MMS는 연결을 초기화하거나 받아들일 때, 다른 장치에 기본 버전을 제안한다. 만약 기본값이 다른 장치에 의해 지원되지 않는다면, 이 버전 형태는 양쪽 모두에 적절하도록 협약될 것이다.

협약은 언제나 다음 순서로 이루어진다. 하나의 장치는 IS로부터 DIS로 갈 수는 있으나, DIS로부터 IS로 갈 수는 없다. 예를 들어, SNU MMS가 단지 DIS만 지원하는 장치에 IS 연결을 요구한다고 가정하자. 장치가 DIS를 지시하면서 응답할 때, SNU MMS은 DIS로 스위치된다. 그러나, SNU MMS가 DIS를 기본값으로 하여 설정되어 있고 그것이 IS 설정 요구를 받는다면, 이 경우에는 다른 장치가 DIS로 협약된다.

(2) IS 또는 DIS 기본값 덮어쓰기

기본값 버전 형태는 덮어쓸 수 있다. 이것은 기본값를 지원하지 않아서 협약할 수 없는 장치에 연결하기 위해 필요하다. 사용자는 응용에 다음을 수행함으로써 기본값을 덮어씌울 수 있다.

- mm_connect() 또는 mm_answer()에 대한 응답 전에 mm_didcb()를 사용한다.

SNU MMS는 mm_connect()로 연결을 초기화한다는 것을 잊지 말자. 그리고 mm_answer()로 연결을 받아들인다. 이 두 가지의 호출 모두, mm_didcb()가 입력자료제어블록을 동적으로 초기화하는데 사용될 수 있다. 전역 변수는 선택된 SNU MMS 버전 형태를 명시한다. didcb()가 호출되었을 때, 이것은 그 변수를 읽고 버전형에 맞는 mm_connect()와 mm_answer()의 입력 자료제어블록을 초기화한다.

2) MMS 환경관리

환경관리의 서비스들은 다음을 포함하고 있다.

- mm_ireceive()
- mm_cancel()
- mm_caresponse()

① 특정 연결상에서 가장 오래 기다린 지시를 얻기 위해서는 mm_ireceive()를 사용한다. mm_ireceive()를 한 번 호출할 때마다 하나의 지시를 얻을 수 있다. 그러나, 일반적으로는 언제나 각각의 연결에 mm_ireceive()를 비동기 호출하는 것이 좋다. 그러므로 em_wait()가 사용자에게 mm_ireceive()가 끝났음을 알려줄 때, 사용자는 mm_ireceive()를 뚜렷하게 유지하기 위해 mm_ireceive()를 다시 호출할 필요가 있다. 또한, 각각의 지시에 대하여 mm_ireceive() 입출력 자료제어블록에는 지시에 한정되는 자료 구조가 있다. 이러한 지시 한정의 자료 구조는 snummsi.h 헤더 파일에 기술되어 있다.
② mm_cancel() 함수는 요구를 뚜렷하게 삭제하기를 원할 때 사용 가능하다.
③ mm_caresponse()로 cancel 지시에 응답한다.

3) MMS 환경 해제하기

MMS 환경의 어느 부분이 더 이상 사용되지 않을 때에는 그것을 끝내야만 국부 및 원격 자원들이 다른 목적으로 다시 사용될 수 있다. 사용자는 연결, 응용 개체 또는 가상생산 장치를 끝낼 수 있는데, 이때 사용자가 선택하는 것은 그 응용의 필요성과 그것의 실행 상태에 의존한다.

다음에 설명할 함수의 어느 것도 프로그램 실행동안 응용에 할당된 메모리를 복구하지 않는다. 자료제어블록과 다른 메모리들은 수동적으로만 복구가 가능하다. MMSI 함수의 사용으로 프로그램에 동적으로 할당된 메모리를 풀어주기 위해서는 mm_dfdcb()와 mm_fdmemory()를 사용하라.

(1) 연결 끝내기

주어진 연결 상에서 더 이상의 통신을 원하지 않는다면 연결을 끝내야 한다. 어느 쪽이 연결을 끊는 동작을 먼저 시작해도 상관없다. 연결은 다음과 같은 단계로 끝낼 수 있다.

- SNU MMS 응용은 연결 끝내기를 시작하거나 받아들일 수 있다.
  - 끝내기를 시작하기 위해서는, 연결 끝내기를 요구하는 mm_cnclude()를 사용하라. 원격 응용 개체에서 긍정의 답이 오면, 연결은 끝난다. 그렇지 않으면 연결은 유효하다.

- 연결 끝내기를 받아들이기 위해서, 원격 응용 개체로부터 종결 지시를 기다리는 mm_ireceive()를 사용하고, mm_coresponse()로 그것에 응답한다. inout_DCB의 positive response 영역에 TRUE로 응답하면, 연결은 끝난다. 그렇지 않으면 연결은 유효하다.
- 만약 예기치 못한 상황이 일어난다면 응용은 연결의 상황과는 무관하게 그것을 끝내기 위해 mm_abort()를 사용할 수 있다. 이것은 단지 mm_cnclude()가 성공적으로 실행될 수 없고, 연결을 끝내야 할 때만 사용해야 한다. 협력하는 응용 프로세스는 중지된 연결을 다룰 수 있을 정도가 되어야 한다.

연결은 국부 응용과는 무관하게 중지될 수 있다. 이것은 다음 두 가지 이유 중 하나로 인해 발생할 수 있다.

① 원격 사용자가 그 자신의 이유로 중지 요구를 낸다.
② 프로토콜 스택(protocol stack)의 하위 설정자가 돌이킬 수 없는 에러를 발견하고 그로 인해 연결을 중지한다.

어떤 경우에도 일단 연결이 끝나면 그것은 더 이상 어떠한 통신도 지원하지 않는다. 그러나 mm_abort()를 통해 국부적으로 중지하지 않는다면 사용자는 중지 전에 큐에 남아있던 어떠한 지시도 여전히 mm_ireceive()를 통해 받을 수 있다.

(2) 응용 개체 끝내기

응용 개체가 더 이상 사용되지 않는다면, 그것을 끝내거나 비활성화 시켜야 한다. 응용 개체는 다음 단계로 비활성화된다.

① 만약 어떤 때에 mm_listen()이 시작되었다면 mm_slisten()은 응용 개체가 비활성화되기 전에 시작되어야만 한다. 이것은 mm_listen()에 대한 비동기 호출의 유무에 관계없이 항상 적용된다. mm_slisten()에 대한 호출 바로 다음에 mm_listen()이 뒤따르지 않는다면 mm_listen()이 몇 번 호출되었는지에 관계없이 mm_slisten()에 대한 한 번의 호출로도 충분하다.
② 응용 개체 기동에서 모든 연결에서의 기다리고 있는 지시를 받기 위해서는

mm_ireceive()를 사용한다.

③ 응용 개체가 지원하는 모든 연결을 끝낸다.

④ mm_aedeactivation()을 사용하여 응용 개체를 비활성화한다.

응용 개체가 더 이상 존재하지 않는다면 그것은 사용될 수 없다.

(3) 가상생산 장치 끝내기

가상생산 장치는 더 이상 쓸모없을 때 비활성화되어야만 한다. 한 가상생산 장치 안의 모든 응용 개체가 비활성화되었을 때 mm_vdeactivation()을 사용하여 가상생산 장치를 비활성화시킨다.

(4) 복귀(Reset) 함수 사용하기

MMSI 는 두 개의 복귀 함수를 제공한다. 이 함수의 목적은 가상생산 장치 또는 응용 개체를 알려진 속성을 가진 어떤 상태로 복귀하는 것이다.

【표 2.4.4】 Reset 함수들

함수 이름	설 명
mm_vreset()	VMD Reset : 로컬 VMD의 철저하게 삭제하고 비활성화.
mm_aereset()	AE Reset : 모든 연결을 중지시키고 AE를 초기 상태로 둔다.

▶ mm_aereset()과 mm_aedeactivation()의 비교

mm_aereset() 함수는 특정 응용 개체를 그것이 mm_aedeactivation()을 통해 활성화된 직후의 상태로 되돌린다. mm_aedeactivation()은 이전에 아무 일도 안하게 된 AE를 비활성화시키는 역할을 한다.

【표 2.4.5】 mm_aereset()과 mm_aedeactivation()의 비교

함수 이름	설 명
mm_aereset()	특정 AE로부터 모든 연결을 중지한다. mm_slisten()에 대한 implicit 호출이 있다. 이 때 AE의 상태는 마치 그것이 막 활성화되었을 때와 같다.
mm_aedeactivation()	AE를 비활성화시킨다 그러나, AE로부터 모든 연결을 종결하거나 또는 그 연결에서 어떤 기다리는 지시를 받기 위해서는 먼저 mm_cnclude()를 사용해야만 한다. 사용자가 지금까지 mm_listen()을 호출했었다면, 연결 지시가 도착하여 큐에 들어가는 동작을 멈추기 위해 역시 mm_slisten()을 호출해야만 한다.

▶ mm_vreset()과 mm_vdeactivation()의 비교

【표 2.4.6】 mm_vreset()과 mm_vdeactivation()의 비교

함수 이름	설 명
mm_vreset()	지정된 VMD의 일부분인 모든 AE로부터 연결을 중지하고, 비활성화시킨다. 그리고, 지정된 VMD를 비활성화시킨다. 그러나, 이 함수의 사용은 어렵기 때문에 작동시 사용이 드물다. 이는 과감한 시도 중의 하나이다. 예를 들어, 주요 시스템에서 치명적 실패가 일어나, 상대편의 AE와 잠재적으로 불안정한 상호 작용을 하게 되었다고 가정해보자. mm_vreset() 함수는 즉시 더 이상 통신을 할 수 없도록 한다. 그러나, 먼 곳의 AE는 중지된 연결을 통지받아도 어쨌든 계속해서 기능할 수도 있다는 것에 주의하자.
mm_vdeactivation()	지정된 VMD를 비활성화시킨다. 이때 지정된 VMD 안의 모든 AE가 먼저 비활성화 되어야한다. 이것은 VMD를 끝내는 일반적인 방법이다.

mm_vreset() 함수는 지정된 국부 가상생산 장치를 과감히 폐쇄하고 비활성화시키는 역할을 한다. mm_vdeactivation()의 호출은 이전에 아무 일도 안하게 된 가상생산 장치를 비활성화시킨다.

주) mm_vreset()과 mm_aereset()가 대칭적 기능을 가지는 것은 아니다. mm_vreset()의 가상생산 장치 복귀는 가상생산 장치를 제거하지만 mm_aereset()의 응용 개체 복귀는 응용 개체를 제거하지 않는다.

(5) 환경 끝내기 요약

다음 표는 지시된 함수가 응용 개체와 가상생산 장치 사이의 연결에 어떤 영향을 미치는 지에 관해 보여 준다.

【표 2.4.7】 환경 끝내기 함수들

함수 이름	연결에 미치는 영향	AE에의 영향	VMD에의 영향
*mm_cnclude()	지정된 연결을 끝낸다.	없음	없음
mm_abort()	지정된 연결을 중지한다.	없음	없음
mm_aedeactivation()	AE에 관한 모든 연결을 먼저 끝내야 한다.	지정된 AE를 비활성화시킨다.	없음
mm_aereset()	AE에 관한 모든 연결을 중지한다.	AE를 초기 상태로 둔다.	없음
mm_vdeactivation()	VMD 아래의 모든 연결을 먼저 끝내야 한다.	VMD 아래의 모든 AE가 먼저 비활성화되어야 한다.	지정된 VMD를 비활성화한다.
mm_vreset()	VMD에 대한 모든 연결을 중지한다.	VMD아래의 모든 AE를 비활성화한다.	지정된 VMD를 비활성화한다.

주) 응용 프로세스는 여전히 mm_cnclude()에 대한 호출에 앞서, 큐에 대기된 지시를 받을 수 있다.

4.2.5 MMS 환경관리 요약

【그림 2.4.3】은 이 장에서 살펴본 내용들을 요약하고 있다. MMS 환경을 만들고, 두 개의 MMSI 노드 사이의 연결을 끝내고, MMS 환경을 제거하는 일반적 순서이다.(SNU MMS 가 아닌 다른 MMS 장치에서는 같은 기능을 위해 이것과는 다른 이름의 함수를 사용할 수도 있다)

【그림 2.4.3】 환경관리 순서

이 차례에는 상당한 유연성이 있다. 이 응용 개체와 가상생산 장치 활성화와 비활성화(event 1a & 1b, 2a & 2b , 9a & 9b, 10a & 10b)는 동시에 일어날 필요가 없다. 그리고, 단계 1a & 1b, 10a & 10b는 MMS 변수 처리 서비스가 연결 상에서 사용될 때만 필요하다. 그러나 3, 4, 5는 성공적으로 설정된 연결에 대해서 지정된 순서대로 나가야만 한다. 이와 같이 6, 7도 기술된 순서대로 나가야 한다.

4.2.6 지시받기

MMS 응용은 원격 응용 개체로부터의 요구에 응답하는 중요한 능력을 지니고 있다. 원격 응용 개체로부터 요구가 도착했을 때, 그 요구를 “지시”라고 한다. 지시가 도착했을 때, 서비스 제공 프로세스는 응용 프로세스가 편리한 시기에 그 지시를 처리할 수 있도록 큐에 대기하게 된다. 이 때 처리를 위해 큐로부터 지시를 제거하려면 응용은 mm_ireceive()함수를 호출해야만 한다. 서비스 제공 프로세스는 선입선출법에 의해 각각의 연결을 처리한다. 일단 지시가 큐로부터 제거되면, 그것은 되돌릴 수 없다. 이 큐는 mm_ireceive()를 통해서만 유일하게 처리 될 수 있다.

indication_name이라 불리는 출력 인자는 지시의 이름을 인식해 준다. mm_ireceive()의 입출력 자료제어블록은 info라 불리는 공용체(union) 변수를 포함하고 있다. 이 공용체 변수는 받은 지시에 특유의 자료 구조를 포함시킨다. 지정된 자료 구조들은 지시에 관계된 정보를 포함한다. 예를 들어, 만약 indication_name의 값이 MM_CANCEL_IND이면, info가 cancel_info 값을 가지게 된다. 이 영역은 차례로 삭제된 요구를 확인하는 original_invoke_id를 포함한다. 그러나, 만약 indication_ name의 값이 MM_CONCLUDE_IND이면, info는 유효한 값을 가지지 않는다. 이때 MM_CONCLUDE_IND의 지시는 어떠한 관련된 정보 블록도 가지지 않는다.

4.3 관리 서비스

여기서는 MMS 환경 관리 서비스들에 대해 알아두었으면 하는 내용들을 다룬다. MMS 환경관리 서비스에는 5가지가 있다. 개시(Initiate), 종결(Conclude), 강제종료(Abort), 취소(Cancel), 그리고 거부(Reject) 서비스이다. 이들 서비스들은 MMS 사용자에게 다음을 허용한다.

① MMS 환경에서 다른 MMS 사용자와 통신을 초기화하거나 이 통신을 지원하는 요구 사항과 능력을 설정해준다.
② MMS 환경에서 다른 MMS 사용자와 통신을 정상적으로 끝낸다.
③ MMS 환경에서 다른 MMS 사용자와 통신을 강제적으로 종료시킨다.
④ 계류중인 서비스 요구를 취소한다.
⑤ 발생한 규약 오류의 통지를 받아들인다.

4.3.1 개시 서비스

개시 서비스는 MMS 환경을 설정할 때나 통신중인 MMS 이용자 간에 관련능력과 요구에 관련된 정보를 교환하는 것을 허용하고자 할 때 사용된다. 이 개시 서비스는 MMS 환경에서 한 쌍의 MMS 이용자 사이에 다른 서비스가 수행되기 전에 성공적으로 완료되어야 한다.

1) 구 조

구성요소 서비스 프리미티프들의 구조는 【표 2.4.8】 과 같다.

【표 2.4.8】 개시 서비스

파라미터 이름		요구	지시	응답	확인	적합성 형성블럭
인수	(COMP)	M	M			
호출측 국부 세부사항		U	U(=)			
제안된 호출측 최대 미결 서비스		M	M			
제안된 피호출측 최대 미결 서비스		M	M			
제안된 데이터 구조 중첩 수준		U	U			
개시 요구 세부사항		M	M			
결과(+)	(COMP)			S	S(=)	
피호출측 국부 세부사항				U	U(=)	
협상된 호출측 최대 미결 서비스				M	M(=)	
협상된 피호출측 최대 미결 서비스				M	M(=)	
협상된 데이터 구조 중첩 수준				U	U(=)	
개시 응답 세부사항				M	M	
결과(-)				S	S(=)	
오류 형				M	M(=)	

(1) 인 수

이 파라미터는 개시 서비스 요구의 서비스 특정 파라미터들을 전해준다. 요구 프리미티프내의 이들 파라미터에 대해 호출 시스템의 MMS 제공자는 호출 MMS 이용자에 의해 제공되는 값들을 감소시킬 수도 있다. 지시 프리미티프내의 파라미터에 대해서는 호출된 MMS 시스템 내의 MMS 제공자는 호출측 지원 서비스 파라미터를 제외하고, 개시 요구 PDU 내의 파라미터로부터의 값을 감소시킬 수도 있다. 값들의 감소는 파라미터 설명에 명시된 감소에 대한 규칙을 따라야 한다. 이 값들에 대한 다른 변경은 허용되지 않는다.

주) 서비스 이용자가 지정한 값을 서비스 제공자가 줄이는 것을 허용한 목적은 이용자가 지정한 값들이 서비스 제공자의 능력을 초과하지 않도록 보장하는 데 사용될 수 있는 기구를 제공하기 위한 것이다. 이 특성의 구현은 국부적 사항이다.

▶ 호출측 국부 세부사항

정수형의 이 파라미터는 제시될 경우 호출 MMS 이용자의 구현에 관한 정보를 나타낸다. 이 항목의 내용이나 해석은 표준화를 위한 대상이 아니고 국부적인 문제이다.

▶ 제안된 호출측 최대 미결 서비스

정수형의 이 파라미터는 응용 연계 식별자 속성이 이 연계를 참조하고 호출측 MMS 이용자에 의해 생성될 수 있는 트랜잭션 객체 실례의 제안된 최대 개수를 나타낸다. 이 파라미터의 값은 MMS 제공자에 의해 감소될 수 있다. 지시 프리미티프에서 이 값은 요구 프리미티프에서의 값과 같거나 작아야 하고 요구 프리미티프나 지시 프리미티프에서 영보다 작을 수 없다.

▶ 제안된 피호출측 최대 미결 서비스

정수형의 이 파라미터는 응용 연계 식별자 속성이 이 연계를 참조하고 피호출측 MMS 이용자에 의해 생성될 수 있는 트랜잭션 객체 실례의 제안된 최대 개수를 나타낸다. 이 파라미터의 값은 MMS 제공자에 의해 감소될 수 있다. 지시 프리미티프에서 이 값은 요구 프리미티프에서의 값과 같거나 작아야 하고 요구 프리미티프나 지시 프리미티프에서 영보다 작을 수 없다.

▶ 제안된 데이터 구조 중첩 수준

이 정수형의 파라미터는 연계 내에서 사용되는 데이터 요소에 나타날 수 있고 MMS 이용자 양측 모두에 의해서 지원되는 제안된 최대 중첩 수준의 값을 표시한다. 이 파라미터가 없을 때는 중첩 수준에 제한이 없음을 표시한다. 요구나 지시 프리미티프는 호출 MMS 이용자가 협상된 MMS 환경에서 사용하고자하는 형 지정의 (명시적, 또는 유도적) 최대 중첩 수준을 지정한다. 0의 값은 단지 단순 형들만이 허용됨을 표시한다. 이 파라미터의 값은 MMS 제공자에 의해 감소될 수 있다. 지시 프리미티프에서의 이 값은 요구 프리미티프에서의 값과 같거나 작아야 한다.

▶ 개시 요구 세부사항

이 파라미터는 MMS 통신의 실례의 설정을 위해 필요한 추가적인 정보를 규정한다.

(2) 결 과(+)

이 파라미터는 요구된 서비스가 성공했음을 표시한다. 성공했음이 표시되었을 때, 다음의 추가적인 파라미터가 적용된다.

▶ 피호출측 국부 세부사항

정수형의 이 파라미터가 제시되면 피호출 MMS 이용자의 구현에 관한 정보를 나타낸다. 이 항목의 내용은 표준화를 위한 대상이 아니라 국부적인 문제이다.

▶ 협상된 호출측 최대 미결 서비스

정수형의 이 파라미터는 이 연계를 참조하는 응용 연계 식별자 속성을 갖는 호출측 MMS 이용자에 의해 생성될 수 있는 트랜잭션 객체 실례의 최대 개수를 나타낸다. 응답 프리미티프에서 미결 서비스들에 대한 협상된 최대 개수는 0보다 작을 수는 없지만 지시 프리미티프에서의 제안된 호출측 최대 미결 서비스 파라미터보다는 작거나 같아야 한다.

▶ 협상된 피호출측 최대 미결 서비스

정수형의 이 파라미터는 이 연계를 참조하는 응용 연계 식별자 속성을 갖는 피호출 MMS 이용자에 의해 생성될 수 있는 트랜잭션 객체 실례의 최대 개수를 나타낸다. 응답 프리미티프에서 미결 서비스들에 대한 협상된 최대 개수는 0보다 작을 수는 없지만 지시 프리미티프에서의 제안된 피호출 최대 미결 서비스 파라미터보다는 작거나 같아야 한다.

▶ 협상된 데이터 구조 중첩 수준

정수형의 이 파라미터는 연계 내에서 사용되는 데이터 요소에 나타날 수 있고 MMS 이용자 양측 모두에 의해서 지원되는 제안된 최대 중첩 수준의 값을 표시한다. 이 파라미터가 없을 때는 중첩 수준에 제한이 없음을 표시한다. 이 파라미터는 지시 프리미티프에서 제안된 데이터 구조 중첩 수준 파라미터와 같거나 작고 0보다 작지는 않다. 응답과 확인 프리미티프는 협상 MMS 환경에서 사용되는 형지정의 (명시적인, 혹은 유도된) 최대 중첩 수준을 지정한다. 0의 값은 단순형들만이 허용됨을 표시한다.

▶ 개시 응답 세부사항

이 파라미터는 MMS 통신의 실례의 설정을 위해 추가적으로 필요한 정보를 지정한다.

(3) 결 과(-)

이 파라미터는 서비스 요구가 실패했음을 나타낸다.

2) 서비스 절차

피호출 MMS 이용자는 지시 프리미티프에서 나타내어진 제한하에서의 MMS 환경에서 통신을 받아들이고자 하거나, 요구 MMS-이용자에게 (협상 규칙에 따라) 대체값이 제안될 수 있을 때 성공을 표시하는 결과 파라미터를 가지는 응답 프리미티프를 발생시킨다. 그렇지 않으면 결과(-) 파라미터를 표시하는 응답 프리미티프를 발생시킨다. 개시 서비스의 성공적인 실행으로 MMS 환경이 설정된다. MMS 환경은 개시 서비스 사용을 통해서만 생성될 수 있다. 이 개시 서비스는 이미 설정된 MMS 환경에서는 다시 사용될 수 없다. MMS 환경이 설정된 연계에서 개시 요구 PDU(Protocol Data Unit)를 받게 되면 PDU-ERROR의 거부 PDU형과 ILLEGAL- ACSE-MAPPING의 거부 코드를 가진 거부 PDU가 발생된다.

3) 개시 요구 세부사항 파라미터

개시 요구 세부사항 파라미터는 【표 2.4.9】와 같다.

【표 2.4.9】 개시 요구 세부사항 파라미터

파라미터 이름	요구	지시	응답	확인	적합성 형성블럭
제안된 개정판 번호	M	M			
제안된 파라미터 적합성 형성블럭	M	M			
호출측 지원 서비스	M	M			

(1) 제안된 개정판 번호

정수형의 이 파라미터는 ISO/IEC 9506-1과 ISO/IEC 9506-2의 소개정판 번호를 나타내는 숫자를 포함하고 있다. ISO/IEC 9506-1과 ISO/IEC 9506-2의 소개정판번호는 ISO/IEC 9506-2의 17절에서 지정된 것과 같다. 또한 이 파라미터는 이 통신 실례를 위해 ISO/IEC 9506-2의 19절에 정의된 추상구문으로부터 유도된 표현 문맥에서 사용될 제안된 소 개정판 번호이다. 1보다 큰 숫자의 제안은 해당 표현 문맥에서 1과 제안된 숫자사이의 모든 소개정판을 지원함을 표시한다. 이 파라미터의 값은 MMS 제공자가 요구된 값을 지원할 수 없을 때 이 제공자에 의해 감소될 수도 있다. 지시 프리미티프에서의 이 값은 1보다 작지는 않지만 요구 프리미티프에서의 값보다 작거나 같다.

(2) 제안된 파라미터 적합성 형성블럭

비트열형의 이 파라미터는 이 응용 연계에 대한 파라미터 적합성 형성블럭 집합을 지정한다. 요구 프리미티프에서의 이 파라미터의 값은 호출 MMS 이용자에 의해 지원되는 파라미터 적합성 형성블럭집합을 지정한다. 지시 프리미티프에서의 이 파라미터의 값은 MMS 제공자에 의해 지원되는 파라미터 적합성 형성블럭 집합과 호출 MMS 이용자에 의해 지원되는 파라미터 적합성 형성블럭 집합의 공통부분을 지정한다. 가능한 파라미터 적합성 형성블럭들은 ISO/IEC 9506-2의 18절에 지정되어 있다. 파라미터 적합성 형성블럭을 비트열형의 적합성 형성블럭의 각 비트에 할당하는 것은 ISO/IEC 9506-2, 8절에 지정되어있다. 할당된 비트에서 1의 값은 해당 적합성 형성블럭을 지원함을 표시하고 0의 값은 지원하지 않음을 표시한다. 모든 비트가 부호화되고 수신된 추가적인 비트들은 무시된다.

(3) 호출측 지원 서비스

비트열형의 이 파라미터는 이 응용 연계에 대한 프레젠테이션층 문맥에서 사용하기 위해 호출 MMS 이용자에 의해 지원되는 서비스들의 집합을 지정한다. 지시 프리미티프에서의 이 파라미터의 값은 호출 MMS 이용자에 의해 지원되는 서비스들의 집합과 MMS 제공자에 의해 지원되는 서비스 집합의 공통부분을 지정한다. 비트열형의 각 비트에 대한 서비스의 할당은 ISO/IEC 9506-2, 19절에 지정되어있다. 할당된 비트에 1의 값은 해당 서비스를 지원함을 표시하고 0의 값은 지원되지 않음을 표시한다. 모든 비트는 부호화되고 수신된 추가적인 비트는 무시된다. 확인 서비스에 대한 지원 여부는 지시 프리미티프를 수신하고 응답자의 역할로서 정의되어 있는 절차에 따라 서비스를 실행할 수 있는가로써 정의된다. 비확인 서비스들에 대한 지원 여부는 지시 프리미티프를 받아들이고 서비스 접속점에 파라미터를 전달할 수 있는가로써 정의된다. 수정자에 대한 지원 여부는 수정자가 포함되어있는 지시 프리미티프를 받아들이고 수정자에 대해 정의되어있는 서비스 절차를 적절히 수행할 수 있는가로써 정의된다.

확인 서비스, 비확인 서비스, 또는 수정자가 지원되면 거부 PDU는 프로토콜 오류의 경우를 제외하고는 그 서비스나 수정된 서비스의 수신시에 발생되지 않는다. 만약 확인 서비스, 비확인 서비스, 또는 수정자가 지원되지 않으면 그 서비스나 변경된 서비스의 수신시 "UNRECOGNIZED SERVICE"라는 거부 코드를 갖는 거부 PDU가 발생된다.

4) 개시 응답 세부사항 파라미터

개시 응답 세부사항 파라미터의 구조는 【표 2.4.10】과 같다.

【표 2.4.10】 개시 응답 세부사항 파라미터

파라미터 이름	요구	지시	응답	확인	적합성 형성블럭
협상된 개정판 번호			M	M(=)	
협상된 파라미터 적합성 형성블럭			M	M(=)	
피호출측 지원 서비스			M	M	

(1) 협상된 개정판 번호

정수형의 이 파라미터는 ISO/IEC 9506-1과 ISO/IEC 9506-2의 소개정판번호를 나타내는 숫자를 포함하고 있다. ISO/IEC 9506-1과 ISO/IEC 9506-2의 소개정판 번호는 ISO/IEC 9506-2 17절에서 지정된 것과 같다. 또한 이 파라미터는 이 통신 실례를 위해 ISO/IEC 9506-2, 19절에 정의된 추상 구문으로부터 유도된 표현 문맥에서 사용될 소 개정판 번호이다. 이 번호는 요구 프리미티프에서 제안 개정판 번호보다 작거나 같다. 하지만 1보다 작게 감소될 수는 없다.

(2) 협상된 파라미터 적합성 형성블럭

비트열형의 이 파라미터는 이 응용 연계에 대한, ISO/IEC 9506-2, 19절에 정의된 추상구문에서 유도된 표현문맥에서 지원되도록 협상된 파라미터 적합성 형성블럭 집합을 지정한다. 응답 프리미티프에서의 이 파라미터의 값은 지시 프리미티프에 있는 제안된 파라미터 적합성 형성블럭 파라미터에 의해 지정되는 파라미터 적합성 형성블럭의 집합과 피호출 MMS 이용자에 의해 지원되는 파라미터 적합성 형성블럭 집합의 공통부분을 지정한다.

가능한 파라미터 적합성 형성블럭들은 ISO/IEC 9506-2, 18절에 지정되어 있다. 파라미터 적합성 형성블럭을 비트열형의 적합성 형성블럭의 각 비트에 할당하는 것은 ISO/IEC 9506-2, 8절에 지정되어있다. 할당된 비트에서 1의 값은 해당 적합성 형성블럭을 지원함을 표시하고 0의 값은 지원하지 않음을 표시한다. 모든 비트가 부호화되고 수신된 추가적인 비트들은 무시된다.

(3) 피호출측 지원 서비스

비트열형의 이 파라미터는 이 응용 연계에 대한, ISO/IEC 9506-2, 19절에 정의된 추상구문에서 유도된 표현문맥에서 사용하기 위해 피호출 MMS 이용자에 의해 지원되는 서비스들의 집합을 지정한다. 확인 프리미티프에서의 이 파라미터의 값은 피호출 MMS 이용자에 의해 지원되는 서비스들의 집합과 MMS 제공자에 의해 지원되는 서비스 집합의 공통부분을 지정한다. 비트열형의 각 비트에 대한 서비스의 할당은 ISO/IEC 9506-2, 8절에 지정되어있다. 할당된 비트에 1의 값은 해당 서비스를 지원함을 표시하고 0의 값은 지원되지 않음을 표시한다. 모든 비트는 부호화되고 수신된 추가적인 비트는 무시된다.

확인 서비스에 대한 지원 여부는 지시 프리미티프를 수신하고 응답자의 역할로서 정의되어 있는 절차에 따라 서비스를 실행할 수 있는가로써 정의된다. 비확인 서비스들에 대한 지원 여부는 지시 프리미티프를 받아들이고 서비스 접속점에 파라미터를 전달할 수 있는가로써 정의된다. 수정자에 대한 지원 여부는 수정자가 포함되어있는 지시 프리미티프를 받아들이고 수정자에 대해 정의되어있는 서비스 절차를 적절히 수행할 수 있는가로써 정의된다. 확인 서비스, 비확인 서비스, 또는 수정자가 지원되면 거부 PDU는 프로토콜 오류의 경우를 제외하고는 그 서비스나 수정된 서비스의 수신시에 발생되지 않는다. 만약 확인 서비스, 비확인 서비스, 또는 수정자가 지원되지 않으면 그 서비스나 변경된 서비스의 수신시에 "UNRECOGNIZED SERVICE"라는 거부 코드를 갖는 거부 PDU가 발생된다.

4.3.2 종결 서비스

종결 서비스는 MMS 환경을 순서적으로 끝낼 때 사용될 수 있다. MMS 이용자는 계획한 요구들을 끝마쳤고 더 이상의 요구가 없음을 표시하기 위하여 종결 서비스를 요구한다.

1) 구 조

구성요소 서비스 프리미티프들의 구조는 【표 2.4.11】과 같다.

【표 2.4.11】 종결 서비스

파라미터 이름	요구	표시	응답	확인	적합성 형성블록
인수	M	M(=)			
결과(+)			S	S(=)	
결과(-)			S	S(=)	
오류 형			M	M(=)	

(1) 인 수

종결 서비스 요구에 대한 서비스 특정 파라미터가 없다.

(2) 결 과(+)

이 파라미터는 요구된 서비스가 성공했음을 표시한다.

(3) 결 과(-)

이 파라미터는 요구된 서비스가 실패했음을 표시한다.

2) 서비스 절차

요구 MMS 이용자는 종결 서비스를 시작하는 종결 요구 프리미티프를 발신한다. 일단 이 프리미티프가 발신되면 요구 MMS 이용자는 MMS 제공자로부터 종결 확인 프리미티프를 수신할 때까지 다른 요구 프리미티프를 발신하여서는 안된다.(언제든지 발신될 수 있는 강제종료 요구 프리미티프는 제외) 요구 MMS 이용자는 동료 MMS 이용자로부터 서비스 요구들을 종결하기 위해 응답 프리미티프들을 계속 발신할 수 있다.

동료 개방형 시스템에서 응답 MMS 이용자는 다른 서비스 요구 프리미티프를 발신시키기 전에 이 종결(결과 파라미터를 통해)을 받아들일 것인지 여부를 표시하는 종결 응답 프리미티프를 발신해야 한다.(언제든지 발신할 수 있는 강제종료 서비스 프리미티프는 제외) 만약 MMS 이용자가 동료 MMS 이용자로부터 확인 서비스나 종결 서비스에 대한 응답을 기다리고 있다면 그 이용자는 연계상에서 종결을 받아들이지 않는다.

만약 아래와 같은 조건이 존재하면 응답 MMS 이용자는 연계상에서 종결 시도를 받아들이지 않아야 한다.

① 응답 MMS 이용자가 해당 연계상에 동료 MMS 이용자로부터 확인 서비스 요구에 대한 지시를 수신했고 아직 응답을 발신시키지 않았다.

② 해당 연계 상에 동료 MMS 이용자로부터의 요구의 결과로서 응답 MMS 이용자에 올려주기 상태 기기가 존재한다.

③ 해당 연계상의 동료 MMS 이용자로부터의 요구의 결과로서 응답 MMS 이용

자에 상태 속성 값이 LOADING, COMPLETE, 또는 INCOMPLETE인 영역이 존재한다.

④ 응답 MMS 이용자가 해당 연계상의 요구 MMS 이용자에 있는 세마포의 제어권을 가지고 있다.

⑤ 요구 MMS 이용자가 연계상의 응답 MMS 이용자에 대한 세마포의 제어권을 가지고 있다.

결과(+) 파라미터를 가진 종결 응답 프리미티프가 발신됐을 때, 해당 MMS 환경은 끝난 것으로 여겨진다. 이 연계상의 해당 MMS 환경내에서 응답 MMS 이용자에 의해 더 이상의 요구 프리미티프나 응답 프리미티프가 발신될 수 없다. 결과(-) 파라미터를 가진 종결 응답 프리미티프가 발신됐을 때, MMS 환경은 영향을 받지 않으며 응답 MMS 이용자는 요구 서비스 프리미티프나 응답 서비스 프리미티프를 계속 발신시킬 수 있다.

결과(+)를 갖는 종결 확인 프리미티프를 수신했을 때 요구 MMS 이용자는 MMS 환경이 끝났다고 여기게 되고 그 연계상의 해당 MMS 환경에서 더 이상 요구 프리미티프나 응답 프리미티프를 발신시키지 않는다. 결과(-)를 가진 종결 확인 프리미티프를 수신했을 때 요구 MMS 이용자는 MMS 환경이 영향을 받지 않는다고 여기게 되고 해당 MMS 환경내에서 요구나 응답 서비스 프리미티프를 발신시킬 수 있다.

주 1) 실패한 종결 서비스 확인의 효과는 종결 요구가 발신되지 않은 것과 같다.

주 2) 동료의 양쪽이 모두 종결 시도를 동시에 또는 근접한 시간에 개시하여 양쪽의 시도가 모두 실패하는 것이 가능하다. 실패의 결과로 동료 양쪽 모두가 종결을 재시도한다면 이 상황은 잠재적으로 (비록 가능성이 적지만) 무한히 계속될 수 있다. 응용 설계를 사용함으로써 이런 상황은 피할 수 있다. 가능한 방법 중 한 가지는 이 상황이 일어났을 때 종결 시도를 개시하는 동료로서 호출 MMS 이용자를 지정하는 것이다.

4.3.3 강제종료 서비스

강제종료 서비스는 협상없이 갑자기 MMS 환경을 끝낼 때 사용된다. MMS 이용자는 해당 응용 관계의 MMS 환경에서 협상없이 통신을 즉시 끝내고자할 때 이를 지시하는 강제종료 요구 프리미티프를 발신한다. 강제종료 서비스는 양측 MMS 이용자에 의해 그 이전에 발신된 요구나 응답을 깨뜨릴 수도 있다. 그리고 강제종료 지시 서비스 프리미티프는 MMS 제공자로부터 발신될 수도 있다.

1) 구 조

구성요소 서비스 프리미티프들의 구조는 【표 2.4.12】와 같다.

【표 2.4.12】 강제종료 서비스

파라미터 이름	요구	지시	적합성 형성블록
인수	M	M	
국부적 발생		M	

▶ **인 수**

이 파라미터는 강제종료 서비스의 서비스 특정적 파라미터를 전달한다. 강제종료 서비스 프리미티프들은 추가적으로 MMS 강제종료 서비스가 사상되는 ACSE 강제종료 서비스를 위해 지정된 파라미터들을 포함한다.

- 국부적 발생

  논리형의 이 파라미터는 강제종료 요구가 지시를 수신한 MMS 이용자가 위치한 시스템에 의해서 발생되었는지(참값으로 나타내짐), 강제종료 요구를 그 시스템이 수신했는지(거짓값으로 나타내짐)를 표시한다. 또한 이 파라미터는 MMS 제공자에 의해서 제공된다.

2) 서비스 절차

MMS 이용자에 의해 개시된 강제종료의 경우에는 동료 MMS 이용자는 강제종료 지시 서비스 프리미티프를 수신함으로써 이용자 요구 강제종료를 인식하게 된다. 그리고 해당 MMS 환경은 종료된다. MMS 제공자에 의해 개시된 강제종료의 경우에는 양측의 MMS 이용자들은 강제종료 지시 프리미티프를 수신함으로써 (가능하다면) 제공자 강제종료를 인식하게 되고 해당 MMS 환경은 종료된다. 강제종료 서비스가 끝났을 때, 종료된 MMS 환경에 관련된 모든 응용 연계 특정적 객체들은 다른 지정이 없다면 해제된다.

4.3.4 취소 서비스

취소 서비스는 이전에 발신되었지만 아직 끝나지 않은 요구를 취소하고자 할 때 MMS 이용자가 사용한다. 단지 확인 서비스들만 취소될 수 있다. (5절 참조)

1) 구 조

구성요소 서비스 프리미티프들의 구조는 【표 2.4.13】 과 같다.

【표 2.4.13】 취소 서비스

파라미터 이름	요구	지시	응답	확인	적합성 형성블록
인수	M	M(=)			
원 기동 식별자	M	M(=)			
결과(+)			S	S(=)	
원 기동 식별자			M	M(=)	
결과(-)			S	S(=)	
원 기동 식별자			M	M(=)	
오류 형			M	M(=)	

(1) 인 수

이 파라미터는 취소 서비스 요구에 대해 서비스 특정 파라미터들을 전달한다.

▶ 원 기동 식별자

정수형의 이 파라미터는 취소가 요구되는 서비스의 기동 식별자를 지정한다.

(2) 결 과(+)

결과(+) 파라미터는 취소 서비스 요구가 성공했음을 표시한다. 성공했음이 표시되었을 때 서비스 특정 파라미터들도 되돌아온다.

▶ 원 기동 식별자

정수형의 이 파라미터는 취소된 서비스의 기동 식별자를 지정한다. 기동 식별자는 모든 확인 서비스 요구 프리미티프에 제공된다.

(3) 결 과(-)

결과(-) 파라미터는 취소 서비스 요구가 실패했음을 표시한다.

▶ 원 기동 식별자

정수형의 이 파라미터는 취소가 요구되었던 서비스의 기동 식별자를 지정한다. (기동 식별자는 모든 확인 서비스 요구 프리미티프에 제공된다)

▶ 오류 형

오류 형 파라미터는 실패의 이유를 나타낸다.

2) 서비스 절차

취소 지시 서비스 프리미티프를 수신했을 때 응답 MMS이용자는 이를 비파괴적으로 할 수 있고 취소하려고 하는 서비스 지시를 논리적으로 수신하지 않은 것 같은 상태로 돌아갈 수 있다면 지정된 서비스의 취소를 시도한다. 시작, 정지, 재개, 및 재설정 서비스에 대한 파괴적인 취소는 이들 서비스에 대해 정의된 서비스 절차를 따른다면 허용된다. 만약 이 경우가 아니거나, 지정된 서비스 요구 기동이 요구되지 않았거나, 응답 프리미티프를 이미 발신했거나, 지정된 서비스와 관련된 트랜잭션 객체의 취소가능 속성이 거짓값을 가지면, 취소 요구는 실패한다. 이 경우, 응답 MMS 이용자는 오류형 파라미터로서 적절한 취소 오류 부호를 가진 결과(-) 파라미터와 함께 취소 응답 서비스 프리미티프를 발신시킨다. 응답 MMS 이용자는 원래의 서비스를 계속하게 되고 결국 부정 혹은 긍정의 응답을 적절하게 다시 반환한다.

그렇지 않으면 식별된 서비스 기동은 응답 MMS 이용자에 의해 성공적으로 취소되어야 하고 결과(+) 파라미터를 가진 취소 응답 프리미티프가 발신되어야 한다. 응답 MMS 이용자는 또한 CANCEL 오류 부호를 가지는 SERVICE-PREEMPT 오류 등급을 표시하는 취소된 서비스에 대해 결과(-) 파라미터를 가지는 응답 프리미티프를 발신시킨다. 취소된 서비스에 대한 서비스 절차에서 별도로 언급되지 않은 한 응답자의 상태는 논리적으로 취소하려했던 서비스가 요구되지 않은 것처럼 보여야 한다. 취소 서비스 요구에 대한 추가적인 제약은 ISO/IEC 9506-2, 6절에 지정되어있다.

4.3.5 거부 서비스

거부 서비스는 프로토콜 오류의 발생을 MMS 이용자에게 알리기 위해 사용되는 제공자 개시 서비스이다.

1) 구 조

구성요소 서비스 프리미티프들의 구조는 【표 2.4.14】와 같다.

【표 2.4.14】 거부 서비스

파라미터 이름	지 시	적합성 형성블록
국부 검출	M	
원 기동 식별자	C	
거부 PDU 형	M	
거부 코드	M	

(1) 국부 검출

논리형의 이 파라미터는 거부 서비스를 야기한 프로토콜 오류가 사용중인 표현 접속의 국부 종단이나 원격 종단에서 감지됐음을 표시한다. 참이면 프로토콜 오류가 국부 종단에서 감지됐음을 나타내고 거짓인 경우에는 원격 종단에서 감지됐음을 나타낸다.

(2) 원격 기동 식별자

정수형의 이 파라미터는 오류가 발견된 PDU의 원격 기동 식별자를 표시한다. 이것의 존재 여부는 기동 식별자가 결정될 수 있는지에 달려있다. 만약 거부되는 PDU 내에 지정된 기동 식별자가 없다면 이 파라미터는 존재하지 않아야 된다.

(3) 거부 PDU 형

정수형의 이 파라미터는 프로토콜 오류를 발생시킨 PDU의 형을 표시한다. PDU 오류 값은 거부되는 PDU가 구문적으로 유용한 MMS PDU가 아닐 때 사용된다. 가능한 값은 아래와 같다.

CONFIRMED-REQUESTPDU (확인-요구PDU)
CONFIRMED-RESPONSEPDU (확인-응답PDU)
CONFIRMED-ERRORPDU (확인-오류PDU)
UNCONFIRMEDPDU (비확인PDU)
PDU-ERROR (PDU-오류)
CANCEL-REQUESTPDU (취소-요구PDU)
CANCEL-RESPONSEPDU (취소-응답PDU)
CANCEL-ERRORPDU (취소-오류PDU)
CONCLUDE-REQUESTPDU (종결-요구PDU)
CONCLUDE-RESPONSEPDU (종결-응답PDU)
CONCLUDE-ERRORPDU (종결-오류PDU)

(4) 거부 코드

정수형의 이 파라미터는 주어진 거부 PDU형 파라미터값 내에서 거부의 이유에 관한 추가적인 정보를 표시한다. 이 파라미터에 대한 가능한 값은 각 가능한 거부 PDU형 파라미터값에 대해 아래와 같이 주어져 있다.

① CONFIRMED-REQUEST PDU에 대한 코드

- OTHER (기타)

이 코드는 이 거부 PDU 형에 대한 ISO/IEC 9506에 지정된 것이 아닌 다른 오류에 대하여 사용된다.

- UNRECOGNIZED-SERVICE (인식 불가 서비스)

이 코드는 요구된 서비스가 지원되지 않거나 인식되지 않을 때 사용된다.

- UNRECOGNIZED-MODIFIER (인식 불가 수정자)

이 코드는 요구된 수정자가 지원되지 않거나 인식되지 않을 때 사용된다.

- INVALID-INVOKEID (무효 기동 식별자)

이 코드는 기동 식별자가 ISO/IEC 9506의 요구사항을 만족시키지 못할 때 사용된다.

- INVALID-ARGUMENT (무효 인수)

이 코드는 서비스 인수가 ISO/IEC 9506의 요구사항을 만족시키지 못할 때 사용된다.

- INVALID-MODIFIER (무효 수정자)

이 코드는 서비스 수정자가 ISO/IEC 9506의 요구사항을 만족시키지 못할 때 사용된다.

- MAX-SERV-OUTSTANDING-EXCEEDED (최대 미결 서비스 초과)

이 코드는 미결 상태 확인 서비스의 협상된 최대 개수보다 수신된 확인 서비스 요구가 초과될 때 사용된다.

- MAX-RECURSION-EXCEEDED (최대 재귀 초과)

이 코드는 수신된 PDU가 협상된 데이터 구조 중첩 수준을 초과할 때 사용된다.

- VALUE-OUT-OF-RANGE (범위 초과 값)

이 코드는 수신된 PDU가 ISO/IEC 9506이 허용하는 범위를 초과하는 값을 가지는 하나 혹은 그 이상의 파라미터를 포함하고 있을 때 사용된다.

② CONFIRMED-RESPONSE PDU에 대한 코드

- OTHER (기타)

이 코드는 이 거부 PDU 형에 대해 ISO/IEC 9506에 지정된 것이 아닌 오류를 위해 사용된다.

- UNRECOGNIZED-SERVICE (인식 불가 서비스)
  이 코드는 지정된 서비스가 지원되지 않거나 인식되지 않는 경우 사용되거나 혹은 PDU에서 지정된 기동 식별자를 가지고 이전에 요구되었던 서비스와 같지 않을 때 사용된다.
- INVALID-INVOKEID (무효 기동 식별자)
  이 코드는 기동 식별자가 ISO/IEC 9506에서의 요구를 만족시키지 못할 때나 지정된 기동 식별자를 가진 확인 서비스가 요구되지 않았을 때 사용된다.
- INVALID-RESULT (무효 결과)
  이 코드는 서비스의 결과가 ISO/IEC 9506 의 요구를 만족시키지 못했을 때 사용된다.
- MAX-RECURSION-EXCEEDED (최대 재귀 초과)
  이 코드는 수신된 PDU가 협상된 최대 데이터 구조 중첩 수준을 초과했을 때 사용된다.
- VALUE-OUT-OF-RANGE (범위 초과 값)
  이 코드는 수신된 PDU가 ISO/IEC 9506이 허용하는 범위를 초과하는 값을 가지는 하나 이상의 파라미터를 포함하고 있을 때 사용된다.

③ CONFIRMED-ERROR PDU에 대한 코드

- OTHER (기타)
  이 코드는 거부 PDU의 형에 대해 ISO/IEC 9506에서 정의된 것이 아닌 오류에 대해 사용된다.
- UNRECOGNIZED-SERVICE (인식 불가 서비스)
  이 코드는 지정된 서비스가 지원되지 않거나 인식되지 않는 경우 사용되거나 혹은 PDU에서 지정된 기동 식별자를 가지고 요구되었던 서비스와 같지 않을 때 사용된다.
- INVALID-INVOKEID (무효 기동 식별자)
  이 코드는 기동 식별자가 ISO/IEC 9506 의 요구를 만족시키지 못했거나 지정된 기동 식별자를 가진 확인 서비스가 요구되지 않았을 때 사용된다.
- INVALID-SERVICEERROR (무효 서비스 오류)
  이 코드는 서비스 오류가 ISO/IEC 9506의 요구를 만족시키지 못할 때 사용된다.

- VALUE-OUT-OF-RANGE (범위 초과 값)
  이 코드는 수신된 PDU가 ISO/IEC 9506이 허용한 범위를 초과하는 값을 가지는 하나 이상의 파라미터를 포함하고 있을 때 사용된다.

④ UNCONFIRMED PDU에 대한 코드

- OTHER (기타)
  이 코드는 거부 PDU의 형에 대해 ISO/IEC 9506에 지정된 것이 아닌 오류에 대해 사용된다.
- UNRECOGNIZED-SERVICE (인식 불가 서비스)
  이 코드는 지정된 서비스가 지원되지 않거나 인식되지 않을 경우 사용된다.
- INVALID-ARGUMENT (무효 인수)
  이 코드는 서비스 인수가 ISO/IEC 9506의 요구를 만족시키지 못할 경우 사용된다.
- MAX-RECURSION-EXCEEDED (최대 재귀 초과)
  이 코드는 수신된 PDU가 협상된 최대 데이터 구조 중첩 수준을 초과했을 때 사용된다.
- VALUE-OUT-OF-RANGE (범위 초과 값)
  이 코드는 수신된 PDU가 ISO/IEC 9506이 허용한 범위를 초과하는 값을 가지는 하나 이상의 파라미터를 포함하고 있을 때 사용된다.

⑤ PDU-ERROR에 대한 코드

- UNKNOWN-PDU-TYPE (불명 PDU형)
  이 코드는 수신된 PDU가 인식되지 않거나 지원되지 않을 때 사용된다.
- INVALID-PDU (무효 PDU)
  이 코드는 수신된 PDU가 구문적으로 부적합하고, 오류의 정도가 심해서 더 이상 분석이 행해질 수 없을 때 사용된다.
- ILLEGAL-ACSE-MAPPING (부당 ACSE 사상)
  이 코드는 수신된 PDU의 형이 ACSE 서비스 프리미티프에 적절히 대응될 수 없을 때 사용된다.

⑥ CANCEL-REQUESTPDU에 대한 코드

- OTHER (기타)
 이 코드는 거부 PDU의 형에 대해 ISO/IEC 9506에서 정의된 것이 아닌 오류에 대해 사용된다.
- INVALID-INVOKEID (무효 기동 식별자)
 이 코드는 기동 식별자가 ISO/IEC 9506의 요구를 만족시키지 못할 경우 사용된다.

⑦ CANCEL-RESPONSEPDU에 대한 코드

- OTHER (기타)
 이 코드는 거부 PDU의 형에 대해 ISO/IEC 9506에서 정의된 것이 아닌 오류에 대해 사용된다.
- INVALID-INVOKEID (무효 기동 식별자)
 이 코드는 기동 식별자가 ISO/IEC 9506에서의 요구를 만족시키지 못할 때나 지정된 기동 식별자를 가진 대해 취소 서비스가 요구되지 않았을 때 사용된다.

⑧ CANCEL-ERROR PDU에 대한 코드

- OTHER (기타)
 이 코드는 거부 PDU의 형에 대해 ISO/IEC 9506에서 정의된 것이 아닌 오류에 대해 사용된다.
- INVALID-INVOKEID (무효 기동 식별자)
 이 코드는 기동 식별자가 ISO/IEC 9506에서의 요구를 만족시키지 못할 때나 지정된 기동 식별자를 가진 취소 서비스가 요구되지 않았을 때 사용된다.
- INVALID-SERVICEERROR (무효 서비스 오류)
 이 코드는 서비스 오류가 ISO/IEC 9506의 요구를 만족시키지 못할 때 사용된다.
- VALUE-OUT-OF-RANGE (범위 초과 값)
 이 코드는 수신된 PDU가 ISO/IEC 9506이 허용한 범위를 초과하는 값을 가지는 하나 이상의 파라미터를 포함하고 있을 때 사용된다.

⑨ CONCLUDE-REQUEST PDU에 대한 코드

- OTHER (기타)
  이 코드는 거부 PDU의 형에 대해 ISO/IEC 9506에서 정의된 것이 아닌 오류에 대해 사용된다.
- INVALID-ARGUMENT (무효 인수)
  이 코드는 요구에 대한 인수가 ISO/IEC 9506의 요구를 만족시키지 못할 경우 사용된다.

⑩ CONCLUDE-RESPONSEPDU에 대한 코드

- OTHER (기타)
  이 코드는 거부 PDU의 형에 대해 ISO/IEC 9506에서 정의된 것이 아닌 오류에 대해 사용된다.
- INVALID-RESULT (무효 결과)
  이 코드는 서비스의 결과가 ISO/IEC 9506 의 요구를 만족시키지 못했을 때 사용된다.

⑪ CONCLUDE-ERRORPDU에 대한 코드

- OTHER (기타)
  이 코드는 거부 PDU의 형에 대해 ISO/IEC 9506에서 정의된 것이 아닌 오류에 대해 사용된다.
- INVALID-SERVICEERROR (무효 서비스오류)
  이 코드는 서비스 오류가 ISO/IEC 9506의 요구를 만족시키지 못할 때 사용된다.
- VALUE-OUT-OF-RANGE (범위 초과 값)
  이 코드는 수신된 PDU가 ISO/IEC 9506이 허용한 범위를 초과하는 값을 가지는 하나 이상의 파라미터를 포함하고 있을 때 사용된다.

2) 서비스 절차

MMS 제공자가 거부 PDU를 수신하면 MMS이용자에게 거부 지시를 발신한다. 국부적인 일로서 MMS이용자는 MMS 환경을 갑자기 종결하기 위해 강제 종료 서비스를 사용할 수도 있다. MMS 제공자는 프로토콜 오류를 발생시킨 PDU를 수신하면 거부 PDU를 발신시킬 수 있어야 한다.

제 5 장

가상생산장치 지원 서비스

5.1 개 요

이 장에서 다루는 서비스들은 사용자가 원격 가상생산 장치(VMD : Virtual Manufacturing Device)의 정보를 얻을 수 있게 해준다. 즉, 가상생산 장치 지원 서비스를 사용함으로써 통신을 할 수 있는 타 기기의 상태나 기기확인 등의 정보를 통신을 통하여 원격으로 얻을 수 있다. 이렇게 얻어진 정보는 사용자 응용이 계속 일을 수행할 것인지를 결정할 때 사용될 수 있다. 가상생산 장치지원 서비스는 원격 가상생산 장치에 다음과 같은 종류의 정보를 제공할 수 있다.

- 생산자(manufacturer), 모델 번호(model number)와 개정 번호(revision number)를 포함하는 장치 확인(device identification)
- 가상생산 장치의 물리적인 상태와 논리적인 상태
  이 정보는 mm_status() 함수를 사용하여 요구받아 보낼 수도 있고, 요구받지 않고 보낼 수도 있다. 이때에는 SNU MMS가 아니라 다르게 구현된 MMS에 의해 보내져서 mm_ireceive()로 받는다.
- 가상생산 장치에서 정의된 MMS 객체의 목록
- 가상생산 장치가 소유한 능력(capability)의 목록

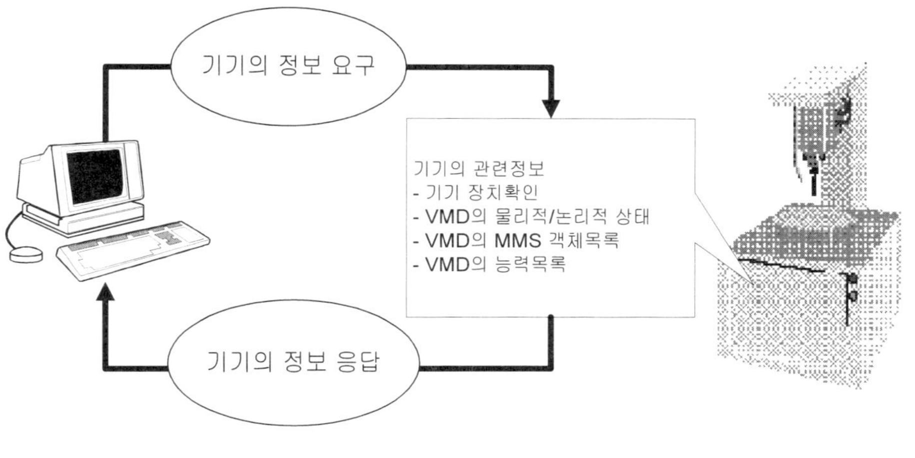

【그림 2.5.1】 VMD 정보의 교환

이 장에서는 다음과 같은 내용과 함께 MMS 사양의 가장 단순한 몇 가지 함수를 소개하겠다.

- 원격 가상생산 장치로부터 확인 정보를 받는다.
- 원격 가상생산 장치로부터 객체 이름의 목록을 받는다.
- 원격 가상생산 장치로부터 능력의 목록을 받는다.
- 원격 가상생산 장치로부터 상태 정보를 받는다.

5.2 관련 서비스

가상생산 장치 지원 서비스는 상태, 비요구상태, 이름목록 얻기, 식별, 이름 바꾸기, 능력 목록 얻기 서비스를 포함하고 있다. 이들 서비스들이 MMS 사용자에게 허용하는 일들은 아래와 같다.

- 가상생산 장치의 상태를 얻는다.
- 가상생산 장치의 상태에 관한 비요구 메시지를 수신한다.
- 다양하게 정의된 객체의 목록을 얻는다.
- 동층 시스템에서의 MMS 응용 실체의 공급자 특정 속성들을 식별한다.
- 객체의 이름을 바꾼다.
- 가상생산 장치의 능력 목록을 얻는다.

5.2.1 상태 서비스

상태 서비스의 목적은 【그림 2.5.2】와 같이 MMS 사용자가 가상생산 장치의 일반적 조건 또는 상태를 결정할 수 있게 하는 것이다. 즉, 상태 서비스를 사용함으로써 원격으로 연결된 기기의 물리적 및 논리적인 각종 상태를 클라이언트가 수신받게 된다. 이렇게 수신받은 정보에는 기기가 현재 동작하고 있는지, 고장나 있는지, 혹은 기기의 상태를 원격에서 바꿀 수 있는지 등이 포함된다. 따라서, 상태 서비스를 응답해야 하는 기기는 그 기기의 상태가 변경될 때마다 그 내용을 가상생산 장치의 해당 데이터 변수에 갱신시켜 주어야 한다.

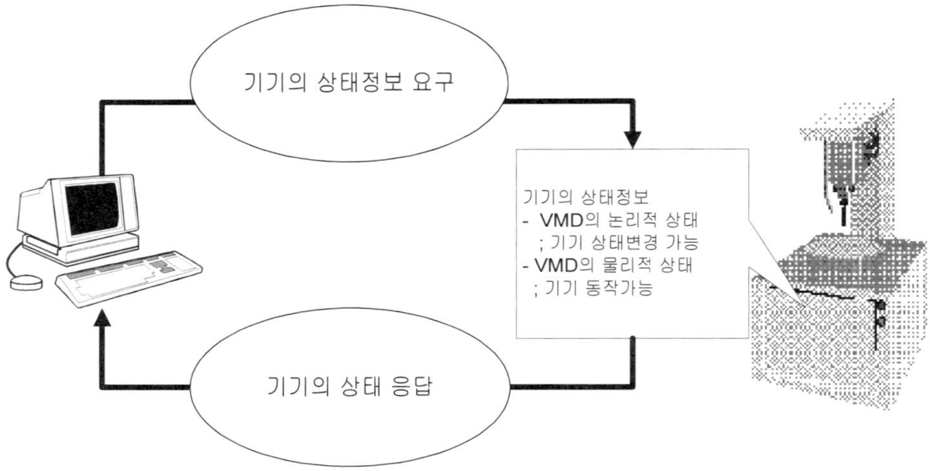

【그림 2.5.2】 상태 서비스의 예

1) 구 조

서비스 프리미티프의 구조는 【표 2.5.1】과 같다.

(1) 인 수

인수 매개변수는 상태 서비스 요구의 매개변수들을 전달해준다.

▶ 확장 유도(Extended Derivation)

부울 형의 이 매개변수는 상태 응답을 유도하는 데 사용되는 방법을 지시한다. 이 매개변수는 가상생산 장치가 상태 응답을 유도하는 데 두가지 방법을 지원하는 경우에만 적용가능하다. 이때 한 방법은 상태 응답을 좀 더 확장적으로 유도하게 된다. 만약 이 매개변수의 값이 참이면 확장된 유도의 방법이 사용되고 거짓이면 다른 방법이 사용된다. 만약 가상생산 장치가 한 가지 방법만을 지원하는 경우 이 값은 무시된다.

주) 확장된 방법의 예는 자기진단 루틴 집합의 기동이다.

【표 2.5.1】 상태 서비스

매개변수 이름	요구	표시	응답	확인	적합성 형성블록
인수	M	M(=)			
확장 유도(Extended Derivation)	M	M(=)			
결과(+)			S	S(=)	
가상생산장비 논리 상태 (VMD Logical Status)			M	M(=)	
가상생산장비 물리 상태 (VMD Physical Status)			M	M(=)	
국부 세부사항 (Local Detail)			U	U(=)	
결과(-)			S	S(=)	
오류 유형(Error Type)			M	M(=)	

(2) 결 과(+)

결과(+) 매개변수는 상태 서비스 요구가 성공했음을 지시한다. 이 서비스가 성공되었을 때 서비스의 특정 매개변수들이 반송된다.

▶ 가상생산 장치 논리 상태 (VMD Logical Status)

정수 형의 이 매개변수는 가상생산 장치 객체의 논리적인 상태 속성의 값을 전달한다.

▶ 가상생산 장치 물리상태 (VMD Physical Status)

정수형의 이 매개변수는 가상생산 장치 객체의 물리 상태 속성의 값을 전달한다.

▶ 국부 세부사항(Local Detail)

비트열 형의 이 매개변수는, 이 매개변수가 제공되어 있을 때, 이 장치의 공급자에 의해 지정된 가상생산 장치의 상태에 관한 추가적인 세부사항을 나타낸다. 이 매개변수는 128비트보다 작은 비트열로서 표현된다. 이 영역의 내용은 국부적인 문제이고 나중의 표준화에 종속되지 않는다.

(3) 결 과(-)

결과(-) 매개변수는 서비스 요구가 실패했음을 나타낸다. 오류형 매개변수는 이 실패의 원인을 제공한다.

2) 서비스 절차

응답 MMS 사용자는 유효한 응답을 생성하기 위해 필요한 정보를 결정함으로써 상태 서비스를 행한다.

5.2.2 비요구상태(UnsolicitedStatus) 서비스

비요구상태 서비스는 상태를 자발적으로 보고하기위해 MMS 사용자에 의해 사용된다. 이 서비스는 앞에서 설명된 상태 서비스와 거의 비슷하며, 단지 클라이언트가 원격으로 연결된 기기에 현재의 상태를 요구하여 정보를 얻는 것이 아니라 기기가 주기적 혹은 비주기적으로 클라이언트에게 자신의 상태정보를 송신하는 서비스이다.

1) 구 조

서비스 프리미티프의 구조는 【표 2.5.2】 와 같다.

【표 2.5.2】 비요구상태 서비스

매개변수 이름	요구	표시	적합성 형성블록
인수	M	M(=)	
가상생산장비 논리 상태 (VMD Logical Status)	M	M(=)	
가상생산장비 물리 상태 (VMD Physical Status)	M	M(=)	
국부적 세부사항 (Local Detail)	U	U(=)	

이 서비스의 매개변수들은 상태 응답과 확인 서비스 프리미티프에서의 매개변수들과 동등한 의미를 가진다.

2) 서비스 절차

자기자신의 상태의 변화를 감지할 수 있는 MMS 사용자는 선택적으로 상태 요구를 수신하지 않고 그 변화를 보고할 수 있다. 이는 비요구상태 서비스를 요구함으로써 수행된다. 이 비요구상태 요구에서의 정보는 가상생산 장치의 해당 속성들의 값을 반영한다. 비요구상태 요구는 MMS 사용자가 개시 서비스에서 수신한 지원 서비스 매개변수 내에 비요구상태 서비스의 지원을 지시하지 않으면 보내지 말아야 한다.

주) 비요구상태 서비스 요구를 보내기 위한 응용 연계의 선택은 국부적인 문제이다. 이는 부가표준안(CS : Companion Standard)에 좀 더 지정되어있다. 모든 연계, 하나의 연계, 또는 어떤 그룹이 선택될 수 있다.

이 서비스의 사용은 기능적으로 상태 서비스의 사건 동작을 가진 사건 통지와 같다. 실제적인 차이는 사건 통지 방법을 사용하면 서비스가 사용되는 조건들이 MMS 서비스를 사용하여 직접적으로 보이는 (그리고 수정 가능한) 반면, 비요구상태를 사용하면 그 조건들은 국부적인 문제이며 비요구상태 정보를 수신하게 되는 MMS 사용자에 의해서 결정되거나 바뀔 수 없다는 것이다.

5.2.3 이름목록얻기(GetNameList) 서비스

이름목록얻기 서비스는 MMS 사용자가 응답 MMS 사용자에게 가상생산 장치에서 정의된 객체 이름들 목록의 일부나 전체를 되돌려 주도록 요구하기 위해 사용된다.

1) 구 조

서비스 프리미티프들의 구조는【표 2.5.3】과 같다.

【표 2.5.3】 이름목록얻기 서비스

매개변수 이름	요구	표시	응답	확인	적합성 형성블록
인수	M	M(=)			
확장 객체 등급 (Extended Object Class)	M	M(=)			
객체 등급 (Object Class)	S	S(=)			
부가표준안 객체 등급 (CS Object Class)	부가표준안 (COMP)	부가표준안 (COMP)			
객체 범위 (Object Scope)	M	M(=)			
영역 이름 (Domain Name)	C	C(=)			
이후 계속 (Continue After)	U	U(=)			
결과(+)			S	S(=)	
식별자 목록 (List Of Identifier)			M	M(=)	
더 따라옴 (More Follows)			M	M(=)	
결과(-)			S	S(=)	
오류 유형 (Error Type)			M	M(=)	

(1) 인 수

인수 매개변수는 이름목록얻기 서비스 요구의 매개변수를 전달한다.

▶ 확장 객체 등급 (Extended Object Class)

이 매개변수는 응답 MMS 사용자에 의해 반송되는 객체 이름의 확장 객체 등급을 지정한다. ISO/IEC 9506에서 지정된 객체 사이의 선택을 지정하는 객체등급이나 부가표준안에 지정된 객체 사이의 선택을 지정하는 부가표준안 객체등급이 여기에 가능한 값이다.

▶ **객체 등급** (Object Class)

이 매개변수는 응답 MMS 사용자에 의해 되돌려지는 객체의 이름의 등급을 지정한다. 이것은 다음 객체들 중에 하나일 수 있다.

이름있는 변수	분산접근
이름있는 변수 목록	이름있는 형
세마포어	사건 조건
사건 동작	사건 등록
저널	영역
프로그램 기동	조작국

▶ **부가표준안 객체 등급** (CS Object Class)

부가표준안 객체 등급 매개변수는 부가표준안의 정의에 따라 제공되고 응답 MMS 사용자에 의해 반송되는 객체이름의 등급을 지정한다. 객체이름에 대한 값들은 부가표준안에 정의된 추가적인 객체들로 제한되고 그 표준에 의해 더 정의될 수도 있다. 확장 객체 등급은 ISO/IEC 9506-2, 19절에 정의된 추상구문으로부터 유도된 표현 문맥(presentation context)에서 선택될 수 없다.

▶ **객체 범위** (Object Scope)

이 매개변수는 반송되는 객체 이름의 목록의 범위를 나타낸다. 가능한 값은 가상생산 장치 한정, 영역 한정, 응용연계 한정이다.

▶ **영역 이름**

식별자 형의 이 매개변수는 객체 범위 매개변수의 영역 한정값이 선택된 경우에 영역의 이름을 지정한다. 그렇지 않으면 이 매개변수는 존재하지 않는다.

▶ **이후 계속** (Continue After)

식별자 형의 이 매개변수는 MMS 사용자가 응답 MMS 사용자에 의해 반송될 객체 이름 목록이 목록 내의 (논리적) 첫번째 이름이 아닌 다른 이름으로 시작하기 바랄 때 존재한다. 이는 확장 객체 등급, 객체 등급, 객체 범위 매개변수에 지정된 등급과 범위에 해당하는 객체의 이름을 포함하는 문자열이다. 이후 계속 매개변수의 값이 지정된 등급과 범위의 가상생산 장치에서 존재하는 이름과 일치하지 않으면, 이 서비스 절차에 지정된 대로 후에 시작할 이름을 결정하기 위해 ISO

646의 International Reference Version의 대조 순서가 응답 MMS 사용자에 의해 사용된다.

(2) 결 과(+)

결과(+) 매개변수는 서비스 요구가 성공했음을 나타낸다. 성공했을 때, 서비스 특정 매개변수들이 반송된다.

▶ 식별자 목록 (List Of Identifier)

식별자 형의 이 매개변수는 “이후 계속” 매개변수의 동작에 의한 감소에 종속된 객체 등급과 “객체 범위” 매개변수에 지정된 등급과 범위의 객체들을 위해 존재하는 이름들을 포함하고 있다. 반송되는 목록은 0이상의 엔트리를 포함하고 ISO 646 International Reference Version의 대조 순서에 따라 분류되어야 한다.

▶ 더 따라옴(More Follows)

부울 형의 이 매개변수는 요구된 모든 정보를 알아내기 위해 추가적인 이름목록 얻기 요구가 필요한지를 나타낸다. 이 값이 참이면, 더 이상의 요구가 필요하고 (만약 요구 MMS 사용자가 더 많은 데이터를 알아내기를 원한다면) 만약 거짓이면 이름 목록이 마지막 이름을 포함하고 있거나 식별자 목록에 아무 것도 없음을 나타낸다. 이 매개변수는 식별자 목록 매개변수가 아무 이름도 포함하고 있지 않을 때 거짓이다.

(3) 결 과(-)

이 매개변수는 서비스 요구가 실패했음을 나타낸다. 오류형의 매개변수는 실패의 이유를 제공한다.

2) 서비스 절차

응답 MMS 사용자는 지시 서비스 프리미티프의 확장 객체 등급과 객체 범위 매개변수에 지정된 등급과 범위의 식별자 목록을 반송한다. 만약 이후 계속 매개변수가 지시 서비스 프리미티프 내에 존재하지 않으면, ISO 646의 International Reference Version의 대조 순서에 의해 결정된 것처럼 응답 MMS 사용자에서의 이 식별자 목록은 등급과 범위 규정을 만족시키는 객체 목록 중 첫번째 이름으로 시작된다. 그렇지 않으면 위에서 언급한 순서에 따라, 식별자 목록은 이후 계속 매개변수에 지정된 이름 다음에 첫번째 이름으로 시작한다. 더 따라올 매개변수는 위에서 설명한대로 결정된 값으로 반송되어야 한다.

만약 요구된 등급과 범위의 객체가 존재하지 않으면 응답 MMS 사용자는 결과(-)매개변수를 발신하지 않는다. 대신, 빈 식별자 목록과 함께 결과(+) 매개변수가 발신된다.

주) 이후 계속 매개변수를 가진 서비스를 반복해서 사용할 경우에 다른 시간에 사용되는 서비스에서는 시간상 일관된 목록을 보장할 수 없다. 이 서비스는 이후 계속 매개 변수를 시작으로 하는 이름들의 목록의 부분을 반송한다.

5.2.4 식별(Identify) 서비스

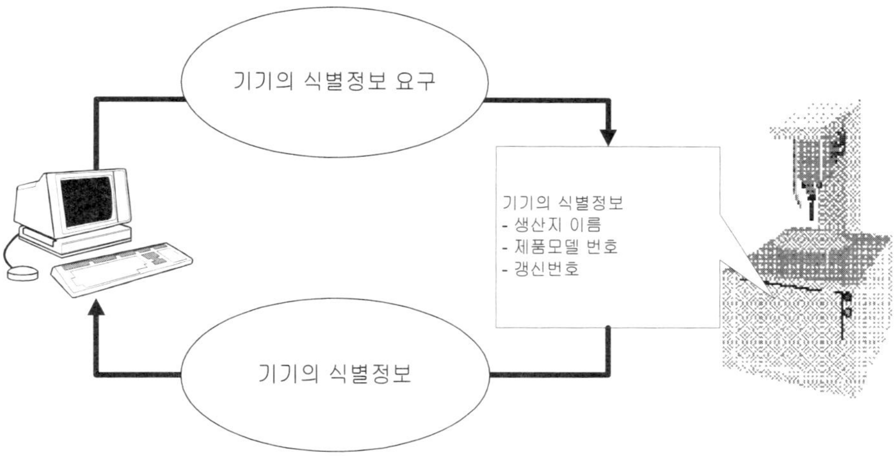

【표 2.5.3】 식별정보 서비스의 예

식별 서비스는 【그림 2.5.3】과 같이 응답 MMS 사용자로부터 식별 정보를 얻어내기 위해 MMS 사용자에 의해 사용될 수 있다. 이 서비스를 사용함으로써 응답하는 기기의 생산자 이름, 모델번호, 개정번호 등의 정보를 얻게 된다. 통신으로 임의의 기기와 연결되어 질 때 이 서비스를 사용하여 현재 연결된 기기가 무슨 기기인지를 알 수 있게 된다.

1) 구 조

서비스 프리미티프의 구조는 【표 2.5.4】와 같다.

【표 2.5.4】 식별 서비스

매개변수 이름	요구	표시	응답	확인	적합성 형성블록
인수	M	M(=)			
결과(+)			S	S(=)	
공급자 이름 (Vendor Name)			M	M(=)	
모형 이름 (Model Name)			M	M(=)	
개정 (Revision)			M	M(=)	
추상구문 목록 (List Of Abstract Syntaxes)			C	C(=)	
결과(-)			S	S(=)	
오류 유형(Error Type)			M	M(=)	

(1) 인 수

식별 서비스 요구에 대한 서비스 특정 매개변수들은 없다.

(2) 결 과(+)

결과(+) 매개변수는 식별 서비스 요구가 성공했음을 나타낸다. 성공되었음이 지시되면, 서비스 특정 매개변수들이 반송된다.

▶ **공급자 이름 (Vendor Name)**

문자열 형의 이 매개변수는 가상생산 장치 객체의 공급자 이름 속성의 값을 전달한다.

▶ **모형 이름 (Model Name)**

문자열 형의 이 매개변수는 가상생산 장치 객체의 모델 이름 속성의 값을 전달한다.

▶ **개 정 (Revision)**

문자열 형의 이 매개변수는 가상생산 장치 객체의 개정 속성의 값을 전달한다.

▶ **추상 구문 목록 (List Of Abstract Syntaxes)**

이 매개변수가 포함되어 있을 때, 객체 식별자 형의 이 매개변수는 가상생산 장치 객체의 추상구문 목록 지원 속성의 값을 전달한다. 만약 이 목록이 추상구문 이름을 포함하고 있지 않을 때는 이 매개변수는 포함되지 말아야 한다.

(3) 결 과(-)

이 매개변수는 이 서비스 요구가 실패했음을 나타낸다. 오류형의 매개변수는 실패의 이유를 제공한다.

2) 서비스 절차

결과(+) 매개변수를 가진 응답 서비스 프리미티프가 지정된 정보를 제공하기 위해 발신된다.

5.2.5 가용목록얻기(GetCapabilityList) 서비스

가용목록얻기 서비스는 응답 MMS 사용자가 가상생산 장치에서 정의된 능력의 목록 전체나 일부를 반송하도록 요구하기 위해 MMS 사용자에 의해 사용된다.

1) 구 조

서비스 프리미티프의 구조는 【표 2.5.5】와 같다.

【표 2.5.5】 가용목록얻기 서비스

매개변수 이름	요구	표시	응답	확인	적합성 형성블록
인수	M	M(=)			
이후 계속 (Continue After)	U	U(=)			
결과(+)			S	S(=)	
능력들 목록 (List Of Capabilities)			M	M(=)	
더 따라옴 (More Follows)			M	M(=)	
결과(-)			S	S(=)	
오류 유형(Error Type)			M	M(=)	

(1) 인 수

인수 매개변수는 가용목록얻기 서비스 요구의 매개변수들을 전달한다.

▶ 이후 계속 (Continue After)

문자열 형의 이 매개변수는 MMS 사용자가 응답 MMS 사용자에 의해 목록 내에서 첫번째 능력이 아닌 다른 능력으로 시작하는 능력의 목록을 반송받고자 할 때 존재한다. 이 매개변수가 가상생산 장치에 존재하는 능력과 일치하지 않으면, 시작된 능력의 다음 것을 결정하기위해 ISO 646의 국제 참조판(International Reference Version)의 대조 순서가 응답 MMS 사용자에 의해 사용된다.

(2) 결 과(+)

결과(+) 매개변수는 서비스 요구가 성공했음을 나타낸다. 이 서비스가 성공되었음이 지시되면, 서비스 특정 매개변수들이 반송된다.

▶ 능력 목록 (List Of Capabilities)

문자열 형의 이 매개변수는 가상생산 장치 객체의 능력 목록 속성의 값을 전달한다. 반송되는 목록은 없거나 하나 이상의 엔트리를 가지고 있고 ISO 646의 국제 참조판의 대조 순서에 따라 정렬된다.

▶ 더 따라옴 (More Follows)

부울 형의 이 매개변수는 요구된 모든 정보를 알아내기 위해 추가적인 가용목록 얻기 요구가 필요한지를 나타낸다. 이 값이 참이면, 더 이상의 요구가 필요하고 (만약 요구 MMS 사용자가 더 많은 데이터를 알아내기를 원한다면) 만약 거짓이면 능력 목록이 마지막 능력을 포함하고 있거나 능력 목록에 아무 것도 없음을 나타낸다. 더 따라옴 매개변수는 능력 목록이 아무 이름도 포함하고 있지 않을 때 거짓이어야 한다.

(3) 결 과(-)

이 매개변수는 서비스 요구가 실패했음을 나타낸다. 오류형의 매개변수는 실패의 이유를 제공한다.

2) 서비스 절차

응답 MMS 사용자는 가상생산 장치의 능력 목록 속성을 되돌려준다. 만약 지시 서비스 프리미티프에 이후 계속 매개변수가 존재하지 않으면 능력 목록 매개변수는 ISO 646의 국제 참조판의 대조 순서에 의해 결정되는 것처럼 응답 MMS사용자의 가상생산 장치 능력 목록 속성 내에서 첫번째 능력으로 시작하게 된다. 그렇지 않으면 능력 목록 매개변수가 위에서 언급한 순서를 사용하여 이후 계속 매개변수에 지정된 능력 다음의 첫번째 능력으로 시작하게 된다. 더 따라옴 매개변수는 위에서 기술된 대로 결정된 값이 반송된다.

5.3 가상생산 장치 관련 서비스의 사용

5.3.1 원격장치의 확인(Identifying a Remote Device)

특정한 connection_id가 지시하는 원격 장치에 대한 정보를 얻기 위해서는 mm_identify() 함수를 사용한다. 이 함수의 입출력 자료제어블록은 다음과 같은 필드들을 포함하고 있다.

- 공급자 이름
- 모델 이름
- 개정 번호

이 필드들은 NULL 문자로 끝나는 문자열(데이터 유형은 Visible_string)이다.

5.3.2 원격객체 이름의 사정 (Assessing Remote Object Names)

원격 가상생산 장치에서 정의된 MMS 객체(이름있는 변수, 영역 등)의 이름들을 받을 때는 mm_gnlist()를 사용한다. 이 목록으로 사용자는 국부 응용과 원격 가상생산 장치가 공통의 모델을 공유하는지 확인해 볼 수 있다. 서버 쪽에서는 이 요구에 대해 mm_nlresponse() 함수로 응답한다.

한번의 전달에 가능한 최대 한도가 정해져 있기 때문에, 모든 MMS 객체를 얻기 위해서는 mm_gnlist()를 여러 번 호출해야 한다.(이때, 부분의 크기는 접속이 된 시간에 따라 적절히 조절된다) 매 호출 때마다 입력 자료제어블록에 지정된 어떤 객체 등급의 이름 목록을 보내준다. 그 객체 등급은 다음과 같다.

```
Mm_OC_Named_variable          Mm_OC_Scattered_access
Mm_OC_Named_variable_list     Mm_OC_Named_type
Mm_OC_Semaphore               Mm_OC_Event_condition
```

```
Mm_OC_Event_action              Mm_OC_Event_enrollment
Mm_OC_Journal                   Mm_OC_Domain
Mm_OC_Program_invocation        Mm_OC_Operator_station
```

mm_gnlist의 입출력 자료제어블록은 요구된 등급의 객체 이름의 목록을 포함한다.

5.3.3 원격능력의 사정 (Assessing Remote Capabilities)

실제 장치는 가상생산 장치로 표현된다. 실제 장치는 실제 환경에서 유용한 작업을 수행할 때 사용할 실제 능력들을 많이 가지고 있다. 그러므로 가상생산 장치의 정의에는 가상생산 장치 능력의 목록이 포함되어 있다. 이 능력의 목록은 추상적 가상생산 장치가 잠재적인 물리적 장치의 성질과 통신하는 하나의 메커니즘이다.

1) 능력이란 무엇인가?

MMS에서 능력이란, 문자열로 확인되는 자원 또는 자원의 집합을 의미한다. 정확히 어떤 문자열이 사용되고 그것들이 무엇을 의미하는지는 전적으로 그 장치와 MMS의 구현에 따라 좌우된다. MMS 사양 문서에 따르면 판매자는 적절한 능력을 자유롭게 정의할 수 있다.

능력은 여러 클라이언트가 공유할 수도 있고 공유하지 못할 수도 없다. 또한 어떠한 능력은 다른 능력들을 포함할 수 있다. 원격장치를 가진 가상생산 장치의 능력이나 이 능력의 정의에 대한 사항은 문서 자료를 참고한다. 클라이언트와 서버가 한 장치에서 능력을 사용하려면 각 능력의 의미에 대해 미리 동의해야 한다.

2) mm_gclist()함수

이 함수는 원격 서버에게 능력의 목록(list of capability)을 제공할 것을 요구한다. 이 목록은 0이나 NULL 문자로 끝나는 문자열(Visual_string type)을 포함하고 있다. 각 문자열은 가상생산 장치의 능력을 나타낸다. 서버는 mm_gcresponse()를 통해 이 요구를 받는다.

5.3.4 원격가상생산 장치 상태의 사정 (Assessing Remote VMD Status)

가상생산 장치를 지원하는 물리적 장치의 상태는 가상생산 장치의 조작적 특성에 영향을 미친다. 예를 들어 부서진 장치는 그것의 임무를 수행 할 수 없다. 따라서 원격 장치들의 현재 상태를 결정하는 것은 중요하다.

mm_status() 함수를 사용하면 원격 가상생산 장치에 그것의 일반적 상태에 대해 물어볼 수 있다.

1) 상태의 형태

가상생산 장치의 상태 정보는 다음의 두 가지가 있다.

- 논리적 상태
- 물리적 상태

mm_status() 함수는 이 두 가지 정보를 모두 받는다.

(1) 논리적 상태

가상생산 장치가 유지할 수 있는 논리적 상태는 네 가지이다. 각 상태는 다음 표에 있는 상수로 정의된다.

【표 2.5.6】 VMD의 논리적 상태

Logical Status	설 명
Mm_LS_State_ changes_allowed	VMD는 완전히 수행가능하다 : VMD로부터 지원받는 모든 MMS 서비스들을 사용할 수 있다.
Mm_LS_No_State _changes_allowed	VMD는 부분적으로 수행 가능하다 : 다음의 SNU/OSI MMS 요구에만 응답한다는 뜻이 내포됨 mm_abort() mm_cnclude() mm_cancel() mm_status() mm_gnlist() mm_gpinvocation() mm_gclist() mm_gdattribute() mm_identify() mm_gaattribute() mm_read()
Mm_LS_Limited_ services_permitted	VMD는 최소한으로 수행 가능하다 : 다음의 SNU/OSI MMS 요구에만 응답한다. mm_abort() mm_cnclude() mm_status() mm_identify()
Mm_LS_Support_ services_permitted	이 값은 IS 접속에서만 사용된다. 이 상태에서는 다음 서비스만 허용된다. mm_strt() mm_stop() mm_rst() mm_resume() mm_kill()

(2) 물리적 상태

가상생산 장치가 유지할 수 있는 물리적 상태는 네 가지이다. 각 상태는 다음 표에 상수로 정의되어 있다.

【표 2.5.7】 VMD의 물리적 상태

Physical Status	설 명
Mm_PS_Operational	실제 장치는 VMD와 완전하게 작동되도록 연결되어 있다. 사용에 특별한 문제는 없다.
Mm_PS_Patially_operational	실제 장치에서 한개 이상의 기능이 고장이나 자재 부족으로 사용 불능이다.
Mm_PS_Inoperable	실제 장치는 어떠한 일도 수행할 수 없다.
Mm_PS_Needs_ commissioning	장치는 아마도 사용가능하지만 일을 시작하기 전에 사용자의 조작이 필요하다. 이 장치에 일을 부가할 때에는 안전 문제 등을 고려해야 한다.

2) mm_status() 함수

mm_status()함수의 입력 자료제어블록에는 extended_derivation이라는 부울 플래그가 포함되어 있다. 만일 서버가 자신의 상태를 결정하는데 단 한가지 방법만 사용한다면 이 필드는 무시된다. 그러나 만일 서버가 상태를 결정하는데 두 가지 방법을 사용한다면 확장 유도(extensive derivation)들을 얻기 위하여 extended_derivation을 TRUE로 설정한다. 예컨대, 한 확장 유도는 어떤 장치에 자기 진단을 수행시킬 수 있다. 서버는 mm_sresponse()를 통해 이 요구를 받는다.

mm_status()함수의 입출력 자료제어블록은 다음의 두 가지 중요한 필드를 포함하고 있다.

- vmd_logical_status
- vmd_physical_status

이 두 필드는 앞 1)의 표에 제시된 값들 중 하나를 가질 수 있다.

3) Unsolicited Status

서버는 자발적 상태 정보를 클라이언트에 보내기 위해 mm_ustatus()함수를 사용한다. 예를 들어 가상생산 장치의 물리적 상태가 Mm_PS_Operational 에서 Mm_PS_Inoperable로 바뀌었을 때 서버는 이 변화를 스스로 알린다.

클라이언트는 mm_ireceive()의 결과가 MM_USTATUS_IND일 때 자발적 상태 정보를 발견한다.

지시 한정 정보 구조(indication specific information structure)는 mm_status함수의 입출력 자료제어블록과 동일하다. 자세한 사항은 위의 mm_status를 참조한다.

4) 예제 프로그램

예제프로그램은 VMD.C와 S_VMD.C 두 개의 프로그램으로 구성되어 있다. VMD.C는 클라이언트에서 수행되는 프로그램이고 S_VMD.C는 서버에서 수행되는 프로그램이다.

우선 VMD.C의 내용을 알아보면, 가상생산 장치관리 서비스 함수로 구성되며 식별서비스, 상태서비스, 가용목록얻기서비스 등이 있다.

식별서비스는 identify_()함수를 호출함으로써 수행된다. identify_()함수는 사용자 응용함수이고 실제 MMS API함수는 이 함수 내부에서 사용되는데 바로 mm_identify()함수이다. 이 함수를 호출하기 전에 mm_didcb()를 이용하여 입력과 출력 자료제어블록 변수를 생성한다. 이 변수의 생성은 mm_identify()함수의 매개변수로 사용하기 위해서이다. mm_identify()함수가 호출되면 서버로 식별서비스 요구가 전송된다. 그 후에 서버로부터 식별서비스 응답이 클라이언트로 수신되며, 서버에서 보내진 식별서비스 내용은 출력 자료제어블록 변수인 identify_inout_dcb 변수에 저장되어 진다. 이 변수는 구조체로 되어 있으며 다음과 같다.

```
typedef struct Mm_Identify_out_dcb
```

```
{
    Uint32                      size;
    Mm_Error_type               error_block;
    Mask                    mask;
    #define MM_IDENT_OUT_LIST_OF_SYNTAXES BIT(0)
    Visible_string              vendor_name;
    Visible_string              model_name;
    Visible_string              revision;
    MMS_list                    list_of_syntaxes; /* IS only */
} Mm_Identify_out_dcb;
```

구조체 내에 선언된 변수들을 보면 알 수 있듯이 vendor_name, model_name, revision 등이 있다. 따라서, 클라이언트에서는 이 변수의 내용을 살펴봄으로써 서버에서 전송된 식별내용을 알게 된다.

상태서비스는 status_()함수를 호출함으로써 수행된다. status_()함수는 사용자 응용 함수이고 실제 MMS API함수는 이 함수 내부에서 사용되는 mm_status()함수이다. 이 함수를 호출하기 전에 mm_didcb()를 이용하여 입력과 출력 자료제어블록 변수를 생성한다. 입출력 자료제어블록 변수를 사용하여 mm_status()함수를 호출하면 서버로 서비스 요구가 전송되며 서버로부터 상태서비스 응답이 수신된다. 수신된 정보는 status_inout_dcb변수에 저장되어 진다. 사용자는 이 변수의 내용을 이용하면 된다. 다음에 status_inout_dcb 구조체를 나타내었다.

```
typedef struct Mm_Status_out_dcb
{
    Uint32              size;
    Mm_Error_type       error_block;
    Mm_Status_block     status_info;
} Mm_Status_out_dcb;
```

위의 구조체에서 status_info에 서버로부터 수신된 정보가 저장되어지며 이 status_info는 다시 다음과 같은 구조체로 구성되어진다.

```
typedef struct Mm_Status_block
```

```
{
    Mask                     mask;
    #define MM_SB_LOCAL_DETAIL BIT(0)
    #define MM_SB_COMPANION_STANDARD_DETAIL BIT(1)
    Mm_Logical_status        vmd_logical_status;
    Mm_Physical_status       vmd_physical_status;
    Bit_string               local_detail;
    Mm_Comp_std_info    companion_standard_detail;
} Mm_Status_block;
```

위 구조체에서 vmd_logical_status와 vmd_physical_status에 서버로부터 전송된 상태에 관한 정보가 저장된다.

가용목록얻기서비스는 gcplist_()함수를 호출함으로써 수행되며 이 함수 내부에서 mm_gclist()함수가 호출된다. 이 함수호출 전에 입출력 자료제어블록 변수를 만들어야 한다. mm_gclist()함수가 수행된 후 서버로부터 gcp_list_out변수에 서비스내용이 저장된다. 이 변수는 다음과 같이 정의되어 있다.

```
typedef struct Mm_GCList_out_dcb
{
    Uint32              size;
    Mm_Error_type       error_block;
    MMS_list           list_of_capabilities;
    Bool               more_follows;
} Mm_GCList_out_dcb;
```

위의 구조체에서 list_of_capabilities변수에 가용목록이 저장되어 있다. 이 변수는 MMS_list로 정의되어 있는데 이것은 변수의 형태가 목록으로 구성되어 있다는 것이다. 따라서, 이 변수의 내용을 알기 위해서는 목록을 추출하여야만 한다. 그래서 사용된 함수가 mm_leextract()이다. 이 함수를 호출한 후에야 서버로부터 전송된 element(capability)와 element_type변수를 알 수 있으며 가용목록의 내용이 얻어진다.

다음으로 S_VMD.C의 내용을 알아보자. S_VMD.C에는 VMD.C와 상호대응함수로 구성된다. 즉, 식별서비스 응답함수, 상태서비스 응답함수, 가용목록얻기서비스 응답함수로 구성된다.

클라이언트로부터 수신된 식별서비스 요청에 대한 응답을 위해 iresponse_()함수가 사용되었다. 이 함수내에서도 역시 입출력 자료제어블록 변수를 먼저 생성하여야 한다. 변수생성은 mm_didcb()함수를 호출함으로써 가능하다. 자료제어블록 변수가 생성된 후 mm_viresponse()함수가 호출되는데 이 함수를 통해 클라이언트로 서버의 식별정보가 전송된다.

mm_viresponse()함수의 매개변수로 input_dcb변수를 사용하는데 이 변수에 서버의 식별정보를 넣게 된다. 이 변수는 다음과 같은 구조체 형태로 되어있다.

```
typedef struct Mm_VIResponse_in_dcb
{
    Mask                    mask;
    #define MM_VIRESP_IN_LIST_OF_SYNTAXES BIT(0)
    Mm_uint32               invoke_id;
    Bool                    positive_response;
    Mm_Response_error       error_response;
    Visible_string          vendor_name;
    Visible_string          model_name;
    Visible_string          revision;
    MMS_list                list_of_syntaxes; /* IS only */
} Mm_VIResponse_in_dcb;
```

위의 구조체에서 사용되는 vendor_name, model_name, revision변수에 서버의 정보를 저장한 후 mm_viresponse()함수를 호출해야 한다.

상태서비스에 대한 요구를 서버가 인지하면 sresponse_()함수를 호출하게 된다. 이 함수에서도 입출력 자료제어블록변수를 먼저 생성한 후 sresp_input_dcb에 서버의 상태정보를 저장하게 된다. 이 변수의 구조체 형태는 다음과 같다.

```
typedef struct Mm_SResponse_in_dcb
{
    Mm_uint32               invoke_id;
    Bool                    positive_response;
```

```
    Mm_Response_error    error_response;
    Mm_Status_block           status_info;
} Mm_SResponse_in_dcb;
```

위의 구조체에서 status_info변수에 서버의 상태정보를 저장하여야 하며 이 변수는 VMD.C의 상태서비스에서 사용한 Mm_Status_block과 같은 형식으로 정의되어 있다. 따라서, vmd_logical_status와 vmd_physical_status 변수에 서버의 상태정보를 저장하면 된다. status_info변수 정의를 한 후 mm_sresponse()함수를 호출하여 클라이언트로 상태서비스 응답을 하게 된다.

가용목록얻기서비스의 응답은 gcpresponse_()함수를 호출하여 수행된다. 가용목록얻기정보를 서버가 전송하기 위해 먼저 입출력 자료제어블록변수를 생성한다. 가용목록정보는 목록 형태로 전송되기 때문에 프로그램을 보면 알 수 있듯이 element(capability), element_type변수에 각각 그 내용을 저장하고 이들 변수를 하나의 목록으로 묶어주는 mm_mlist()함수를 호출하게 된다. mm_mlist()함수를 호출하여 gcp_resp변수를 얻게 되며 이 변수를 이용하여 mm_gcresponse()함수를 호출하게 된다.

위에서 설명된 내용에서 입출력 자료제어블록변수를 생성하는 부분을 나타내었는데 이 변수는 각 서비스가 완료된 후 mm_dfdcb()함수를 이용하여 반드시 소멸시켜 주어야만 한다. 그렇지 않으면 시스템 메모리에 계속 변수가 저장되어 범람(overflow)이 발생할 수 있다.

제 6 장

영역관리

6.1 개 요

5장에 제시된 가상생산 장치(VMD : Virtual Manufacturing Device)의 MMS 모델은 4개의 추상 요소 즉, 수행 함수(Executive Function), 능력(Capability), 프로그램 기동(Program Invocation), 영역(Domain) 등으로 구성되어 있다. 이 장에서는 영역을 관리하는 서비스들에 대해 알아보도록 하자. 영역은 MMS 서비스 혹은 국부적인 동작에 의해 만들어져 존재하기도 하고, 시스템으로부터 제거되기도 하는 동적 특성을 가진다. MMS 클라이언트가 MMS 서버에 정의된 영역을 다룰 수 있도록 하기 위해 이러한 영역 서비스들이 제공된다.

6.1.1 MMS 영역

영역은 가상생산 장치 능력 중에서 특별한 목적을 위해 사용되는 어떤 능력의 부분집합을 나타낸다. 이는 정적(가상생산 장치 고유)일 수도 있고 동적(실행중인 작업의 결과)일 수도 있다. 영역은 데이터나 실행 파일, 또는 그 둘 모두의 정보를 갖는다. 영역이 비어있는 영역도 있을 수 있으나 이는 거의 쓸모가 없다. 이 정보는 장기간의 저장을 위해 서버에서 클라이언트로 올려주기(upload)를 할 수도 있다. 후에 그 정보는 그 영역을 복구하기 위해 다시 내려받기(download)를 할 수 있다.

하나 이상의 영역은 조직화되어 프로그램 기동이라는 실행 가능한 단위가 될 수 있다. 주의깊게 설계되어진 영역의 집합은 서로 다른 목적을 수행하기 위해 서로 다른 방법으로 여러 프로그램 기동에 묶여진다. 여기서 주의깊은 설계란, 각 영역이 잘 알려지고 잘 정의된 인터페이스를 가지고 유용한 동작 단위를 구현하는 독립적인 모듈이라는 의미이다.

자동체 바디 조립 공정에서의 영역 예제는 다음과 같다.

- 로봇 팔을 표준 픽업 택시의 지붕을 용접하도록 하는 명령과 데이터
- 같은 로봇의 팔을 확장 픽업 택시의 지붕을 용접하도록 이동시키는 명령과

데이터
- 로봇의 팔을 안전한 위치로 이동시키는 명령과 데이터
- 로봇 팔의 용접 끝을 교체하는 명령과 데이터

자동차 도장 작업에서의 영역 예제는 다음과 같다.

- 로봇 팔이 스테이션왜건 몸체를 칠하도록 하는 경로 데이터
- 같은 로봇 팔이 세단을 칠하도록 하는 경로 데이터
- 페인트 앞단을 씻고 다른 색을 칠할 준비를 하는 프로시저
- 두가지 톤(tone)의 세단의 윗부분을 칠하도록 하는 경로 데이터
- 두가지 톤의 스테이션왜건의 윗부분을 칠하도록 하는 경로 데이터
- 두가지 톤의 세단의 밑 부분을 칠하도록 하는 경로 데이터
- 두가지 톤의 스테이션왜건의 밑 부분을 칠하도록 하는 경로 데이터

마지막으로, 스프를 만드는 동작의 영역 예제는 다음과 같다.

- 콩 스프의 원료 데이터의 집합
- 미네스트로네 스프의 원료 데이터의 집합
- 조직화된 기계와 센서를 가진 세 개의 서로 동일하며 교환 가능한 자동 스프 요리 장치
- 원료가 섞이고 조리되도록 하는 프로시저의 데이터
- 조리가 끝난 스프를 통조림 작업으로 보내는 프로세스

이러한 영역은 다른 영역들과 다양한 방법으로 연결되어 생산 공정을 수행 하는 완전한 단위를 만든다. 이 연결에는 프로그램 기동 서비스를 사용해야 한다.

이러한 내용을 좀더 쉽게 설명하면, 원격 호스트 컴퓨터에서 작업장의 로봇에게 가공물을 옮기는 작업을 수행하는 것을 예로 들면 우선 가공물을 옮기는 로봇 프로그램이 로봇에 존재하여야 한다. 이 로봇 실행 프로그램을 하나의 영역으로 볼 수 있으며, 이 영역(로봇 실행 프로그램)을 원격의 호스트 컴퓨터에서 작업장의 로봇으로 영역내려받기 서비스를 이용하여 수행가능하다. 즉, 호스트에서 로봇으로 프로그램 내려받기라고 볼 수 있다.

로봇 실행 프로그램의 영역내려받기를 한 후 원격의 호스트 컴퓨터에서 로봇으로 프로그램 기동 서비스를 이용하여 로봇동작을 수행할 수 있게 된다.

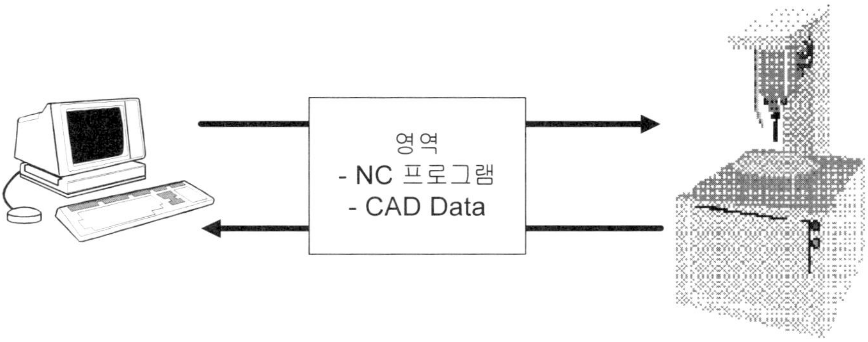

【그림 2.6.1】 영역 내려받기 서비스의 예

영역의 내용은 보통 클라이언트에 파일로 포함되어 있다. 서버가 이를 어떻게 저장하는지는 클라이언트에게 중요하지 않다. 그러나 일반적으로 영역은 서버에서 디스크 저장 매체에 저장되지 않고 동적 메모리 안에 저장된다. 영역에는 다음과 같은 두 가지 종류가 있다.

- 정적(static) 영역 : 서버에서 미리 정의되고 어떠한 MMS 통신에도 미리 존재한다. 이것은 MMS 서비스에 의해 삭제되지 않는다. 정적 영역은 서버에 대해 고유하며, 서버에서 MMS를 구현할 때 정의된다. 정적 영역의 내용은 고정되어 있다.

- 동적(dynamic) 영역 : 동적 영역은 그 내용을 내려받거나 서버에서 국부적 동작을 하므로써 implicit하게 만들어진다. 동적 영역은 일반적으로 MMS 서비스 사용에 의해 삭제될 수 있다.

영역을 내려받을 때, 한 개 이상의 영역 조각들은 클라이언트에서 서버로 전달된다. 이 때, 보내는 조각의 크기가 작을지라도 큰 영역을 구성할 수 있다. 영역 내려 받기는 국부 메모리로 올려놓기(load)하는 것과 유사하다. 자료는 클라이언트의 장기간 저장장치에서 서버의 동적 메모리로 옮겨진다.

1) 영역 객체 모델

객체 : 영역
  핵심 속성 : 영역 이름
  속성 : 능력 목록
  속성 : 상태 (올리기, 완료, 미완료, 준비, 사용중,
      D1,D2,D3,D4,D5,D6,D7,D8,D9)
  제한 : 상태 = (올리기, 완료, 미완료, D1,D2,D3,D9)
  속성 : 할당된 응용 연계
  속성 : MMS 삭제가능 (참, 거짓)
  속성 : 공유가능 (참, 거짓)
  속성 : 영역 내용
  속성 : 하위객체 목록
  속성 : 프로그램 기동 참조 목록
  제한 : 상태 = (사용중, 준비, D4,D5,D6,D7,D8)
  속성 : 진행중인 올려주기
  속성 : 추가적인 세부사항

(1) 영역 이름

영역 이름 속성은 서버 가상생산 장치 안에서 그 영역을 유일하게 지정한다. 영역 이름은 MMS 객체이름에 대한 규칙에 따라 형성된 가상생산 장치에 한정된(VMD-specific) 객체 이름이다.

(2) 능력 목록

능력 목록 속성은 영역을 위한 가상생산 장치의 전체 자원을 분할하는 데 필요한 구현 한정 매개변수의 목록이다. 이것은 가상생산 장치 능력들의 부분이나 전체를 포함할 수 있다.

주) 능력의 목적은 기억장소 할당, 프로세서 할당, 입력 출력 묶음과 같은 매개변수를 전달하는 것이다.

(3) 상 태

영역은 다섯 개의 주 상태, 또는 아홉 개의 중간 상태 중 하나에 있다. 상태 이름은 C언어에서 상수로 정의되고, 이는 영역 서비스에서 어떤 열거 타입(enumerated- type)의 변수값으로 나타난다. 상태 속성의 가능한 값은 영역을 생성하는 방법에 따라 다르다.

▶ 주 상태

Mm_ST_non_existent(미존재)
Mm_ST_loading(올리기)
Mm_ST_ready(준비)
Mm_ST_complete(완료)
Mm_ST_incomplete(미완료)
Mm_ST_in_use(사용중)

▶ 중간 상태

Mm_ST_d1
Mm_ST_d2
Mm_ST_d3
Mm_ST_d4
Mm_ST_d5
Mm_ST_d6
Mm_ST_d7
Mm_ST_d8
Mm_ST_d9

▶ Mm_ST_non_existent (미존재)

영역을 생성하기 전에 영역은 존재할 수 없다. 상태 표를 완성하기 위해서 존재하지 않은 영역이 미존재 상태에 있다고 설명되어있다.

▶ Mm_ST_loading (올리기)

올리기 상태는 올리기 프로세스 동안 발생되는 중간 상태이다.

▶ Mm_ST_ready (준비)

내려받기 프로세스가 성공적으로 끝났음을 나타내는 상태. 이는 앞서 정의된 영역의 "idle" 상태와 동일하다.

▶ Mm_ST_complete (완료)

완료 상태는 마지막 내려받기 분절을 받은 후에 아직 내려받기 순서가 끝나지 않았을 때 발생되는 중간 상태이다.

▶ Mm_ST_incomplete (미완료)

영역 내려받기가 실패한 상태. 이때, 영역은 다시 구제될 수 없다. 올리기 프로세스가 끝나기 전에 내려받기 순서가 끝났을 때 발생되는 중간 상태이다.

▶ Mm_ST_in_use (사용중)

영역이 현재 어떤 프로그램 기동에 속해 있는 상태. 이것은 Mm_ST_ready 상태가 다시 입력될 때까지 지워지지 않는다. 영역을 사용하는 하나 혹은 그 이상의 프로그램 기동이 정의되어 있다는 점에서 준비 상태와 다르다.

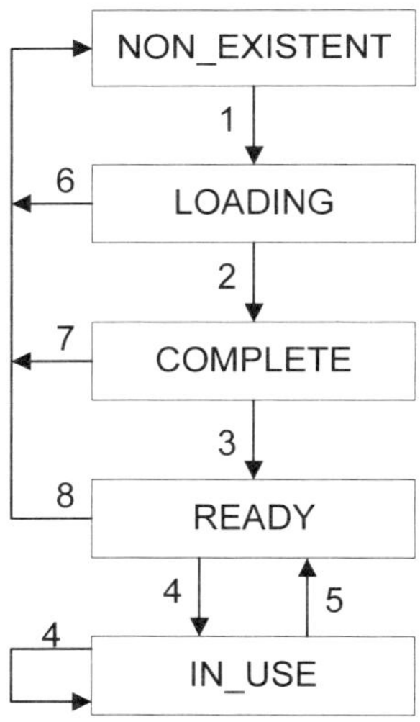

【그림 2.6.2】 영역의 상태도표

▶ d1 - d9 상태

여러가지 지정과 응답 사이, 또는 요구와 확인 사이의 아홉 개의 중간 상태. 이

상태는 일시적인 것이다.

▶ 할당된 응용 연계

영역을 내려받는 프로세스 동안에 영역은 그 영역이 생성된 응용 연계에 종속적이다. 만약 응용 연계가 영역이 준비 상태로 들어가기 전에 유실될 경우 영역은 자동적으로 제거된다. 이 속성의 값을 알려주는 MMS 서비스는 없다.

▶ 영역에서의 작업

영역에서의 작업은 현 상태에 기초하여 이루어진다. 또한 정적 영역은 Mm_DT_ready와 Mm_ST_in_use 두 가지만을 가질 수 있다.

상태는 다음 두 가지 원인에 의해서 변화된다.

① 클라이언트가 영역의 상태를 바꾸라는 요구를 한다. 예를 들어, 클라이언트가 Mm_ST_ready 상태의 영역을 삭제하라고 요구하면 그 영역의 상태는 Mm_ST_non_existent가 된다.
② 서버에서 국부 상황이 일어나면 영역의 상태가 바뀐다. 예를 들어, 영역 내려받기 중 오류가 발생하면 영역의 상태는 Mm_ST_loading에서 Mm_ST_incomplete로 바뀐다.

상태 도표(【그림 2.6.1】)는 Mm_ST_incomplete 상태와 중간 상태 Mm_ST_d1에 Mm_ST_d9까지를 뺀 모델을 대략적으로 나타낸 것이다.

【표 2.6.1】은 각 명시된 이동이 어떻게 일어나는지를 설명한 것이다.

(4) MMS 삭제 가능

클라이언트가 mm_ddelete()함수를 이용하여 원격 가상생산 장치의 영역 객체를 지울 수 있을 때(참) 그 영역을 MMS 삭제 가능이라고 한다. 그렇지 않으면(거짓) MMS 삭제 가능이 아니다.

(5) 공유가능

이 속성은 영역이 동시에 하나 이상의 프로그램 기동에서 사용될 수 있는가를 지정한다. 프로그램 기동에 의해 변형되지 않는 영역은 보통 공유가능이다. 만일 영역이 프로그램 기동의 수행중 변형된다면 보통 공유불능이다. 그러나 공유가능은 반드시 영역이 읽기 전용임을 의미하지는 않는다. 세심한 관리를 통해, 프로세스간 통신의 수단으로 두 개의 프로그램 기동이 공유한 영역에 기록할 수도 있다.

注) 영역은 서로 다른 가상생산 장치에 의해 공유되지는 않는다. 읽기전용 영역, 즉 프로그램 기동으로써 고쳐질 수 없는 영역은 보통 공유 가능하다. 많은 경우, 프로그램 기동의 수행으로써 변경 가능한 영역은 공유가 가능하지 않다. 그러나 영역을 주의깊게 짜맞춤으로써 영역은 동시에 두 개의 프로그램 기동으로부터 변경 가능하다. 그럼으로써 프로세스 간 통신의 수단을 제공한다. 공유 가능하다는 것은 꼭 읽기 전용을 의미하는 것은 아니다.

【표 2.6.1】 상태도표에서의 각 상태 천이

번호	설 명
1	클라이언트가 mm_idsequence()를 호출하면 domain은 Mm_ST_loading 상태가 된다.
2	이 이동은 domain의 마지막 조각을 내려받기 했을 때 발생한다.
3	이 전환은 서버가 mm_tdsequence()를 호출하여 내려받기 순서를 마쳤을 때 발생한다.
4	클라이언트가 mm_cpinvocation()을 사용하여 영역을 프로그램 기동에 연결시킬 때 그 영역은 Mm_ST_in_use 상태가 된다. 만일 이것이 다중 프로그램 기동의 부분이라면 Mm_ST_in_use 상태로 남는다.
5	만일 영역이 단일 프로그램 기동의 부분이었을 경우, 클라이언트가 mm_pidelete()를 사용하면 영역은 Mm_ST_in_use상태에서 Mm_ST_ready상태가 된다.
6	내려받기가 실패했을 경우 영역은 Mm_ST_non_existent 상태가 된다. 서버가 내려받기가 끝나기 전에 내려받기 순서를 종료시킬 경우에, 영역은 Mm_ST_incomplete 상태를 Mm_ST_non_existent 상태 전에 거친다.
7	클라이언트 어플리케이션이 서버의 내려받기 순서 마침 요구에 부정의 응답을 하면 관련된 영역은 자동적으로 지워진다. 서버는 또한 그 영역이 Mm_ST_ready 상태가 되기 전에 Mm_ST_complete 상태의 영역을 폐기 할 수 있다.
8	mm_ddelete()로 영역을 지우면 영역의 상태는 Mm_ST_ready에서 Mm_ST_existent로 바뀐다.

(6) 영역 내용

영역 내용 속성은 내려받기분절 서비스와 영역내용올리기 서비스에서 주가 되는, 올려지는 데이터에 포함되는 정보이다. 이는 보통 장치 특유의 실행 코드, 또는 자료, 또는 두 가지 모두로 이루어져 있다. 영역내용은 아래에 기술되는 하위 객체 목록을 포함한다. 영역 내용 내의 정보의 특성은 국부적인 문제이다.

▶ 하위 객체 목록

하위 객체 목록 속성은 영역내용의 일부분인 이름있는 MMS 객체들에 대한 참조의 목록이다. 그들은 영역의 생성, 제거와 동시에 생성되고 지워진다. 이 목록은 이 영역으로 범위가 한정토록 현재 정의된 영역한정 범위의 모든 MMS 객체들을 포함한다.

(7) 프로그램 기동 참조 목록

이 속성은 현재 이 영역을 사용하는 프로그램 기동을 참조하는 목록이다. 만약 영역이 공유가능하지 않을 경우에는 이 목록은 많아야 하나의 프로그램 기동을 가진다. 만약 영역이 사용중 상태이면, 이 목록이 비어있어서는 안된다.

(8) 진행중인 올려주기

진행중인 올려주기 속성은 이 영역에 대해 현재 활성화된 올려주기 순서들의 개수를 지정한다. 이 속성은 이 영역을 위해 존재하는 올려주기 상태 머신의 개수이다. 이 값이 0이면 이 영역에 대해 현재 진행중인 올려주기가 없음을 가리킨다.

(9) 추가적인 세부사항

이 속성은 적당한 부가표준안에 정의된 의미와 형을 가지는 속성들을 하나이상 포함하거나 필요없는 경우에는 비어있다.

2) 영역 상태도

【그림 2.6.3】에서, 중간 상태(단지 지시 프리미티프와 응답 프리미티프 사이에, 혹은 요구 프리미티프와 확인 프리미티프 사이에만 존재하는 상태)들은 Dn으로

지시된 상자들로 표시된다. 이 상태들은 과도적인 반면, 영역은 이러한 상태에 일정동안 있게 되고 주요 상태에서와 같은 방식으로 보고된다. 미리 정의되거나 국부적인 방법에 의해 존재하게 된 영역들은 이 상태도에서 준비와 사용중 상태로 제한된다. 프로그램 기동 개수라는 용어는 현재 이 영역에 묶여있는 프로그램 기동들의 숫자에 대한 언급이다.

상태도의 천이는 【그림 2.6.3】 과 같다.

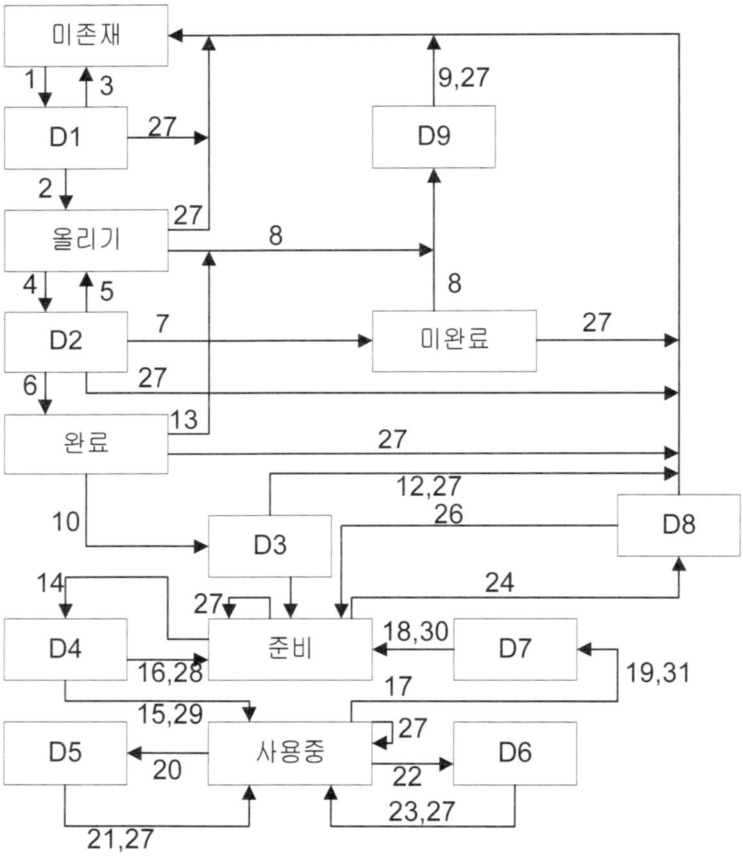

【그림 2.6.3】 영역 상태도

1 – 내려받기순서초기화.지시
2 – 내려받기순서초기화.응답(+)
3 – 내려받기순서초기화.응답(−)

4 – 분절내려받기.요구

5 – 분절내려받기.확인(+) 더따라옴=참

6 – 분절내려받기.확인(+) 더따라옴=거짓

7 – 분절내려받기.확인(–)

8 – 내려받기순서끝내기.요구 폐기 존재

9 – 내려받기순서끝내기.확인(+) 또는 (–)

10 – 내려받기순서끝내기.요구 폐기 비존재

11 – 내려받기순서끝내기.확인(+)

12 – 내려받기순서끝내기.확인(–)

13 – 내려받기순서끝내기.요구 폐기 존재

14 – 프로그램기동생성.지시

프로그램 기동 개수 = 0

15 – 프로그램기동생성.응답(+)

16 – 프로그램기동생성.응답(–)

17 – 프로그램기동삭제.지시

18 – 프로그램기동삭제.응답(+)

프로그램 기동 개수 = 1

19 – 프로그램기동삭제.응답(–)

20 – 프로그램기동생성.지시

프로그램 기동 개수 > 0

21 – 프로그램기동생성.응답(+) 또는 (–)

22 – 프로그램기동삭제.지시

프로그램 기동 개수 > 1

23 – 프로그램기동삭제.응답(+) 또는 (–)

24 – 영역삭제.지시

25 – 영역삭제.응답(+)

26 – 영역삭제.응답(–)

27 – 강제종료.지시

28 – 강제종료.지시 프로그램기동생성 실패

29 – 강제종료.지시 프로그램기동생성 성공

30 – 강제종료.지시 프로그램기동삭제 성공

31 – 강제종료.지시 프로그램기동삭제 실패

3) 영역 전송 제어

MMS에서 주의해야 할 영역 관리의 법칙은 다음과 같다.

영역자료를 받는 쪽이 자료 전달을 제어한다

이 법칙은 영역 자료 올리기나 내려받기를 할 때, 두개의 MMS 응용 프로세스 사이의 상호작용을 정의한다.

이에 따른 두 개의 법칙이 있다.

- 영역의 자료를 받기위해, 응용 프로세스는 그것을 반드시 요구해야 한다.
- 응용 프로세스는 영역의 요구에 대한 응답으로만 영역의 자료를 보낼 수 있다.

결과적으로 클라이언트 응용 프로세스와 서버 응용 프로세스 사이의 상호 작용은 다소 복잡할 수 있다. 이 장의 뒷부분에 나오는 도표를 보면 이 상호 작용을 보다 명확히 이해 할 수 있을 것이다. 영역 서비스에는 다음 세 가지 범주가 있다. 이 함수들은 다음 내용을 담고 있다.

- 내려받기 관련 함수
- 올려주기 관련 함수
- 일반 함수

4) 영역 관리

여기서는 다음 네 개의 영역 함수에 대해 설명한다.

- mm_gdattribute() (Get Domain Attribute)
- mm_daresponse() (Domain Attribute Response)
- mm_ddelete() (Delete Domain)
- mm_ddtresponse() (Delete Domain Response)

【표 2.6.2】 영역 관련 함수 (내려받기 관련 함수)

내려받기 함수	설　　명
mm_idsequence()	Initiate Download Sequence : 서버에게 영역 내려받기 순서를 시작하도록 요구한다. 순서가 끝날 때까지 한 개 이상의 조각을 내려 받을 수 있다.
mm_idlresponse()	Initiate Download Response : 클라이언트의 영역 내려받기 순서를 시작하도록 하는 요구에 대해 응답한다. 서버는 영역이 이미 존재하지 않는지, 특정 영역의 능력이 유효한지를 확인한 후 mm_idlresponse()를 호출한다.
mm_dsegment()	Download Segment : 클라이언트에 영역 조각을 보내라고 요구한다. 조각은 전체 영역일 수도 있고 아닐 수도 있다. 서버는 mm_dsegment()의 inout DCB로부터 조각을 얻는다. 새로 오는 조각은 보통 전 조각의 파일에 덧붙여진다.
mm_dsresponse()	Download Segment Response : 영역 조각을 보내라는 서버의 요청에 응답한다. 조각은 버퍼에 저장되었다가 mm_dsresponse()에 의해 서버로 전달된다.
mm_tdsequence()	Terminate Download Sequence : 클라이언트에게 내려받기 순서를 끝내라고 요구한다. 서버는 클라이언트로부터 마지막 조각을 보냈음을 지정한 mm_dsresponse()를 받은 후에 mm_tdsequence()를 호출한다.
mm_tdresponse()	Terminate Download Response : 내려받기 순서를 끝내라는 서버의 요구에 대해 응답한다.
mm_rddownload()	Request Domain Download : 클라이언트에 영역 내려받기 순서를 시작하라고 요구한다. 이 함수는 서버가 내려받기 순서를 초기화 하도록 허락한다.
mm_ddresponse()	Domain Download Response : 서버의 영역 내려받기 순서 시작 요구에 응답한다. 내려받기 순서가 끝난 후, 클라이언트는 mm_ddresponse()를 호출하여 내려받기 순서 요구에 대해 확인한다.

【표 2.6.3】 영역 관련 함수(올려주기 관련 함수)

올려주기 함수	설 명
mm_iusequence()	Initiate Upload Sequence : 서버에게 영역 올려주기 순서를 시작하라고 요구한다. 순서가 끝날 때까지 한 개 이상의 조각이 올려 진다.
mm_iulresponse()	Initiate Upload Response : 클라이언트의 영역 올려주기 순서를 시작하라는 요구에 대해 응답한다. 서버가 긍정적으로 응답을 하면 클라이언트는 mm_usegment() 함수로 실제로 올려주기 작업을 시작한다.
mm_usegment()	Upload Segment : 서버에 영역 조각을 보내라고 요구한다. 조각은 전체 영역일 수도 있고 아닐 수도 있다. 클라이언트는 mm_usegment()의 inoutDCB에서 조각을 얻는다. 새로 오는 조각은 보통 전 조각의 파일에 덧붙여진다.
mm_usresponse()	Upload Segment Response : 영역 조각을 보내라는 클라이언트의 요구에 응답한다. 조각은 버퍼에 저장되었다가 mm_usresponse()에 의해 클라이언트로 전달된다.
mm_tusequence()	Terminate Upload Sequence : 서버에게 내려받기 순서를 끝내라고 요구한다. 클라이언트는 서버로부터 마지막 조각이 보내졌음을 가리키는 mm_usresponse()를 받은 후에 mm_tusequence()를 호출한다.
mm_turesponse()	Terminate Upload Response : 내려받기 순서를 끝내라는 클라이언트의 요구에 대해 응답한다.
mm_rdupload()	Request Domain Upload : 클라이언트에게 영역 올려주기 순서를 시작하라고 요구한다. 이 함수는 서버가 올려주기 순서를 초기화하도록 허락한다.
mm_duresponse()	Domain Upload Response : 서버의 영역 올려주기 순서를 시작하라는 요구에 응답한다. 올려주기 순서가 끝난 후, 클라이언트는 mm_duresponse()를 호출하여 올려주기 순서 요구에 대해 확인한다.

【표 2.6.4】 영역 관련 함수(일반 함수)

일반 함수	설　　명
mm_gdattribute()	Get Domain Atribute : 서버에 특정 영역에 관한 속성 정보를 보내라고 요구한다.
mm_daresponse()	Domain Attribute Response : 특정 영역에 관한 속성 정보를 보내라는 클라이언트의 요구에 응답한다.
mm_ddelete()	Domain Delete : 서버에 특정 영역을 지우라고 요구한다.
mm_tresponse()	Domain Delete Response : 특정 영역을 지우라는 클라이언트의 요구에 응답한다.
mm_ldcontent()	Load Domain Content : 서버에게 파일 저장고나 파일 서버로부터 지정된 영역으로 파일을 적재(load)하라고 요구한다.
mm_ldresponse()	Load Domain Response : 클라이언트의 파일 적재 요구에 응답한다.
mm_sdcontent()	Store Domian Content : 서버에 있는 특정 영역의 내용을 파일이나 파일 저장고에 저장하라고 요구한다.
mm_sdresponse()	Store Domain Response : 클라이언트의 파일 저장 요구에 응답한다.

(1) 영역 정보 얻기

영역은 그 속성으로 표현되기 때문에, 속성의 현재 값을 얻는 것이 바람직하다. 예를 들어, 영역을 제거하기 전에 그 영역이 사용중인지 알아볼 필요가 있다. mm_gdattribute() 함수는 원격 서버의 특정 영역의 속성 값을 받아준다. 서버 쪽에서는 mm_gdattribute() 함수로 이에 응답한다. 서버가 가지고 있는 한 영역의 상태 정보를 얻기 위해서는 mm_gdattribute() 함수의 입력 자료제어블록에 영역 이름을 넣는다. 입출력 자료제어블록은 위에서 설명한 영역 속성에 대한 상태 정보와 속성을 포함하고 있다. 이 함수의 자료 구조와 인자는 SNU MMS 참조 메뉴

얼에 설명되어 있다.

(2) 영역의 제거

어떤 영역이 더 이상 쓸모가 없을 때, 서버의 자원을 자유롭게 하기 위해 이를 지울 필요가 있다. mm_ddelete() 함수는 원격 서버상의 영역을 지워준다. 서버 쪽에서는 mm_ddtresponse()로 이 요구에 응답한다. 영역을 지우려면, 지울 영역의 이름과 함께 mm_ddelete() 함수를 사용해야 한다. 영역이 제거 가능이면 서버의 가상생산 장치로부터 제거되고, 제거 불능이면 함수는 수행에 실패하게 된다.

(3) 영역 객체에 대해 작용되는 서비스

내려받기순서 초기화는 MMS 서버에 영역을 싣기 위해 MMS 클라이언트가 내려받기순서를 시작하는 것을 허용한다. 분절 내려받기는 MMS 서버가 내려받기 정보에 대한 요소들을 얻어내는 것을 허용한다. 내려받기순서 끝내기는 MMS 서버가 내려받기 순서를 끝내는 것을 허용한다. 올려주기순서 초기화는 MMS 클라이언트가 지정된 영역의 내용을 올려보내는 프로세스를 시작하는 것을 허용한다. 분절 올려주기는 MMS 클라이언트가 MMS 서버로부터 올려주는 분절을 얻는 것을 허용한다. 올려주기순서끝내기는 MMS 클라이언트가 올려주기순서를 끝내는 것을 허용한다. 영역내려받기요구는 서버를 위해 MMS 클라이언트가 내려받기순서를 초기화하도록 요구하기 위해 MMS 서버가 사용한다. 영역올려주기 요구는 이름있는 영역의 내용을 지정하여 MMS 서버를 위해 MMS 클라이언트가 올려주기 순서를 초기화하도록 요구하기 위해 MMS 서버에 의해 사용된다. 영역내용 올리기는 MMS 클라이언트에게 MMS 서버가 영역을 올리는 동작을 하도록 요구하는 것을 허용한다. 이 올려진 데이터는 서버 자신의 화일저장영역으로부터 올 수도 있고, 서버가 제3의 화일 서버로부터 올릴 데이터를 얻도록 할 수도 있다.

영역내용저장은 MMS 클라이언트에게 MMS 서버가 영역 내용을 화일저장영역에 보내는 동작을 하도록 요구하는 것을 허용한다(올려주기를 수행한다). 영역삭제는 MMS 서버가 지정된 영역을 지우고 관련된 자원을 해제하도록 요구하는 것을 MMS 클라이언트에게 허용한다. 영역속성얻기는 MMS 서버가 지정된 영역의 속성 목록을 제공하도록 요구하는 것을 MMS 클라이언트에게 허용한다.

6.2 관련 서비스

6.2.1 내려받기순서 개시(InitiateDownloadSequence) 서비스

내려받기순서개시 서비스는 MMS 서버가 이름있는 영역을 생성하고 이의 적재를 시작하도록 MMS 클라이언트가 요구한다.

1) 구 조

구성요소 서비스 프리미티프들의 구조는 【그림 2.6.5】와 같다.

【표 2.6.5】 내려받기순서개시 서비스

파라미터 이름		요구	지시	응답	확인	적합성 형성블록
인수	(COMP)	M	M(=)			
영역 이름		M	M(=)			
능력 목록		M	M(=)			
공유가능		M	M(=)			
결과(+)	(COMP)			S	S(=)	
결과(-)				S	S(=)	
오류 형				M	M(=)	

(1) 인 수

이 파라미터는 내려받기순서개시 서비스 요구의 파라미터들을 전달한다.

▶ 영역 이름

식별자형의 이 파라미터는 내려받기될 영역(MMS 서버에서)의 이름을 지정한다.

▶ **능력 목록**

문자열형의 이 파라미터는 이 영역의 일부분인 가상생산 장치의 자원들에 대한 구현에 따른 제한을 나타낸다. 이 목록은 영역을 정의하는 요소가 된다. 만약 이 목록이 가상생산 장치 내에서 유효하지 않고 가용치 않으면 오류 응답이 반송된다. 유효한가 그리고 가용인가의 결정은 국부적인 문제이다.

주) 꼭 포함되어야 하는 능력들은 MMS 서버가 이 서비스 요구를 적절히 수행하기 위해 지정되어야 하는 것들이다. 최대한의 상호 운용성을 위해 이 파라미터는 전혀 사용되지 않는 것이 바람직하다. 이러한 경우는 0개 요소를 가지는 목록이 지정된다.

▶ **공유 가능**

논리형의 이 파라미터는 다음의 적재될 영역이 하나 이상의 프로그램 기동에 의해 동시에 사용될 수 있는지를 지정한다. 이러한 영역을 공유가능이라고 한다. 거짓 값일 때는 단지 하나의 프로그램 기동에 의해서만 사용될 수 있다.

(2) 결 과(+)

이 결과(+) 파라미터는 서비스 요구가 성공적으로 수행되었음을 나타낸다. 이 파라미터의 존재는 MMS 서버가 적재될 데이터를 수신할 준비가 되었음을 지시한다.

(3) 결 과(-)

이 결과(-) 파라미터는 서비스 요구가 실패했음을 나타낸다. 오류형 파라미터는 실패의 원인을 제공한다.

2) 서비스 절차

MMS 서버는 지정된 이름의 영역이 존재하지 않는 것과, 능력들 목록이 유효하고, 가용인 것을 확인한다. 만약 이 조건들이 만족되면 MMS 서버는 MMS 삭제가능 속성이 참으로 정해진 적절한 영역을 생성하고 이를 로딩(loading) 상태로 한다. 능력 목록 속성은 서비스 요구의 능력 목록 파라미터의 값들로 정해진다. 그 영역의 할당된 응용 연계 속성은 요구 서비스 프리미티프를 수신한 응용 연계를 참조하도록 한다. 영역의 공유가능 속성은 이 서비스 요구의 공유가능 파라미터의 값으로 정해진다. 프로그램 기동 참조 목록은 비어있는 목록으로 초기화된다. 올려주기 중 속성은 0으로 초기화된다. 영역내용과 하위 객체 목록은 빈 것으로 초기화된다. MMS 서버는 내려받기순서를 준비하기 위해 필요한 다른 모든 동작을 수행한다. 그리고 나서 결과(+) 서비스 프리미티프를 보낸다. 만약 위의 조건이 만족되지 않으면 MMS 서버는 결과(-) 서비스 프리미티프를 보낸다.

6.2.2 분절내려받기(DownloadSegment) 서비스

이 서비스는 MMS 클라이언트에 의해 전달되는 내려받기 정보의 분절을 요구하도록 MMS 서버에 의해 요구된다.

1) 구 조

구성요소 서비스 프리미티프들의 구조는 【그림 2.6.6】 과 같다.

【표 2.6.6】 내려받기분절 서비스

파라미터 이름	요구	지시	응답	확인	적합성형성블록
인수 (COMP)	M	M(=)			
영역 이름	M	M(=)			
결과(+) (COMP)			S	S(=)	
적재 데이터			M	M(=)	
계속			M	M(=)	
결과(-)			S	S(=)	
오류 형			M	M(=)	

(1) 인 수

이 파라미터는 분절내려받기 서비스 요구에 대한 파라미터를 전달한다.

▶ 영역 이름

식별자형의 이 파라미터는 적재될 영역을 지정한다. 영역은 로딩(loading) 상태에 있게 된다.

(2) 결 과(+)

결과(+) 파라미터는 서비스 요구가 성공적으로 끝났음을 나타낸다. 성공적인 결과는 다음의 서비스 특정의 파라미터들을 반송한다.

▶ 적재 데이터

이 파라미터는 내려받기될 정보를 포함하고 있다. 이 파라미터는 옥텟 열이거나 외부적으로 부호화된 값일 수도 있다. MMS 서버가 영역내용을 형성하기 위해 이 정보를 이용한다. 이 처리의 일부로서 MMS 서버는 이 영역의 모든 하위 객체를 생성하고 값을 할당한다. MMS는 이 데이터를 변환하는 서비스들을 제공하지 않는다.

주) MMS는 적재 데이터에 있는 정보의 성질에 대한 요구사항을 만들지 않는다. 적재 데이터는 올려주기 순서의 결과로써 혹은 대상 장치 특정의 프로그래밍 함수의 결과로써 생성된다.

▶ 계 속

논리형의 이 파라미터는 내려받기순서에서 지정된 이름의 영역에 전송되어야할 추가적인 데이터가 남아있는지(참) 아닌지(거짓)를 표시한다. 이 파라미터는 올려진 데이터의 길이가 0이면 거짓 값이어야 한다.

(2) 결 과(-)

이 결과(-) 파라미터는 서비스 요구가 실패했음을 나타낸다.

2) 서비스 절차

응답 MMS사용자는 요구 MMS사용자에게 보내기 위한 적재 데이터를 준비한다. 적재 데이터를 생성하고 분절하는 절차는 국부적인 문제이다. 만약 보내질 적재 데이터가 있으면 그것이 적재 데이터 파라미터의 값이 되고, 연속되는 분절내려받기 서비스 응답에 보내질 데이터가 있는지에 따라 계속 파라미터의 값이 참 혹은 거짓으로 정해진다.

만약 보내질 데이터가 없다면 응답 MMS사용자는 길이가 0인 열을 가진 적재 데이터 파라미터와 거짓 값을 가진 계속 파라미터를 가진 결과(+)를 보낸다. 만약 응답 MMS사용자가 내려받기 중인 영역의 내용과 맞지 않는 오류를 감지하면 서비스 요구에 대한 응답으로 결과(-)를 보낸다.

요구 MMS사용자가 적재 데이터 분절들을 수신하면 영역 특정의 형식(domain-specific format)에 따라 적재 데이터를 해석하고 이를 적당하게 저장한다. 만약 계속 파라미터가 거짓이면 영역은 서비스가 완료된 후에 COMPLETE에 놓이게 된다. 만일 계속 파라미터가 참이면 영역은 LOADING 상태에 머물러 있게 된다.

6.2.3 내려받기종료(TerminateDownloadSequence) 서비스

내려받기순서종료 서비스는 MMS 서버가 MMS 클라이언트에게 내려받기순서가 완료되었음을 표시하기 위하여 사용한다.

1) 구 조

구성요소 서비스 프리미티프들의 구조는 【그림 2.6.7】 과 같다.

(1) 인 수

이 파라미터는 내려받기순서종료 서비스요구에 관한 파라미터들을 전달한다.

▶ 영역 이름

식별자형의 이 파라미터는 내려받기순서가 끝나는 영역을 지정한다. 영역은 LOADING, COMPLETE, 또는 INCOMPLETE 상태에 있게 된다.

【표 2.6.7】 내려받기순서끝내기 서비스

파라미터 이름	요구	지시	응답	확인	적합성 형성블록
인수 (COMP)	M	M(=)			
영역 이름	M	M(=)			
폐기	C	C(=)			
결과(+) (COMP)			S	S(=)	
결과(-)			S	S(=)	
오류 형			M	M(=)	

▶ **폐 기**

서비스오류형의 이 파라미터는 존재하게 되면 내려받기된 영역이 지워졌는지를 표시한다. 만약 영역이 지워졌다면 이 파라미터는 발생된 문제의 표시를 제공한다. 이 경우에 내려받기순서는 강제종료될 것이고 MMS 서버는 수신된 영역의 모든 부분을 지우게 된다. 그렇지 않은 경우에는 내려받기된 영역 내용은 유지되고 영역은 READY 상태에 놓이게 된다.

(2) 결 과(+)

결과(+) 파라미터는 서비스 요구가 성공되었음을 표시한다. 성공적인 결과는 서비스 특정의 파라미터들을 제공하지 않는다.

(3) 결 과(-)

결과(-) 파라미터는 서비스 요구가 실패했음을 나타낸다.

2) 서비스 절차

MMS 서버는 내려받기 처리 도중에 (클라이언트 혹은 서버에 의한) 복구될 수 없는 오류가 검출되었을 때, 혹은 내려받기순서가 끝난 후에 내려받기순서종료 서비스를 요구한다.

만약 MMS 서버가 내려받기순서 중에 복구될 수 없는 오류를 검출하게 되면 오류를 설명해주는 폐기 파라미터를 제공한다. 만약 MMS 클라이언트가 분절내려받기 요구에 결과(-)를 제공하게 되면 MMS 서버는 MMS 클라이언트가 오류를 발견했음을 표시하는 폐기 파라미터를 제공한다. 만약 서버가 성공적으로 내려받기순서를 완료하고 (따라서 폐기 파라미터가 정해지지 않고) MMS 클라이언트가 내려받기순서종료 요구에 결과(+)를 되돌려줌으로써 성공임을 표시하면 내려받기순서는 성공된 것이다. 그렇지 않으면 내려받기순서는 실패한 것이다.

만약 내려받기 순서가 성공했으면 영역은 READY 상태에 놓인다. 만약 실패했으면 적재 데이터는 폐기되고 영역은 삭제된다.

6.2.4 올려주기순서개시(InitiateUploadSequence) 서비스

MMS 클라이언트가 지정된 이름의 영역을 올려주기를 준비하도록 MMS 서버에게 올려주기순서개시 서비스를 요구할 수 있다.

1) 구 조

구성요소 서비스 프리미티프들의 구조는 【표 2.6.8】 과 같다.

(1) 인 수

이 파라미터는 올려주기순서조기화 서비스 요구에 대한 파라미터를 전달한다.

▶ 영역 이름

식별자형의 이 파라미터는 그 내용이 MMS 클라이언트에게 보내질 (올려주기) 영역의 이름을 지정한다.

(2) 결 과(+)

결과(+) 파라미터는 서비스 요구가 성공적으로 끝났음을 표시한다. 이 파라미터의 반송은 또한 MMS 서버가 올려주기순서에 참여할 준비가 되었음을 확인해줌을 표시한다.

【표 2.6.8】 올려주기순서개시 서비스

파라미터 이름	요구	지시	응답	확인	적합성 형성블록
인수 (COMP)	M	M(=)M(=)			
영역 이름	M				
결과(+) (COMP)			S	S(=)	
ULSM 식별자			M	M(=)	
능력 목록			M	M(=)	
결과(-)			S	S(=)M(=)	
오류 형			M		

▶ **ULSM 식별자**

정수형의 이 파라미터는 이 요구의 결과로 생성되는 ULSM 객체를 지정한다.

▶ **능력 목록**

문자열 목록형의 이 파라미터는 이 영역의 정의나 생성에 사용되었던 능력 목록을 식별한다.

주) 포함될 필요가 있는 능력들은 MMS 서버가 이 서비스를 적절히 수행하기 위해 지정되어져야 하는 것들이다. 최대한의 상호운용성을 위해 이 파라미터는 사용되지 않는 것이 바람직하다. 이것을 표시하기 위해 요소를 가지지 않은 목록이 지정된다.

(3) 결 과(-)

결과(-) 파라미터는 서비스 요구가 실패했음을 나타낸다.

2) 서비스 절차

올려주기순서개시 지시 프리미티프를 수신했을 때 MMS 서버는 지정된 영역이 READY 혹은 IN-USE 상태에 있는 것을 확인한다. 만약 이 조건이 만족되면, MMS 서버는 ULSM을 생성하고 유일한 정수를 할당한다. 영역의 올려주기 중 속성이 "1" 증가한다. MMS 서버는 지정된 영역을 올려보낼 준비에 필요한 다른 모든 동작을 취하게 된다.

주) 만약 올려주기순서가 사용중 상태에 있는 영역에 대해 행해지면 영역의 내용이 올려주기순서를 수행하는 동안 바뀔 수 있다. 이는 올려보내질 데이터의 불완전성이나 불일치성을 유발한다. 이 경우의 올려주기에 대한 해석은 국부적인 문제이다.

6.2.5 분절올려주기(UploadSegment) 서비스

이 서비스는 MMS 서버에 의해 지정된 영역으로부터 올려보내질 데이터의 분절을 보내도록 요구하기 위해 MMS 클라이언트에 의해 기동된다.

1) 구 조

구성요소 서비스 프리미티프들의 구조는【표 2.6.9】와 같다.

(1) 인 수

이 파라미터는 분절올려주기 서비스 요구의 파라미터를 전달한다.

▶ ULSM 식별자

정수형의 이 파라미터는 이 전송을 제어하는 ULSM의 엔티티를 지정한다. 올려 보내질 영역은 이 파라미터에 의해 implicit하게 지정된다. 만약 이 파라미터가 활성화된 ULSM과 일치하지 않으면 결과(-)응답이 반송된다.

(2) 결 과(+)

결과(+) 파라미터는 서비스 요구가 성공되었음을 표시한다. 이 경우 다음의 두 파라미터가 반송된다.

▶ 적재 데이터

이 파라미터는 MMS 서버로부터 요구되었던 적재 데이터를 포함한다. 이 파라미터는 옥텟 열이거나 외부적으로 부호화된 값이다.

【표 2.6.9】 분절올려주기 서비스

파라미터 이름	요구	지시	응답	확인	적합성 형성블록
인수 (COMP)	M	M(=)	M(=)		
ULSM 식별자	M				
결과(+) (COMP)			S	S(=)	
적재 데이터			M	M(=) M(=)	
계속			M		
결과(-)			S	S(=) M(=)	
오류 형			M		

▶ 계 속

논리형의 이 파라미터는 올려주기순서를 완료하기위해 더 보내질 데이터가 남아있는지(참) 아닌지(거짓)를 표시한다. 적재 데이터가 크기 0인 문자열일 때 이 파라미터는 거짓 값이어야 한다.

(3) 결 과(-)

결과(-) 파라미터는 서비스 요구가 실패했음을 나타낸다.

2) 서비스 절차

MMS 서버는 차후에 분절내려받기 서비스에서 수신될 적재 데이터와 같은 형태로 정형화된 올려주기 분절의 내용을 제공한다. 만약 올려질 데이터가 이 형식에 맞춰지지 않는다면, 결과(-)응답이 되반환된다. 만약 이 순서에서 올려질 데이터의 끝에 도달하면 MMS 서버는 이에 대한 응답의 일부로써 거짓 값을 가진 계속 파라미터를 반송한다.

6.2.6 올려주기순서종료(TerminateUploadSequence) 서비스

MMS 서버가 올려주기 순서를 끝내도록 요구할 때 MMS 클라이언트는 올려주기순서종료 서비스를 사용한다. 특히, 이 서비스는 서비스가 완료되었는지 아닌지, 혹은 성공적인지 아닌지에 관계없이 해당 ULSM을 제거한다.

1) 구 조

구성요소 서비스 프리미티프들의 구조는 【표 2.6.10】과 같다.

(1) 인 수

이 파라미터는 올려주기순서종료 서비스 요구에 관한 파라미터를 전달한다.

▶ ULSM 식별자

정수형의 이 파라미터는 올려주기 순서가 끝내어질 ULSM의 엔티티를 지정한다. 만약 이 값이 존재하는 ULSM의 유효한 엔티티와 일치하지 않을 경우 결과(-)응답이 반송된다.

【표 2.6.10】 올려주기순서끝내기 서비스

파라미터 이름		요구	지시	응답	확인	적합성형성블록
인수	(COMP)	M	M(=)			
ULSM 식별자		M	M(=)			
결과(+)	(COMP)			S	S(=)	
결과(-)				S	S(=)	
오류 형				M	M(=)	

(2) 결 과(+)

결과(+) 파라미터는 서비스 요구가 성공되었음을 나타낸다. 또한 올려주기 순서가 성공적으로 끝났음을 암시한다. 성공적인 결과는 서비스 특정의 파라미터들을 제공하지 않는다.

(3) 결 과(-)

결과(-) 파라미터는 서비스 요구가 실패했음을 표시한다.

2) 서비스 절차

MMS 클라이언트는 올려주기 순서를 끝낸 후에 혹은 MMS 서버가 올려주기분절 서비스에 대한 결과(-)응답으로 오류를 보고한 후에 올려주기순서종료 서비스를 요구한다. 영역의 올려주기 중 속성은 1만큼 감소된다. 이 서비스가 성공적으로 끝나거나 혹은 성공하지 못한 경우에도 ULSM은 제거된다. 만약 MMS 서버가 올려주기순서에 문제를 발견하면 서버는 결과(-) 응답을 반송한다. 예를 들어, 만약 MMS 서버가 거짓 값을 가지는 계속 파라미터를 되돌리기 전에 MMS 클라이언트가 올려주기순서종료 서비스를 요구하면 그러한 응답이 되반환된다.

6.2.7 영역삭제 서비스

영역삭제 서비스는 MMS 서버가 지정된 영역을 삭제하도록 요구할 때 사용된다.

1) 구 조

구성요소 서비스 프리미티프들의 구조는 【표 2.6.11】 에 나타나 있다.

(1) 인 수

이 파라미터는 영역삭제 서비스 요구의 파라미터를 전달한다.

【표 2.6.11】 영역삭제 서비스

파라미터 이름	요구	표시	응답	확인	적합성 형성블록
인수 (COMP)	M	M(=)M(=)			
영역 이름	M				
결과(+) (COMP)			S	S(=)	
결과(-)			S	S(=)M(=)	
오류 형			M		

▶ 영역 이름

식별자형의 이 파라미터는 삭제될 영역의 이름을 지정한다.

(2) 결 과(+)

결과(+) 파라미터는 영역이 성공적으로 삭제되었음을 표시한다. 성공적인 결과는 서비스 특정 파라미터들을 제공하지 않는다.

(3) 결 과(-)

결과(-) 파라미터는 서비스 요구가 실패했음을 표시한다.

2) 서비스 절차

MMS 서버는 지정된 영역이 존재하는지, 그 영역의 MMS 삭제가능 속성이 참인지, 그 영역이 READY 상태에 있는지, 진행중인 올려주기가 없는지를 확인한다. 만약 위의 조건들이 만족되면, MMS 서버는 지정된 영역을 삭제한다. 이 동작의 일부분으로서 MMS 서버는 그 영역에 종속되는 모든 객체들을 그것들의 MMS삭제가능 속성의 참, 거짓의 여부에 관계없이 지우고 이 영역에 종속되는 객체들을 참조하는 객체들의 참조 속성을 UNDEFINED로 정한다. 특히, 이 영역에 종속되는 MMS 변수 객체를 참조하는 사건 조건 객체의 피감시 변수 참조 속성을 UNDEFINED로 바꾼다. 만약 서비스가 수행될 수 없으면, 결과(-) 응답이 반송된다.

注) 영역이 READY 상태에 있어야 한다는 요구사항은 이 영역에 결합된 프로그램 기동이 없어야 한다는 요구사항과 동일하다. 그러므로, 현재 어떤 프로그램 기동에 의해 사용중인 영역은 프로그램 기동이 삭제될 때까지 삭제될 수 없다.

6.2.8 영역속성얻기(GetDomainAttributes) 서비스

이 영역속성얻기 서비스는 MMS 서버가 지정된 영역과 관련된 속성들을 반송하도록 요구할 때 사용된다.

1) 구 조

구성요소 서비스 프리미티프들의 구조는【표 2.6.12】에 나타나있다.

(1) 인 수

이 파라미터는 영역속성얻기 서비스 요구의 파라미터를 전달한다.

▶ 영역 이름

식별자형의 이 파라미터는 요구된 속성들이 속하는 영역의 이름을 지정한다.

(2) 결 과(+)

결과(+) 파라미터는 그 영역이 존재하고 서비스에 대한 응답에 그 영역의 속성이 제공되었음을 표시한다.

【표 2.6.12】 영역속성얻기 서비스

파라미터 이름	요구	지시	응답	확인	적합성 형성블록
인수 (COMP)	M	M(=)			
영역 이름	M	M(=)			
결과(+) (COMP)			S	S(=)	
능력 목록			M	M(=)	
상태			M	M(=)	
MMS 삭제가능			M	M(=)	
공유가능			M	M(=)	
프로그램 기동 목록			M	M(=)	
올려주기중			M	M(=)	
결과(-)			S	S(=)	
오류 형			M	M(=)	

▶ **능력 목록**

문자열 목록형의 이 파라미터는 이 영역의 생성에 사용된 능력들을 지정한다.

▶ **상 태**

영역상태형의 이 파라미터는 영역이 READY, COMPLETE, INCOMPLETE, READY, IN-USE, 혹은 천이 상태 D1에서 D9 중 어느 것에 있는지를 지정한다.

▶ **MMS 삭제가능**

논리형의 이 파라미터는 영역이 삭제될 수 있는지를 표시한다.

▶ **공유가능**

논리형의 이 파라미터는 영역이 동시에 하나 이상의 프로그램 기동에 의해 사용될 수 있는지를 지정한다.

▶ **프로그램 기동 목록**

식별자 목록형의 이 파라미터는 이 영역에 연결된 프로그램 기동들을 지정한다. 만약 영역이 공유가능하지 않으면 기껏해야 하나의 프로그램 기동이 존재한다. 만약 영역이 사용중 상태, D5 상태, 또는 D6 상태에 있지 않으면 이 목록은 비어 있게 된다.

▶ 올려주기중

정수형의 이 파라미터는 이 영역에서 현재 활성화된 올려주기 순서들의 수를 표시한다. 이 값이 0이라는 것은 진행중인 올려주기가 없다는 것이다.

(3) 결 과(-)

결과(-) 파라미터는 서비스 요구가 실패했음을 표시한다.

2) 서비스 절차

MMS 서버는 지정된 영역이 존재하는지를 검사한다. MMS 서버는 영역의 속성들의 값을 해당하는 결과(+) 파라미터의 값으로 반송한다. 만약 영역이 존재하지 않으면 결과(-) 응답이 반송된다.

주) 하위 객체 목록 속성은 응답에 포함되지 않는다. 이 객체들의 이름은 영역특정 범위를 지정하고 이 영역을 지정하는, 이름목록얻기 서비스를 사용하여 얻을 수 있다.

3) 예제 프로그램

예제 프로그램에 포함된 DOMAIN.C와 S_DOMAIN.C 파일은 영역관리 서비스의 예제 프로그램이다. 영역관리란 좀더 쉽게 설명하면 프로그램 내려받기라 볼 수 있다. 따라서 예제 프로그램을 설명할 때 프로그램 내려받기를 예제로 다룰 것이다.

우선 영역 내려받기에 대해서 알아보자. c_download()함수는 클라이언트에서 서버로 원하는 파일을 전송하는 함수이다. 그 내용을 살펴보면 c_download()함수의 매개변수로 영역이라는 변수가 설정되어 있다. 이 변수는 문자열 변수로 서버로 전송하려는 파일의 이름을 설정하면 된다. 설정된 파일이름을 가진 영역 변수를 내려받기 서비스를 수행하기 위해 입력 자료제어블록 변수에 저장한다.

그리고 그 이름의 길이도 저장한다. 입력 자료제어블록 변수로 정의된 idseq_input_dcb 변수는 구조체 형식으로 다음과 같다.

```
typedef struct Mm_IDSequence_in_dcb
{
    Mask                                mask;
   #define MM_IDSEQUENCE_DOWNLOAD_DETAIL BIT(0)
    Mm_Context_id                       context_id;
    Mm_Identifier                       domain_name;
    MMS_list                            list_of_capabilities;
    Bool                                sharable;
    Mm_Comp_std_info                    download_detail;
} Mm_IDSequence_in_dcb;
```

위의 구조체에서 domain_name변수에 전송하고자 하는 파일의 이름을 저장하여야 하는데 이 변수는 다시 구조체로 다음과 같이 정의되어 있다.

```
typedef struct  Octet_string
{
    Uint32              length;
    Octet_pointer       pointer;
} Octet_string;
```

참고로 Mm_Identifier라고 되어 있지만 이것은 typedef에 의해 Octet_string으로 정의되어 있다. 따라서, domain_name에 파일이름을 저장할 때 그 이름의 길이와 이름의 문자열을 각각 length와 pointer에 넣어주면 된다. 파일이름을 저장한 후 mm_idsequence()함수를 호출함으로써 파일전송 초기화 작업이 수행된다. 초기화 작업이 이루어졌는지를 살펴보기 위해 mm_ireceive()함수를 호출하여 서버로부터 전송되는 성공여부를 알게 된다. 서버로부터 파일을 전송해도 좋다는 메시지는 mm_ireceive()함수의 매개변수로 사용된 indication_name변수에 저장된다. 이 변수의 내용이 MM_DOWNLOAD_IND가 되면 서버에서 파일전송 초기화가 성공적으로 이루어졌으며 파일을 클라이언트로부터 받을 준비가 되었다는 것을 의미한다. 이제 전송할 준비가 완료되었기 때문에 파일의 내용을 전송하면 된다. 파일의 내용은 buff라는 변수에 저장되어 있다고 가정하면 이 변수를 내용전송 자료제어블록 변수인 dsresp_input_dcb변수에 저장하여야 한다. 이 변수의 구조체를 살펴보면 다음과 같다.

```
typedef struct Mm_DSResponse_in_dcb
{
    Mm_uint32                   invoke_id;
    Bool                        positive_response;
    Mm_Response_error           error_response;
    Octet_string                load_data_ref;
    Mm_Load_data                load_data;
    Bool                        more_follows;
} Mm_DSResponse_in_dcb;
```

위의 구조체에서 load_data_ref변수에 buff 내용 즉, 파일의 내용을 저장하게 되는데 이 변수 또한 Octect_string인 구조체로 구성되어 있다. Octet_string구조체에 관해서는 앞에서 설명하였다.

만약 buff의 내용(파일의 크기)이 SEGM_SIZE보다 크다면 한번에 전송이 어렵기 때문에 여러 번에 걸쳐 전송되어 진다. 이 예제에서는 SEGM_SIZE를 2000으로 설정하였기 때문에 한번에 전송할 수 있는 파일의 크기는 2Kbyte 정도이다. 만약 파일의 크기가 10Kbyte라면 5번에 걸쳐 파일전송이 이루어져야 한다.

이제 mm_dsresponse()함수를 호출함으로써 파일내용의 전송이 이루어진다. 이 함수를 호출한 후 do문에 의해 다시 mm_ireceive()함수가 호출된다. 만약 파일전송이 한번에 그리고 성공적으로 이루어졌다면 mm_ireceive()함수의 매개변수로 사용된 indication_name변수 내용에 MM_TDOWNLOAD_IND라는 값이 저장되어 진다. 그렇지 않고 여러 번에 전송하여야 할 경우, 즉 SEGM_SIZE보다 전송하려는 파일의 크기가 더 클 경우는 do문을 반복하여 여러 번에 걸쳐 mm_dsresponse()함수가 수행된다. 파일전송이 완료되면 초기화된 전송서비스를 종료하는 mm_tdresponse()함수를 수행하여야 한다. 이 함수가 성공적으로 수행된 후에야 파일전송이 완료된 것이다.

영역 올려받기인 경우는 위에서 설명한 내려받기의 반대되는 개념으로 생각하면 된다. 우선 mm_iusequence()함수를 이용하여 올려받기 초기화를 수행한다. 클라이언트로부터 올려받기 초기화 신호가 서버에 수신되면 서버는 클라이언트로 올려받기할 영역에 대한 이름을 입력 받는다. 그다음 서버는 해당하는 영역, 즉 프로그램을 찾아 전송할 준비를 한다. 초기화가 성공적으로 이루어진 후 클라이언트는 mm_usegment()함수를 호출하여 서버의 프로그램 내려받기를 요구한다. 서버는 usresponse()함수를 통하여 해당하는 프로그램을 전송한다. 프로그램 내용은 buff에 저장되어 있고 이 내용을 us_input_dcb에 입력하여 mm_usresponse()함수를 호출한다. 서버의 mm_usresponse()함수에 의해 해당하는 프로그램의 내용을 수신받은 클라이언트는 그 내용을 수신받고 SEGM_SIZE에 의해 more_follows가 FALSE일 때까지 반복적으로 수행된다. 성공적으로 프로그램의 올려받기가 수행된 후 클라이언트는 mm_tusequence()함수를 호출하여 올려받기 종료를 서버에 요구한다. 서버는 mm_turesponse()함수를 통해 올려받기의 종료를 클라이언트에 알린다.

위의 내용들을 정리하면 프로그램 내려받기인 경우는 클라이언트에서 요구하여 서버가 주도적으로 내려받기를 수행하며, 올려받기의 경우는 클라이언트가 주도적으로 그 실행을 수행한다. 즉, 내려받기는 서버에 의해 내려받기, 종료가 이루어지며 올려받기는 클라이언트에 의해 업로딩, 종료가 이루어진다. 이런 영역 관련 프로토콜에 관해서는 MMS 관련 자료를 참조하기 바란다.

제 7 장

PI관리 서비스

7.1 개 요

가상생산 장치(VMD : Virtual Manufacturing Device)의 MMS 모델은 네 가지의 추상적인 요소를 포함하고 있는데, 수행 함수(Execution Function), 능력(Capability), 프로그램 기동(Program Invocation), 그리고 영역(Domain)이 그것이다. 이 장에서는 프로그램 기동 상의 조작에 관한 내용에 대해 알아보도록 하자. 프로그램 기동은 본질적으로 동적이며 MMS 서비스들이나 국부적인 동작에 의해 시스템에 존재하게 되거나 시스템으로부터 제거된다. 프로그램 기동은 또한 가상생산 장치 내에 미리 정의될 수 있다. 서비스들은 MMS 클라이언트가 프로그램 기동의 동작에 영향을 줄 수 있도록 허용하기 위해 제공된다.

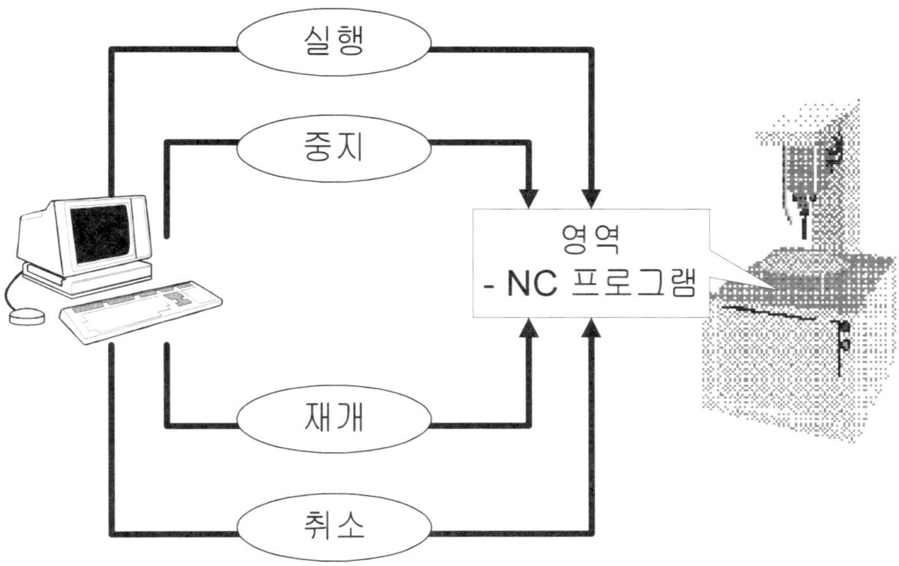

【그림 2.7.1】 프로그램 기동 서비스의 예

7.1.1 프로그램 기동

프로그램 기동관리는 다중작업 환경에서 수행 쓰레드에 가장 밀접하게 해당되는 동적 요소이다. 프로그램 기동은 MMS 서비스 또는 국부 동작에 의해 미리 정의되거나 생성된다. 프로그램 기동은 영역들의 집합으로 구성되는 데 수행에 필요한 제어 정보를 함께 포함한다. 프로그램 기동의 수행은 기초장비의 기본적인 동작의 시간적인 나열로 생각될 수 있다. 이들 기본적인 동작에 대한 더 이상의 정의는 국부적인 문제이다.

실행 프로그램처럼, 프로그램 기동도 몇 가지의 가능한 상태가 있다(Idle, running, stopped, unrunnable 등). 프로그램 기동의 이 시간 내역에서 프로그램 기동이 수행할 준비가 되었지만 아직 수행을 시작하지 않은 것을 나타내는 하나의 별도 상태를 프로그램 기동의 휴지 상태(Idle)이라 한다. 또한 몇몇 프로그램 기동들은 프로그램 기동이 "완료된" 별도의 상태를 가진다. 이 상태에 도달하는 프로그램 기동은 그 목적을 달성한 것이고 다시 수행 상태에 놓일 수는 없다. 이 상태를 동작불능 상태(unrunnable)라 부르고 정상적으로 이 상태에 도달한 프로그램 기동은 재사용불가라 부른다. 재사용 가능한 프로그램 기동들은 수행이 정상적으로 완료된 후에 휴지 상태로 돌아간다. 프로그램 기동 서비스는 이 프로그램 기동 상태를 변화시키기 위한 메커니즘을 제공한다.

프로그램 기동은 하나 또는 그 이상의 논리적으로 관련된 영역들로 이루어져 있다. 프로그램 기동을 만드는 것은 실행 파일을 만들기 위해 하나 또는 그 이상의 오브젝트 파일들을 링크하는 것과 유사하다. 이 경우에 사용자는 프로그램 기동을 만들기 위해 영역들을 관련시킨다. 다양한 영역들을 서로 다른 방식으로 관련시킴으로써, 서로 다른 프로그램 기동들이 다양한 작업을 수행할 수 있다. 하나의 가상 생산 장치는 여러 가지의 프로그램 기동들을 포함할 수 있고 서로 다른 프로그램 기동들이 하나의 영역을 공유할 수 있다.

프로그램 기동은 실제 기기 상에서 실행 프로그램을 모델링하는 MMS 객체이다. 프로그램 기동은 삭제가능성과 상태(동작중, 정지 등) 같은 특정한 속성들과 차례대로 배열된 영역들의 집합으로 이루어져있다. 프로그램 기동은 가상생산 장치 상에 먼저 선언되어 있을 수도 있고 MMS 서비스에 의해 만들어질 수도 있다.

1) 프로그램 기동 객체 모델

다음 함수들의 대부분이 프로그램 기동의 생성, 삭제, 상태 변화와 관련 있다. 사실상, 프로그램 기동의 생성과 삭제조차도 상태 변화로 간주될 수 있다. 프로그램 기동의 가능한 상태는 아주 중요한 것이다.

(1) 프로그램 기동 이름

프로그램 기동 이름은 프로그램 기동의 주요 식별자이다. 이 이름은 객체 이름 지정에 관한 규칙에 따라 만들어진다.

(2) 상 태

상태 속성은 프로그램 기동의 주요 상태를 지시한다. 상태도를 완료하기 위해서는 프로그램 기동이 생성되기 전의 조건을 설명하는 미존재 상태를 지시하는 값이 이 목록에 더해져야 한다.

객체 : 프로그램 기동
　핵심 속성 : 프로그램 기동 이름
　속성 : 상태 (휴지, 시작, 동작중, 정지중, 정지, 재개, 복귀, 동작불능)
　속성 : 영역 참조 목록
　속성 : MMS 삭제가능 (참, 거짓)
　속성 : 재사용가능 (참, 거짓)
　속성 : 감시 (참, 거짓)
　제약 : 감시 = 참
　속성 : 사건 조건 참조
　속성 : 사건 동작 참조
　속성 : 사건 등록 참조
　속성 : 수행 인자
　속성 : 부가 세부사항

프로그램 기동은 동작중, 정지중 등과 같이 몇 가지 상태 중 하나로 존재할 수 있다. 이 상태는 두 가지 이유로 인해 변화된다.

- 클라이언트 어플리케이션은 프로그램 기동의 상태를 변화시킬 것을 요구한다. 예를 들자면, 클라이언트는 mm_strt()를 호출함으로써 휴지 상태에 있는 프로그램 기동의 실행을 요구할 수 있다.
- 국부적인 사건이 프로그램 기동의 상태를 변화시킬 수 있다. 예를 들자면, 동작중인 상태의 프로그램 기동은 그것이 임무를 완료했을 때 상태를 변화한다.

위의 함수들은 원격 가상생산 장치 상의 프로그램 기동에 상태 변화를 요구한다. 다음은 상태들의 일반적인 정의와 전환 방법까지 포함하여 설명한다.

▶ Mm_PI_Nonexistent (미존재)

정의 : 지정된 프로그램 기동이 존재하지 않는다.

전환 : mm_cpinvocation()을 호출함으로써 프로그램 기동을 만들어 휴지상태로 갈 수 있다.

【표 2.7.1】 프로그램 기동 관련 함수

함수 이름	설 명
mm_cpinvocation()	Create Program Invocation : 서버에게 프로그램 기동을 만들 것을 요구
mm_cpresponse()	Create Program Response : 프로그램 기동을 만들라는 클라이언트의 요구에 대한 응답
mm_pidelete()	Program Invocation Delete : 특정 프로그램 기동을 지우라고 서버에게 요구
mm_dpresponse()	Delete Program Response : 특정 프로그램 기동을 지우라는 클라이언트의 요구에 응답
mm_strt()	Start : 서버에게 특정 프로그램 기동을 시작하라고 요구

mm_sttrespose()	Start Response : 특정 프로그램 기동을 시작하라는 클라이언트의 요구에 응답
mm_stop()	Stop : 서버에게 특정 프로그램 기동을 멈추라고 요구
mm_stpresponse()	Stop Response : 특정 프로그램 기동을 멈추라는 클라이언트의 요구에 응답
mm_resume()	Resume : 멈춰진 특정 프로그램 기동을 재개하라고 서버에 요구
mm_rsmresponse()	Resume Response : 특정 프로그램 기동을 재개하라는 클라이언트의 요구에 응답
mm_rst()	Reset : 멈춰진 프로그램 기동을 리셋하라고 서버에 요구
mm_rsrespons()	Reset Response : 멈춰진 프로그램 기동을 리셋하라는 클라이언트의 요구에 응답
mm_gpinvocation()	Get Program Invocation : 특정 프로그램 기동의 속성을 서버에게 요구
mm_piaresponse()	Program Invocation Attribute Response : 특정 프로그램 기동의 속성에 대한 클라이언트의 요구에 응답
mm_kill()	Kill Program Invocation : 서버에게 프로그램 동기를 제거하라고 요구
mm_kresponse()	Kill Response : 프로그램 동기를 제거하라는 클라이언트의 요구에 대한 응답

▶ Mm_PI_Unrunnable (동작불능)

- 정의 : 지정된 프로그램이 실행될 수 없다. 이 상태는 프로그램 기동이 더 이상 실행될 수 없으나 아직 삭제되지 않은 상태를 나타낸다. 이 상태는 만약 재사용가능 속성이 거짓이라면 프로그램 기동의 완료에 의해, 또는 explicit MMS 서비스를 통해, 아니면 다른 국부적인 동작을 통해 도달될 수 있다.
- 전환 : mm_pidelete()를 호출함으로써 지정된 프로그램 기동을 원격 가상생

산 장치로부터 삭제하고 미존재 상태로 갈 수 있다.

▶ Mm_PI_Idle

- 정의 : 지정된 프로그램 기동이 존재하며 보통의 시작점에서 실행을 시작할 수 있다. 이 상태는 조작을 시작하기 전의 프로그램 기동의 상태를 나타낸다.
- 전환 : mm_strt()를 호출함으로써 휴지 상태의 프로그램 기동이 시작되어 동작중 상태가 되도록 할 수 있다. 또는 mm_pidelete()를 호출함으로써 지정된 프로그램 기동을 원격 가상생산 장치로부터 삭제하고 미존재 상태로 갈 수 있다.

주) 만약 프로그램 기동이 순차적인 절차적 프로그래밍 언어(sequential procedural programming language)를 통해 구현되는 경우 이 상태는 "프로그램의 시작" 에 해당할 수 있다.

▶ Mm_PI_Running

- 정의 : 지정된 프로그램 기동이 실행되고 있다. 실행에 대한 정확한 정의는 기기에 의존한다. 그러나, 동작중은 보통 종속된 영역들 중 적어도 하나의 영역의 구성 요소를 변화시키는 프로세스와 관련되어 있다. 이 상태는 수행하는 동안의 프로그램 기동의 상태를 나타낸다.
- 전환 : mm_stop()을 호출함으로써 수행중인 프로그램 기동의 수행을 중단시키고 정지 상태로 갈 수 있다. 또는 재사용 가능한 프로그램 기동이 정상적으로 끝났을 때, 그것은 휴지 상태로 돌아간다. 또는 재사용가능하지 않는 프로그램 기동을 마쳤을 때는 동작불능 상태로 간다. 재사용 가능한 프로그램 기동이 비정상적으로 끝났을 때, 그것은 MMS의 구현에 따라 동작불능 상태 또는 휴지 상태로 간다.

▶ Mm_PI_Stopped

- 정의 : 실행을 시작한 프로그램 기동이 정상적으로 완성되기 전에 멈춰질 수 있다. 이 상태는 프로그램 기동이 수행의 시작과 완료 사이의 중간에 있는 상태를 나타낸다. 이때 프로그램 기동은 기기상에 어떠한 변화도 일으키지 않으며 쉬게 된다.

• 전환 : mm_resume()를 호출하여 정지 상태의 프로그램 기동을 그것이 정지된 시점부터 다시 수행하도록 하여 동작중 상태로 갈 수 있다. 또는, mm_rst()를 호출하여 정지상태의 프로그램 기동이 (만약 그것이 재사용 가능하다면) 휴지 상태로 갈 수 있다. 또는 mm_rst()를 호출함으로써 멈춰진 프로그램 동기가 (만약 그것이 재사용가능하지 않다면) 동작불능 상태로 갈 수 있다. 또는 mm_pidelete()를 호출함으로써 지정된 프로그램 기동을 원격 가상생산 장치로부터 삭제하고 미존재 상태로 갈 수 있다.

▶ Mm_PI_Starting

Mm_PI_Idle과 Mm_PI_Running 사이의 전환 상태. 이 상태는 얼마 동안 존재한다. 만약 프로그램 기동이 성공적으로 Mm_PI_Running 상태로 가는데 실패하고 회복할 수 없는 수정이 일어나지 않았다면 그것은 Mm_PI_Idle 상태로 되돌아간다. 회복할 수 없는 수정이 발생했을 경우에는 Mm_PI_Unrunnable 상태로 돌아가게 된다. 만약 프로그램 기동이 MMS 시작 서비스를 통해 Mm_PI_Running 상태가 되면, 이 상태는 시작 서비스 지시 프리미티프의 수신과 시작 서비스 응답 프리미티프 발생사이의 시간에 해당한다. 시작 상태에 있는 동안에 가상생산 장치는 국부적으로 정의되거나 부가 표준안에 의해 요구될 수 있는 하나 이상의 초기화 절차를 수행한다.

▶ Mm_PI_Stopping

Mm_PI_Running과 Mm_PI_Stopped 사이의 전환 상태. 이 상태는 얼마 동안 존재한다. 만약 프로그램 기동이 성공적으로 Mm_PI_Stopped 상태로 가는 데 실패하고 회복할 수 없는 수정이 일어나지 않았다면 그것은 Mm_PI_Running 상태로 되돌아간다. 회복할 수 없는 수정이 발생했을 경우에는 Mm_PI_Unrunnable 상태로 돌아가게 된다. 만약 프로그램 기동이 MMS 정지 서비스를 통해 Mm_PI_Stopped 상태에 놓인다면, 이 상태는 정지 서비스 지시 프리미티프의 수신과 정지 서비스 응답 프리미티프의 발생 사이의 시간에 해당한다. Mm_PI_Stopped 상태 동안에, 가상생산 장치는 국부적으로 정의되거나 부가 표준안에 의해 요구되는 하나 이상의 정지 절차를 수행한다.

▶ Mm_PI_Resuming

Mm_PI_Stopped와 Mm_PI_Running 사이의 전환 상태. 이 상태는 얼마 동안 존재한다. 만약 프로그램 기동이 성공적으로 Mm_PI_Running 상태로 가는 데 실패하고 회복할 수 없는 수정이 일어나지 않았다면 그것은 Mm_PI_Stopped 상태로 되돌아간다. 회복할 수 없는 수정이 발생했을 경우에는 Mm_PI_Unrunnable 상태로 돌아가게 된다. 만약 프로그램 기동이 MMS 재개 서비스를 통해 Mm_PI_Running 상태에 놓인다면, 이 상태는 재개 서비스 지시 프리미티프의 수신과 재개 서비스 응답 프리미티프의 발생 사이의 시간에 해당한다. Mm_PI_Resuming 상태 동안에, 가상생산 장치는 국부적으로 정의되거나 부가 표준안에 의해 요구되는 하나 이상의 재개 절차를 수행한다.

▶ Mm_PI_Resetting

Mm_PI_Stopped와 Mm_PI_Idle사이의 전환 상태. 이 상태는 얼마 동안 존재한다. 만약 프로그램 기동이 성공적으로 Mm_PI_Idle 상태로 가는 데 실패하면 Mm_PI_Unrunnable 상태로 돌아가게 된다. 만약 프로그램 기동이 MMS 복귀 서비스를 통해 Mm_PI_Idle 상태에 놓인다면, 이 상태는 복귀 서비스 지시 프리미티프의 수신과 복귀 서비스 응답 프리미티프의 발생사이의 시간에 해당한다. Mm_PI_Resetting 상태 동안에, 가상생산 장치는 국부적으로 정의되거나 부가 표준안에 의해 요구되는 하나 이상의 복귀 절차를 수행한다.

(3) 영역참조 목록

이 속성은 이 프로그램 기동을 구성하는 영역들의 참조 목록이다. 이 목록은 적어도 하나의 엔트리를 포함한다.

(4) MMS 삭제 가능

이 속성은 프로그램기동삭제 서비스를 이용하여 프로그램 기동을 삭제할 수 있는지 없는지를 지시한다. 만약 프로그램 기동이 가상생산 장치의 영구적인 부분이라면, 클라이언트는 그것을 지울 수 없다. mm_gpinvocation()의 입출력 자료제어 블록은 어떤 프로그램 기동이 지워질 수 있는지 없는지에 관한 논리값(부울(boolean))을 포함한다.

(5) 재사용 가능

이 속성은 프로그램 기동이 수행을 정상적으로 완료한 후에 휴지 상태로 되돌아갈 수 있는지를 지시한다. 만약 거짓이면, 프로그램 기동은 정상적인 수행 후에 동작 불능 상태로 이동한다. 어떤 프로그램 기동들은 그것들이 한 번 사용된 후 없어진다. 예를 들면, 만약 어떤 영역이 자체수정 코드(self-modifying code)를 사용한다면, 단지 첫번째 실행만 유효하다. 그런 제한이 없는 프로그램 기동들은 여러 번 다시 시작될 수 있다. mm_gpinvocation()의 입출력 자료제어블록은 그 프로그램 기동이 재사용 가능한지에 관한 논리값을 포함한다.

(6) 감 시

이 속성은 이 프로그램 기동에 대해 프로그램 감시가 유효한지를 지시한다. 감시되는 프로그램 기동은 동작중 상태를 벗어날 때마다 요구하는 MMS사용자에게 알리기 위해 MMS의 사건 관리 기능을 이용한다. 이는 아래 열거된 참조 객체를 생성함으로써 가능하다.

▶ 사건 조건 참조

만약 감시 속성이 참이면, 프로그램 기동은 다음과 같은 속성을 가지는 사건조건 객체에 대한 참조를 속성으로 가지고 있다.

- 사건 조건 이름 속성의 값은 프로그램 기동 객체의 프로그램 기동이름 속성값과 같다.
- 사건 조건 등급 속성의 값은 피감시(MONITORED)이다.
- 상태 속성은 휴지이다.
- 가능 속성 값은 참이다.
- 피감시 변수 참조는 미지정(UNSPECIFIED, 프로그램 기동이 동작중 상태에 있음을 지정하는)이다.
- 사건 등록 참조 목록 속성은 다음에 정의되는 사건 등록 객체에 대한 참조를 포함한다.
- MMS 삭제가능 속성은 참이다.
- 우선순위 속성은 정상우선순위이다.

- 엄밀성 속성은 정상엄밀성이다.
- 경보 요약 보고 속성은 거짓이다.
- 평가 간격 속성은 국부적인 문제이다.

▶ **사건 동작 참조**

만약 감시 속성이 참이면, 프로그램 기동은 다음과 같은 속성을 가지는 사건 동작 객체에 대한 참조를 속성으로 가지고 있다.

- 사건 동작 이름 속성은 프로그램 기동 객체의 프로그램 기동 이름 속성과 같다.
- MMS 삭제가능 속성은 참이다.
- 확인 서비스 요구 속성은 프로그램기동속성얻기 서비스이다.
- 수정자 목록 속성은 비어있게 된다.
- 사건 등록 참조 목록 속성은 아래와 같은 단일 사건 등록에 대한 참조를 포함한다.

▶ **사건 등록 참조**

만약 감시 속성이 참이면, 프로그램 기동은 다음과 같은 속성을 가지는 사건등록에 대한 참조인 속성들을 가지고 있다.

- 사건 등록 이름 속성은 프로그램 기동 객체의 프로그램 기동 이름 속성과 같다.
- MMS 삭제가능 속성은 참이다.
- 사건 등록 등급 속성은 통지(NOTIFICATION)이다.
- 사건 조건 참조 속성은 위에서 설명된 사건 조건을 참조한다.
- 사건 조건 천이 속성은 활성에서휴지(ACTIVE-TO-IDLE) 요소를 유일하게 포함한다.
- 응용 연계 국부 꼬리표 속성은 프로그램 기동이 생성된 연계를 지정한다.
- 통지 유실 속성은 거짓이다.
- 사건 동작 참조 속성은 위에서 설명된 사건 동작을 참조한다.
- 지속기간 속성은 프로그램기동생성 서비스의 해당 매개변수에 의해 결정된다.

- 클라이언트 응용 속성은 프로그램기동생성 서비스를 발생시킨 클라이언트 응용을 참조한다.
- 경보 수신확인 규칙 속성은 없음이다.
- 상태 속성은 휴지이다.

(7) 수행 인자

이 속성은 이 프로그램 기동을 수행하기 적합한 문자열이나 외부적으로 부호화된 매개변수를 포함한다. 이는 시작 서비스나 재개 서비스에 의해 정해질 수 있다. 프로그램 기동이 생성될 때 이 속성은 빈 문자열로 초기화된다. 프로그램 기동의 연속적인 수행은 이 속성의 값을 바꿀 수 있다.

(8) 부가 세부사항

이 속성은 부가적인 속성이 부가 표준안에 의해 덧붙여지는 것을 허용한다.

2) 프로그램 기동 상태 천이도

주) 다음 【그림 2.7.2】에서 몇몇 중간 상태들(지시 프리미티프와 응답 프리미티프 사이에만 존재하는 상태들)은 프로그램 기동의 적절한 상태로 보고될 수 있다. 이것은 일반적으로 상태간의 천이가 얼마동안의 시간을 소요할 수 있기 때문이다. 프로그램기동생성과 프로그램기동삭제 서비스는 원자적(중간에 방해받지 않는)으로 정의되어 있고 따라서 MMS 클라이언트에게는 순간적인 것으로 보이기 때문에 "Pn" 이라 명명된 상태들은 프로그램기동속성얻기 서비스에서 보고되지 않는다. 천이도를 간단하게 만들기 위하여 소멸 서비스의 중간 상태들은 나타내지 않는다. 소멸 서비스는 원자적(중간에 방해받지 않는)으로 정의되어 있기 때문에, 그리고 그것의 영향은 순간적인 것으로 보이기 때문에 이러한 중간 상태들은 보고되지 않는다. 프로그램기동속성얻기와 같이 프로그램기동의 상태를 바꾸지 않는 MMS 서비스 요구의 영향들은 천이도에 나타나지 않는다. 파괴적 그리고 비파괴적이라는 용어는 취소 서비스에 대한 서비스 절차에서 그리고 이 절에서 설명되는 각각의 서비스 절차에서 설명된다.

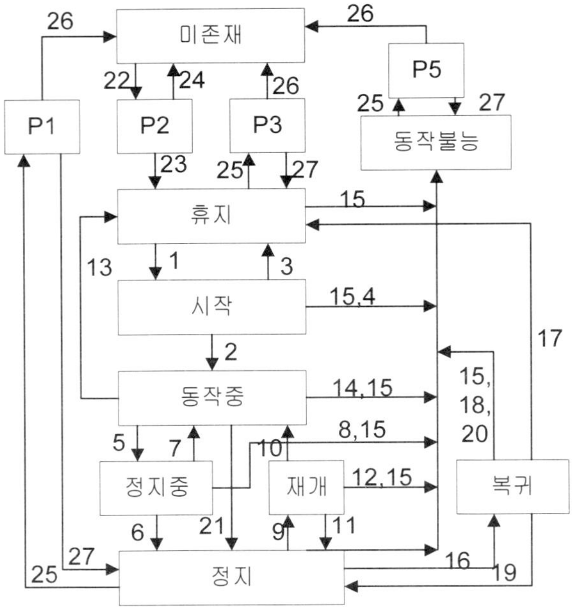

【그림 2.7.2】 프로그램 기동 상태 천이도

이 모델에 대한 천이선은

1 - 시작.지시
2 - 시작.응답(+)
3 - 시작.응답(-) 비파괴적
4 - 시작.응답(-) 파괴적
5 - 정지.지시
6 - 정지.응답(+)
7 - 정지.응답(-) 비파괴적
8 - 정지.응답(-) 파괴적
9 - 재개.지시
10 - 재개.응답(+)
11 - 재개.응답(-) 비파괴적
12 - 재개.응답(-) 파괴적
13 - (프로그램의 끝)재사용가능=참
14 - (프로그램의 끝)재사용가능=거짓
15 - 소멸.응답(+)
16 - 복귀.지시

17 - 복귀.응답(+) 재사용가능 = 참
18 - 복귀.응답(+) 재사용가능 = 거짓
19 - 복귀.응답(-) 비파괴적
20 - 복귀.응답(-) 파괴적
21 - (프로그램 정지)
22 - 프로그램기동생성.지시
23 - 프로그램기동생성.응답(+)
24 - 프로그램기동생성.응답(-)
25 - 프로그램기동삭제.지시
26 - 프로그램기동삭제.응답(+)
27 - 프로그램기동삭제.응답(-)

주) 소멸 서비스의 동작은 원자적이어서 지시와 응답(+) 사이에는 프로그램 기동의 상태에 있어서의 차이가 없으므로 소멸, 지시 천이는 이 천이도에 포함되지 않는다. 소멸, 응답(-)은 상태 천이를 일으키지 않으므로 포함되지 않는다.

7.2 관련 서비스

7.2.1 프로그램기동생성(CreateProgramInvocation) 서비스

프로그램기동생성 서비스는 MMS 클라이언트가 MMS 서버 상에서 영역들을 조립하여 지정된 프로그램 기동으로 만들 수 있도록 허용한다. MMS 클라이언트는 프로그램 기동 안에 포함될 영역들의 목록을 지정한다. 만일 주어진 영역이 공유 가능하면 그 영역은 하나 이상의 프로그램 기동의 영역 참조 목록에 동시에 들어갈 수 있다.

1) 구 조

구성요소 서비스 프리미티프들의 구조는 【표 2.7.2】 에 나와 있다.

【표 2.7.2】 프로그램기동생성 서비스

파라미터 이름	요구	지시	응답	확인	적합성 형성블록
인수 (COMP)	M	M(=)			
프로그램 기동 이름	M	M(=)			
영역 이름 목록	M	M(=)			
재사용가능	M	M(=)			
감시	U	U(=)			
감시 형	C	C(=)			
결과(+) (COMP)			S	S(=)	
결과(-)			S	S(=)	
오류 형			M	M(=)	

(1) 인 수

이 파라미터는 프로그램기동생성 서비스 요구의 파라미터를 포함한다.

▶ 프로그램 기동 이름

식별자형인 이 파라미터는 프로그램 기동과 연관되는 이름이다. 만일 이 이름이 이미 사용되고 있으면 결과(-) 응답이 반송되어야 한다.

▶ 영역 이름 목록

식별자 목록형인 이 파라미터는 프로그램 기동의 일부로 구성될 존재하는 영역들을 이름에 의해 지정한다. 이 목록에는 적어도 하나의 요소가 있어야 한다. 프로그램 기동을 만드는 과정에서 목록의 순서는 MMS 서버에게 중요할 수도 있다.

▶ 재사용가능

논리형인 이 파라미터는 프로그램 기동이 종료 후에 IDLE 상태에 들어가는가(참) 혹은 UNRUNNABLE 상태에 들어가는가(거짓)를 표시한다.

▶ 감 시

논리형인 이 파라미터가 존재하는 경우 MMS 클라이언트가 프로그램 기동이 실행되는 과정의 진행상황 정보를 받기 바란다는 것을 나타낸다.

▶ 감시형

논리형인 이 파라미터는 감시 파라미터가 참일 때에만 나타난다. 이 파라미터는 만일 참이면 통지가 PERMANENT(영속)이라는 것을 나타내고, 따라서 통지는 프로그램 기동이 살아있는 동안 존재하게 된다. 만일 거짓이면 통지는 CURRENT(현재)이고 관계가 유지되는 동안 존재한다. 이 파라미터의 값은 이 서비스 요구의 결과로서 implicit하게 만들어지는 사건 등록의 지속기간 속성의 값이 된다.

(2) 결 과(+)

결과(+) 파라미터는 서비스 요구가 성공했음을 나타낸다. 이러한 경우에 아무런 파라미터도 반송되지 않는다.

(3) 결 과(-)

결과(-) 파라미터는 서비스 요구가 실패했음을 나타낸다.

2) 서비스 절차

MMS 서버는 다음 일련의 동작을 수행한다.

- 같은 이름의 프로그램 기동이 존재하지 않는 것을 확인한다.
- 파라미터 목록의 모든 영역의 존재를 확인한다. 만일 나열된 영역이 존재하지 않으면 오류가 반송되어야 한다.
- 각 영역이 이 프로그램 기동으로 통합되는데 사용될 수 있는지 확인한다.(이는 각 영역이 READY나 D7 상태에 있든지 또는 IN-USE, D4, D5, 또는 D6 상태에 있고 공유가능 속성이 참인 것이다)
- 프로그램 기동 이름 속성은 프로그램 기동 이름 파라미터와 같고, 상태 속성은 IDLE이고, MMS 삭제가능 속성은 참이고, 재사용가능 속성은 재사용가능 파라미터와 같고, 감시 속성은 감시 파라미터가 지정된 경우에는 참이고 아니면 거짓이고, 그리고 수행 인수 속성은 길이가 0인 문자열인 프로그램 기동 객체를 만든다.
- 영역들에 대한 참조를 프로그램 기동의 영역 참조 목록 속성에 놓는다.
- 영역 이름 목록 파라미터에 있는 각 영역에 대해 다음 단계를 수행한다.
  - 만일 영역 상태 속성이 D4, D5, 혹은 D6이면 영역이 IN-USE 상태에 들어갈 때까지 기다린다.
  - 만일 영역 상태 속성이 D7이면 영역이 READY 상태에 들어갈 때까지 기다린다.
  - 영역 상태 속성을 IN-USE로 바꾼다.
  - 이 프로그램 기동에 대한 참조를 영역의 프로그램 기동 참조 목록 속성에 덧붙인다.
- 만일 감시 파라미터가 지정되면 프로그램 기동이 동작을 중지할 때마다 보고할 수 있도록 만든다. 이렇게 하기 위해서는 사건 관리 기능을 사용하여야 한다.

주) 이것은 프로그램 기동이 RUNNING 상태에서 빠져나오는, 즉 프로그램 기동이 RUNNING 상태에 있었을 때 그것이 종료하거나 정지되거나 (국부적으로 또는 MMS의 서비스를 통해서) 또는 소멸될 때의 상태 천이와 같다.

부가적으로, 가상생산 장치는 이 서비스 절차가 원자적(이 프로그램 기동이나 그 구성요소를 지정하는 다른 MMS 서비스 지시에 의해 방해받지 않는)이도록 보장하여야 한다.

만일 이 과정에서 어떤 절차라도 실패하면, 서비스는 실패한 것이고 부분적으로 완료된 모든 절차는 수행되지 않은 것처럼 되돌려져야 하고 결과(-) 응답이 반송되어야 한다. 그렇지 않으면 서비스는 성공하여야 하고 프로그램 기동은 IDLE 상태에 있어야 한다.

7.2.2 프로그램기동삭제(DeleteProgramInvocation) 서비스

프로그램기동삭제 서비스는 MMS 클라이언트가 MMS 서버에 존재하는 프로그램 기동을 삭제할 수 있도록 한다.

1) 구 조

구성요소 서비스 프리미티프들의 구조는 【표 2.7.3】에 나와 있다.

(1) 인 수

이 파라미터는 프로그램기동삭제 서비스 요구의 파라미터를 포함한다.

▶ 프로그램 기동 이름

식별자형인 이 파라미터는 삭제될 프로그램 기동의 이름이다.

(2) 결 과(+)

결과(+) 파라미터는 서비스 요구가 성공했음을 나타낸다. 서비스 특정 파라미터는 없다.

【표 2.7.3】 프로그램기동삭제 서비스

파라미터 이름	요구	지시	응답	확인	적합성 형성블록
인수 (COMP)	M	M(=)			
프로그램 기동 이름	M	M(=)			
결과(+) (COMP)			S	S(=)	
결과(-)			S	S(=)	
오류 형			M	M(=)	

(3) 결 과(-)

결과(-) 파라미터는 서비스 요구가 실패했음을 나타낸다.

2) 서비스 절차

MMS 서버는 지정된 프로그램 기동이 존재하는 것을 확인해야 한다. 그리고 이 프로그램 기동의 MMS 삭제가능 속성은 참이고 IDLE, STOPPED, 또는 UNRUNNABLE 상태에 있다는 것을 확인해야 한다. 만일 이러한 조건들이 만족되지 않으면 결과(-) 응답이 반송된다. 이러한 조건이 만족되면 MMS 서버는 이 프로그램 기동에 대한 참조를 이 프로그램 기동에 의해 참조된 각 영역의 프로그램 기동 참조 목록 속성으로부터 제거하여야 한다. 만일 대상 영역이 다른 프로그램 기동을 참조하고 있지 않으면 그것은 IN-USE 상태에서 준비(READY) 상태로 움직여야 한다. 만일 프로그램 기동 객체의 감시 속성의 값이 참이면 관련된 사건등록, 사건 동작, 및 사건 조건은 이들 객체의 MMS 삭제가능 속성의 값이 무시되어야 하는 것을 제외하고 사건등록삭제, 사건동작삭제, 및 사건조건삭제 서비스 절차에 기술된 절차에 따라 삭제되어야 한다. 마지막으로 프로그램 기동 객체가 삭제되어야 한다. 만일 이 프로세스의 어느 단계라도 실패하면 서비스는 실패하고 부분적으로 완료된 모든 과정은 수행되지 않은 것으로 되돌려져야 하고 결과(-) 응답이 반송되어야 한다.

7.2.3 시작(Start) 서비스

시작 서비스는 MMS 클라이언트가 프로그램 기동의 상태를 동작(RUNNING) 상태로 변화시킬 수 있도록 한다. 이 서비스가 성공적으로 종결되기 위해서는 프로그램 기동은 비동작(IDLE) 상태에 있어야 한다.

1) 구 조

구성요소 서비스 프리미티프들의 구조는 【표 2.7.4】 에 나와 있다.

【표 2.7.4】 시작 서비스

파라미터 이름	요구	지시	응답	확인	적합성 형성블록
인수 (COMP)	M	M(=)			
프로그램 기동 이름	M	M(=)			
수행 인수	U	U(=)			
결과(+) (COMP)			S	S(=)	
결과(-)			S	S(=)	
오류 형			M	M(=)	
프로그램 기동 상태			M	M(=)	

(1) 인 수

이 파라미터는 시작 서비스 요구의 파라미터를 포함한다.

▶ 프로그램 기동 이름

식별자형인 이 파라미터는 시작될 프로그램 기동을 지정한다.

▶ 수행 인수

이 파라미터는 재개될 프로그램 기동에 데이터를 전달하는 데 사용될 수 있는 선택적 항목이다. 이 파라미터는 문자열이거나 외부에서 부호화된 값이어야 한다.

(2) 결 과(+)

결과(+) 파라미터는 서비스 요구가 성공했음을 나타낸다. 성공적인 결과는 서비스 특정 파라미터를 제공하지 않는다.

(3) 결 과(-)

결과(-) 파라미터는 서비스 요구가 실패했음을 나타낸다.

▶ 프로그램 기동 상태

이 파라미터는 프로그램기동상태 형이어야 한다. 시작 서비스가 성공적이지 못한 경우에 프로그램 기동은 가능하면 그 이전 상태로 되돌려져야 하며, 그렇지 못하면 UNRUNNABLE 상태에 놓여야 한다. 이 파라미터는 성공적이지 못한 시작 다음에 따라오는 프로그램 기동의 상태를 식별하여야 한다.

2) 서비스 절차

MMS 클라이언트는 프로그램 기동 이름 파라미터를 가지고 시작시키고자 하는 프로그램 기동을 식별하여야 한다. 만일 그 프로그램 기동이 존재하지 않으면 결과(-) 응답이 반송되어야 한다. 지정된 프로그램 기동은 IDLE 상태에 있어야 하며 그렇지 않으면 결과(-) 응답이 반송되어야 한다. 만일 수행 인수 파라미터가 서비스 지시에 나타나 있으면, 프로그램 기동 객체의 수행 인수 속성의 값은 수행 인수 파라미터의 값으로 되어야 한다. 그렇지 않으면 수행 인수 속성 값은 변하지 말아야 한다. 시작 서비스 지시 프리미티프를 받았을 때(모든 수행전 수정자들이 만족된 후에) 프로그램 기동은 가동(start up) 상태에 놓여져야 한다. 결과(+) 프리미티프는 프로그램 기동이 동작 상태에 놓이자마자 발생되어야 한다. 시작 작업이 실패하면 결과(-) 응답 프리미티프가 발생되어야 한다. 그리고, 프로그램 기동은 가능하면 IDLE 상태로, 아니면 UNRUNNABLE 상태로 되돌려져야 한다. 프로그램 기동 상태 파라미터는 프로그램 기동의 상태를 나타내기 위해 결과(-) 응답과 함께 반송되어야 한다. 일반적으로 프로그램 기동을 시작시키는 데는 오랜 시간이 걸리기 때문에 취소가 비파괴적으로 될 수 없다고 해도 이 동작은 취소가능하다고 생각되어야 한다. 만일 서비스가 취소되면, 서비스 요구에 대해 결과(-) 응답이 프로그램 기동의 상태를 표시하기 위하여 반송되어야 한다. 그리고 취소 서비스는 결과(+) 응답을 발생시켜야 한다.

주) 만일 프로그램 기동이 순차적인 절차적 프로그래밍 언어를 통해 구현된다면 이 서비스는 프로그램의 시작점에서 수행이 시작되도록 해야 한다.

7.2.4 정지(Stop) 서비스

정지 서비스는 MMS 클라이언트가 MMS 서버상의 이름있는 프로그램 기동이 RUNNING 상태로부터 STOPPED 상태로 천이하도록 만드는 것을 허용한다.

1) 구 조

구성요소 서비스 프리미티프들의 구조는【표 2.7.5】에 나와 있다.

【표 2.7.5】 정지 서비스

파라미터 이름	요구	지시	응답	확인	적합성 형성블록
인수 (COMP)	M	M(=)			
프로그램 기동 이름	M	M(=)			
결과(+) (COMP)			S	S(=)	
결과(-)			S	S(=)	
오류 형			M	M(=)	
프로그램 기동 상태			M	M(=)	

(1) 인 수

이 파라미터는 정지 서비스 요구의 파라미터를 포함한다.

▶ 프로그램 기동 이름

식별자형인 이 파라미터는 정지될 프로그램 기동을 지정한다.

(2) 결 과(+)

결과(+) 파라미터는 서비스 요구가 성공했음을 나타낸다. 성공적인 결과는 서비스 특정 파라미터를 제공하지 않는다.

(3) 결 과(-)

결과(-) 파라미터는 서비스 요구가 실패했음을 나타낸다.

▶ 프로그램 기동 상태

프로그램기동상태형인 이 파라미터는 정지 서비스가 실패한 경우 프로그램 기동의 마지막 상태를 나타낸다.

2) 서비스 절차

MMS 클라이언트는 프로그램 기동 이름 파라미터를 가지고 정지시키고자 하는 프로그램 기동을 식별하여야 한다. 만일 그 프로그램 기동이 존재하지 않으면 결과(-) 응답이 반송되어야 한다. 프로그램 기동은 RUNNING 상태에 있어야 하고, 그렇지 않으면 결과(-) 응답이 반송되어야 한다. 만일 프로그램 기동이 존재하고 RUNNING 상태에 있으면 정지 서비스 지시 프리미티프를 받았을 때(모든 수행전 수정자가 만족된 후에) 프로그램 기동이 STOPPING 상태에 놓여져야 한다. 프로그램 기동이 STOPPED 상태에 놓이자마자 결과(+) 프리미티프가 발생되어야 한다. 만일 정지 작업이 실패하면 결과(-) 응답 프리미티프가 발행되어야 한다. 그리고, 프로그램 기동은 가능하면 RUNNING 상태로, 아니면 UNRUNNABLE 상태로 되돌려져야 한다. 프로그램 기동 상태 파라미터는 프로그램 기동의 상태를 나타내기 위해 결과(-) 응답과 함께 반송되어야 한다. 일반적으로 프로그램 기동을 정지시키는 데는 오랜 시간이 걸리기 때문에 취소가 비파괴적으로 될 수 없다고 해도 이 동작은 취소가능하다고 생각되어야 한다. 만일 서비스가 취소되면, 서비스 요구에 대해 결과(-) 응답이 프로그램 기동의 결과적 상태를 표시하기 위하여 반송되어야 한다. 그리고 취소 서비스는 결과(+) 응답을 발생시켜야 한다.

注) 만일 프로그램 기동이 순차적인 절차적 프로그래밍 언어로 구현되었다면 이 서비스는 현재의 프로그램 단계가 후속의 재개 절차를 위한 프로그램 기동의 제어 정보의 일부로서 저장되도록 해야 한다.

7.2.5 재개(Resume) 서비스

재개 서비스는 MMS 클라이언트가 프로그램 기동의 상태를 RUNNING 상태로 변화시킬 수 있도록 허용한다. 이 서비스가 성공적으로 종결되기 위해서 프로그램 기동은 STOPPED 상태에 있어야 한다.

1) 구 조

구성요소 서비스 프리미티프들의 구조는 【표 2.7.6】에 나와 있다.

【표 2.7.6】 재개 서비스

파라미터 이름		요구	지시	응답	확인	적합성 형성블록
인수	(COMP)	M	M(=)			
프로그램 기동 이름		M	M(=)			
수행 인수		U	U(=)			
결과(+)	(COMP)			S	S(=)	
결과(-)				S	S(=)	
오류 형				M	M(=)	
프로그램 기동 상태				M	M(=)	

(1) 인 수

이 파라미터는 재개 서비스 요구의 파라미터를 포함한다.

▶ 프로그램 기동 이름

식별자형인 이 파라미터는 재개될 프로그램 기동을 지정하여야 한다.

▶ 수행 인수

이 파라미터는 재개될 프로그램 기동에 데이터를 전달하는 데 사용될 수 있는 선택적 항목이다. 이 파라미터는 문자열이거나 외부에서 부호화된 값이어야 한다.

(2) 결 과(+)

결과(+) 파라미터는 서비스 요구가 성공했음을 나타낸다. 성공적인 결과는 서비스 특정 파라미터를 제공하지 않는다.

(3) 결 과(-)

결과(-) 파라미터는 서비스 요구가 실패했음을 나타낸다.

▶ 프로그램 기동 상태

이 파라미터는 프로그램 기동 상태형이어야 한다. 재개 서비스가 성공적이지 못한 경우에 프로그램 기동은 가능하면 그 이전의 상태로 되돌려져야 하며, 아니면 UNRUNNABLE 상태에 놓여져야 한다. 이 파라미터는 성공적이지 못한 재개 다음에 따라오는 프로그램 기동의 상태를 나타낸다.

2) 서비스 절차

MMS 클라이언트는 프로그램 기동 이름 파라미터를 가지고 재개하고자 하는 프로그램 기동을 식별하여야 한다. 만일 프로그램 기동이 존재하지 않으면 결과(-) 응답이 반송되어야 한다. 프로그램 기동이 STOPPED 상태에 있어야 하고, 그렇지 않으면 결과(-) 응답이 반송되어야 한다. 만일 수행 인수 파라미터가 있으면, 프로그램 기동의 수행 인수 속성의 값은 수행 인수 파라미터의 값이라고 가정한다. 그렇지 않으면 수행 인수 속성의 값은 변하지 말아야 한다. 재개 서비스 지시 프리미티프를 받았을 때(모든 수행전 수정자들이 만족된 후에) 프로그램 기동은 재시작(RESUMING) 상태에 놓여져야 한다. 프로그램 기동이 RUNNING 상태에 놓이자마자 결과(+) 프리미티프가 발생되어야 한다. 재개 프로세스가 실패하면 결과(-) 응답 프리미티프가 발생되어야 한다. 그리고, 프로그램 기동은 가능하면 STOPPED 상태로, 아니면 UNRUNNABLE 상태로 되돌려져야 한다. 프로그램 기동 상태 파라미터는 프로그램 기동의 상태를 나타내기 위해 결과(-) 응답과 함께 반송되어야 한다. 일반적으로 프로그램 기동을 재개하는 데는 오랜 시간이 걸리기 때문에 취소가 비파괴적으로 될 수 없다고 해도 이 동작은 취소가능하다고 생각되어야 한다. 만일 서비스가 취소되면, 서비스 요구에 대한 결과(-) 응답이 반송되는데, 이는 프로그램 기동의 결과적 상태를 표시한다. 그리고 취소 서비스는 결과(+) 응답을 발생시켜야 한다.

주) 만일 프로그램 기동이 순차적인 절차적 프로그래밍 언어를 통해 구현된다면 이 서비스는 프로그램 기동의 수행이 제어 정보에 표시된 프로그램 단계에서 계속되도록 해야 한다.

7.2.6 복귀(Reset) 서비스

복귀 서비스는 MMS 클라이언트가 MMS 서버에 있는 이름있는 프로그램 기동이 STOPPED 상태에서 프로그램 기동 객체의 재사용가능 속성의 값에 따라 IDLE 상태 또는 UNRUNNABLE 상태로 변화시킬 수 있도록 허용한다.

1) 구 조

구성요소 서비스 프리미티프들의 구조는【표 2.7.7】에 나와 있다.

【표 2.7.7】 복귀 서비스

파라미터 이름	요구	지시	응답	확인	적합성 형성블록
인수 (COMP)	M	M(=)			
프로그램 기동 이름	M	M(=)			
결과(+) (COMP)			S	S(=)	
결과(-)			S	S(=)	
오류 형			M	M(=)	
프로그램 기동 상태			M	M(=)	

(1) 인 수

이 파라미터는 복귀 서비스 요구의 파라미터를 포함한다.

▶ 프로그램 기동 이름

식별자형인 이 파라미터는 복귀될 프로그램 기동을 지정한다.

(2) 결 과(+)

결과(+) 파라미터는 서비스 요구가 성공했음을 나타낸다. 성공적인 결과는 서비스 특정 파라미터를 제공하지 않는다.

(3) 결 과(-)

결과(-) 파라미터는 서비스 요구가 실패했음을 나타낸다.

▶ **프로그램 기동 상태**

프로그램기동상태형인 이 파라미터는 복귀 서비스가 실패한 경우 프로그램 기동의 마지막 상태를 나타낸다.

2) 서비스 절차

MMS 클라이언트는 프로그램 기동 이름 파라미터를 가지고 복귀하고자 하는 프로그램 기동을 식별하여야 한다. 만일 그 프로그램 기동이 존재하지 않으면 결과(-) 응답이 반송되어야 한다. 프로그램 기동은 STOPPED 상태에 있어야 하고 그렇지 않으면 결과(-) 응답이 반송되어야 한다. 만일 프로그램 기동이 STOPPED 상태에 있으면 복귀 서비스 지시 프리미티프를 받았을 때(모든 수행전 수정자들이 만족된 후에) 프로그램 기동은 RESETTING 상태에 놓여져야 한다. 성공적인 응답 프리미티프는 프로그램 기동이 IDLE 상태나 UNRUNNABLE 상태에 놓이자마자 발생되어야 한다. 복귀 프로세스가 실패하면 결과(-) 응답 프리미티프가 발생되어야 한다. 그리고, 프로그램 기동은 가능하다면 STOPPED 상태로, 아니면 UNRUNNABLE 상태로 되돌려져야 한다. 프로그램 기동 상태 파라미터는 프로그램 기동의 상태를 나타내기 위해 결과(-) 응답과 함께 반송되어야 한다. 일반적으로 프로그램 기동을 복귀하는데는 상당한 시간이 걸리기 때문에 취소가 비파괴적으로 될 수 없다고 해도 이 동작은 취소가능하다고 생각되어야 한다. 만일 서비스가 취소되면, 서비스 요구에 대한 결과(-) 응답이 프로그램 기동의 결과적 상태를 표시하기 위하여 반송되어야 한다. 그리고 취소 서비스는 결과(+) 응답을 발생시켜야 한다.

주) 만일 프로그램 기동이 순차적인 절차적 프로그래밍 언어를 통해 구현되었다면 이 서비스는 프로그램 기동의 제어정보가 "프로그램의 시작"에 다시 위치한다는 것을 반영할 수 있게 프로그램 기동이 변경되도록 만든다.

7.2.7 프로그램 기동 속성얻기 (GetProgramInvocationAttributes) 서비스

프로그램 기동 속성얻기 서비스는 MMS 서버가 지정된 프로그램기동에 관련된 속성들을 반송하도록 요구하기 위하여 사용된다.

1) 구 조

구성요소 서비스 프리미티프들의 구조는【표 2.7.8】에 나와 있다.

【표 2.7.8】 프로그램기동속성얻기 서비스

파라미터 이름	요구	지시	응답	확인	적합성 형성블록
인수 (COMP)	M				
프로그램 기동 이름	M	M(=)			
결과(+) (COMP)			S	S(=)	
상태			M	M(=)	
영역 이름 목록			M	M(=)	
MMS 삭제가능			M	M(=)	
재사용가능			M	M(=)	
감시			M	M(=)	
수행 인수			M	M(=)	
결과(-)			S	S(=)	
오류형			M	M(=)	

(1) 인 수

이 파라미터는 프로그램 기동 속성얻기 서비스 요구의 파라미터를 포함한다.

▶ 프로그램 기동 이름

식별자형의 이 파라미터는 요구되는 속성을 가지는 프로그램 기동의 이름이어야 한다.

(2) 결 과(+)

결과(+) 파라미터는 서비스 요구가 성공했음을 나타낸다. 성공이 표시될 때 다음의 파라미터가 포함된다.

▶ 상 태

프로그램기동상태형인 이 파라미터는 프로그램 기동이 IDLE, RUNNING, STO

PPED, STARTING, STOPPING, RESUMING, RESETTING, 또는 UNRUNNABLE 중 어느 상태에 있는지를 표시한다.

▶ **영역 이름 목록**

식별자 목록형인 이 파라미터는 지정된 프로그램 기동에 의해 참조되는 영역들의 이름을 제공한다.

▶ **MMS 삭제가능**

논리형인 이 파라미터는 프로그램 기동이 MMS 서비스를 사용하여 삭제될 수 있는지 없는지를 나타낸다.

▶ **재사용 가능**

논리형인 이 파라미터는 프로그램 기동이 수행 후에 IDLE 상태에 들어갈 것인지(참) 또는 UNRUNNABLE 상태에 들어갈 것인지(거짓)를 나타낸다.

▶ **감 시**

논리형인 이 파라미터는 만일 참이면 이 프로그램 기동에 대하여 사건 감시가 행해지고 있다는 것을 지정한다. 만일 이 파라미터가 참이면 관련되는 사건 등록 객체의 속성들은 사건등록속성얻기 서비스를 사용하여 얻을 수 있다.

▶ **수행 인수**

이 파라미터는 프로그램 기동의 수행 인수 속성의 값을 포함하여야 한다. 이 파라미터는 문자열이거나 외부적으로 부호화된 값이어야 한다.

(3) 결 과(-)

결과(-) 파라미터는 서비스 요구가 실패했음을 나타낸다.

2) 서비스 절차

MMS 서버는 지정된 프로그램 기동이 존재하는가를 확인한다. 만일 프로그램 기동이 존재하지 않으면 결과(-) 응답이 반송된다. 그렇지 않으면 이름있는 프로그램 기동의 속성들이 반송된다.

7.3 프로그램 기동 관리

프로그램 기동 객체에 관해 조작하는 서비스들은 7.3.1에서 7.3.8에 걸쳐 아래 절에서 설명한다.

7.3.1 프로그램기동생성

필요한 모든 영역들이 서버에 내려받기된 후, mm_cpinvocation()을 사용함으로써 그 영역들을 하나 또는 몇 개의 프로그램 기동과 관련시킬 수 있다. 이것은 프로그램 기동을 만들며, Mm_PI_Idle 상태로 둔다. 서버 쪽에서는 mm_cpresponse()로 이 요구에 응답한다. 프로그램 기동을 만들기 위해서, 사용자는 mm_cpinvocation()에 프로그램 기동 이름과 프로그램 기동에 관한 영역들의 MMS 목록을 넣어줘야 한다. mm_mlist()가 목록에 요소들을 첨가하기 때문에, 영역들은 그 실행 순서대로 목록에 더해져야만 한다.

어떤 영역은 목록 상에 한 번 이상 나타날 수 있다. 예를 들면, 어떤 영역은 수치제어 밀링 머신에 대한 비트 변화 기능(bit-change operation)을 나타낼 수도 있다. 수치 제어기(NC : Numerical Controller)가 한 비트의 변화를 요구할 때마다, 비트 변화 영역(bit-change domain)은 프로그램 기동의 부분이 된다. MMS 변수는 다음에 어떤 변수가 요구되는지를 알려준다.

SNU MMS는 모니터 또는 부가표준안(CS : Companion Standards)을 지원하지 않는다. 그래서 mm_cpinvocation() input DCB mask는 0이어야만 한다. 프로그램 기동의 이름은 임의이며 프로그램 기동의 용도 또는 특성을 반영해야 한다. 입출력 자료제어블록은 단지 size와 error_block 정보를 포함한다.

7.3.2 프로그램 기동 삭제

어떤 프로그램 기동이 더 이상 쓸모없다면, 그것은 서버의 자원을 자유롭게 하기 위해 지워져야만 한다. 이때 mm_pidelete() 함수는 지정된 프로그램 기동을 지운다. 서버 쪽에서는 mm_dpresponse() 함수로 그 요구에 대해 응답한다.

어떤 프로그램 기동을 지우기 위해서는 mm_pidelete() 함수에 지워질 프로그램 기동의 이름을 넣어줘야 한다. 만약 프로그램 기동이 지워질 수 있다면, 그것은 서버의 가상생산 장치로부터 제거될 것이다. 만약 그것이 지워질 수 없는 것이라면 mm_pidelete() 함수는 실패한다. 사용중인(running) 프로그램 기동은 지워질 수 없다.

7.3.3 시 작

쉬고 있는(Idle) 프로그램 기동을 실행시키기 위해 mm_strt() 함수를 사용한다. 서버 쪽에서는 mm-sttresponse()로 이 요구에 대해 응답한다.

주) 자동적으로 기계 장치를 시작하면 극도로 위험한 상황이 일어날 수도 있다. 이것은 가까이에 있는 사람에게 심한 상처를 입힐 수도 있다. 동작될 기계 가까이에 사람들이 있을 때는 이 함수가 수행되는 것을 막기 위해 부차적인 안전장치가 구현되어야 한다.

프로그램 기동을 시작하기 위해, mm_strt()의 입력 자료제어블록에 의도하는 프로그램 기동의 이름을 넣는다. 이 자료제어블록은 입력 인자에 대한 문자열 필드를 포함한다. 이 문자열은 프로그램 기동에 관한 임의의 데이터(실행을 시작할 위치 또는 핵심 데이터를 가진 MMS 변수의 이름 등)를 전달하기 위해 사용될 수 있다. 이 정보에 관한 특성은 관련된 응용프로그램들 사이의 동의에 전적으로 의존한다.

mm_strt() 함수를 부름으로써, 프로그램 기동은 다음 상태들 중 어느 하나가 될 수 있다. 그리고 이들은 mm_gpinvocation()을 사용해서 얻어질 수 있다.

- Mm_PI_Starting
- Mm_PI_Running
- Mm_PI_Idle*
- Mm_PI_Unrunnable*

만약 서버가 mm_strt()에 부정적으로 응답한다면, 이 입출력 자료제어블록 상의 상태 정보가 위의 asterisk(*) 지시를 가진 것들 중의 하나로 구성된다. 이 상태들은 프로그램 기동이 성공적으로 시작되지 않았음을 의미한다. 계속하기 위해서는 프로그램을 고치거나, 프로그램에 대한 중재가 필요하다.

7.3.4 정 지

프로그램 기동의 실행을 멈추기 위해서는 mm_stop() 함수를 사용한다. 서버 쪽에서는 mm_stpresponse()로 이 요구에 응답한다.

주) 자동적으로 기계적 장치를 멈출 때 만약 주위의 기계들이 멈춰진 기계와 충돌한다면 손상을 입을 수도 있다. 이때 장비상의 손상을 입을 수도 있다. 이 함수가 바라지 않는 상황을 일으키는 것을 막기 위해 부차적인 안전장치가 구현되어야 한다.

실행중인 프로그램 기동을 멈추기 위해서는, mm_stop()함수의 입력 자료제어블록에 이 함수가 영향을 줄 프로그램 기동의 이름을 넣는다. mm_stop()함수를 부름으로써, 프로그램 기동은 다음 상태들 중 어느 하나가 될 수 있다. 그리고 이들은 mm_gpinvocation()을 사용해서 얻어질 수 있다.

- Mm_PI_Stopping
- Mm_PI_Stopped
- Mm_PI_Running*
- Mm_PI_Unrunnable*

만약 서버가 mm_stop()에 부정적으로 응답한다면, 이 입출력 자료제어블록상의 상태 정보가 위의 asterisk(*) 지시를 가진 것들 중의 하나로 구성된다. 이 상태들은 프로그램 기동이 성공적으로 끝나지 않았음을 의미한다. 계속하기 위해서는 프로그램을 고치거나, 프로그램에 대한 중재가 필요하다.

7.3.5 재 개

mm_resume() 함수를 사용하여 이전에 mm_stop() 함수에 의해 멈춰졌던 프로그램 기동의 실행을 재개할 수 있다. 프로그램 기동은 정규적인 시작점에서가 아니라 멈춰졌던 점에서부터 시작된다. 서버 쪽에서는 mm_rsmresponse()로 이 요구에 응답한다.

주) 자동적으로 기계장치를 시작하면 극도로 위험한 상황이 일어날 수도 있다. 이것은 가까이에 있는 사람에게 심한 상처를 입힐 수도 있다. 동작될 기계 가까이에 사람들이 있을 때는 이 함수가 수행되는 것을 막기 위해 부차적인 안전장치가 구현되어야 한다.

멈춰진 프로그램 기동을 재개하기 위해서는, mm_resume() 함수의 input 자료제어블록에 이 함수가 영향을 줄 프로그램 기동의 이름을 넣는다. mm_resume() 함수를 부름으로써, 프로그램 기동은 다음 상태들 중 어느 하나가 될 수 있다. 그리고 이들은 mm_gpinvocation()을 사용해서 얻어질 수 있다.

- Mm_PI_Resuming
- Mm_PI_Running
- Mm_PI_Stopped*
- Mm_PI_Unrunnable*

만약 서버가 mm_resume()에 부정적으로 응답한다면, 이 입출력 자료제어블록 상의 상태 정보가 위의 asterisk(*) 지시를 가진 것들 중의 하나로 구성된다. 이 상태들은 프로그램 기동이 성공적으로 재개되지 않았음을 의미한다. 계속하기 위해서는 프로그램을 고치거나 프로그램에 대한 중재가 필요하다.

7.3.6 복 귀

멈춰진 프로그램 기동을 재사용하기 위해서 Mm_PI_Idle 상태로 두려면, mm_rst()함수를 사용할 수 있다. 만약 프로그램 기동이 재사용 가능하지 않다면 mm_rst() 함수는 그것을 Mm_PI_Unrunnable 상태로 가도록 할 것이다. 서버 쪽에서는 mm_rsresponse() 함수로 그 요구에 응답한다.

멈춰진 프로그램 기동을 복귀하기 위해서는, mm_rst()함수의 입력 자료제어블록에 이 함수가 영향을 줄 프로그램 기동의 이름을 넣는다. mm_rst() 함수를 부름으로써, 프로그램 기동은 다음 상태들 중 어느 하나가 될 수 있다. 그리고 이들은 mm_gpinvocation()을 사용해서 얻어질 수 있다.

- Mm_PI_Resetting
- Mm_PI_Idle
- Mm_PI_Stopped*
- Mm_PI_Unrunnable*

만약 서버가 mm_rst()에 부정적으로 응답한다면, 이 입출력 자료제어블록 상의 상태 정보가 위의 asterisk(*) 지시를 가진 것들 중의 하나로 구성된다. 이 상태들은 프로그램 기동이 성공적으로 복귀되지 않았음을 의미한다. 계속하기 위해서는 프로그램을 고치거나 프로그램에 대한 중재가 필요하다.

7.3.7 소 멸

프로그램 기동을 Mm_PI_Idle 상태로 두기 위해 mm_kill()함수를 사용할 수 있다. 서버 쪽에서는 mm_kresponse() 함수로 그 요구에 응답한다.

프로그램 기동을 소멸시키기 위해서는, mm_kill()함수의 입력 자료제어블록에 이 함수가 영향을 줄 프로그램 기동의 이름을 넣는다. 이 함수의 호출이 성공적이었다면 프로그램 기동은 더 이상 사용될 수 없다(unrunnable). 만약 프로그램 기동이 존재하지 않거나 클라이언트에 의해 처리될 수 없다면, 에러 응답이 되돌아온다.

7.3.8 프로그램 기동 속성얻기

클라이언트가 서버 상의 프로그램 기동의 현재 상태에 대해 알고자 할 때가 있다. 예를 들면, 클라이언트는 어떤 프로그램 기동이 성공적으로 실행을 끝마쳤는지 아닌지 알고자 한다. mm_gpinvocation()함수를 이용해서 프로그램 기동의 이러한 현 상태를 얻는다. 서버 쪽에서는 이 요구에 mm_piaresponse()로 응답한다.

서버상의 프로그램 기동에 관한 정보를 얻기 위해서는, mm_gpinvocation()함수의 입력 자료제어블록에 그 프로그램 기동의 이름을 둔다.

입출력 자료제어블록은 이 전에 설명한 속성과 상태 정보를 포함한다.

부록에 포함된 PI.C, S_PI.C는 프로그램 기동(PI : Program Invocation)에 관한 예제 프로그램이다. 프로그램 기동 서비스의 예는 클라이언트에서 서버의 동작을 제어하는 서비스로 생각하면 된다. 즉, 클라이언트가 원격에서 서버의 프로그램을 실행하거나, 중지 등을 할 수 있다.

위의 PI.C파일 및 S_PI.C에는 프로그램 기동생성, 시작, 중지, 삭제에 관련된 함수로 구성된다. 이러한 기능을 수행하려면 먼저 앞장에서 설명된 영역이 존재하여야 한다. 좀더 쉽게 설명하면 클라이언트가 서버에 실행프로그램을 영역 서비스를 이용하여 내려받기를 한 후 그 프로그램을 프로그램 기동서비스들을 이용하여 실행 및 중지 등의 수행을 하게 된다.

우선 프로그램 기동의 생성에 관한 함수인 cpinvocation()함수를 살펴보면 prog_invoc_name을 이용하여 생성시키려는 프로그램 기동의 이름을 부여한다. 여기서 prog_invoc_name의 변수내용은 “cooking_program”으로 정한다. 또한, 영역에 대한 정보도 입력시킨다. mm_mlist()함수를 이용하여 영역 정보를 서로 연결하여 최종적인 변수 cpinvoc_input_dcb를 얻는다. 이 변수내부에는 프로그램 기동의 이름과 영역에 대한 정보가 저장되게 된다. cpinvoc_input_dcb를 생성시킨 후 mm_cpinvocation()함수를 호출한다. 이 함수를 호출함으로써 prog_invoc_name 이라는 이름을 가진 프로그램 기동이 생성된다.

한편 클라이언트가 mm_cpinvocation()함수를 호출하면 서버는 cpresponse()함수를 수행하게 된다. 이 함수에서는 클라이언트에서 수신된 prog_invoc_name의 변수값 즉, "cooking_program"을 수신받으며 mm_leextract()함수를 이용하여 클라이언트에서 mm_mlist()함수를 통해 프로그램 기동이름과 영역 내용을 하나로 묶은 것을 풀게 된다. 이러한 작업이 완료된 후 mm_cpresponse()함수를 호출하여 프로그램 기동생성에 대한 결과를 클라이언트로 보내게 된다. 이제 생성된 프로그램 기동을 이용한 시작서비스 수행에 대해 알아보자. 생성된 프로그램 기동에 대한 시작서비스는 strt()함수를 호출함으로써 이루어진다. 우선 prog_invoc_name 변수를 이용하여 시작하려는 프로그램 기동의 이름을 입력한다. mm_strt()함수를 호출하면 prog_invoc_name 내용의 프로그램 기동이 실행된다. 앞에서 설명하였듯이 이 예제에서는 prog_invoc_name의 내용은 "cooking_program"이다. 즉, 클라이언트가 mm_strt()함수를 이용하여 서버에 있는 cooking_program을 실행하게 된다. 한편 서버는 strtresponse()함수가 호출되어 클라이언트로부터 요구된 프로그램 수행을 시작한다. 클라이언트로부터 수신된 프로그램 기동이름인 program_invocation_name 변수값을 알아내고 그 내용에 따라 실행하는 부분을 사용자가 만들면 된다.

현재 program_invocation_name이 "cooking_program"으로 되어 있기 때문에 이 이름에 맞는 사용자 응용을 코딩하면 된다. 프로그램을 실행한 후 mm_strtresponse()함수를 호출하여 서버가 요구된 실행을 하였음을 클라이언트에 알린다. stop(), pidelete()함수도 start()함수의 내용과 마찬가지로 생각하면 된다. stop()은 현재 실행되고 있는 프로그램을 중지시키는 것이며, pidelete()는 cpinvocation()에 의해 생성된 프로그램 기동을 삭제하는 함수이다.

제 8 장

변수접근 서비스

8.1 개 요

작은 단위의 자료를 읽고 쓰는 능력은 MMS의 주요 기능이다. 변수 접근(Variable access) 서비스는 이 능력을 제공한다. 즉, 변수 접근 서비스는 클라이언트 MMS 사용자가 가상생산 장치에 정의된 유형화된 변수에 접근할 수 있도록 하는 기능들을 제공한다. 이 기능들은 가상생산 장치 모델 안의 다섯 가지의 객체와, 이들 객체에 대해 작동하는 14가지의 서비스에 의해 제공된다.

【그림 2.8.1】과 같이 변수접근 서비스를 사용함으로써 사용자는 자동화 시스템 내에 있는 각 기기들의 각종 파라미터값들을 변경시킬 수 있게 된다. 즉, 수치제어기(NC : Numerical Controller)의 가공속도를 원격의 셀 제어기가 조절하기를 원한다면 바로 변수접근 서비스를 이용함으로써 수치제어기의 가공속도 파라미터값을 변경시킬 수 있는 것이다. 또한, 수치제어기의 모니터링을 위해 냉각수 레벨, 윤활유 레벨, 온도 등 기기에 관련된 각종 정보를 변수접근 서비스를 사용하여 원격에서 그 값을 읽을 수 있게 된다.

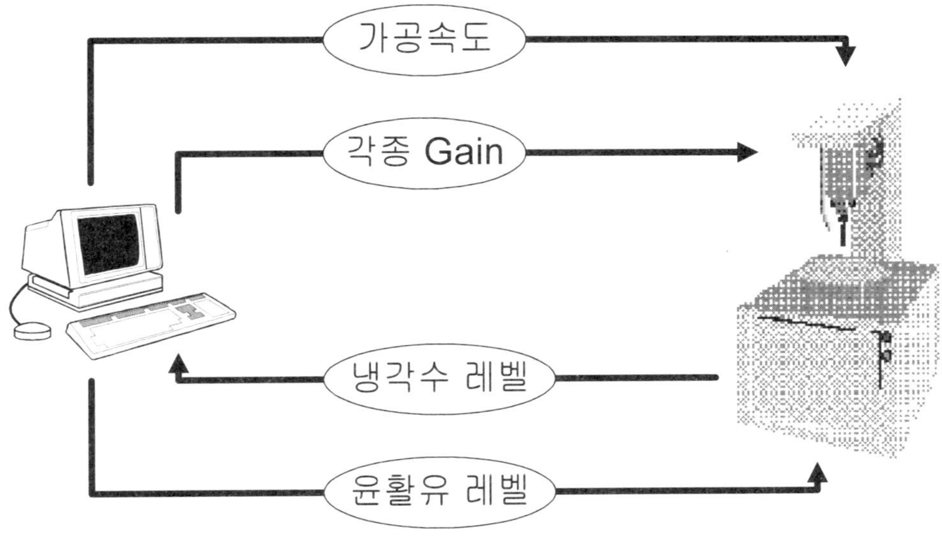

【그림 2.8.1】 변수접근 서비스를 통한 읽기/쓰기 서비스

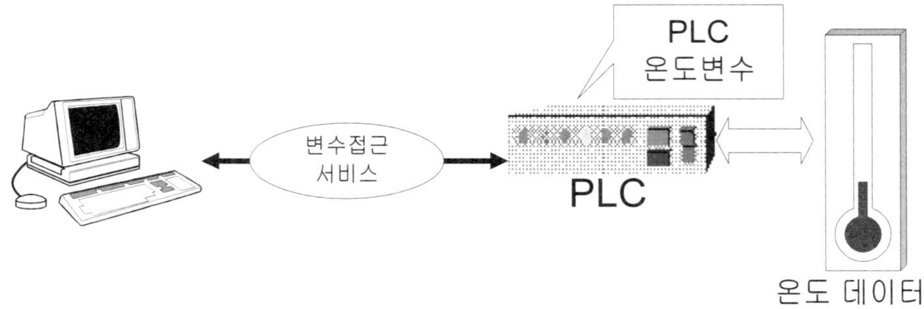

【그림 2.8.2】 변수 읽기/쓰기 서비스의 예

이 장에서는 MMS 변수라 불리는 가상 객체와 "실" 변수라고 불리는 실 객체간의 대응관계를 설명한다. MMS 변수들은 보통 의미의 변수가 아니다. 이들은 실 객체로의 접근 경로를 나타낸다. MMS 변수는 "값" 속성을 가지지 않는다. 그러나 그것들은 V-Put, V-Get함수를 통해 실변수의 값에 접근하는 방법을 제공한다. 이들 실 객체들은 시스템 변수일 수 있고 시스템 상수일 수도 있다. 또한 한 값 또는 다른 객체를 생성하는 시스템 절차를 나타낼 수도 있다. 이 책에서 "실"이라는 말은 "부동소수점"이 아니고 "구체적 존재를 가지는"의 뜻이다.

8.1.1 MMS 변수의 소개

여기서는 MMS 변수 접근 서비스의 개념과 원리를 설명한다.

1) MMS 변수 사용의 장점

MMS 변수의 사용은 공장의 자동화된 장치가 원격 응용 개체에, 또는 원격 응용 개체가 국부 정보에 빠르게 접근할 수 있도록 도와준다. 예를 들면,

- 원격 자료를 임의의 복잡성을 갖는 국부 프로그램 변수로부터 직접 읽을 수 있다.
- 사용자 국부 프로그램 변수의 임의의 자료를 원격 변수로 쓸 수 있다.

예를 들어 mm_read()를 한 번 사용하면 2개의 정수 값, 한 개의 8, 16비트 값의 벡터, 그리고 인쇄 가능한 스트링을 읽을 수 있다. 그리고 자동적으로 그 자료를

이 형의 국부 프로그램 변수로 바로 사용할 수 있게 된다. 비슷하게, mm_write()를 사용하여 같은 변수에 포함된 모든 값들을 원격 응용 개체에 쓸 수 있고 이 자료를 원격 응용 개체에서 알려진 자료로 직접 쓸 수 있다.

다시 한번 말하면, MMS 변수의 사용은 두 장치간의 확실한 협동을 요구한다. 게다가, 국부와 원격 시스템 간 연결(MMS가 변수를 읽고 쓸 수 있도록 하기 위한)을 위해 초기에 적절한 국부 변수를 정의할 것을 요구한다.

2) MMS 변수는 왜 복잡한가?

MMS 장치는 프로그램 변수를 직접 읽고 쓸 수 있다. 이를 위하여 사용자는 이 프로그램 변수에 대한 자세한 정보를 가지고 있어야 한다. 이 정보를 제공받기 위해서 MMS 변수는 복잡해진다. 이 개념은 후에 설명한다. 사용자는 정적으로 형을 정의하고 변수를 선언하는 것에 익숙할 것이다. 그러나 MMS 변수를 이해하는데 중요한 점은 아래와 같다.

> MMS 변수 접근은 동적 과정이다. 응용이 실행하는 동안
> MMS가 정의되고 MMS 변수가 만들어진다.

MMS는 다목적 인터페이스이기 때문에 어떠한 특정 기능에 대한 지식을 갖지 않는다. 각 기능을 수행하는 동안 인터페이스는 사용되는 변수의 형, 위치, 이름, 자료 값을 반드시 제공해야 한다. 인터페이스가 한 번 정보를 얻으면 일은 쉬워진다.

MMS 변수를 사용할 경우에 가장 어려운 부분은, 실제로 자료를 읽고 쓸 곳에 도달하는 것이다. 이는 MMS 변수 접근 서비스를 처음 사용하는 사람에게 어렵다. MMS 변수를 사용하기 위해서는 많은 도전이 있어야 한다. 그러나 그 노력은 추후에 장치의 핵심부에 있는 코드를 쉽게 만들 수 있는 것으로써 보상받을 수 있다. 사용자는 점차 이를 이해해 감에 따라 MMS 변수 접근 서비스의 능력과 유연성을 높이 평가하게 될 것이다.

이 장에서는 MMS 변수 사용을 밑에서부터 올라가며 접근하겠다. 여기서는 MMS 변수 접근 서비스를 효율적으로 사용할 수 있게 되기 전에 필요한 MMS 객체에 대해 설명한다. 그러고 나서 사용자가 의도에 따라 이 객체를 어떻게 조작할 수 있는지 설명한다.

8.1.2 MMS 변수의 기본 개념

여기서는 MMS 변수 접근 서비스의 개념에 대해 보다 자세히 설명한다. 인터페이스가 읽고 쓰는 요구를 할 때 사용하는 정보의 형태에 대해 알아보자.

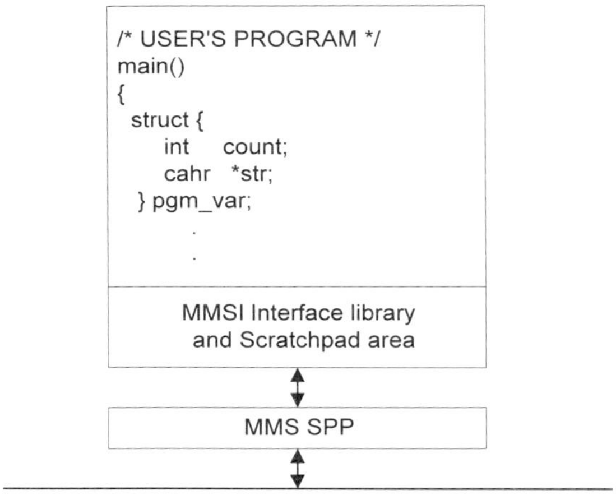

【그림 2.8.3】 MMS 변수 접근 개념도

【그림 2.8.3】은 pgm_var라는 변수를 사용하는 사용자 프로그램이다. 이 변수는 인터페이스가 직접 읽고 쓸 수 있도록 하기 위해서 정의된다. 다른 변수는 변수 정보를 스스로 유지하기 위한 것이다.

인터페이스가 가능한 한 많은 일을 수행하게 하기 위해서는 다음 목록의 정보를 가지고 있어야 한다.

MMS 인터페이스가 필요로 하는 것	이 유
pgm_var의 위치와 형태	사용자가 pgm_var의 자료를 원격 시스템에 쓰길 원한다면 인터페이스는 pgm_var이 어디에 위치하는지, 구조가 어떤지를 알아야 한다. 원격 시스템에서 pgm_var를 읽으려 할 때에도 마찬가지이다.
pgm_var 변수의 네트워크 관점	인터페이스는 변수가 어떻게 원격 시스템에 나타나는지를 알아야 한다. 예를 들어 pgm_var.count는 32비트 정수이다. 그러나, 원격 정수는 16비트일 수 있다. network representation은 원격에서 이 변수를 보는 방법을 나타낸다. 이 경우 network representation은 16비트 정수이다.
변수에 대한 이름이나 사용할 주소	읽거나 쓰기를 할 때는 원격에서 어떠한 변수가 사용되는지 설명할 수 있어야 한다. 변수는 variable specification으로 표시된다. SNU MMS는 이름과 주소를 모두 지원한다.
실제 자료	pgm_var을 자료의 인터페이스용으로 나타낸 것을 data handle이라 한다.

1) MMS 핸들

MMSI 인터페이스는 자료 형과 사용자가 정의한 MMS 목록, 그리고 다른 많은 MMS 객체 등의 국부 변수를 포함하여 많은 양의 정보를 보유하고 있다. 이 자료가 저장되는 방식은 MMS 사용자에게는 그다지 중요하지 않다. 왜냐하면 MMS 사용자들은 직접 MMS 객체를 다룰 필요가 없기 때문이다. 이는 MMS 객체를 간접적으로 다룰 방법을 제공하기 때문이다. 예컨대, 사용자가 인터페이스에 다음과 같은 자료 형을 정의한다고 하자.

```
typedef struct int_str_type
{
int      count;
char     *str;
```

```
}int_str_type;
```

이 형의 변수를 만들고자하면 인터페이스에게 사용할 자료의 형을 알려야 하는데, 이 때 사용자는 자료 형을 알리기 위해서 그 구조로 되어 있는 MMS 객체를 지시하는 핸들을 사용한다.

MMSI는 사용자에게 인터페이스가 보유하고 있는 MMS 객체에 대한 핸들을 제공한다. MMS 핸들은 파일 디스크립터와 비슷한 개념이다. 위의 예에서 새로운 MMS 형을 정의하기 위해 mm_nmtype() (New MMS Type) 함수를 사용하면 결과로 해당 형을 기술하는 형 핸들을 돌려준다. 후에, 그 형의 변수를 정의하고 싶으면 이 장 뒷부분에 설명할 mm_dlvariable() (Define Local Variable)의 입력의 일부로 형 핸들을 사용한다.

아래의 표는 파일 디스크립터와 MMS 핸들 사이의 비교이다. 이 장에서 설명되는 많은 함수가 인자로서 핸들을 사용한다. 어떤 함수는 한 객체의 핸들을 돌려주고, 어떤 함수는 이것을 입력으로 사용하며, 그리고 어떤 함수는 입력과 출력 인자에 모두 사용한다.

파일 디스크립터	MMS 객체에 대한 핸들
... 자체는 파일이 아니다.	... 자체는 객체가 아니다.
... 은 파일의 이름이 아니다.	... 은 객체의 이름이 아니다.
... 은 논리적으로는 파일을 지시하지만, 메모리의 주소라는 일반적 개념의 포인터는 아니다.	... 은 논리적으로 MMS 객체를 지정하지만 메모리의 주소라는 일반적 개념의 포인터는 아니다.

2) 변수 접근 서비스에서의 핸들의 사용

핸들이 어떤 함수의 입력으로 사용되어 그 함수가 성공적으로 수행되는 경우 그 핸들은 소비되었다고 한다. 만일 함수가 수행에 실패했다면 그 핸들은 소비되지 않는다. 소비된 핸들은 더 이상 유효하지 않다. 다시 말하면 그것은 더 이상 존재하지 않는다.

하지만 똑같은 핸들을 사용하려할 때 매번 새로 핸들을 만들어야만 하는 것은 아니다. 이를 위해 MMSI에서는 핸들을 복사하는 방법을 제공한다. 이를 위한 함수가 mm_dhandle() (Duplicate Handle)이다. 예를 들어 한 가지 형을 사용하여 여러 개의 변수를 정의하는 경우 해당하는 형의 핸들을 만들어서 원판을 남겨놓고 계속 복사하여 사용하면 편리한 경우가 많을 것이다. 그럴 경우에 mm_dhandle()을 사용하여 다른 함수에서 입력 인자로 사용할 핸들을 복제하는 것은 손쉬운 일이다. 복사 본은 함수에 의해 소비되지만 원본은 남게 된다. 그러므로 mm_dhandle()을 사용할 경우에는 핸들을 원래부터 만드는 반복 작업을 할 필요는 없다.

주) 소비되지 않은 핸들은 mm_fhandle()(Free Handle)로 풀 수 있다.

MMS 변수 접근에 연관된 핸들 형들은 다음과 같다.

핸들 이름	설 명
MMS_data	data 핸들. data handle은 장치와 인터페이스 간에 변수의 자료를 전송한다.
MMS_list	MMS 목록(MMS list) 핸들. 두 함수 mm_mlist()와 mm_leextract()는 MMS list를 다룰 경우에 사용한다.
MMS_type	MMS 형(MMS type) 핸들. mm_nmtype()의 출력 인자이다.
MMS_var_spec	MMS 변수 사양(MMS variable specification) 핸들. 변수 사양은 변수의 식별자이다. 변수는 국부적일수도 있고 원격일 수도 있다. 변수 사양은 단지 확인자이다. mm_nvspecification()의 출력 인자이다.

MMS_var_assoc	MMS 변수 연계(MMS variable association) 객체의 핸들. 변수 연계는 다양한 성질의 변수를 한 객체로 묶는다. 실제로는 변수 연계 핸들은 많은 부분들로 구성된 MMS 변수를 가리킨다. mm_nvassociation()의 출력 인자이고 다른 많은 함수의 입력인 자이다.

2) 읽기와 쓰기의 역할

변수를 읽고 쓰는 것에는 다음의 네 가지 역할이 있다.

- 원격 변수의 읽기
- 원격 변수의 쓰기
- 읽기 표시(read indication)에의 응답
- 쓰기 표시(write indication)에의 응답

① 원격 변수에 자료를 쓰는 것은 읽기 지시에의 응답과 유사하다. 이것은 자료가 사용자의 장치에서 통신망을 통해 동료의 AP에 전달되기 때문이다. 자료 쓰기나 읽기 지시에의 응답이나 인터페이스는 유사한 정보를 요구한다.

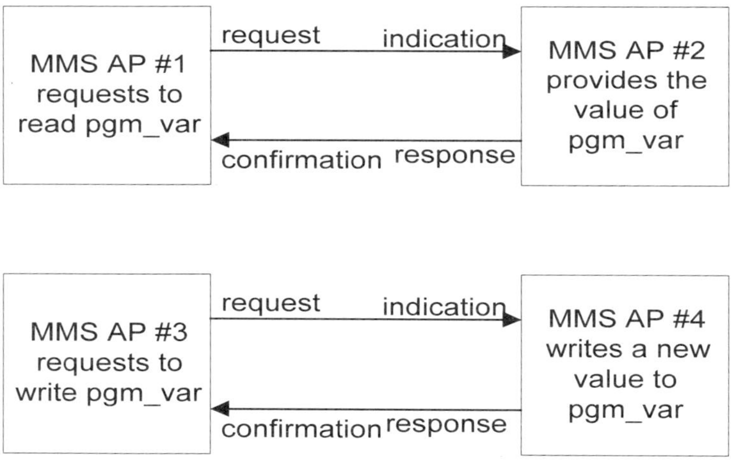

【그림 2.8.4】 MMS Variables의 읽기와 쓰기

② 원격 변수에서 자료를 읽는 것은 쓰기 지시에의 응답과 유사하다. 이것은 자

료가 사용자의 장치에서 통신망을 통해 동료의 AP에 전달되기 때문이다. 자료 읽기나 쓰기 지시에의 응답이나 인터페이스는 유사한 정보를 요구한다.

이 개념은 이 장 뒷부분에서 설명할 내용에 적용된다. 그러나 우선적으로 변수의 읽기나 쓰기에 모두 적용될 몇 개의 다른 개념을 살펴볼 필요가 있다.

주) 많은 변수 접근 함수들이 읽기나 쓰기에 각 장치가 어떤 역할을 하는지에 대해 무관하게 사용된다. 위의 구분은 그 함수가 어떻게 불리는지에 따른 것이고, 여기에서 함수의 이름은 불필요하다.

다음은 일반적으로 모든 MMS 변수 수행에 연관된 것이다.

(1) Name Scopes

모든 MMS 객체는 볼 수 있는 가시 영역을 갖는다. SNU MMS에서 국부 객체는 VMD-specific이나 AA-specific일 수 있다.

원격 객체는 VMD-specific, AA-specific, 또는 domain-specific일 수 있다.

VMD-specific 변수 ...	AA-specific 변수 ...
... 은 VMD 가 설정된 상황하에서 존재한다.	... 는 접속이 설정된 상황하에서 존재한다.
... 은 설정된 VMD에서 사용되는 어떤 원격 AE에서 볼 수 있다.	... 은 설정된 접속 하의 원격 AE에서만 볼 수 있다.

AA-specific 변수는 접속된 상태에서 가상생산 장치에 알려지지 않는다. 만일 특별한 객체가 몇 개의 접속간에 가능하다면 그것은 VMD-specific이다. 한편, 두 접속간에 독립적이지만 동일한 객체를 유지하기를 원한다면 각각 AA-specific에 이치에 맞게 접근하며 만든다. 마지막으로, SNU MMS는 원격 Domain-specific 객체를 지원한다.

주) AA-specific과 connection-specific이란 용어는 동등하며 서로 바꿔 사용할 수 있다. 이것은 ISO/IS 9506과 동일하다.

(2) 변수 목록 (Variable Lists)

읽기와 쓰기를 포함한 함수는 각각 변수 목록에서 작업을 한다. 변수의 목록을 읽고 쓰는 것은 유연성을 제공한다. 변수의 묶음은 한 함수에 의해 읽힐 수 있고 변수 목록으로 사용될 수 있다. 물론 목록은 한 원소만을 포함할 수도 있다.

더 자세히 말해서, 아이템의 목록은 변수로 연계된 객체이다. 사용자는 mm_nvassociation() 함수로 변수 연계를 구성할 수 있다. 그 함수의 출력은, 변수 연계 목록을 만들기 위해 mm_mlist()의 입력으로 사용할 변수 연계 핸들이다.

(3) 평행 이름과 형 (Parallel Names and Types)

MMS 변수를 읽고 쓰는 프로그램을 디자인할 때, 포함된 변수가 접속된 양편에서 동일한 이름과 형을 가지고 있으면 일하는 데 수월할 것이다. 만약 한 장치와는 다른 장치에서, 접근할 motor1이라는 이름의 정수 변수를 가지고 있다면, 양장치가 모두 motor1이라는 변수를 가지고 있으면 편리하다. 다른 방법도 있지만 평형 이름과 형을 갖는 것이 작업을 단순하게 해준다.

예를 들어, 모든 국부 정수나 실수의 크기가 원격 장치의 것과 일치하면 사용자는 통신망 표현(network representation)을 만들지 않아도 된다.

(4) MMS 변수 연계 객체 (MMS Variable Association Objects)

MMS 변수 연계 객체를 이해하는 것은 MMS변수 서비스를 사용하는데 매우 중요하다. MMS 변수 연계 객체는 인터페이스의 변수로 정의된 MMS 객체이다. MMSI 는 다룰 변수로 변수 연계를 사용한다.

MMS 변수는 기본적으로 다음과 같은 속성을 가진다.

- 국부 이름 (Local Name)
- 국부 주소 (Local Address)
- 국부 자료 형 (Local Data Type)
- 국부 값 (Local Value)

이에 더해서, MMS 변수는 다른 속성을 갖는다.

- 통신망 이름 (Network Name)
- 통신망 자료 형 (Network Data Type)
- 통신망 값 (Network Value)

변수 연계 객체는 모든 이 속성이 MMS변수를 기술하는 한 개의 객체에 적용된다. 한 번 변수 연계가 읽기와 쓰기에 포함된 모든 변수에 적용 가능하면 그것들은 mm_mlist 함수를 통해 MMS 목록에 포함된다. 이 목록은 mm_read(), mm_write(), mm_rresponse(), mm_wresponse() 또는 mm_rinformation()의 입력인자이다.

변수 연계 객체는 mm_nvassociation() 함수로 만들어진다. mm_nvassocioation() 함수의 입력 인자는 인터페이스가 이미 변수에 대해 알고 있는 정도와 제공된 변수 연계에 많이 의존한다. 각 변수의 정보를 얻는 것이 이 장의 주목적이다.

4) MMSI 잡기장 (MMSI Scratch Pad)

이 장에서는 언제 어떻게 MMS 변수를 만들어야 할지를 배워야 한다. 많은 기술적인 이유(자원보존을 포함하여)로 MMS 객체는 초기에 이 잡기장에 만들어진다. 잡기장에 만들어진 객체는 순간적인 것이다. 이 객체에의 접근은 MMS 핸들을 통하여 이루어지고 앞에서 설명하였듯이 핸들은 그 함수를 사용할 때 소비된다. 한 객체의 핸들이 소비되면 사용자는 그 객체에의 직접적인 접근을 잃는다. 다음의 함수들이 잡기장에 객체를 생성한다.

- mm_nmtype() New MMS Type
- mm_nvspecification() New Variable Specification
- mm_nvassociation() New Variable Association
- mm_mlist() Make List
- mm_dhandle() Duplicate Handle

객체에의 접근을 유지하고 싶다면 mm_dhandle()을 사용하여 필요할 때마다 핸들의 복사본을 만들 수 있다. 이런 접근은 객체를 잡기장에 남게 한다. 그러나 이러한 방법은 시간 소비가 많으며 에러를 유발할 수 있다.

더 나은 방법은 다음 절에서 소개될 Define Local xx함수를 이용하는 것이다.

- mm_dltype() Define Local Type
- mm_dlvariable() Define Local Variable
- mm_dllist() Define Local List

이 함수들은 하나의 객체 이름을 정의된 형, 변수 또는 목록과 결합시킨다. 이 객체의 이름은 이후에 이것을 참조할 때 사용될 수 있다.

예를 들어, MMSI 잡기장에 복소수 변수(complex_var)를 정의하려 하면 인터페이스에 변수를 정의하기 위해 mm_dlvariable()을 사용할 수 있고 그것의 기록이 보유될 것이다. 후에, complex_var를 위한 새 변수 연계를 요구하면, MMSI는 객체의 핸들을 제공할 것이다. 이것은 변수 연계를 매번 다시 만들거나 매번 다시 복제하는 수고를 덜어 준다. 【그림 2.8.5】는 이것에 관한 개념도이다.

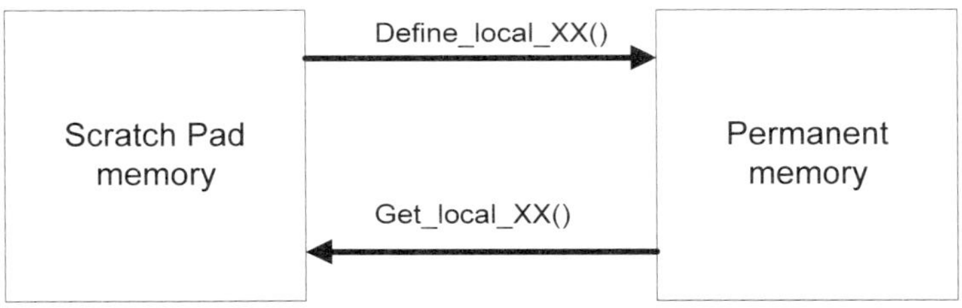

【그림 2.8.5】 MMS 잡기장

8.2 MMS 변수접근 모델

"변수"는 가상생산 장치의 추상적인 요소로서, 유형화된 데이터 값을 제공하거나 (읽힐 때) 수용할(써질 때) 수 있고 또 둘을 모두 수행할 수도 있다. "형 기술(type description)"은 변수의 값에 의해 전달될 수 있는 데이터의 형태를 추상적으로 기술하는 것이다. 변수의 형 기술은 그 변수의 추상적 구문, 가능한 값의 범위 및 MMS를 사용하여 통신되는 동안의 형태를 결정한다.

MMS 변수 접근 서비스는 가상생산 장치에 존재하는 변수들 (또는 변수들의 일부)의 값을 읽고 쓰는 것에 초점을 맞춘다. 다음의 문단들은 변수 접근 객체들을 기술함으로써, 그리고 이들 객체를 생성, 조작, 또는 파괴하는 서비스를 기술함으로써 MMS 변수 접근 모델을 기술한다.

MMS는 다섯 개의 변수 접근 객체를 정의한다. 그들은 다음과 같다.

- 이름없는 변수 객체
- 이름있는 변수 객체
- 분산접근 객체
- 이름있는 변수 목록 객체
- 이름있는 형 객체

MMS 변수 접근 서비스를 사용하여 가상생산 장치 자신의 하나 또는 그 이상의 실변수에 대한 접근을 허용하는 가상생산 장치는 접근이 허용되는 실변수들과 MMS 변수 접근 객체들 사이에 하나 이상의 대응관계를 제공한다.

8.2.1 변수를 기술하는 객체

MMS는 하나의 MMS 변수와 가상생산 장치의 하나의 실변수 사이의 대응관계를 기술하는 두개의 객체를 정의한다. 그것들은 이름없는 변수 객체와 이름있는 변수 객체이다. 이들 객체들은 두개의 구별되는 추상화 수준을 제공한다.

이름없는 변수 객체에 의해 표현되는 추상화는 실제 시스템의 물리적 구조와 유사하다. 이름없는 변수 객체는 가상생산 장치의 주소 지정 가능한 기능의 장치 의존적인 측면을 모델화한다. 이름없는 변수 객체는 주소에 의해 표현되는 고유의 형 기술과 그 형의 설명에 대한 MMS 표현 사이의 대응관계를 제공한다. 이름없는 변수 객체의 존재는 가상생산 장치의 존재와 일치한다. 이 객체는 주소유효성(VADR) 파라미터 적합성형성블록이 지원되는 경우에만 이용가능하다.

이름있는 변수 객체에 의해 표현되는 추상화는 가상생산 장치의 실변수 응용의 관점을 모델화한다. 이름있는 변수 객체의 존재는 영역, 응용 연계, 또는 가상생산 장치의 수명과 일치하도록 지정될 수 있다. 이름있는 변수 객체는 이름유효성(VNAM) 파라미터 적합성형성블록이 지원되는 경우에만 사용가능하다.

이름있는 변수 객체와 이름없는 변수 객체 둘 다 가상생산 장치의 실변수를 모델화하는데 사용될 수 있으나 이들 객체들과 이들이 클라이언트 MMS 이용자에게 제공하는 기능들 사이에는 중요한 차이점들이 있다.

① 이름있는 변수 객체는 응용 프로세스 결정 이름을 사용하여 실변수에의 접근을 기술한다. 반면에 이름없는 변수 객체는 장치 특정 주소를 사용하여 실변수에의 접근을 기술한다.
② 이름있는 변수 객체는 알려진 주소 (계산된 변수)를 갖지 않으므로 변수나 공개되지 않은 주소를 가지는 변수를 기술하는 데 사용된다. 이름없는 변수 객체는 그 변수에 대한 알려진 고정 주소를 필요로 한다.
③ 마지막으로 이름있는 변수 객체는 하나의 이름을 사용하여 접근되는 하나 또는 그 이상의 응용관련 데이터 요소의 집합을 기술하기 위해서, 또는 하나 이상의 이름없는 변수 객체들의 집합에 대한 좀더 명확한 형 기술을 하기 위

해서, 또는 두 가지 모두를 위해서 사용된다. 반면에 이름없는 변수 객체는 가상생산 장치의 주소 지정 가능한 기능을 가지고 있는, 구현에 따른 측면의 접근을 모델화한다.

MMS는 클라이언트 MMS이용자가 이름있는 변수 객체를 이름없는 변수 객체들을 사용하여 정의하도록 허용하는 서비스를 제공한다. 이들 서비스는 오직 이름 유효성 환경을 직접적으로 지원하지 않는 장치들에 대한 두 가지 환경 사이의 수명이나 단순성 또는 둘 다에 기인한 차이를 해소하는 데 사용하는 것이 기본 의도이다.

1) MMS 변수에의 접근을 위한 요구사항

이름있는 변수 객체 또는 이름없는 변수 객체에서 실변수로의 대응은 접근 (해당 객체를 사용한 실변수로의)이 성공하거나 실패한 것을 확인시킨다. 부분적인 성공은 보고되지 않는다.

주) 쓰기 실패의 경우 (예를 들어 실제 시스템에서의 하드웨어 문제에 의해), 쓰기로부터의 부분적인 결과는 국부적 또는 원거리로부터의 후속 접근에 보일 수 있다.

아울러 가상생산 장치는 가능하다면 MMS 변수로의 접근이 방해받지 않는다는 것을 보장해야 한다. 다시 말해서, 읽기 접근은 가상생산 장치의 상태에서 하나의 논리적인 순간을 나타내는 값을 반송해야 하고, 쓰기 접근은 하나의 논리적 순간에서 가상생산 장치의 상태를 변화시켜야 한다. 이와 같은 보장은 불가능할 수도 있으므로, 또는 몇몇 변수에 대해서는 가능하지만 모든 변수에 대해서는 불가능할지도 모르므로, 가상생산 장치에 대한 정적인 적합성 명세는 방해를 받지 않는 접근이 지원되는지, 만약 지원된다면 그것이 어떤 제한조건하에서 보장되는지를 기술한다.

2) MMS 변수와 실제 시스템간의 관계

실변수와 이것에 접근하기 위해 사용되는 MMS 객체 사이의 관계는 두개의 추상적인 함수들에 의해 지정된다. 이들 함수는 아래에서 기술된다.

(1) V-Get 함수

V-Get 함수는 가상생산 장치의 상태로부터 MMS 변수의 값을 얻는다. (여기서 상태는 MMS 변수에서 실제 시스템으로의 대응에 관련된 가상생산 장치 조작의 모든 면을 망라한다.) V-Get 함수의 파라미터는 가상생산 장치의 상태, 변수 접근 방법, 형 기술, 그리고 그 접근에 적용되는 교체접근이다. 만약 접근이 성공하면 그 결과는 실변수의 데이터 값이다. 이 값의 추상적 형 기술은 형 지정과 교체접근에 의해 지정된다. 접근 실패의 경우에 결과는 실패의 원인이다.

(2) V-Put 함수

V-Put 함수는 MMS 변수의 값을 가지고 가상생산 장치의 상태를 갱신한다. (여기에서도 상태는 MMS 변수에서 실제 시스템으로의 대응에 관련된 가상생산 장치 조작의 모든 면을 망라한다.) V-Put함수의 매개 변수는 변수의 값, 접근 방법, 형 기술, 및 교체접근(가능한 경우)이다. 성공했을 경우 MMS 변수의 형 기술과 교체접근은 변수의 실제 값을 계산하기 위해 MMS 값에 적용되고, 결과는 가상생산 장치의 상태를 갱신하는 데 사용된다. 만약 이 갱신이 실패하면, 가상생산 장치의 결과적인 상태는 지정되지 않으며, 접근은 실패하고, 실패의 원인이 제공된다.

3) 변수 접근 권리 강요

MMS 변수에 대한 보호 요구사항 (만약 있다면)은 실변수로부터 나온다. 이들 요구사항들은 국부적인 기준에 기초하여 가상생산 장치에 의해 만들어진다. 그것들은 ISO/IEC 9506에 의해서는 지정되지 않는다. 데이터 접근 오류에 대한 OBJECT- ACCESS-DENIED (객체접근거부) 값은 변수 접근에 대한 요구가 불충분한 특권 때문에 거부됨을 표시하는 데 사용된다.

4) 이름없는 변수 객체

이름없는 변수 객체는 하나의 이름없는 MMS 변수로부터 가상생산 장치내의 알려진 고정 주소에 존재하는 실변수로의 대응을 기술한다.

이름없는 변수 객체는 생성되지도 소멸되지도 않는다. 이것의 존재는 가상생산 장치의 구조에서 고유한 것이다. 주소유효성이 지원되는 경우, 모든 공개된 (원격에서 볼 수 있는) 주소의 내용은 이름없는 변수 객체로 모델화된다.

예 일반적인 목적의 바이트 주소 지정 가능 장치는 각각의 공개된 주소에 "옥텟" 형을 할당할 수 있다. 적은 수의 주소들을 가지는 특수한 목적의 장치는 특정한 주소의 알려진 사용법에 기초하여 특정한 형을 지정할 수 있다.

이름없는 변수 객체의 속성은 아래에 지정되는데, 이 객체 상에서 조작되는 서비스의 간략한 기술이 뒤따른다.

(1) 이름없는 변수 객체 - 속성

객체 : 이름없는 변수
핵심 속성 : 주소
속성 : MMS 삭제가능 (거짓)
속성 : 액서스 방법 (PUBLIC)
속성 : 형 기술

▶ 주 소

주소 속성은 가상생산 장치를 지원하는 시스템에서의 실변수의 위치를 제공한다.

▶ MMS 삭제 가능

이름없는 변수 객체에 대한 MMS 삭제가능 속성은 거짓을 지정한다.

▶ 접근 방법

이름없는 변수 객체에 대한 접근 방법 속성은 PUBLIC 접근을 지정한다.

▶ 형 기술

형 기술 속성은 MMS 서비스를 사용하는 관점에서, 실변수 고유의 추상적 형을 나타낸다. 이것은 접근을 목적으로, 주소에서 고유하다면, 이들 데이터 요소들을 (배열 또는 구조로) 집합화하는 것 외에도 등급(비트열, 정수, 부동소수점 등)과 변수의 간단한 데이터 요소에 대한 값의 범위를 지정한다.

(2) 이름없는 변수 객체상의 조작

이름없는 변수 객체상에서 동작하는 서비스가 아래에 나열된다.

① 읽기 : 이 서비스는 V-Get함수를 사용하여 이름없는 변수 객체에 의해 기술되는 실변수의 현재 값을 얻는다.
② 쓰기 : 이 서비스는 V-Put함수를 사용하여 이름없는 변수 객체에 의해 기술되는 실변수의 현재 값을 대치한다.
③ 정보보고 : 이 서비스는 V-Get함수를 사용하여 이름없는 변수 객체에 의해 기술되는 실변수의 현재 값을 얻는다.
④ 변수접근속성얻기 : 이 서비스는 이름없는 변수 객체의 형 기술 속성을 반송한다.

5) 이름있는 변수 객체

이름있는 변수 객체는 MMS 변수와 가상생산 장치의 응용에 따라 정의된, 실변수사이의 대응을 기술한다.

注) 실변수는 하나의, 그리고 오직 하나만의 이름있는 변수 객체와의 대응관계를 가지도록 권장된다. MMS는 이 권장사항을 강요하지는 않는다.

이름있는 변수 객체의 속성은 아래와 같이 지정된다. 그리고 이 객체 상에서 조작되는 서비스에 대한 간략한 기술도 따라 온다.

(1) 이름있는 변수 객체 - 속성

```
객체 : 이름붙은 변수
       핵심 속성 : 변수 이름
       속성 : MMS 삭제가능 ( 참, 거짓 )
       속성 : 형 기술
       속성 : 액서스 방법( PUBLIC, ... )
       제한 : 액서스 방법 = PUBLIC
          속성 : 주소
```

▶ **변수 이름**

변수 이름 속성은 이름있는 변수 객체를 유일하게 지정한다. 변수 이름은 MMS 객체 이름이고, 가상생산 장치특정, 영역특정, 또는 응용 연계특정 범위를 가지고 정의될 수 있다. 이름있는 변수 객체가 하나의 접근에 의해 사용되기 위해 일시적으로 생성될 때, 이 속성은 UNDEFINED 값을 가진다.

주) 변수 이름은 분산접근 이름과 같은 이름 공간에 존재한다.

▶ **MMS 삭제가능**

MMS 삭제가능 속성은 변수접근삭제 서비스를 사용하여 이름있는 변수 객체를 삭제할 수 있는가 없는가를 표시한다.

▶ **형 기술**

형 기술 속성은 MMS 서비스를 사용하는 관점에서, 실변수의 추상적인 형을 표시한다. 이것은 접근을 목적으로, 이들 데이터 요소들을 (배열 또는 구조로), 가능하다면, 집합화하는 것 외에도 등급(정수, 부동소수점 등)과 변수의 간단한 데이터 요소에 대한 값의 범위를 지정한다. 변수의 형 기술과 접근 방법은 실변수의 각 데이터 요소의 값이 결정될 수 있도록 충분한 정보를 (가상생산 장치에게) 제공하여야 한다.

▶ **접근 방법**

접근 방법 속성은 실변수를 위치시키기 위해 가상생산 장치가 요구하는 정보를 제공한다. 이 속성은 ISO/IEC 9506에서 지정되지 않은 추가적인 속성들을 포함하여 가상생산 장치에 적합한 어떠한 값도 포함할 수 있다.

만약 접근 방법이 MMS 서비스를 사용하여 선언가능 (그리고 획득 가능) 하다면, 이 속성은 PUBLIC 값을 가지고 주소 속성은 정의되고 이름 있는 변수 객체의 속성을 요구하는 클라이언트 MMS 이용자에게 이용가능 하도록 된다. 그렇지 않으면 이 속성의 값은 국부적인 문제로 남게 된다. PUBLIC 접근 방법은 주소유효성이 지원되지 않으면 이용가능하지 않다.

가상생산 장치는 접근 순간에만 존재하는 MMS 변수를 선언할 수 있다. 이러한 변수는 본질적으로 주소를 가지지 않는다. 이것은 국부적인 수단을 사용하여 가상생산 장치에 의해 정의되고, PUBLIC 외의 다른 접근 방법을 가진다. 또한 가상생산 장치는 주소를 가지는 MMS 변수를 선언하고, 이 주소를 클라이언트 MMS이용자에게 공개하지 않을 수 있다. 이러한 변수는 또한 PUBLIC을 제외한 다른 접근 방법을 가지고 국부적으로 정의될 수 있다.

▶ **주 소**

주소 속성은 PUBLIC과 동등한 접근 방법을 가지는 이름있는 변수 객체에 대해서만 존재하는데, 형 기술 속성에 의해 기술되는 변수의 위치를 제공한다. 형 기술 속성에 의해 기술된 대로, 변수의 데이터 요소는 이 속성에 의해 지정되는 주소에서의 첫번째 요소로 시작되는 인접한 주소들에 위치한다. 데이터 요소의 형들은 이들 인접한 주소를 포함하는 이름없는 변수 객체들의 데이터 요소의 형과 호환된다. 형 "호환성"의 결정은 국부적인 문제이다.

주1) 본 목적은 가상생산 장치가 형 상충을 포함하는 정의를 받아들이는 것을 거부할 수 있도록 허용한다. 예를 들면 알려진 부울을 부동소수점으로 정의하라고 요구하는 것이다. 정의는 가상생산 장치가 형 명세의 구체화를 요구하는 정의를 수용하도록 허용하기 위해 개방되어 있다. 예를 들면 하나의 "워드" (비트열)가 정수값을 가진다는 선언이다.

주2) MMS는 가상생산 장치안의 실변수의 할당을 제공하지 않는다. MMS 서비스는 실변수가 어떻게 그리고 어디에 할당되었는가를 기술하는 데 사용될 수 있다. 그러나 그러한 사용은 실변수가 선언되는 가상생산 장치의 특정 응용을 포함하여 특정 가상생산 장치 구현의 세부적인 지식을 요구한다.

주3) 주소의 인접성에 대한 요구조건은 접근 방법이 PUBLIC인 변수만에 대한 것이다.

(2) 이름있는 변수 객체상의 조작

이름있는 변수 객체 상에서 동작하는 서비스들이 아래에 열거된다.

① 읽기 : 이 서비스는 V-Get함수를 사용하여 이름있는 변수 객체에 의해 기술되는 실변수의 값을 얻는다.

② 쓰기 : 이 서비스는 V-Put함수를 사용하여 이름있는 변수 객체에 의해 기술되는 실변수의 값을 대치한다.

③ 정보보고 : 이 서비스는 V-Get함수를 사용하여 이름있는 변수 객체에 의해 기술되는 실변수의 값을 얻는다.

④ 이름있는변수정의 : 이 서비스는 이름있는 변수 객체를 생성한다.
⑤ 변수접근속성얻기 : 이 서비스는 이름있는 변수 객체의 속성을 반송한다.
⑥ 변수접근삭제 : 이 서비스는 이름있는 변수 객체를 삭제한다.

8.2.2 다중 변수 접근을 기술하는 객체

MMS는 하나의 이름을 사용하여 여러 개의 MMS 변수에의 접근을 기술하는 두 객체를 제공한다. 그것들은 분산접근 객체와 이름있는 변수 목록 객체이다. 이들 객체들은 클라이언트 MMS이용자에게 서로 다른 두 수준의 서비스를 제공한다.

분산접근 객체는 하나의 MMS 이름에서 독립적인 MMS 변수들로 구성되는 구조로의 대응을 지정한다. 분산접근 객체를 사용한 바탕의 실변수에의 접근은 분산접근 객체가 하나의 실변수에 대응되었던 것처럼 클라이언트 MMS이용자에게 보인다. 분산접근 객체는 주소유효성, 이름유효성 및 분산접근기술유효성(VSCA) 파라미터 적합성형성블록이 모두 지원될 때만 사용가능하다.

이름있는 변수 목록 객체는 하나의 MMS 이름에서 독립적인 MMS 변수들의 목록으로의 대응을 지정한다. 그러나 분산접근 객체와는 달리 이름 있는 변수 목록 객체는 실변수들의 독립성을 클라이언트가 알고 있을 수 있도록 구성된다. 이 객체는 자주 사용되는 변수 접근 목록의 반복적인 전송을 피할 수 있는 방법을 제공한다. 이름있는 변수 목록들을 사용하는 접근은 목록의 구성요소의 수준에서 성공하거나 또는 실패가 결정된다. 따라서 부분적인 성공이 보고될 수 있다.

1) 분산접근 객체

분산접근 객체는 독립적인 MMS 변수들로 구성된 "구조"에의 접근을 지정할 때 사용하기 위한 이름을 제공한다. 이 구조 각각의 구성요소는 이름 있는 변수 객체, 이름없는 변수 객체, 또는 분산접근 객체 중 하나에 의해 표현된다.

주) 이 객체는 그 존속 시간이나 단순성 때문에 하나의 기본 주소의 지정과는 상관없이 결정될 변수의 값을 허용하는 접근 방법을 가지는 이름있는 변수 객체의 국부적인 정의를 제공하지 않는 장치, 그리고 하나의 기본 주소를 사용하여 접근될 수 있도록 변수의 데이터 요소들을 배열하기 위한 기능을 제공하지 않는 장치를 지원하기 위해 기본적으로 제공된다.

분산접근 객체의 속성은 이 객체 상에서 작동하는 서비스에 대한 간략한 기술과 함께 아래에 지정된다.

(1) 분산접근 객체 - 속성

객체 : 분산 액서스

핵심 속성 : 분산접근 이름

속성 : MMS 삭제가능 (참, 거짓)

속성 : 구성요소 목록

속성 : 참조 종류 (NAMED, UNNAMED, SCATTERED)
속성 : 참조
속성 : 구성요소 이름
속성 : 액서스 기술

▶ 분산접근 이름

분산접근 이름 속성은 분산접근 객체를 유일하게 지정하는 데 사용된다. 이것은 MMS 객체 이름이며, 가상생산 장치특정, 영역특정, 응용 연계특정 범위를 가지고 정의된다. 분산접근 객체가 하나의 접근을 위해 일시적으로 생성될 때 이 속성은 UNDEFINED 값을 가진다.

주) 분산접근 이름은 변수 이름과 같은 이름 공간에 존재한다. 대부분의 서비스 (분산접근정의와 분산접근 속성얻기는 예외)에 대해 분산접근 객체의 참조는 이름있는 변수 객체의 참조와 구별되지 않는다.

▶ MMS 삭제 가능

MMS 삭제가능 속성은 변수접근삭제 서비스를 사용하여 분산접근 객체가 삭제될 수 있는가 없는가를 나타낸다.

▶ 구성요소 목록

이 속성은 하나 이상의 객체를 참조하는 목록을 제공하는데, 각 객체는 이름있는 변수 객체, 이름없는 변수 객체, 또는 분산접근 객체 중의 어느 것일 수 있다. 이들 객체들은 분산접근 객체의 구성 데이터 요소에 대한 대응을 기술한다. 이 목록의 요소들의 속성은 아래와 같이 나타난다.

▶ 참조 종류

이 속성은 참조 속성에 의해 참조되는 객체의 형을 나타낸다. 가능한 값은 다음과 같다.

- 이름지정(NAMED) : 참조되는 객체는 이름있는 변수 객체이다.
- 이름비지정(UNNAMED) : 참조되는 객체는 이름없는 변수 객체이다.
- 분산(SCATTERED) : 참조되는 객체는 분산접근 객체이다.

▶ 참 조

참조 속성은 MMS 객체에의 참조를 포함하는데, 이는 참조 종류 속성에 의해 지정되는 형이며, 이 MMS 객체는 하나의 MMS 변수에서 실변수로의 대응관계를 정의하거나, 하나의 실변수로의 대응관계를 제공하는 하나 이상의 독립적인 MMS 변수들로 구성된 구조로 분산접근 대응관계를 정의하는 것이다.

참조 종류가 NAMED나 SCATTERED일 때 그 참조된 객체가 삭제되면 이 속성은 UNDEFINED로 지정되고, 이 분산접근 객체 또는 이 객체가 하위로 되는 어떤 분산접근 객체에 의해 지정되는 접근에 대해 OBJECT-INVALIDATED (객체 무효) 오류를 유발한다.

주) 참조된 이름없는 변수 객체는 결코 무효화되거나 삭제되지 않는다.

▶ 구성요소 이름

구성요소 이름 속성은 이 분산접근 객체의 이 구성요소로의 교체접근을 지정할 때 사용하기 위한 이름을 제공한다. 이것은 교체접근이 이 구성요소를 명시적으로 지정하지 않을 수 있다는 것을 나타내는 UNDEFINED이거나, 이 구성요소가 접근을 위해 또는 추가적인 교체접근 지정을 위해 명시적으로 선택될 수 있다는 것을 나타내는 식별자이다.

▶ 접근 기술

접근 기술 속성은 분산접근 객체의 이 구성요소에 의해 표현되는 MMS 변수(또는 분산접근 객체)로의 바람직한 접근의 기술을 제공한다. 이 속성은 참조된 객체에 의해 정의되는 대응관계를 사용하는 완전 접근이 기대된다는 것을 표시하는 UNDEFINED 값을 가지거나, 참조된 객체에 의해 정의되는 대응관계에 기반을 두는 교체(부분적일 수 있음) 접근을 지정할 수 있다.

UNDEFINED가 아닐 때 이 속성은 참조되는 객체에 의해 정의되는 대응을 사용하여 접근되는 복합 변수의 데이터 요소들의 외부적으로 가시적인 구조화를 변경하거나, 참조되는 객체에 의해 정의되는 대응관계에 포함되는 데이터 요소들의 집합의 어떤 부분 집합에 대한 접근을 지정하거나 또는 둘 다를 위해 사용된다.

주) 접근 기술은 MMS 변수의 단순 데이터 요소들의 추상적인 형을 변경하지 않는다.

접근 기술은, 참조되는 객체에 의해 정의되는 대응관계에 따라, 참조되는 실변수 각각의 접근되는 데이터 요소의 값이 결정되도록 허용하기 위한 충분한 정보를 가상생산 장치에게 제공한다.

(2) 분산접근 객체상의 조작

분산접근 객체 상에서 조작하는 서비스는 다음과 같다.

① 읽기 : 이 서비스는 데이터 요소들 (이름있는 또는 이름없는 변수)을 결정하기 위해 구성요소목록 속성을 사용하고 이들 요소들 상에서 읽기 동작을 수행한다.
② 쓰기 : 이 서비스는 데이터 요소들(이름있는 또는 이름없는 변수)을 결정하기 위해 구성요소목록 속성을 사용하고 이들 요소들 상에서 쓰기 조작을 수행한다.
③ 정보보고 : 이 서비스는 데이터 요소를 결정하기 위해 구성요소 목록 속성을 사용하고 이들 요소상의 정보보고 서비스를 수행한다.
④ 분산접근정의 : 이 서비스는 분산접근 객체를 생성한다.
⑤ 변수접근속성얻기 : 이 서비스는 분산접근 객체의 외부적으로 가시적인 형 기술을 반송한다.
⑥ 분산접근속성얻기 : 이 서비스는 분산접근 객체의 실제 속성을 반송한다.
⑦ 변수접근삭제 : 이 서비스는 분산접근 객체를 삭제한다.

2) 이름 있는 변수 목록 객체

이름 있는 변수 목록 객체는 독립된 MMS 변수들의 목록에 접근하기 위해 사용되는 이름을 지정한다. 이 목록의 각 요소는 이름 있는 변수 객체, 이름 없는 변수 객체, 또는 분산접근 객체이다. 이 목록 전체에 대한 접근은 규정되지 않는다.

그러므로 이름 있는 변수 목록 객체를 사용하는 접근은 그 목록에 의해 참조되는 각 객체에 대한 성공 또는 실패를 보고한다. 이름 있는 변수 목록 객체를 사용하는 접근은 목록이 참조되는 변수 접근 객체들을 사용하는 독립적인 접근들과 유사하다.

이름 있는 변수 목록 객체의 속성은 다음에 지정된다. 이 객체상에서 동작하는 서비스에 대한 간략한 기술이 따라온다.

(1) 이름 있는 변수 목록 객체 - 속성

```
객체 : 이름붙은 변수 목록
    핵심 속성 : 분산 변수 이름
    속성 : MMS 삭제가능 ( 참, 거짓 )
    속성 : 변수 목록
        속성 : 참조 종류 (NAMED, UNNAMED, SCATTERED)
        속성 : 참조
        속성 : 액서스 기술
```

▶ 변수 목록 이름

변수 목록 이름 속성은 이름있는 변수 목록 객체를 유일하게 식별하는데 쓰인다. 변수 목록 이름은 MMS 객체 이름이고 가상생산 장치특정, 영역특정, 또는 응용 연계특정 범위를 가지고 정의될 수 있다. 이름있는 변수 목록 객체가 하나의 접근을 목적으로 일시적으로 생성될 때 이 속성은 UNDEFINED 값을 가진다.

주) 변수 목록 이름은 변수 이름 그리고 분산접근 이름과는 다른 별도의 이름 영역에 존재한다.

▶ MMS 삭제 가능

MMS 삭제가능 속성은 이름있는 변수 목록 객체가 이름있는 변수목록삭제 서비스를 사용하여 삭제될 수 있는지 없는지를 나타낸다.

▶ 변수 목록

이 속성은 이름 있는 변수 객체, 이름 없는 변수 객체, 분산접근 객체 중 어느 것일 수 있는 하나 이상의 객체를 참조하는 목록을 제공한다. 이 목록의 요소들의 속성은 다음과 같이 기술된다.

▶ 참조 종류

이 속성은 참조 속성에 의해 참조되는 객체의 형을 나타낸다. 가능한 값은

- 이름지정(NAMED) : 참조되는 객체는 이름 있는 변수 객체이다.
- 이름비지정(UNNAMED) : 참조되는 객체는 이름 없는 변수 객체이다.
- 분산(SCATTERED) : 참조되는 객체는 분산접근 객체이다.

▶ 참 조

참조 속성은 MMS 객체에의 참조를 포함하는데, 이는 참조 종류 속성에 의해 지정되는 형이며, 이 MMS 객체는 하나의 MMS 변수에서 하나의 실변수로의 대응관계를 정의하거나, 하나의 실변수로의 대응관계를 제공하는 하나 이상의 독립적인 MMS 변수들로 구성된 구조로의 분산접근 대응관계를 정의하는 것이다.

참조 종류가 NAMED이고 그 참조되는 객체가 삭제되면 이 이름 있는 변수 객체에 의해 지정되는 접근에 대해 OBJECT-INVALIDATED 오류를 결과로 내보내며, 이 속성은 UNDEFINED로 지정된다. 만약 참조 종류가 SCATTERED이고 참조된 객체 또는 참조된 객체의 하위인 어떤 객체가 삭제되면 이 속성은 UNDEFINED로 지정되며 이 분산접근 객체에 의해 지정되는 접근에 대해 OBJECT-INVALIDATED 오류를 결과로 내보낸다.

주) 참조된 이름없는 변수 객체는 결코 무효화되거나 삭제되지 않는다.

▶ 접근 기술

접근 기술 속성은 참조되는 이름있는 변수, 이름없는 변수, 또는 분산접근 객체에 의해 정의되는 대응관계를 가지는 변수의 바람직한 접근에 대한 기술을 제공한다. 이 속성은 UNDEFINED 값을 가질 수 있다. 이것은 참조되는 객체에 의해 정의되는 대응관계를 사용하는 완전 접근이 기대됨을 나타낸다. 또는 이 속성은 참조되는 객체에 의해 정의되는 대응관계에 기초하는 교체(부분적일 수 있음) 접근을 나타낼 수 있다. UNDEFINED가 아닐 때 이 속성은 참조되는 객체에 의해 정의되는 대응관계의 사용을 통해 접근되는 복합 변수 데이터 요소들의 외부적으로

가시적인 구조화를 변경하기 위해, 또는 참조된 객체에 의해 정의되는 대응관계에 포함되는 데이터 요소들 집합의 어떤 부분집합에 대한 접근을 기술하기 위해, 또는 둘 모두를 위해 사용된다.

주) 접근 기술은 MMS 변수의 단순한 데이터 요소들의 추상적인 형을 변경하지 않는다.

참조된 객체에 의해 정의되는 대응관계에 따라서 접근 기술은 참조되는 실변수 각각의 접근된 데이터 요소의 값이 결정되도록 허용하는 충분한 정보를 가상생산장치에게 제공한다.

(2) 이름 있는 변수 목록 객체상의 조작

이름 있는 변수 목록 객체 상에서 동작하는 서비스는 다음과 같다.

① 읽기 : 이 서비스는 읽혀져야 하는 변수들을 결정하기 위해 변수 목록 속성을 사용하며 이들 변수 상에서 읽기 서비스를 수행한다.
② 쓰기 : 이 서비스는 쓰기 동작이 수행되어야 하는 변수들을 결정하기 위해 변수 목록 속성을 사용하며 이들 변수 상에서 쓰기 서비스를 수행한다.
③ 정보보고 : 이 서비스는 보고되어야 하는 변수들을 결정하기 위해 변수 목록 속성을 사용하며 이들 변수 상에서 정보보고 서비스를 수행한다.
④ 이름있는변수목록정의 : 이 서비스는 이름있는 변수 목록 객체를 생성한다.
⑤ 이름있는변수목록속성얻기 : 이 서비스는 이름있는 변수 목록 객체의 속성을 반송한다.
⑥ 이름있는변수목록삭제 : 이 서비스는 이름있는 변수 목록 객체를 삭제한다.

3) 이름 있는 형 객체

이름있는 형 객체는 MMS형 기술에 이름을 할당하는 것을 제공한다. 이 객체는 주소유효성과 이름유효성 파라미터 적합성형성블록이 모두 지원될 경우에만 사용 가능하다.

이름 있는 형 객체의 속성들은 다음과 같다. 이 객체상에서 동작하는 서비스들에 대한 간단한 기술도 뒤따른다.

(1) 이름 있는 형 객체 - 속성

> 객체 : 이름붙은 형
>
> 핵심 속성 : 형 이름
>
> 속성 : MMS 삭제가능 (참, 거짓)
>
> 속성 : 형 기술

▶ 형 이름

형 이름 속성은 이름 있는 형 객체를 유일하게 식별한다. 이름 형은 MMS 객체 이름이고 가상생산 장치특정, 영역특정, 또는 응용 연계특정의 범위를 가지고 정의된다.

▶ MMS 삭제 가능

MMS 삭제 가능 속성은 이 이름 있는 형 객체가 이름 있는 형 삭제 서비스를 사용하여 삭제될 수 있는가 없는가를 나타낸다.

▶ 형 기술

형 기술 속성은 실변수의 값이 MMS를 사용하여 통신될 수 있도록 하기 위해 그 실변수에 적용될 수 있는 추상적인 MMS 형을 기술한다.

(2) 이름있는 형 객체상의 조작

이름있는 형 객체상에서 동작하는 서비스는 다음과 같다.

① 이름있는 형 정의 : 이 서비스는 이름있는 형 객체를 생성한다.
② 이름있는 형 속성얻기 : 이 서비스는 이름있는 형 객체의 속성을 반송한다.
③ 이름있는 형 삭제 : 이 서비스는 이름있는 형 객체를 삭제한다.
④ 읽기, 쓰기, 이름있는 변수정의, 분산접근정의, 이름있는 변수목록정의, 이름있는 형 정의, 이들 서비스는 그 서비스 요구 안에 포함된 형 이름 파라미터를 해석하기 위해 형 기술 속성을 사용한다.

8.2.3 형들의 지정

모든 MMS 변수는 유형화되어 있다. 이름있는 변수 또는 이름없는 변수 객체의 형 기술 속성 안에 포함된 것과 같이 또는 접근시에 변수 기술 파라미터의 형 지정 파라미터에 의해 지정된 것과 같이 변수의 형 기술은 변수의 가능한 값의 범위와 추상 구문의 지정을 제공하고, 그리고 또한 변수에 대한 교체접근이 지정될 수 있는 기반을 제공한다.

변수의 형 기술은 단일의 데이터 요소에 대한 접근을 지정하는 단순형일 수도 있고 관련된 단순 형들의 그룹에 대한 접근을 지정하는 복합형일 수도 있다. 각각의 복합 변수(배열 혹은 구조)에 대해 변수 접근 규칙(적용된다면 주소)이나 이것의 형 기술에 들어있는 정보로부터 가상생산 장치는 실변수의 모든 단순 데이터 요소의 위치를 알 수 있다.

1) 형 지정 파라미터

다양한 변수 접근 서비스들에서 변수의 형 기술 또는 형 이름의 정의는 형 지정 파라미터에 의해 지정된다. 이 파라미터 그 자체는 형 기술 속성이 생성되는 절차를 기술한다. 이 생성은 형 이름 파라미터에 대한 모든 참조가 정의되는 시점에 해결되는 효과를 가지고 MMS 변수 객체의 생성시에 항상 수행되고, 형 기술은 이름있는 형 객체에 결코 명시적으로 의존하지 않는다.

주) 이러한 직접적인 평가 규칙의 결과로서 응용 연계 특정의 이름있는 형으로 가상생산 장치 특정 변수를 정의하는 것이 가능하다. 예를 들어 참조되는 응용 연계 특정의 이름있는 형 객체가 응용 연계의 사라짐으로 인해 삭제되더라도 변수는 정확한 형 기술 속성을 포함한다.

하나의 형은 반복적으로 지정되는 파라미터에 의해 기술된다. 이 파라미터는 형 트리라고 불리는 분기 트리를 기술한다. 이 트리의 잎들은 이 형에 의해 기술되는 변수의 단순 데이터 요소이다. 만약 어떤 형이 복합 변수(배열 혹은 구조)를 기술한다면, 그 형 트리는 하나 이상의 잎이 아닌 노드를 가진다. 그리고 각 노드는 형 트리상의 하위 노드들에 의해 표현되는 형(복합형일 수 있음)들로 구성되는 복합

형을 나타낸다.

형 지정 파라미터의 파라미터들은 다음과 같다.

(1) 형의 종류

형 종류 파라미터는 형 트리의 이 노드를 기술하기 위한 선택을 나타낸다. 이 파라미터의 값들은 다음과 같다.

① 형 이름(TYPE-NAME) : 이름있는 형 파라미터가 선택되었음을 나타낸다. 이 값은 응답, 또는 확인 서비스 프리미티브에, 또는 정보보고 지시 프리미티브에는 나타나지 않는다.
② 배열(ARRAY) : 배열 파라미터가 선택되었음을 나타낸다.
③ 구조(STRUCTURE) : 구조 파라미터가 선택되었음을 나타낸다.
④ 단순(SIMPLE) : 단순 파라미터가 선택되었음을 나타낸다.

▶ 형 이름

형 지정 파라미터에 대한 형 이름 선택은 형 트리의 노드가 이 파라미터와 동일한 형 이름 속성을 가지는 이름있는 형 객체의 형 기술 속성으로부터 이것의 정의를 상속받는다는 것을 나타낸다. (형 이름은 이름있는 형 객체의 형 기술 속성의 값으로 대치된다)

▶ 배 열

형 지정 파라미터에 대한 이 선택은 기술되는 노드가 첫번째 요소인 영에서부터 증가하는 번호가 매겨진 단일형의 요소들이 연속적인 순서로 구성되는 복합형이라는 것을 나타낸다.

주) 모델화 관점에서 하나의 배열은 각각이 형 지정 파라미터에 의해 지정되는 형을 가지고, 압축 파라미터에 의해 지정되는 것과 같이 압축되고, 그리고 각각이 배열형을 지정하는 형 트리의 노드에 직접적인 하위 노드인 부속 트리들의 개수로 기술되며 이는 요소수 파라미터에 의해 지정된다. 주어진 배열 요소는 배열의 형 트리상의 부속 트리의 위치에 의해 구별된다. 첫번째 배열 요소는 0, 두번째는 1, 그리고 마지막은 요소수에서 하나를 뺀 값으로 식별된다.

• 압 축

이 파라미터는 저장장소의 최적화 규칙들이 이 배열(그리고 그 하위 형들)의 데이터 요소들의 위치설정에 영향을 주는지 여부를 나타낸다. 거짓일 때는 이 속성이 참인 형의 하위로 정의되지 않는 한 저장장소 최적화 규칙은 효과가 없다. 참일 때는 저장 장소 최적화 규칙들은 이 배열형에 의해 기술되는 전체 부속 트리에 대해 효과가 있다.

PUBLIC의 접근 방법을 가지는 이름있는 변수 객체의 형을 나타내거나 이름없는 변수 객체와 관련된 형을 나타내는 형 지정 파라미터에 대해 이 파라미터는 그 변수에 응용 가능한지에 따라 참 또는 거짓이다. 그 외의 경우 이 파라미터는 거짓이다.

주) 저장 장소 최적화 배열의 데이터 요소들의 위치 설정을 위한 특정 규칙들은 구현에 의해 결정된다. 이들 규칙들은 부분적 접근이 허용되는 경우에 주변 데이터 요소들의 일관성을 보장해야 한다.

• 요소 수

이 파라미터는 해당 배열 요소들의 개수를 나타낸다.

• 형 지정

이 파라미터는 형 지정 파라미터에 대한 재귀적인 참조를 통해 배열 요소들의 형 기술을 지정한다.

▶ 구 조

구조 파라미터는 형 트리의 이 노드가 서로 다른 형을 가질 수 있는 하나이상의 구성요소들의 순서 목록으로 구성되는 복합형을 기술함을 나타낸다.

• 압 축

이 파라미터는 저장 장소 최적화 규칙들이 이 구조 (그리고 이의 하위 형들)의 데이터 요소들을 위치시키는 데 대하여 효과가 있는 지를 나타낸다. 거짓일 때는 이 속성이 참인 형의 하위로 정의되지 않는 한, 저장장소 최적화 규칙은 효과가 없다. 참일 때는 저장 장소 최적화 규칙들은 이 배열형에 의해 기술되는 전체 부속 트리에 대해 효과가 있다.

PUBLIC의 접근 방법을 가지는 이름있는 변수 객체의 형을 나타내거나 이름없는 변수 객체와 관련된 형을 나타내는 형 지정 파라미터에 대해 이 파라미터는 그 변수에 응용가능한 지에 따라 참 또는 거짓이다. 그 외의 경우 이 파라미터는 거짓이다.

주) 저장 장소 최적화 배열의 데이터 요소들의 위치 설정을 위한 특정 규칙들은 구현에 의해 결정된다. 이들 규칙들은 부분적 접근이 허용되는 경우에 주변 데이터 요소들의 일관성을 보장해야 한다.

- 구성요소 목록

  구성요소 목록 파라미터는 이 구조의 구성요소를 기술한다. 적어도 하나의 구성요소는 기술된다.

- 구성요소 이름

  형 식별자형의 구성요소 이름 파라미터는 해당 구성요소를 직접적인 하위로 가지는 구조의 범위 내에서 해당 구성요소를 유일하게 구별한다. 이 파라미터는 만약 이 노드가 교체접근 지정에 의해 참조되면 요구된다. 그 외의 경우 이 파라미터는 제외된다.

- 형 지정

  이 파라미터는 형 지정 파라미터에 대한 재귀적인 참조를 통해 구조 구성요소의 형 기술을 나타낸다.

▶ 단순형

형 지정 파라미터에 대한 단순형 선택은 형 트리의 잎 노드가 기술됨을 나타낸다. 이와 같은 노드는 그에 의해 표현되는 데이터 요소의 등급과, 적용 가능하다면, 이 등급의 특정 예와 관련된 크기(또는 정밀도)를 포함한다. 등급과 크기 모두 해당 변수에 대한 가능한 값들의 범위를 지정하도록 도와준다.

- 등 급

  단순형 선택의 등급 파라미터는 잎 노드에 의해 표현되는 데이터 요소의 등급을 나타낸다. 이 매개 변수의 값은 다음 중 하나를 취한다.

① 부울(BOOLEAN)(또는 논리형) : 이 MMS 형의 정의는 ISO8824에서 논리형에 대해 정의된 것과 같다. 크기 파라미터는 제외된다.

② 비트열형(BIT STRING) : 이 형의 정의는 ISO8824에서 비트열형에 대해 정

의된 것과 같다. 크기 파라미터는 비트열 안의 비트의 수와 이것이 (고정길이 비트열을 나타내는) 절대 수인지 또는 (가변길이 비트열을 나타내는) 최대 수인지에 대한 표시를 나타낸다.

③ 정수형(INTEGER) : 이 형의 정의는 ISO8824에서 정수형에 대해 정의된 것과 같다. 크기 파라미터는 모든 가능한 구분된 값들의 표현을 위해 요구되는 비트들의 수(이진보수 표현을 가정)를 나타낸다.

④ 비부호 정수형(UNSIGNED) : 이 형의 정의는 모든 음수를 제외하고 ISO8824에서 비부호 정수형에 대해 정의된 것과 같다. 크기 파라미터는 모든 가능한 구분된 변수를 표현할 수 있도록 요구되는 비트들의 수(이진 표현을 가정)를 나타낸다.

⑤ 부동 소수점형(FLOATING POINT) : 이 등급은 양과 음의 무한대 표시와 NaN (수가 아님)을 포함하고 0을 포함한 양과 음의 실수 값의 단순형을 정의한다. 크기 파라미터는 양식 폭 F와 지수 폭 E를 비트 수로 나타낸다. 양식 폭은 부호, 지수, 및 가수를 포함한 부동소수점 값을 표현하기 위한 비트의 수이다.

주) 위에서 양의 무한대, 음의 무한대, NaN, 양식 폭, 및 지수 폭의 용어는 이진 부동 소수점 연산을 위한 IEEE 표준(ASNI/IEEE 표준 754-1985)에 정의되어 있다. MMS는 양식과 지수에 대해 어떠한 비트 수도 허용한다. 이것은 IEEE 표준에서 정의된 두개의 기본 형도 포함한다. 추가적인 정보는 ISO/IEC 9506-2에 나와 있다.

⑥ 실수형(REAL) : 이 형의 정의는 ISO8824에서 실수형에 대해 정의된 것과 같다. 크기 파라미터는 세개의 수를 포함하는데, 2 또는 10인 밑수, 지수를 나타내기 위한 최대 옥텟 수 및 가수를 나타내기 위한 최대 옥텟 수이다. 두번째 및 세번째 값은 밑수가 2일 때만 의미가 있다.

⑦ 옥텟 열형(OCTET STRING) : 이 형의 정의는 ISO8824에서 옥텟 열형에 대해 정의된 것과 같다. 크기 파라미터는 옥텟 열에서의 옥텟 수와 이것이 절대 수 (고정길이 열 표시)인지 최대 수 (가변길이 열 표시)인지에 대한 표시를 포함한다.

⑧ 가시 문자열형(VISIBLE STRING) : 이 형의 정의는 ISO8824에서 가시 문자열형에 대해 정의된 것과 같다. 크기 파라미터는 문자열에서의 문자 수와 이것이 절대 수 (고정길이 문자열 표시)인지 최대 수 (가변길이 문자열 표시)인

지에 대한 표시를 포함한다.

⑨ 일반 시간(GENERALIZED TIME) : 이 형의 정의는 ISO8824에서 일반 시간에 대해 정의된 것과 같다. 크기 파라미터는 생략된다.

⑩ 2진 시간형(BINARY TIME) : 이 형의 정의는 ISO/IEC 9506의 이 부분에서 일시 (TimeOfDay)로 정의된 것과 같다. 크기 파라미터는 날짜가 그 형의 값들 안에 포함되는지(참) 아닌지(거짓)를 나타낸다.

⑪ BCD : 이 형은 몇몇 문자 집합으로부터 하나 이상의 숫자(0, 1, ..., 9)들의 열로서 서로 구분되는 값들의 집합으로 구성된다.

⑫ 객체 식별자형(OBJECT IDENTIFIER) : 이 형의 정의는 ISO8824에서 객체 식별자형에 대해 정의된 것과 같다. 크기 파라미터는 생략된다.

• 크 기

크기 파라미터의 존재와 의미는 위에 지정된 등급 파라미터의 값에 따른다. 등급이 가변길이 문자열형을 지정할 때, 크기는 0에서 문자열의 최대 길이를 뺀 정수이다.

8.2.4 교체접근의 지정

모든 MMS 변수는 유형화된다. 변수의 형은 추상구문과 가상생산 장치안에서 실변수의 가능한 값들의 범위를 표시한다. 교체접근 지정은 이 형의 다른 관점을 기술한다. 이것은 변수의 인식된 추상구문을 바꾸기 위해(MMS 서비스들을 사용하는 면에서) 또는 변수의 가능한 값들 범위의 부분 집합으로 접근을 제한하기 위해 또는 양쪽 모두를 위해 사용된다.

이름있는 변수 목록 또는 분산접근 객체의 접근 기술 속성에 포함된 것과 같이 또는 특정 접근 요구의 교체접근 파라미터에 의해 제공되는 것과 같이, 변수에 대한 교체접근은 그 접근에 의해 요구되는 관점에서(으로) 참조 MMS객체로의(에서의) 사상을 제공한다. 이는 실변수에 대한 간접적인 사상으로 귀결된다.

다양한 변수 접근 서비스들에서 교체접근은 교체접근 파라미터의 존재에 의해 나타내어진다. 이 파라미터에 대한 정의는 이름있는 변수목록 및 분산접근 객체들의 접근 기술 속성(UNDEFINED가 아닐 때)을 완전히 정의한다. 이것은 또한 한 형에 대해 교체접근을 적용한 결과인 "유도형"의 유도에 대하여 유도된 것인지 하나의 형 지정에 의해 명시적으로 지정된 것인지를 기술한다. 이 유도 형은 교체접근과 관련된 값의 수송에 사용될 때 데이터 파라미터의 추상구문을 결정한다. 이것은 또한 그 자신이 몇몇의 하위 변수접근 객체에 대한 교체접근을 지정하는 분산접근 객체에 의해 제공되는 사상에 대한 교체접근을 기술할 때 사용되는 형 트리를 결정한다.

교체접근 파라미터의 기술은 MMS 변수의 형에 대한 관계에 기초를 둔다. 이 기술에 따라 교체접근 파라미터와 분산접근 객체에 의해 제공되는 사상사이의 관계가 기술된다.

1) 교체접근 파라미터

(1) 교체접근 선택 목록

이 파라미터는 하나 이상의 교체접근 선택 파라미터를 포함하는 목록을 나타낸다. 각각의 교체접근 선택파라미터는 형 트리 다음으로 높은 중첩 등급에서의 노드 또는 배열의 경우 노드들의 범위를 선택한다. 이 선택은 추가적인 교체접근 지정의 목적 또는 선택된 노드들에 의해 표현되는 데이터 요소들에 대한 접근을 지정하기 위한 것이다.

교체접근 선택 매개변수의 목록이 하나 이상의 요소를 포함할 때, 이 매개변수로부터 나오는 획득형은 하나의 구조이다. 이 획득형의 성분은 그 목록 안에서 지정된 선택에 의해 결정되는 성분 이름과 형을 가진다.

교체접근 선택 목록 파라미터가 정확히 하나의 요소를 가질 때, 이 파라미터로부터 유도되는 형은 그것에 대해 지정된 선택에 의해 결정되고, 그 구성요소 이름 파라미터는 지정되지 않는다.

▶ **구성요소 이름**

이 파라미터는 교체접근 선택의 목록이 하나의 선택을 지정하면 존재하지 않는다. 그렇지 않으면 이것은 선택적이고, 만약 존재한다면 교체접근 파라미터의 이에 대한 적용으로부터 유도된 형에 대한 교체접근 지정에 사용하기 위한 교체접근의 이 구성요소 이름을 지정한다.

▶ **선택의 종류**

이 파라미터는 교체접근 지정에서 접근 또는 더 이상의 재귀적인 접근이 지정되는가를 나타낸다. 가능한 값은 다음과 같다.

① 교체접근 선택(SELECT-ALTERNATE-ACCESS) : 교체접근 지정에서 더 이상의 재귀적인 접근이 지정되며 교체접근 선택 파라미터가 존재함을 나타낸다.

② 접근 선택(SELECT-ACCESS) : 접근(읽기 혹은 쓰기)이 지정되며 접근 선택 파라미터가 존재함을 나타낸다.

• 교체접근 선택

이 파라미터는 형 트리의 다음 상위 중첩 수준에 하나 이상의 가지가 그 이상의 (재귀적인) 교체접근 지정을 위해 선택될 때 교체접근 선택을 위해 선택된다. 만약 현재의 노드가 배열이라면, 이것은 더 이상의 교체접근 지정을 위한 하나의 배열 요소, 배열 요소의 일부 범위, 또는 모든 배열 요소를 선택한다. 만약 현재의 노드가 구조라면, 이것은 더 이상의 교체접근 지정을 위해 하나의 구성요소를 선택한다. 교체접근 선택의 파라미터들은 다음과 같다.

• 접근 선택

이 파라미터는 교체접근을 지정하기 위해 어느 선택이 선정되었는지를 나타낸다. 가능한 값은 다음과 같다.

① 구성요소(COMPONENT) : 교체접근을 위해 구성요소 파라미터에 의해 식별되는 구조 중 하나의 구성요소를 선택한다.

② 색인(INDEX) : 교체접근을 위해 색인 파라미터에 의해 지정되는 하나의 배열 요소를 선택한다.

③ 색인 범위(INDEX-RANGE) : 교체접근을 위해 색인 범위 파라미터에 의해 지정되는 요소들의 배열을 선택한다.

• 구성요소

식별자형의 구성요소 파라미터는 만약 형 트리의 현재 노드가 구조를 지정하고, 접근 선택 파라미터가 COMPONENT를 나타내면 선택된다. 이 파라미터는 추가적인 교체접근 지정을 위해, 구성요소 파라미터와 동일한 구성요소 이름을 가지는 특정 구조의 구성요소를 선택한다. 선택된 구성요소는 배열이나 구조이다. 선택된 구조 구성요소의 형 기술을 표현하는 형 트리 노드가 선택되고, 교체접근 파라미터가 그 노드에 적용된다. 구성요소 선택의 적용에 의한 결과인 유도형은 선택된 형 트리 노드에 교체접근 파라미터를 적용함으로써 결정된다.

• 색 인

정수형의 색인 파라미터는 만약 형 트리의 현 노드가 배열을 나타내고, 접근 선택이 INDEX를 표시하면 선택된다. 그렇지 않으면, 이 파라미터는 선택되지 않는다. 이것은 그 이상의 교체접근 지정을 위하여 특정 배열 요소 (배열이나 구조임)를 선택한다. 선택된 배열 요소의 형 기술을 표현하는 형 트리 노드가 선택되고 난후 교체접근 파라미터가 이 노드에 적용된다. 색인 선택의 적용에 의한 결과인 유도형은 선택된 노드에 교체접근 파라미터를 적용함으로써 결정된다.

• 색인 범위

색인 범위 파라미터는 만약 형 트리의 현재의 노드가 배열을 지정하고 접근 선택 파라미터가 INDEX-RANGE를 나타내면 선택된다. 이것은 그 이상의 교체접근 지정을 위해 (배열이나 구조형을 가진) 배열 요소들의 범위를 선택한다. 선택된 범위의 각각의 요소에 대해 색인이 증가하는 순서에 따라 그 요소의 형 기술을 표현하는 형 트리 노드가 선택되고, 교체접근 파라미터는 그 노드에 적용된다. 색인 범위 선택을 적용한 결과인 유도형은 선택된 노드 각각에 교체접근 파라미터를 적용하여 결정된 형의 요소들을 가지는 배열이다. (이들 요소들은 다른 배열에서와 같이 0부터 번호가 매겨진다)

- 하위 색인 : 이 정수 파라미터는 색인 범위의 시작을 나타낸다. 이것은 배열의 유효한 색인이다. 지정된 요소는 결과로 유도된 배열형의 첫번째 요

소이고, 그 형안에서 0번이 된다.

- 요소들의 수 : 이 정수 파라미터는 하위 색인에 의해 선택된 요소를 포함한 색인 범위 안에 포함된 요소들의 수를 나타낸다. 만약 이 파라미터가 0 값을 가지면, 하위 색인 보다 크거나 같고, 그 배열의 최대 색인 보다 적거나 같은 모든 요소가 선택된다. 만약 0보다 크면, 하위 색인과 요소수에서 하나를 뺀 값을 하위색인에 더한 값 사이의 색인을 가지는 모든 요소들이 선택된다. 선택된 각 요소들은 정의되어야 한다.

• 교체접근

교체접근 파라미터는 선택된 노드(혹은 노드들)에서 추가적인 교체접근을 지정한다.

▶ 접근 선택

이 파라미터는 형 트리의 다음 상위 포함 계층에서 하나 이상의 가지가 접근(읽기 혹은 쓰기)을 원할 때, 교체접근 선택을 위해 선택된다. 만약 현재 노드가 배열이면, 접근을 위해 이것은 하나의 배열 요소 또는 배열 요소의 부분을 선택한다. 만약 현재 노드가 구조라면, 이것은 접근을 위해 구조의 하나의 구성요소를 선택한다. 선택된 노드(혹은 노드들)에 의해 지정되는 모든 가지 (그의 모든 데이터 요소들도 포함)는 접근된다. 선택 접근의 파라미터들은 다음과 같다.

• 접근 선택

이 파라미터는 접근 지정에 대한 어떤 선택이 취해지는가를 나타낸다. 가능한 값은 다음과 같다.

- 구성요소(COMPONENT) : 접근에 대해 구성요소 파라미터에 의해 식별된 바대로 구조의 한 구성요소를 선택한다.
- 색인(INDEX) : 접근에 대해 색인 파라미터에 의해 지정된 바대로 배열의 한 요소를 선택한다.
- 색인 범위(INDEX-RANGE) : 접근에 대해 색인 범위 파라미터에 의해 지정된 바대로 요소들의 배열을 선택한다.

• 구성요소

구성요소 파라미터는 만약 형 트리의 현재 노드가 구조를 지정하고, 접근 선택 파라미터는 COMPONENT를 가리키면 선택된다. 그렇지 않으면, 이 파라미터는 선택되지 않는다. 이것은 접근에 대한 구조의 특정 구성요소를 선택한다. 선택의 결과에 의한 유도형은 선택된 구조 구성요소의 형이다.

- 색 인

  색인 파라미터는 만약 형 트리의 현재 노드가 배열을 나타내고, 접근 선택 파라미터가 INDEX를 가리키면 선택된다. 그렇지 않으면 이 파라미터는 선택되지 않는다. 이것은 접근될 특정 배열 요소를 선택한다. 선택의 결과에 의한 유도형은 선택된 배열 구성요소의 형이다.

- 색인 범위

  색인 범위 파라미터는 만약 형 트리의 현재 노드가 배열을 나타내고 접근 선택 파라미터가 INDEX-RANGE를 가리키면 선택된다. 그렇지 않으면, 이 파라미터는 선택되지 않는다. 이것은 접근되는 배열 요소들의 범위를 선택한다. 색인 범위 선택의 결과에 의한 유도형은 각각이 원 배열 요소의 형을 가지는 선택된 요소들을 포함하는 배열이다.(이러한 요소들은 다른 배열에서와 같이 0부터 번호가 매겨진다.)

  - 하위 색인 : 이 정수 파라미터는 색인 범위의 시작을 나타낸다. 이것은 배열의 유효한 색인이다. 지정된 요소는 결과로 유도된 배열형의 첫번째 요소이고, 그 형안에서 0번이 된다.
  - 요소들의 수 : 이 정수 파라미터는 하위 색인에 의해 선택된 요소를 포함하여 색인 범위 안에 포함된 요소들의 수를 나타낸다. 만약 이 파라미터가 0값을 가지면, 하위 색인 보다 크거나 같고, 최대 색인 보다 작거나 같은 모든 요소가 선택된다. 만약 0보다 크면, 하위 색인부터 요소들 수에서 하나를 뺀 값을 하위 색인에 더한 값까지의 모든 요소들이 선택된다. 선택된 요소들의 각각은 정의된다.

2) 분산접근 객체에 대한 교체접근의 응용

이전의 논의는 변수의 형 기술에 교체접근 지정을 적용하는 효과를 기술한 것이다. 이 논의에서 보였듯이 형 기술에 대한 교체접근의 응용은 접근되는 형 트리의 지정된 노드들(데이터 요소들)의 선택을 결과로 한다. 이들 데이터 요소는 유도형을 사용하여 MMS 클라이언트에 표현된다. 이 유도 형은 교체적으로 접근된 변수의 값들이 통신될 데이터 파라미터의 지정을 제어한다.

분산접근 객체가 가상생산 장치에 의해 지원될 때, 분산접근 객체에 대한 교체접근을 지정하는 것이 가능하다. 교체접근은 분산접근 객체의 정의로부터 기인된 유도형에 적용되고 이것은 교체접근을 사용하여 지정된 구성요소들을 포함한다.

분산접근 객체의 유도형은 항상 구조이다. 이 구조는 MMS 변수들이나 분산접근 객체의 구성요소 목록 속성 안에 열거된 분산접근 객체들을 구성요소로 가진다. 이들 구성요소들의 각각은 참조되는 객체의 형에 대한 그 구성요소의 교체접근 속성의 적용으로부터 기인된 유도형을 차례대로 가진다.

교체접근이 분산접근 객체에 대해 지정될 때, 교체접근 파라미터는 분산접근 객체에 의해 표현되는 유도형의 형 트리 노드들 중에서 선택한다. 분산접근 객체의 구성요소 목록 속성 안에 열거된 구성요소들 각각의 구성요소 이름 속성과, 분산접근 객체의 구성요소들이 지정될 때 지정되는(교체접근 파라미터의 파라미터들로) 구성요소 이름과 색인 범위는 교체접근이 분산접근 객체에 대하여 요구될 때 만들어지는 선택에 기초가 된다.

교체접근의 분산접근 객체에의 적용의 결과는 유도형이다. 이 유도 형은 교체적으로 접근되는 분산접근 객체의 값이 통신될 데이터 파라미터의 지정을 제어한다.

8.2.5 데이터 값의 지정

MMS 읽기, 쓰기, 그리고 정보보고 서비스들은 분산접근 객체에 의해 참조되는 MMS변수의 집합 또는 MMS변수의 현재 (읽기와 정보보고) 값 또는 원하는 (쓰기) 값을 수송하는 데 사용된다.

읽기와 정보보고에 대해서는 MMS 변수의 현재 값은 V-Get 함수를 적용해 얻어지고 그 결과는 접근 결과 파라미터에 의해 표현된다. 분산접근 객체에 의해 표현되는 구조 변수의 현재 값은 분산접근 객체의 MMS 변수들에 V-Get 함수를 적용함으로써 얻어진다. 만약 이러한 모든 적용들이 성공하면, 접근의 결과는 분산접근 객체의 사상에 의해 표현되는 유도형을 사용하여 전송되고, 그렇지 않으면 실패의 원인이 반환된다.

쓰기에서는 변수의 원하는 값이 데이터 파라미터에 의해 표현된다. MMS변수에 대해서 이 값은 V-Put함수의 적용에 의해 가상생산 장치의 현재 상태를 갱신한다. 만약 이것이 성공하면, 그 결과는 간단한 확인에 의해 표현된다. 만약 이것이 실패하면, 그 결과는 데이터 접근 오류 파라미터에 의해 표현된다. 분산접근 객체에 대해서 이 값은 분산접근 사상에 의해 표현되는 각각의 MMS변수에 대해 V-Put함수의 적용에 의해 가상생산 장치의 현재 상태를 갱신한다. 만약 성공한다면, 이 갱신의 결과는 간단한 확인에 의해 나타난다. 만약 갱신이 실패하면, 그 결과는 데이터 접근 오류 파라미터에 의해 결과가 나타내어진다.

접근 결과, 데이터, 및 데이터 접근 오류 파라미터는 다음과 같다.

1) 접근결과 파라미터

접근결과 파라미터는 분산접근 객체에 의해 지정되어 있듯이 MMS 변수 또는 구조화된 변수 읽기 결과를 클라이언트에 알리기 위해 읽기와 정보보고 서비스에 의해 사용된다.

(1) 성 공

이 파라미터는 접근의 성공여부를 나타내고, 다음 파라미터의 선택을 지정한다.

(2) 데이터 접근 오류

만약 성공 파라미터가 접근이 실패한 것을 나타내면, 이 파라미터는 실패에 대한 원인을 포함한다.

(3) 데이터

만약 성공 파라미터가 접근 성공을 나타내면, 이 파라미터는 변수(또는 구조 변수)의 값을 포함한다. 데이터 값의 추상 구문은 접근(교체접근 또는 분산접근)에 의해 지정되는 유도형에 의해 또는 변수의 정의된 형(이름있는 또는 이름없는 변수 객체)에 의해 결정된다.

2) 데이터 파라미터

데이터 파라미터는 분산접근 객체에 의해 기술되는 변수 또는 구조화 변수의 값을 전달하기 위한 읽기, 쓰기 및 정보보고 서비스에 의해 사용된다.

이 파라미터는 재귀적으로 정의된다. 이것은 가지를 가진 트리구조로 나타내어진다. 이 트리의 각각의 노드는 분산 또는 교체(또는 양쪽 모두) 접근 적용후의 변수의 형 트리 또는 유도 형 트리의 노드에 해당한다.

(1) 데이터 종류

데이터 종류 파라미터의 값은 형 트리의 현재 노드에서의 값이 배열, 구조, 또는 단순데이터 요소이냐에 따라 ARRAY, STRUCTURE, 또는 SIMPLE로 표시된다.

(2) 배 열

배열 파라미터는 데이터 종류가 배열을 가리킬 때 선택된다. 이것은 지워진 데이터 목록 파라미터를 나타낸다. 이 목록 각각의 요소는 배열의 해당 요소 값을 제공한다. 이 목록의 요소는 0부터 시작하여 마지막 배열 요소까지 증가하는 순서로 정렬되어 있다.

(3) 구 조

구조 파라미터는 지워진 데이터 목록의 파라미터들을 나타낸다. 이 목록 각각의 요소는 구조의 구성요소에 해당하는 값을 나타낸다. 이 목록의 데이터는 해당 구조의 첫번째부터 마지막 구성요소까지로 정렬되어 있다.

(4) 단 순

단순 파라미터는 데이터 종류가 단순 데이터 요소를 지정할 때 선택된다. 이것은 해당 변수의 단순 데이터 요소의 등급과 값을 나타낸다.

▶ 등 급

이 파라미터는 현재의 값에 의해 전송되는 데이터의 등급을 가리킨다. 이것의 가능한 값은 형 지정 파라미터의 단순형에 대해 지정된 바와 같이 BOOLEAN, BIT STRING, INTEGER, UNSIGNED, FLOATING POINT, REAL, OCTET STRING, VISIBLE STRING, GENERALIZED TIME, BINARY TIME, BCD, 및 OBJECT IDENTIFIER 등이다.

▶ **값**

이 파라미터는 단순 데이터 요소의 실제 값을 포함한다.

3) 데이터 접근 오류 파라미터

데이터 접근 오류 파라미터는 변수 또는 분산접근 객체에 의해 나타내어지는 변수의 집합에 대해 시도된 접근의 실패의 원인을 나타낸다.

가능한 값은 다음과 같다.

- 객체 무효화(OBJECT-INVALIDATED)
  시도된 접근은 정의되지 않은 참조 속성을 가진 정의된 객체를 참조한다. 이것은 그 객체에 대한 접근 시도에 대해 영구적인 오류를 나타낸다.
- 하드웨어 장애(HARDWARE-FAULT)
  변수에 대한 접근이 하드웨어 장애로 인해 실패했다.
- 일시적 사용불가(TEMPORARILY-UNAVAILABLE)
  요구되는 변수는 요구되는 접근에 대해 일시적으로 사용 불가능함을 나타낸다.
- 예
  가상생산 장치는 수동 모드에 있는 제어 루프의 설정점에 대해서 쓰기 시도를 불허할 수 있다.
- 객체 접근 거부(OBJECT-ACCESS-DENIED)
  MMS클라이언트는 이 동작을 요구하기에 불충분한 특권을 가진다.
- 객체 비정의(OBJECT-UNDEFINED)
  원하는 이름을 가진 객체가 존재하지 않는다.
- 무효 주소(INVALID-ADDRESS)
  표기된 양식이 틀리거나 범위 밖이기 때문에 이름없는 변수 객체의 지정된 주소에 대한 참조가 유효하지 않다.
- 형 비지원(TYPE-UNSUPPORTED)
  적합하지 않거나, 지원되지 않는 형이 변수에 대해 지정되었다.
- 형 불일치(TYPE-INCONSISTENT)
  서비스나 참조되는 객체와 일치하지 않는 형이 지정되었다.
- 객체 속성 불일치(OBJECT-ATTRIBUTE-INCONSISTENT)

객체가 일치하지 않는 속성들을 가지고 지정되었다.

- 객체 접근 비지원(OBJECT-ACCESS-UNSUPPORTED)
  변수가 요구된 접근을 허락하도록 정의되지 않았다.
- 객체 비존재(OBJECT-NON-EXISTENT)
  변수가 존재하지 않는다.

주) 데이터 접근 오류 파라미터는 서비스 요구의 실패를 나타내지 않는다. 그 대신 이것은 시도된 유효한 접근 요구의 실패를 나타낸다. 객체 무효화 오류는 정의된 이름있는 변수 목록 또는 분산접근 객체 안에 포함된 참조에 의해 표현되는 사상이 더이상 가능하지 않다는 것을 나타낸다. 모든 다른 값은 V-Get이나 V-Put 함수의 실패를 나타낸다.

8.2.6 변수에 대한 접근의 지정

이 절은 변수에의 접근을 지정하는 파라미터들을 기술한다. 이들은 변수 접근 지정 파라미터, 변수 지정 파라미터, 분산접근 기술 파라미터 및 주소 파라미터를 포함한다.

1) 변수접근 지정 파라미터

(1) 접근 종류

이 파라미터는 해당 접근이 변수 지정과 (선택적으로) 교체접근 파라미터의 열거된 목록으로 지정되는 지 또는 가상생산 장치에서 정의된 이름있는 변수 목록 객체의 변수 목록 이름있는 속성의 값을 주는 하나의 변수 목록 이름있는 파라미터로 지정되는 지를 나타낸다.

(2) 변수 목록

접근의 형이 열거식 목록을 지정할 때, 이 파라미터는 지정된다. 그렇지 않으면 이것은 지정되지 않는다. 지정되면, 이 파라미터는 적용될 교체접근과 함께, 접근되는 (하나 또는 그 이상의) 각 파라미터들을 열거한다. 이 목록의 각 요소는 다음과 같은 파라미터들을 포함한다.

▶ 변수 지정

변수 지정 파라미터는 그 값이 다음과 같은 가상생산 장치상의 변수들을 식별한다.

① 읽히기 위함 (읽기 요구와 지시 서비스 프리미티브)
② 쓰이기 위함 (쓰기 서비스) 또는
③ 이미 읽힘 (정보보고 서비스와 읽기 응답과 확인 서비스 프리미티브)

▶ 교체접근

이 파라미터는 이 서비스에 적용 가능한 교체접근을 나타낸다. 만약 포함되지 않으면, 변수의 정의에 의해 지정되는 모든 접근이 사용된다. 이 파라미터는 변수형이 단순이면 생략된다.

▶ 변수 목록 이름

접근의 종류가 이름있는 목록일 때, 객체 이름형의 이 파라미터는 지정되고, 그렇지 않은 경우에는 이것이 지정되지 않는다. 지정되었을 때 이 파라미터는 가상생산 장치에서 이름있는 변수 목록 객체의 변수 목록 이름 속성의 값을 제공한다. 이 객체는 다음과 같은 하나 이상의 변수들의 목록을 지정한다.

① 읽히기 위함 (읽기 요구와 지시 서비스 프리미티브)
② 쓰이기 위함 (쓰기 서비스)
③ 이미 읽힘 (읽기 요구와 확인 서비스 프리미티브 및 정보보고 서비스)

2) 변수 지정 파라미터

변수 지정 파라미터는 하나의 MMS변수에 대한 또는 분산접근 객체에 의해 표현되는 구조화 변수에 대한 접근을 지정한다.

(1) 변수 종류

파라미터들은 수행될 (또는 수행된) 변수 접근의 종류를 나타낸다. 이것의 값은 다음 중에서 선택된다.

① 이름지정(NAMED) : 이름있는 변수 또는 분산접근 객체를 사용한 접근을 나타낸다. 이 값이 선택되면, 이름 파라미터가 존재한다.
② 이름 비지정(UNNAMED) : 이름없는 변수 객체를 사용한 접근을 나타낸다. 이 값이 지정되면, 주소 매개 변수가 존재한다.

③ 단일(SINGLE) : 접근 요구에서 제공되는 정의를 가지고 일시적으로 생성된 이름있는 변수 객체를 사용하는 접근을 나타낸다. 이 값이 지정되면 변수 기술 파라미터가 존재한다.

④ 분산(SCATTERED) : 접근 요구에서 제공되는 정의를 가지고 일시적으로 생성된 분산접근 객체를 사용하는 접근을 나타낸다. 이 값이 지정되면 분산접근 기술 파라미터가 존재한다.

⑤ 무효화(INVALIDATED) : 무효화된 변수에 대한 접근의 시도를 나타낸다. 이 값은 단지 응답 또는 확인 프리미티프에서만 일어난다. 이 값이 지정되면, 이름, 주소, 변수 기술 및 분산접근 기술 파라미터가 없다.

(2) 이 름

객체 이름 형인 이름 파라미터는 분산접근 객체의 분산접근 이름 또는 이름있는 변수의 변수 이름 속성을 지정한다.

(3) 주 소

주소 파라미터는 이름없는 변수 객체에 의해 지정되는 내장된 형을 사용하는 접근을 지정한다.

(4) 변수 기술

변수 기술 파라미터는 일시적으로 생성된 이름있는 변수 객체를 사용한 접근을 위한 주소와 형 지정을 지정한다. 생성된 객체는 접근 후 없어진다.

▶ 주 소

주소 파라미터는 기술될 변수의 주소를 나타낸다. 이것은 형 지정 파라미터에 의해 기술된 것과 같은 변수의 시작 주소를 나타낸다.

▶ 형 지정

형 지정 파라미터는 변수의 추상 형을 지정한다. 지정된 형은 변수에 포함된 모든 이름없는 변수 객체들의 형 기술 속성과 호환된다. 호환의 정의는 국부적인 문제이다.

(5) 분산접근 기술

분산접근 기술 파라미터는 분산접근 객체를 사용한 접근을 나타낸다. 분산접근 기술 파라미터는 다음과 같다.

3) 분산접근 기술 파라미터

분산접근 기술 파라미터들은 하나 이상의 독립된 MMS변수들로 구성된 구조에 대한 접근을 기술하는 데 사용된다.

(1) 구성요소 목록

이 파라미터는 분산접근의 구성요소들을 구성하는 하나 이상의 이름있는 변수, 이름없는 변수, 또는 분산접근 객체를 기술하는 순서화 목록을 포함한다.

▶ 구성요소 이름

식별자형인 이 파라미터는 선택사항이다. 만약 생략되면, 이 분산접근 구성요소는 교체접근에 의해 참조되지 않을 수 있다. 만약 포함되면, 이 파라미터는 교체접근이 요구될 때 이 구성요소에 적용되는 이름을 지정한다.

▶ 변수 지정

이 파라미터는 만약 적용 가능하다면, 이들 데이터 요소들을 배열이나 구조로 묶는 것과 함께, 분산접근의 이 구성요소 데이터 요소들의 형이나 위치를 정의하는 이름있는 변수, 이름없는 변수, 또는 분산접근 객체를 지정한다.

▶ 교체접근

이 파라미터는 변수 지정에 의해 기술되는 형의 데이터 요소에 요구되는 접근을 나타낸다. 만약 생략되면, 모든 접근이 요구되고, 포함되면, 교체접근이 바람직하다. 만약 변수 지정이 하나의 단순 데이터 요소를 참조한다면, 이 파라미터는 생략된다.

4) 주소 파라미터

주소 파라미터는 이름없는 변수 객체를 지정하는 데 사용된다. MMS는 주소 파라미터의 구조에서 보인 바와 같이 3가지 형의 구현에 따라 정의된 주소를 제공한다.

(1) 주소의 종류

이 파라미터는 파라미터 안에 포함된 주소의 종류를 나타낸다. 이것의 값은 주소가 수치로 된 주소인지, 기호적 주소인지 또는 제한이 없는 주소인지를 나타낸다.

주) MMS는 실 시스템의 특성과 주소의 종류간의 관계를 나타내지 않는다. 주소의 다양한 종류간의 차이는 순수하게 구문론 상의 문제이다. 실제 구현에 있어서 아예 없거나 하나 이상의 주소의 종류를 지원할 수 있다.

(2) 수치 주소

비부호 정수형의 이 파라미터는 주소 종류 파라미터가 수치로 된 주소일 때 선택된다. 이것의 용도는 선형 주소 공간을 지정하거나 주소들이 음수가 아닌 정수 값에 의해 표현되는 시스템에서 변수들의 주소 지정에 적합하다.

(3) 기호 주소

문자열형의 이 파라미터는 주소 변수 파라미터가 기호 주소를 나타낼 때 선택된다. 이것의 용도는 기호적 이름이 붙은 내장 변수들의 주소지정에 적합하다.

주) 다른 두 가지와 마찬가지로, 이 종류의 주소는 이름없는 변수의 주소 속성을 지정할 때 선택된다. 이는 의미적, 구문적으로 MMS 변수 이름과 구별된다.

(4) 비제한 주소

8진수열 형의 이 매개변수는 주소 종류 매개변수가 제한되지 않은 주소를 나타낼 때 선택된다. 이것의 용도는 상대적 주소 또는 기호적 주소로써 표현되지 않는 구현에 한정적인 주소 형을 가지는 시스템 안의 변수 주소에 적합하다.

8.3 관련 서비스

8.3.1 읽기(Read) 서비스

읽기 서비스는 가상생산 장치가 가상생산 장치안에 정의된 하나 이상의 변수의 값을 돌려주는 것을 요구하기 위해 클라이언트 MMS 이용자에 의해 사용된다.

1) 구 조

이 구성요소 서비스 프리미티브들의 구조는 표와 같다.

(1) 인 수

이 파라미터는 읽기 서비스 요구에 대한 서비스 특정 파라미터들을 전송한다.

▶ 지정 회신(Specification With Result)

이 부울 파라미터는 응답 프리미티브가 발생되었을 때 결과(+) 파라미터에 변수 접근 지정 파라미터가 요구되는지를 나타낸다. 만약 참이고 응답 프리미티브가 성공을 나타내면, 지시 프리미티브의 변수 접근 지정 파라미터의 값이 응답 프리미티브의 결과(+) 파라미터 안에 반환된다. 만약 거짓이면, 변수 접근 지정 파라미터는 포함되지 않는다.

▶ 변수 접근 지정(Variable Access Specification)

이 파라미터는 접근되는 변수들을 나타낸다.

파라미터 이름	요구	지시	응답	확인	적합성 형성블럭
인수	M	M(=)			
지정 회신	M	M(=)			
변수 접근 지정	M	M(=)			
결과(+)			S	S(=)	

변수 액서스 지정 액서스 결과 목록			C M	C(=) M(=)	
결과(-) 오류 형			S M	S(=) M(=)	

(2) 결 과(+)

결과(+) 파라미터는 요구되는 서비스가 성공임을 나타낸다.

주) 읽기 서비스에서는 성공적인 결과는 서비스 요구가 가상생산 장치에 받아들여질 만 하다는 것을 그리고 가상생산 장치가 서비스에 의해 요구된 각 변수의 값을 결정하려고 시도했다는 것을 의미한다. 성공이 표시되면, 다음과 같은 추가적인 파라미터들이 제공된다.

▶ 변수 접근 지정 (Variable Access Specification)

만약 지시 프리미티브에서 요구되었다면, 이 파라미터는 존재한다. 그렇지 않으면 생략된다. 만약 포함되면 이것은 지시 프리미티브로부터 입수한 변수 접근 지정 파라미터를 포함한다.

▶ 접근 결과 목록 (List Of Access Result)

이 파라미터는 변수 접근 지정 파라미터에 의해 나타내어지는 순서로 특정 변수들의 값을 포함한다. 이 목록 각각의 요소는 접근 결과인데, 이는 변수 형 기술과 교체접근(적용 가능하다면)이 적용된 후 접근시의 실변수의 값, 또는 분산접근 객체에 의해 나타내어지는 구조화 변수의 값, 또는 접근 오류의 원인을 나타낸다.

(3) 결 과(-)

결과(-) 파라미터는 서비스 요구가 가상생산 장치에 의해 유효하지 않거나 받아들일 만하지 못하거나 거부되어짐을 나타낸다. 오류 형 파라미터는 요구가 거부되는 이유를 제공한다.

2) 서비스 절차

서비스 요구의 유효성을 검증한 후 가상생산 장치는 지정된 변수의 값에 대한 읽기를 시도하고, 변수 접근 지정 파라미터에 지정된 순서대로 각각에 대해 읽기 시도의 접근 결과를 반환한다.

8.3.2 쓰기(Write) 서비스

쓰기 서비스는 가상생산 장치가 하나이상의 변수의 내용을 요구 상에 제공된 값으로 대치되도록 요구하기 위하여 클라이언트 MMS 이용자에 의해 사용된다.

1) 구 조

구성요소 서비스 프리미티브들의 구조는 표와 같다.

파라미터 이름	요구	지시	응답	확인	적합성 형성 블럭
인수	M	M(=)			
변수 액서스 지정	M	M(=)			
데이터 목록	M	M(=)			
결과(+)			S	S(=)	
쓰기 결과 목록			M	M(=)	
성공			M	M(=)	
데이터 액서스 오류			C	C(=)	
결과(-)			S	S(=)	
오류 형			M	M(=)	

(1) 인 수

이 파라미터는 쓰기 서비스 요구에 대한 서비스 특정 파라미터들을 전송한다.

▶ **변수 접근 지정** (Variable Access Specification)

이 파라미터는 쓰일 변수들을 지정한다.

▶ **데이터 목록** (List Of Data)

이 파라미터는 변수 접근 지정 파라미터에 의해 나타내지는 변수에 쓰이는 값을 나타낸다. 이 값들은 변수 접근 지정 파라미터 안에 기술되는 변수들의 순서대로 이 목록 안에서 발생한다. 데이터 파라미터는 적용과 같이 변수의 형 기술(또는 분산접근 기술) 그리고 교체접근 기술에 의해 결정된다.

(2) 결 과(+)

결과(+) 파라미터는 요구되는 서비스가 성공했음을 나타낸다.

주) 쓰기 서비스에 대해 성공적인 결과는 서비스 요구가 가상생산 장치에게 수용 가능했고 가상생산 장치가 요구에서 제공된 값들을 사용하여 지정된 각 변수의 값을 대치하려고 시도했다는 것을 의미한다. 성공이 표시되면 쓰기 결과 목록 파라미터도 포함된다.

▶ 쓰기 결과 목록 (List Of Write Result)

쓰기 결과 목록 파라미터는 요구 상에 식별된 변수들의 순서에 따른 지정된 목록을 반환한다. 이 목록은 각 변수에 대해 그 변수에 대한 쓰기가 성공했다는 확인이거나 실패의 이유를 나타낸다.

- 성 공(Success)
  이 논리형의 파라미터는 주어진 변수에 대해 쓰기가 성공인지(참) 아닌지(거짓)를 나타낸다.
- 데이터 접근 오류(Data Access Error)
  만약 실패가 표시되면 이 파라미터는 실패에 대한 원인을 제공한다.

(3) 결 과(-)

결과(-) 파라미터는 서비스 요구가 유효하지 않거나 가상생산 장치에게 수용 불가하여 거부되었음을 나타낸다. 오류 형 파라미터는 요구가 거부된 이유를 제공한다.

2) 서비스 절차

가상생산 장치는 전체 변수 접근 지정과 데이터 목록을 검사하여 서비스 요구의 유효성을 검증한다. 만약 데이터 목록의 요소들이 변수접근 지정상의 형 및 요소수와 일치하지 않으면, 결과(-)가 반환된다. 그렇지 않으면 가상생산 장치는 지정된 각 변수의 값을 쓰려고 시도하고, 변수 접근 지정 파라미터에서 지정된 순서대로 쓰기 실패 원인의 표시나 쓰기 성공의 확인을 반환한다. 쓰기 결과 목록과 함께 결과(+)가 반환된다.

8.3.3 정보보고(InformationReport) 서비스

정보보고 서비스는 MMS이용자에 의해 자신이 읽은 대로 다른 MMS 이용자에게 하나 이상의 지정된 변수들의 값을 알려주기 위해 사용된다.

1) 구 조

구성요소 서비스 프리미티프들의 구조는 표와 같다.

파라미터 이름	요구	지시	적합성 형성 블럭
인수	M	M(=)	
변수 액세스 지정	M	M(=)	
액세스 결과 목록	M	M(=)	

(1) 인 수

이 파라미터는 정보보고 서비스 요구에 대한 서비스 특정 파라미터들을 전송한다.

▶ 변수 접근 지정 (Variable Access Specification)

이 파라미터는 보고되는 값들에 대한 변수들을 식별한다.

▶ 접근 결과 목록 (List Of Access Result)

이 파라미터는 변수접근 지정 파라미터에 의해 지정된 순서대로 지정된 변수들의 값들을 포함한다. 목록의 각 요소는 접근 결과이고, 이것은 접근시의 변수값이나 실패의 원인을 나타낸다.

2) 서비스 절차

MMS는 정보보고 서비스의 호출 또는 수신 절차를 지정하지 않는다. 이 서비스의 사용은 응용에 따른다. 정보보고 결과는 만약 상대편 MMS이용자가 개시 서비스에서 지원되는 서비스 파라미터에 정보보고 서비스의 지원을 표시하지 않았다면 전송되지 않는다. 이것은 비확인 서비스이다.

주1) 정보보고 서비스 요구가 보내지는 연계 (하나 이상 존재한다면)의 선택은 국부적인 문제이다 (이는 부대규격에 추가적으로 기술된다). 모든 연계들, 또는 하나의 연계, 또는 몇몇 집합이 선택된다.

주2) 이 서비스의 사용은 읽기 서비스 (지정 회신 파라미터가 참인 경우)의 사건 동작을 가진 사건 통지와 같다. 실제적인 차이는 사건통지 방법을 사용하는 경우, 서비스가 사용되는 조건이, MMS서비스를 사용하여 직접적으로 가시적 (그리고 수정가능)이라는 것이다. 반면에 정보보고 서비스를 사용하면, 이 조건들은 국부적인 문제이고 원격 MMS 이용자에 의해 결정되거나 바뀔 수 없다.

8.4 변수 지원 함수

8.4.1 관련 함수들

이 장에서 기술한 함수들이 무엇인지, 이것이 다른 것들과 어떻게 연관이 되어 있는지에 관해 알아보자.

① 새 객체를 만들고 현존하는 객체를 해석하는 함수들. 이 과정은 SNU MMS의 잡기장 영역에서 이루어지며 context-free함수들로 이루어져 있다.

```
mm_nmtype()              mm_imtype()
mm_nvspecification()     mm_ivspecification()
mm_nvassociation()       mm_ivassociation()
mm_ndata()               mm_idrepresentation()
mm_vget()                mm_vput()
```

② 인터페이스에 객체를 정의하거나 인터페이스에 이미 정의된 객체의 핸들을 얻거나, 또는 이전에 정의된 객체들을 지우는 함수들. 이것들은 MMSI의 내부 영역을 사용하여 MMS 변수들을 유지하고 관리한다.

```
mm_dlvariable()          mm_glvariable()          mm_lvdelete()
mm_dllist()              mm_gllist()              mm_lldelete()
mm_dltype()              mm_gltype()              mm_ltdelete()
```

③ 통신망을 통해 자료를 전송하는 함수들

```
mm_read()            mm_rresponse()
mm_write()           mm_wresponse()
mm_rinformation()
```

④ 목록과 핸들을 다루는 일반 목적의 함수들

이러한 함수들의 계열 안에는 서로 다른 함수의 일과 대칭적이거나 보완하는 함수들이 있다. 예를 들어 mm_dlvariable()은 국부 변수를 정의하고 mm_lvdelete()

는 한 개 이상의 국부 변수를 제거한다.

이제 이러한 계열들을 각각 알아보자. 각 절의 첫머리에는 각 계열의 함수들에 대한 간략한 설명이 있고 그 뒤에 좀더 자세한 사항과 사용법이 기술되어 있다.

1) Type Functions

이 계열은 다음 함수들을 포함한다.

함수 이름	설 명
mm_nmtype()	New MMS Type : 형 기술 객체를 만들고 그것의 handle을 리턴한다. 사용자는 단순형, 배열 또는 구조체를 만들 수 있다. 입력인자 kind_of_type과 class에 사용자가 만들고자 하는 것의 종류를 입력한다. 함수는 형 기술에 대한 handle을 준다. 만일 어떤 형이 국부적으로 이미 정의되었다면 그 형의 이름을 입력하여 형 기술의 handle을 얻을 수 있다.
mm_imtype()	Interpret MMS Type : 형에 대한 handle을 입력하고 지정된 형 객체에 대한 정보를 얻는다.

이 계열의 함수들은 MMS 형 기술 핸들을 만들고 번역한다.

MMS의 형 기술은 C프로그램에서의 형 선언과 비슷하다. 주된 차이점은 C에서의 형 선언은 정적이고, MMS의 형 기술은 프로그램 수행중에 동적으로 만들어진다는 점이다. 일단 형 기술 객체가 만들어진 후에는 그 형의 MMS변수를 정의하는데 사용될 수 있다. 그것은 이 장의 뒤에서 설명할 다른 MMSI함수에 의해 수행된다. 형 기술은 원격 MMS변수의 형을 정하는 데에도 사용한다. 이것 또한 이 장의 뒤에서 설명한다.

(1) mm_nmtype() 함수

mm_nmtype()함수는 형 기술의 핸들을 만든다. 이 형 기술은 입력파라미터에 기초한다. 파라미터들은 SNU MMS Reference Manual에 자세히 설명되어 있다.

MM_Kind_of_type 인자가 ...이면	... type_dcb의 이 필드가 유효한 값으로 초기화 될 것이다.
MM_KT_Type_name	type_name
MM_KT_Array	packed(국부 형태에서는 언제나 FALSE이다.) num_elements element_type
MM_KT_Structure	packed(국부 형태에서는 언제나 FALSE이다.) structure_component_list

mm_nmtype()을 호출하면 형 기술 객체를 만들고 객체의 핸들을 리턴한다. 이 객체를 인터페이스에 알리려면 후에 설명할 mm_dltype()함수를 사용한다.

형 핸들은 mm_imtype(), mm_nvassociation()과 mm_dltype()을 포함한 몇 개의 함수에서 입력으로 사용된다. 결국 위의 함수들을 호출하기 전에 mm_nmtype()이 먼저 호출되어야 한다.

형 기술은 그것이 정의된 국부 변수나 변수 연계에 부분이 될 때까지 특정한 변수에 관계되지 않는다. 이 장 후반부에 설명할 mm_dlvariable()을 참고한다.

주) 이 함수는 언제나 문법적으로 정확한 입력을 받는다. 그러나 이것은 그 입력으로 주어진 객체가 적합한 것이라는 것을 보장하지 않는다. 예를 들어 인쇄 오류로 주어진 객체이름이 입력으로 주어질 수 있다. 이 경우 함수는 성공적으로 수행되지만 결과는 옳지 않다.

▶ mm_nmtype()으로 복잡한 MMS 형 기술의 생성

복잡한 MMS 형 기술을 만드는 것은 mm_nmtype()과 mm_mlist()를 여러 번 사용해야 한다. 다음 예제는 이를 보여 준다. 다음 c의 구조체를 반영하는 MMS 형 기술을 만들기 원한다고 가정하자.

```
struck      c_var{
        int         intgr1;
        char        *str;
```

```
        struck      inside{
            int         intgr2;
            float       *value1;
        }
    } c_var;
```

동등한 MMS 형 기술을 만들기 위해서는, 먼저 각 원소들을 mm_nmtype()함수를 사용하여 각각 만들어야 한다. 그리고 나서 이들을 목록에 첨가시키고 이 목록을 mm_nmtype()함수에 입력 인자로 넣는다. 【그림 2.8.6】은 위의 구조를 트리 형태로 그린 것이다.

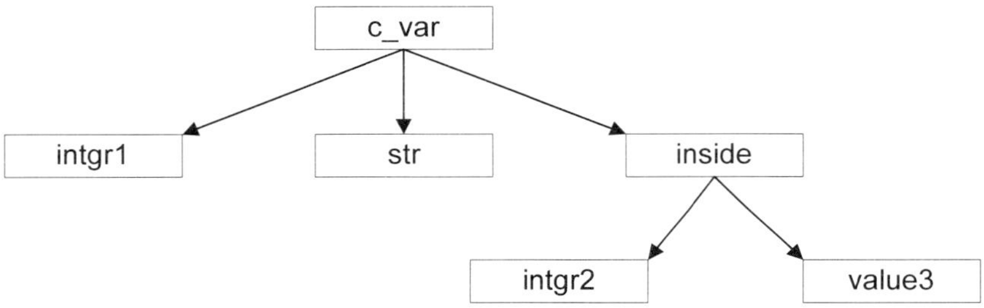

【그림 2.8.6】 C 구조체의 트리 구조 예

논리적인 접근은 트리 구조의 post-order traversal을 사용하여 형 기술을 만드는 것이다. 다음은 이 접근의 개요이다.

① mm_nmtype()을 사용하여 intgr1의 형 기술을 만든다. 사용자는 곧 intgr2에의 동일한 형 기술을 필요로 할 것이기 때문에, mm_dhandle()을 사용하여 형 기술 핸들의 논리적 복사본을 만든다.
② 핸들 중 하나를 structure_component_block형 변수의 component_type_spec 필드에 놓는다. 지금부터 이 변수를 component1이라 부른다.
③ mm_nmtype()을 사용하여 str의 형 기술을 만든다.
④ 이 핸들을 structure_component_block형의 다른 변수(component2)의 compo nent_ type_spec 필드에 놓는다.
⑤ ①에서의 복제된 핸들을 structure_component_block형의 다른 변수 (compo nent 3A)의 component_type_spec필드에 놓는다.

⑥ mm_nmtype()을 사용하여 value3의 형 기술을 만든다.
⑦ 이 핸들을 structure_component_block형의 다른 변수(component3B)의 component_type_spec필드에 놓는다.
⑧ component 3A와 component 3B를 포함한 MMS 목록을 만들기 위해서 mm_mlist()를 사용한다.
⑨ 목록을 mm_nmtype()에 주어 inside로 알려진 구조체의 형 기술의 핸들을 만든다.
⑩ 이 핸들을 structure_component_block형의 다른 변수(component3)의 component_ type_spec 필드에 놓는다. 이 시점에서 c_var의 모든 세 원소의 형 기술 만들기를 끝내야 한다.
⑪ mm_mlist()를 사용하여 모든 세 구조 구성 블럭(component1, component2, component3)을 포함한 MMS 목록을 만든다.
⑫ 목록을 mm_nmtype()에 넣어 마지막 형 기술의 핸들을 만든다. 이 형 기술은 원래 c구조체의 반영이다.

이러한 상대적으로 단순한 구조의 형 기술을 만드는 것도 복잡한 일이다. 아마도, 사용자는 mm_dltype()을 사용하여 이 형 기술을 사용하는 변수 연계를 만들 때마다 그것을 사용가능하도록 하고 싶을 것이다.

설명의 편의를 위해, 이 예제는 메모리를 효율적으로 사용하지 않는다. 아이템을 만들자마자 목록에 포함시키도록 순서를 다시 정하면, 이 예제에서 제시한 5가지의 structure_component_block이 아니라 하나만을 사용하면 된다.

(2) mm_imtype()함수

이 함수는 형 핸들을 입력으로 사용하고 이 형을 기술하는 구조체의 포인터를 반환한다. 어떤 형 핸들이 참조하는 객체를 확인하길 원할 때, 응용장치 개발과정 초기에 특히 유용하다.

mm_imtype()의 입출력 자료제어블록은 mm_nmtype()의 입력 자료제어블록과 동일하다. 또한 mm_imtype()의 입력 자료제어블록은 mm_nmtype()의 입출력 자료제어블록과 동일하다. 자료제어블록들 사이의 전환은 mm_nmtype()과 mm_im type()의 보완의 성질을 보여준다.

한 응용장치는 보통 특정 환경에 대해 많은 지식을 가지고 있고 그 환경에서 객체를 공유하고 있다. 실제로 mm_nmtype()은 mm_imtype()보다 더 자주 사용된다. 이것은 동료 장치와 이 수준의 정보를 협상하려는 응용장치가 거의 없기 때문이다.

주) mm_imtype()함수는 메모리를 할당한다. 점차로 자원이 소비되는 것을 막기 위해 mm_fdmemory()와 mm_fhandle()함수를 이용하거나 다른 함수의 호출로 인하여 생성되는 핸들을 소비함으로써 이 메모리들을 복귀시켜야 한다.

2) 변수 지정 함수 (Variable Specification Functions)

여기에는 다음과 같은 함수들이 있다.

함수 이름	설 명
mm_nvspecification()	New Variable Specification : 한 변수 지정을 만들고 객체의 handle을 리턴한다. SNU MMS에서 변수 지정은 유일하게 변수를 지정하기 위해 그 변수에 적용되는 필수적인 인식자(이름 또는 주소)이다.
mm_ivspecification()	Interpret Variable Specification : 변수 지정 객체의 handle을 입력으로 사용하고 그것이 포함한 이름이나 주소를 반환한다.

이 계열의 함수들은 MMS 변수 지정 핸들을 만들고 해석한다.

(1) MMS 변수의 종류

SNU MMS는 세 종류의 변수 지정을 지원한다.

① 이름 변수(Named variables)
② 주소 변수(Address variables)
③ 주소와 형 변수(Address and Type variables)

뒤의 두 개는 합해서 "Unnamed" 변수라고도 말한다. "address"라는 말은 이 상황에서 그 의미가 다르다. 즉, 그것은 기계나 가상 주소의 일반적 의미의 주소가 아니다. 오히려, "address"란 용어는 이름 변수를 지원하지 않는 시스템의 변수를 지칭하는 다른 방법의 한 의미를 나타낸다. "address"는 원격 시스템의 실제 주소일 수도 있고 아닐 수도 있다. SNU MMS에서는 그것은 하나의 인식자일 뿐이다. 여기서는 이 개념에 대해 상세히 설명할 것이다.

이름있는 변수는 변수의 이름과 범위를 지정하기 위해서 Mm_Object_name 자료 구조를 사용한다. 다른 한편으로 이름없는 변수는 변수를 확인하기 위해 다른 구조체(Mm_Address)를 사용한다. 이름있는 변수는 가상생산 장치-한정 또는 연결-한정(connection-specific)일 수 있다. 주소(그리고 주소와 형) 변수는 항상 가상생산 장치-한정이다.

Mm_Address 구조체는 세 종류의 주소 변수를 나타낸다.

Mm_Kind_of_address	설 명
Mm_KA_numeric	이것은 개념적으로 변수 이름과 동일하다. 수치적 주소는 일반적으로 원거리 물리적 주소에 해당한다(그러나 이것은 사실일 필요는 없다.). 그것은 기본적으로 특정 변수를 표현하는 정수이다.
Mm_KA_symbolic	이것은 개념적으로 통상적인 변수 이름과 동일하다. 상징적 주소는 NULL 문자로 끝이 나는 영문자와 숫자가 같이 들어있는 문자열로 구성된다.
Mm_KA_unconstrained	비제한적 주소는 단지 크기가 알려진 octet의 버퍼이다. 그것은 Octet_string의 형태로 되어있다. 비제한적 주소의 의미는 관계된 응용장치가 그것을 어떻게 해석하는지에 전적으로 의존한다.

(2) mm_nvspecification() 함수

mm_nvspecification() 함수는 변수 지정의 핸들을 만든다. 입력 자료제어블록 의 nature_of_variable 파라미터는 Mm_NV_Name, mm_NV_Address 또는 mm_NV_Address_and_type의 값 중 하나의 값을 가져야만 한다. SNU MMS은 분산 변수 접근을 지원하지 않는다. 변수 지정은 mm_nvassiciation()과 mm_ivspecification()에서 입력으로 사용된다. mm_nvassociation()에 변수지정을 제공하는 것은 인터페이스에 이미 알려진(또는 알려질 필요가 없는) 미리 정의된 국부(또는 원격)변수를 표현하는 것이다.

주) mm_nvspecification()함수는 항상 문법적으로 정확한 입력을 받는다. 그러나 이것은 그 입력으로 주어진 객체가 적합한 것이라는 것을 보장하지 않는다. 예를 들어 오타로 지정된 객체 이름이 입력으로 주어질 수 있다. 함수는 성공적으로 수행되지만, 결과는 옳지 않다.

(3) mm_ivspecification 함수

이 함수는 변수 지정 핸들을 입력으로 사용하고 변수 지정을 설명한 구조를 리턴한다. 이것은 응용장치개발의 초기단계에서 변수 지정 핸들이 참조한 객체를 확인하기 원할 때 특히 유용하다.

mm_ivspecification의 입출력 자료제어블록은 mm_nvspecification()의 입력 자료제어블록과 동일하다.

한 응용장치는 보통 특정 환경과 그 환경하에서 공유된 객체들에 대해 상당한 정보를 가지고 있다. 실제로 mm_nvspecification()은 mm_ivspecification()보다 더 자주 사용된다. 이는 동료 응용장치와 이 수준의 정보를 협상하려고 하는 응용장치는 거의 없기 때문이다.

주) mm_ivspecification()함수는 메모리를 할당한다. 점차로 자원이 소비되는 것을 막기 위해 mm_fdmemory()와 mm_fhandle() 함수를 이용하거나, 다른 함수들을 호출했을 때 생긴 핸들을 소비함으로써 이 메모리들을 복귀시켜야 한다.

3) 변수 연계 함수

여기에는 다음과 같은 함수들이 있다.

함수 이름	설 명
mm_nvassociation()	New Variable Association : 변수 연계 객체를 만들고 객체의 handle을 리턴한다.
mm_ivassociation()	Interpret Variable Association : 변수 연계 객체의 handle을 입력으로 사용한다.

이 계열의 함수들은 MMS 변수 연계 핸들을 만들고 해석한다.

(1) mm_nvassociation()함수

mm_nvassociation() 함수는 변수 연계 객체의 핸들을 만든다. 이 객체의 주 목적은 변수의 국부 표현과 통신망 표현이 연결되도록 하는 것이다. 이것은 서로 다른 매우 많은 방식으로 사용되기 때문에 변수 연계 객체는 복잡하다.

주) mm_nvassociation()함수는 변수 접근 서비스 사용의 핵심이다. 일단 변수 연계를 이해하면 다른 변수 접근 서비스의 목적과 사용이 보다 뚜렷해진다.

변수 연계 객체는 다음 중 한 개 이상의 정보 조각을 포함한다.

Item	설　　명
var_spec	mm_write()나 mm_rresponse()를 호출하려 할 때, 이 파라미터는 보통 mm_dlvariable()을 사용해 국부적으로 정의된 변수를 참조한다. 이 경우, local_mapping, network_rep와 data_handle 필드는 그들의 값이 국부 변수 객체에서 얻어지므로 필요없다. mm_read()나 mm_wresponse()를 호출하려 할 때, 이 파라미터는 mm_nvassociation()에서 원격 변수 이름을 참조한다. mm_read()나 mm_write()를 사용할 때, 변수 연계 목록이나 변수 목록 이름을 모두 제공할 수 있다. 이 경우, 변수 연계 목록의 그 변수 연계의 var_spec 부분은 무시된다. 그리고, 변수 목록 이름은 읽히거나 쓰일 원격 변수를 지정한다.
local_mapping	이 파라미터는 돌아오는 자료의 목적지가 되는 국부 프로그램 변수나 돌아나가는 자료의 근원인 국부 프로그램 변수를 설명한다. 그것은 국부 프로그램 변수의 type handle 과 국부 주소를 포함한다. type handle은 mm_nmtype(), mm_gltype()을 사용하거나 그것이 초기에 생성된 것이라면 mm_dhandle()을 사용하여 handle을 그 형태로 복제할 수 있다. SNU MMS는 가능하다면 var_spec에서 이 정보를 얻어낸다. 그러므로, 국부적으로 정의된 변수를 위한 var_spec이 주어지면 local_mapping을 제공할 수 없다.
network_rep	이 파라미터는 network 표현의 type handle을 포함한다. var_spec이 국부 정의 변수를 참조하면 그 값을 얻어낼 수 있기 때문에 이것을 빠뜨려도 상관없다.
data_handle	사용자가 data handle을 지정할 필요는 거의 없다. 이미 설명된 파라미터에 인터페이스가 data handle을 유도할 수 있도록 하는 충분한 정보가 제공된다.(후에 설명할 mm_ndata()에 대한 설명을 참조하라) 만일 mm_nvassociation()을 호출할 경우에 data_handle과 local_mapping(또는 국부적으로 정의된 변수를 위한 var_spec)이 제공되면, 그렇지 않을 경우 local_mapping 이나 var_spec에서 유도되는 것을 주어진 data_handle이 막는다.
data_access_error	이 필드는 mm_rresponse()나 mm_wresponse()를 호출하기 위해 준비할 때 사용한다. 그것은 왜 요구된 읽기나 쓰기가 허가 되지 않았는지를 사용자가 알도록 해 준다.
connection_id	만일 변수 연계 객체가 AA-specific 관점을 가지고 있다면 이것은 그 응용장치 조직의 connection_id와 맞아야 한다.
vmd_id	만일 변수 연계 객체가 VMD-specific 관점을 가지고 있다면 이것은 그 VMD의 vmd_id와 맞아야 한다.

만일 network_rep 필드의 호출 준비가 되지 않았다면, mm_nvassociation()은 자동적으로 통신망 표현(network representation)을 local_mapping 정보에서 얻는다. 필요하다면 network_rep와 local_mapping은 크기 속성에서 다르게 할 수 있다. 그러나, 동일한 kind_of_type값을 가져야 한다. 만일 변수가 단순형이라면, local_mapping과 network_rep는 동일한 등급을 가져야 한다.

주) network_rep와 local_mapping 사이의 크기 파라미터를 다르게 정하기 전에 주의하라. 예를 들어, 32비트 정수를 16비트 정수에 맞추는 것은 오버플로우가 발생했을 경우 가끔 발생하며 추적하기 어려운 오류를 발생할 수 있다.

변수 연계 객체는 mm_nvassociation(), mm_ivassociation(), mm_vget(), mm_vput(), mm_read(), mm_rresponse(), mm_write(), mm_wresponse(), mm_dlvariable(), mm_glvariable()과 mm_rinformation() 등 많은 함수에 사용된다.

mm_nvassociation()함수의 한가지 중요한 점은 파라미터 값에서 정보를 얻어내는 능력이다. 만일 입력 자료제어블록에 (국부적으로 정의된 변수를 위한) 변수 지정을 주면 국부 대응(local mapping)과 망표시(network representation)는 자동적으로 유도될 것이다. 국부 대응이나 망표시를 주려는 시도는 오류를 유발한다. 국부 대응과 망표시를 동시에 주면 위와 같은 예외가 발생한다. 주어진 망표시는 국부 대응에서 자동적으로 유도된 것을 무시한다.

위의 설명은 일반적으로 이 함수에 최소의 정보를 지정해 주어야 한다는 뜻이다. 예를 들어, 만일 입력 자료제어블록의 var_spec 필드가 국부적으로 정의된 변수를 참조한다면, local_mapping과 network_rep필드는 공백으로 남겨져야 한다.
다른 예로, 입력 자료제어블록의 var_spec이 비었다면, local_mapping의 값을 주어야 한다. 그러나 network_rep는 이것으로부터 얻어낼 수 있으므로 network_rep 필드는 비워두어야 한다. 필요하다면 network_rep필드만을 포함해야 한다.

주) 이름있는 형이나 정의된 객체에 대한 어떤 참조는 mm_nvassociation() 함수를 호출하는 동안 모두 정해져야 한다. 이 이름들이 정해질 수 없다면 호출은 실패한다. 또한 mm_nvassociation() 함수는 항상 문법적으로 정확한 입력을 받고 있다. 그러나 이것은 지정된 객체가 옳은 것임을 보장하지는 않는다. 예를 들어, 인쇄상의 오류가 있는 객체 이름이 입력으로 사용될 수 있다. 이 함수는 성공적으로 수행되지만, 결과는 정확하지 않다.

(2) mm_ivassociation 함수

이 mm_ivassociation()함수는 변수 연계의 핸들을 입력으로 받고, 변수 연계를 설명한 구조체를 반환한다. 이것은 응용장치개발의 초기단계에서 변수 연계 핸들이 참조한 객체를 확인하기 원할 때 특히 유용하다.

mm_ivassociation()의 입출력 자료제어블록은 mm_nvassociation()의 입력 자료제어블록과 동일하고 구조체 필드는 같은 의미를 가진다.

실제로, mm_nvassociation()은 mm_ivassociation()보다 자주 사용될 것이다. 한 응용장치는 보통 특정환경과 그 환경하에서 공유된 객체들에 대해 상당한 정보를 가지고 있다. 그러나, mm_ivassociation()을 사용하여 정보의 이 수준을 동료와 맞추려는 장치는 거의 없다.

4) 데이터 조작 함수 (Data Manipulation Functions)

여기에는 다음과 같은 함수들이 있다.

함수 이름	설 명
mm_ndata()	New Data : 특정 자료의 형과 위치, 정밀도에 기초하여 data handle을 만든다. 배열이나 구조체의 경우에는, 완전한 data handle을 만들기 위해 mm_ndata()와 mm_mlist()를 다중적으로 호출하는 것이 필요하다.
mm_idrepresentation()	Interpret Data Representation : data handle을 입력으로 받고, 자료의 형과 정밀성에 대한 정보를 반환한다. 배열이나 구조체의 data handle처럼, 출력은 자료 구조체들 속에 있는 원소의 data handle들의 목록에 대한 handle이다.

mm_vget()	Variable Get : 사용자의 응용 프로그램 변수의 자료를 얻거나 복사하고, 인터페이스를 위해 그 자료를 자신의 버전으로 만든다. 그것의 입력은 local mapping과 network representation을 포함하는 변수 연계의 handle이다. 그것은 data handle을 포함하는 동등한 변수연계를 반환한다. 특별히 변수가 배열이나 구조체와 같이 복잡한 구조를 가질 때, 이것은 일반적으로 mm_ndata()보다 data handle을 얻기에 쉬운 방법이다.
mm_vput()	Variable Put : mm_vput()함수는 local_mapping과 data_handle을 포함하는 변수 연계의 handle을 입력으로 받는다. 그것은 data handle로부터 local mapping에 설명된 응용 프로그램 변수에 자료를 쓰기 위해서 입력으로 받은 변수연계를 사용한다.

이 계열의 함수들은 MMS data 객체의 핸들을 만들고 다룬다. 이 context-free 함수들은 인터페이스와 국부 프로그램 변수 사이에 자료를 이동시킨다. 그것들은 원격 서버나 클라이언트와 상호작용하지 않는다.

(1) mm_ndata()함수

mm_read()와 같은 함수와 비교하면 mm_ndata()함수는 원초적이다. 대부분의 응용프로그램들은 data 핸들을 직접 만들거나 다룰 필요는 없다. mm_read(), mm_rresponse(), mm_write()와 mm_wresponse()함수들은 data 핸들을 직접 다룰 필요가 없어야 한다.

일반적으로 mm_ndata()와 mm_idrepresentation()의 사용은 응용프로그램을 불필요하게 복잡하게 만들므로 피해야 한다.

단순한 변수의 경우에는, mm_ndata()와 mm_vget()을 사용하는 것은 거의 비슷하게 편하다. 좀더 복잡한 변수들의 경우에 mm_ndata()를 사용하는 것은 실용적이지 못하다.

이 함수의 자세한 내용은 SNU MMS Reference Manual의 mm_ndata()부분을 보라.

(2) mm_iderepresentation 함수

일반적인 응용프로그램은 데이터 핸들을 해석할 필요가 없다. 이것은 응용장치 개발의 초기단계에서 데이터 핸들이 참조한 객체를 확인하기 원할 때 특히 유용하다.

주) mm_idrepresentation()함수는 메모리를 할당한다. 점차로 자원이 소비되는 것을 막기 위해 mm_fdmemory()와 mm_fhandle() 함수를 이용하거나, 다른 함수들을 호출했을 때 생긴 핸들을 소비함으로써 이 메모리들을 복귀시켜야 한다.

(3) mm_vget()함수

mm_vget()함수의 입력은 국부 대응과 망표시를 포함하는 변수 연계의 핸들이다. 출력은 원래의 변수 연계의 물리적 복사본에 데이터 핸들을 포함하는 새로운 변수연계의 핸들이다.

주) mm_dhandle()을 사용하여 변수 연계 핸들의 논리적 복사본을 만든다고 하자. 만일 한 복사본이 mm_vget()을 거치면 결과적으로 두 개의 핸들의 물리적 복사본이 존재하게 된다. mm_vget()에 의해 반환된 핸들은 데이터 핸들을 포함한 변수 연계 객체를 참조한다. mm_vget()을 호출하는데 사용되지 않은 핸들은 데이터 핸들을 가지지 않은 변수 연계 객체를 참조한다.

mm_vget()은 보통 mm_rresponse()를 호출할 준비에 사용된다. SNU MMS은 원격 응용 프로세스가 사용자의 동의 없이 사용자의 프로그램 변수를 읽는 것을 허락하지 않는다. 그 대신에, 사용자가 읽기 지시를 받았을 때(MM_READ_IND), mm_ireceive()의 출력 자료제어블록은 변수 연계의 MMS 목록을 포함한다. 프로그램 루프에서 다음 단계들을 따른다.

① 목록의 각 원소들에 대해, 변수 연계를 뽑아내기 위해서 mm_leextract()를 수행시킨다. 만일 mm_leextract()가 변수 연계를 반환하면 다음 단계를 수행하라. 목록이 비었으면 루프를 마친다.

② 현 변수 연계를 mm_vget()의 입력으로 사용한다.

- 만일 mm_vget()이 성공이면 ③을 수행한다.
- 만일 mm_vget()이 실패하면, 아래의 동작을 수행한다.
  - mm_ivassociation()을 이용하여 변수 연계를 해석한다.
  - 만일 access_error가 Mm_DA_No_error가 아니면 SNU MMS은 변수에 대해 알지 못하거나 SNU MMS에서 데이터 핸들을 얻기에는 불충분한 정보가 변수 연계에 있다. 사용자는 데이터 핸들을 다른 방법으로 얻거나

요구에 부정적으로(실패했다고) 응답해야만 한다. 만일 access_error가 Mm_DA_NO_error면 에러가 있는 파라미터가 있거나 내부적 오류가 있을 수 있다. 문제점의 원인을 찾아내기 위해 문제 해결 과정을 시작한다.

- mm_nvassociation()을 사용하여 데이터 핸들을 포함한 변수연계를 만든다.

③ mm_mlist()함수를 사용하여 결과로 나온 변수 연계 핸들을 독립적인 목록에 놓는다.

④ 루프가 끝나면, 새 목록은 mm_rresponse()를 위한 변수 연계 핸들의 입력 목록이다.

mm_vget()함수는 국부적으로 정의된 변수가 없을 때 외부 자료를 위해 사용되는 변수 연계의 데이터 핸들을 만드는 데 사용될 수 있다.

주) 만일 변수 연계가 mm_write()를 호출하는데 사용되면, 그 함수는 자동적으로 사용자의 의도(특정한 자료를 쓴다는)가 명백하다는 가정 하에서 데이터 핸들을 얻는다. 이것은 보통 mm_write()를 호출하는 것과 관련해서 mm_vget()을 사용할 필요를 없앤다.

(4) mm_vput()함수

mm_vput()함수의 입력은 데이터 핸들과 국부 대응이 포함된 변수 연계의 핸들이다. 출력은 데이터 핸들이 없다는 것을 제외하고는 입력과 동일한 변수 연계의 핸들이다. mm_vput()함수는 자료를 데이터 핸들에서 변수 연계의 국부 대응에서 지정한 프로그램 변수에 쓴다.

mm_vput()의 일반적인 사용은 mm_wresponse()의 호출을 준비하거나 또는 정보보고 지시(MM_IREPORT_IND)에 대응하는 것이다. SNU MMS은 원격 응용 프로세스가 사용자의 동의 없이 사용자의 프로그램 변수에 쓰는 것을 허락하지 않는다.

그 대신에, 사용자가 쓰기 지시를 받았을 때(MM_WRITE_IND), mm_ireceive()의 출력 자료제어블록은 변수 연계의 MMS 목록을 포함한다.

프로그램 루프에서 다음 단계들을 따른다.

① 목록의 각 원소들에 대해, 변수 연계의 핸들을 뽑아내기 위해서 mm_leextract()를 수행시킨다. 만일 mm_leextract()가 변수 연계의 핸들을 반환하면

다음 단계를 수행한다. 목록이 비었으면 루프를 마친다.

② 현 변수 연계를 mm_vput()의 입력으로 사용한다.

- 만일 mm_vput()이 성공이면 3)으로 진출한다.
- 만일 mm_vput()이 실패면, 다음 일을 수행한다.
  - mm_ivassociation()을 이용하여 변수 연계를 해석한다.
  - 만일 access_error가 Mm_DA_No_error가 아니면 SNU MMS는 변수에 대해 알지 못하거나 SNU MMS에서 데이터 핸들을 얻기엔 불충분한 정보가 변수 연계에 있다. 사용자는 데이터 핸들을 다른 방법으로 해석하거나 쓰거나 또는 요구에 부정적으로(실패했다고) 응답해야만 한다. 만일 access_error가 Mm_DA_NO_error면 에러가 있는 파라미터가 있거나 내부적 오류가 있을 수 있다. 문제점의 원인을 찾아내기 위해 문제해결 과정을 시작한다.
  - mm_nvassociation()을 사용하여 변수 연계를 만든다.

③ 결과 변수 연계 핸들을 독립적인 목록에 넣기 위해 mm_mlist()함수를 사용한다.

④ 루프가 끝나면, 새 목록은 mm_wresponse()함수를 위한 변수 연계 핸들의 입력 목록이다.

mm_vput()함수는 또한 mm_read()로 국부 변수를 쓰지 못할 때 사용된다. mm_read()가 국부 변수에 쓰지 못하는 이유는 두 가지가 있다.

- 자료 형이 일치하지 않는다.
- mm_read() 호출이 mm_vput()을 수행하는 데 불충분한 정보를 가지고 있다.

두 경우 모두 의심스러운 자료를 쓰는 응용 로직 오류를 유발한다.

mm_vput()함수는 "atomic" 쓰기를 제공하지 않는다. 만일 mm_vput()호출이 배열이나 구조체 같은 복잡한 자료 구조의 경우에 실패하면 변수의 한 개 이상의 원소가, 오류가 발생하기 이전에 이미 갱신된다. 만일 원소중 일부만이 갱신된 것이 중대한 오류를 유발한다면 mm_vput()을 사용하기 전에 변수에서 원래 자료의 복사본을 만들어야 한다.

주) 만일 변수 연계가 mm_read()를 호출하는 데 사용되면, 그 함수는 사용자의 의도(특정한 자료를 얻는다

는)가 명백하다는 가정 하에서 자동적으로 데이터 핸들을 얻는다. 이것은 보통 mm_read()를 호출하는 것에 관련해서 mm_vput()을 사용할 필요를 없앤다. mm_read()를 비동기적으로 호출하면, 국부 변수는 em_wait()가 호출이 끝났다고 지시할 때 갱신되고 그 이전에는 갱신되지 않을 것이다.

(5) mm_vget()과 mm_vput()의 정리

위의 사항들을 정리하여 보자.

① mm_read()와 mm_write()의 호출에 있어서, MMSI는 (지정된 자료에 접근하려는) 사용자의 의도가 확실하고 사용자가 MMSI의 특정 국부 변수에 접근하는 것을 허가하였다고 가정한다.

② mm_read()를 호출할 때, MMSI는 내부적으로 mm_vput()을 호출하여, 응답 데이터를 사용자의 프로그램 변수에 넣을 것이다.

③ mm_write()를 호출할 때, MMSI는 내부적으로 mm_vget()을 호출하여, 요구 데이터를 사용자의 프로그램 변수로부터 얻을 것이다.

④ 지시와 응답 함수에서, MMSI는 사용자에게 사용자의 변수를 원하지 않은 접근으로부터 보호할 기회를 준다. 사용자의 응용 프로그램은 필요한 mm_vput()과 mm_vget() 동작을 확실하게 수행해야 한다.

(6) mm_vput()과 mm_vget()의 정수 자료 정밀도

mm_vput()과 mm_vget()함수는 망표시와 국부 대응 모두를 포함한 var_spec 파라미터를 가지고 있다. 이 형 기술은 부호있는 정수나 부호 없는 정수가 차지하는 비트의 수로 정의된, size라는 필드를 사용한다. 이 size 파라미터는 다른 자료형과는 서로 다른 의미를 갖는다.

망표시로 지정된 size는 국부 대응으로 지정된 size와 다를 수 있다. 이것은 mm_vput()이나 mm_vget()이 부호있는 정수나 부호 없는 정수를 다루는데 오버플로우가 발생할 가능성을 준다. 이 환경하에서의 SNU MMS의 행동은 다음과 같다.

① mm_vput()의 동작에서, 망표시에서 지정된 비트의 수가 국부 대응에서 지정된 비트의 수보다 크면 아래의 두 가지 경우중 하나가 일어날 수 있다.

- 만일 국부 변수에 저장되어 있는 실제 자료가 국부 대응에 의해 지정된 비트의 수로 표현될 수 있다면 size의 차이는 무시되고 동작은 성공적으로 수행된다. 부호 없는 정수는 0이 확장되고 부호있는 정수는 부호가 확장된다.

- 만일 국부 변수에 저장되어 있는 실제 자료가 국부 대응에 의해 지정된 비트의 수로 표현될 수 없다면 에러가 발생된다.

② mm_vput()의 동작에서, 국부 대응에서 지정된 비트의 수가 망표시에서 지정된 비트의 수보다 크면 아래의 두 가지 경우중 하나가 일어날 수 있다:

- 만일 국부 변수로부터 얻어지는 실제 자료가 망표시에 의해 지정된 비트의 수로 표현될 수 있다면 size의 차이는 무시되고 동작은 성공적으로 수행된다. 부호 없는 정수는 0이 확장되고 부호있는 정수는 부호가 확장된다.
- 만일 국부 변수로부터 얻어지는 실제 자료가 망표시에 의해 지정된 비트의 수로 표현될 수 없다면 에러가 발생된다.

5) 국부 변수 함수

이 계열의 함수는 다음의 것들이 있다.

함수 이름	설 명
mm_dlvariable()	Define Local Variable : 나중의 사용을 위해 변수 연계 객체를 인터페이스에 저장한다. 이 함수는 국부 프로그램 변수에 인식자와 형을 붙인다.
mm_glvariable()	Get Local Variable : mm_dlvariable()에 의해 저장된 변수 연계 객체의 복사본을 얻는다.
mm_lvariable()	Local Variable Delete : 더 이상 필요 없는 변수 연계 객체를 인터페이스에서 지운다.

이 계열의 함수들은 변수 연계 객체를 인터페이스에 넣고 빼는 것을 관리한다. 명료하게 하기 위해서 이 장 앞부분의 “MMSI 잡기장” 절을 보라.

(1) mm_dlvariable 함수

이 함수는 인터페이스에 알려진 변수를 만들 때 사용한다. 이것은 이후에 그 변수를 읽고 쓰는 동작을 매우 단순하게 한다. 일단 변수가 인터페이스에 알려지면, 사용자는 객체를 만들 경우에 필요한 형 기술, 변수 지정과 구성원소 변수 연계를 반복적으로 만들 필요가 없다.

그 대신에, 그 변수에 대한 변수 지정을 참조하는 것만으로 충분하다. MMSI는 모든 필요한 상세 사항을 얻기 위하여 저장된 정보를 뒤져본다. 예를 들어, 단순히 mm_read() 함수를 호출하는 것만으로도 그 변수를 읽을 수 있다.

이 함수의 입력은 다음과 같은 정보를 갖는다.

① scope가 Mm_NS_Vmd_Specific일 때 변수가 정의된 가상생산 장치를 확인하는 vmd_id
② scope가 Mm_NS_AA_specific일 때 변수가 정의된 연결을 확인하는 connection_id
③ FALSE 값을 갖는 부울(boolean) 값이 automatic
④ 변수에 대한 변수 연계(주로 mm_nvassociation()에 의해 얻어지는). 이 변수 연계는 다음을 포함한다.
  - 변수 지정은 이름, 주소 또는 주소와 형을 포함한다. 그것은 보통 mm_nvspecificatio() 함수로부터 얻어진다.
  - 국부 주소와 형 기술 핸들로 구성된 local mapping(보통 mm_nmtype(), mm_gltype(), 또는 mm_dhandle()로부터 얻어진다)
  - network representation(보통 mm_nvassociation()로부터의 초기 network representation)

(2) mm_glvariable() 함수

mm_glvariable()함수를 호출하면 정의된 변수에 대한 변수 연계 핸들이 제공된다. 이 변수 연계는, 예를 들어, mm_dllist()를 위해 준비된 변수 목록에 더해질 수 있다. 그러면 그 변수는 변수 모임의 부분으로 또는 독립적으로 목록의 부분으로 읽히거나 쓰일 수 있다. 또 다른 방법은 mm_dhandle()을 사용하여 적당한 변수연계 핸들이 만들어지는 대로 바로 이 핸들을 복제하는 방법이다. 이 방법으로 복제된 핸들은 mm_glvariable()로 얻어낸 핸들과 동일하다.

(3) mm_lvdelete()함수

mm_lvdelete()를 호출하면 변수를 인터페이스에서 제거한다. 입력 자료제어블록의 list_of_object_name이라 불리는 입력 목록 필드는 변수 지정의 목록을 포함한다.

주) 입력 자료제어블록의 scope_of_delete 필드는 매우 중요하다. 특정 변수를 지우기 위해서는 scope_of_delete의 값이 Mm_SD_Specific이어야 하고, 사용자는 포함된 변수들의 변수 지정 핸들의 MMS 목록을 제공해야 한다. 만일 그 값이 Mm_SD_AA_Specific 또는 Mm_SD_Vmd라면 지정된 접속이나 가상생산 장치에서 지정된 모든 국부 변수가 지워진다.

사용자는 mm_lvdelete()의 단독 사용으로 다중 접속(또는 다중 가상생산 장치)의 변수를 지울 수 없다.

더 이상 사용하지 않을 모든 변수들은 인터페이스에서 지워 시스템 자원을 풀어주어야 한다. 변수들은 사용자가 가상생산 장치를 비활성화 시키기 전에 지워져야 한다.

6) 국부 목록 함수

이 계열의 함수는 다음의 것들이 있다.

함수 이름	설 명
mm_dllist()	Define Local List : 다음 사용을 위해 변수 연계의 목록을 인터페이스에 저장한다. 이 함수는 한 개 이상의 응용 프로그램 변수 목록에 이름을 준다.
mm_gllist()	Get Local List : mm_dllist()에 의해 저장된 변수 연계 목록의 복사본을 얻는다.
mm_lldelete()	Local List Delete : 더 이상 필요 없게 된 변수 연계 목록을 인터페이스에서 지운다.

이 계열의 함수는 MMS 변수 목록을 정의하고, 지우고, 복사본을 얻는데 MMSI 인터페이스를 사용한다. 이것은 단일 함수 호출로 많은 수의 변수를 읽고 쓰기 쉽게 하기 위함이다.

(1) mm_dllist()함수

mm_dllist()함수는 mm_dlvariable()함수와 비슷하다. 그러나 mm_dllist()는 인터페이스에 알려진 변수들의 전체 목록을 만들고 목록에 이름을 할당한다.(mm_dllist()는 목록 안의 개개의 변수를 정의하지 못하고 목록 자체만 정의할 수 있음에 유의하라) 자료 전송함수가 입력으로 변수 목록을 사용하기 때문에 이것은 뒤에 수행되는 읽기와 쓰기를 매우 쉽게 만든다. 단일 변수는 하나의 원소를 가진 목록을 만들어 읽혀지거나 쓰일 수 있다.

일단 국부 목록이 정의되면 사용자는 목록을 만드는 데 필요한 형 기술, 변수 지정과 구성원소 변수 연계를 반복적으로 만들 필요는 없다. 대신에 mm_read()를 호출하여 목록의 모든 변수를 읽을 수 있다.

이 함수의 입력은 다음의 것들을 포함한다.

① 목록의 범위가 Mm_NS_Vmd_Specific일 때 목록이 정의된 가상생산 장치를 확인하는 vmd_id
② 목록의 범위가 Mm_NS_AA_specific일 때 목록이 정의된 연결을 확인하는 connection_id
③ 목록의 이름값과 그 이름의(문자의 수로 센) 길이
④ FALSE 값을 갖는 부울(boolean) 값이 automatic
⑤ mm_nvassociation()과 mm_mlist()의 다중 호출에 의해 만들어진 변수 연계 목록의 핸들. 각 변수 연계는 mm_dlvariable()에 설명된 변수 연계와 같은 정보를 가지고 있다. 각 변수 연계에서 변수 지정의 범위는 목록 이름의 범위와 같아야 한다.

주) 정의된 국부 목록상의 변수 연계는 독립적으로 정의될 필요는 없다. (mm_dlvariable()을 통해) 그러나 그러한 변수는 목록의 나머지와 쉽게 접근 될 수 있다. 그 변수에 독립적인 접근을 얻기 위한 유일한 방법은 mm_gllist()를 사용하여 목록의 복사본을 얻고 mm_leextract()로 목록의 원하는 원소에 작업을 하는 것이다.

이 방식으로 관리되는 변수는 목록의 부분으로서 간편한 읽기와 쓰기를 제공한다. 값들은 목록의 변수 연계에 있는 국부 대응으로 표현된 국부 변수에 직접 읽고 쓸 수 있다.

(2) mm_gllist()함수

mm_gllist()함수는 mm_glvariable()과 비슷하다. 그러나 mm_gllist()는 변수 연계 핸들을 원소로 갖는 지정된 국부 목록의 복사본을 제공한다. 이 목록은 mm_leextract()함수를 사용하여 한 번에 한 원소씩 끄집어 낼 수 있다.

(3) mm_lldelete()함수

mm_lldelete()를 호출하면 인터페이스에서 변수 목록을 제거한다.

주) 입력 자료제어블록의 scope_of_delete필드는 매우 중요하다. 특정 목록을 지우기 위해서는 scope_of_delete의 값이 Mm_SD_Specific이어야 하고, 사용자는 포함된 변수 목록의 이름으로 된 MMS 목록을 제공해야 한다. 만일 그 값이 Mm_SD_AA_Specific 또는 Mm_SD_Vmd라면 지정된 접속이나 가상생산 장치에서 지정된 모든 국부 목록이 지워진다.

더 이상 사용하지 않을 모든 목록들은 인터페이스에서 지워 시스템 자원을 풀어주어야 한다. 사용자는 mm_lldelete()의 단독 사용으로 다중 접속(또는 다중 가상생산 장치)으로부터 목록을 지울 수 없다.

7) 국부 형 함수

다음의 함수들이 있다.

함수 이름	설 명
mm_dltype()	Define Local type : 다음 사용을 위해 형 기술을 인터페이스에 저장한다. 이 함수는 MMS 형의 기술에 이름을 준다.
mm_gltype()	Get Local Type : mm_dltype()에 의해 저장된 형 기술의 복사본을 얻는다.
mm_ltdelete()	Local Type Delete : 더 이상 필요 없게 된 형 기술을 인터페이스에서 지운다.

이 계열의 함수는 MMS 형 기술을 정의하고, 지우고, 복사본을 얻는데 MMSI 인터페이스를 사용한다. 이것은 형 기술을 쉽게 재사용할 수 있도록 해 준다.

예를 들어, 한 번 mm_dltype()을 사용하여 한 구조체를 정의하였다면 사용자는 그 구조체를 더 복잡한 형의 구성원소로 사용할 수 있다. 이를 위해서는

mm_gltype()을 사용하여 형 기술의 복사본인 핸들을 얻을 수 있다. 또는, mm_nmtype()을 호출에서 그 이름을 사용할 수 있다. 형 기술이 처음 생성됐을 때 핸들의 복사본을 얻기 위한 다른 방법은 mm_dhandle()을 이용하는 것이다.

(1) mm_dltype()함수

mm_dltype()함수는 다른 "define local x" 함수와 유사하다. 이 함수는 인터페이스에 알려진 형 기술을 만든다. 이것은 다음에 mm_nvassociation()과 mm_nmtype()을 호출하는 것을 간단하게 한다. 호출할 때 사용가능한 자료형의 복사본을 갖는 것은 더 복잡한 객체를 만드는 것을 쉽게 만든다. 이 함수의 입력은 다음의 것들이 있다.

① 형의 scope가 Mm_NS_Vmd_Specific일 때 형이 정의된 가상생산 장치를 확인하는 vmd_id
② 형의 scope가 Mm_NS_AA_specific일 때 형이 정의된 connection을 확인하는 connection_id
③ 형의 name 값과 그 이름의(문자수로 센) 길이
④ FALSE 값을 갖는 부울(boolean) 값이 automatic
⑤ 원하는 형 기술의 형 핸들

(2) mm_gltype()함수

mm_gltype()함수는 "get local x" 함수와 유사하다. 이 함수는 지정된 국부 형 기술의 핸들을 얻는다. 이 핸들은 다른 어떠한 형 핸들처럼 사용할 수 있다. 자세한 사항은, 이 장의 앞부분에 있는 mm_nmtype()과, SNU MMS Reference Manual의 mm_nmtype()을 보라.

(3) mm_ltdelete()함수

mm_ltdelete()를 호출하면 인터페이스에서 형 기술을 지운다.

주) 입력 자료제어블록의 scope_of_delete 필드는 매우 중요하다. 특정 형을 지우기 위해서는 scope_of_delete의 값이 Mm_SD_Specific이어야 하고, 사용자는 포함된 형의 이름들로 된 MMS 목록을 제공해야 한다. 만일 그 값이 Mm_SD_AA_Specific 또는 Mm_SD_Vmd라면 지정된 접속이나 가상생산 장치에서 지정된 모든 국부 형 기술이 지워진다.

더 이상 사용하지 않을 모든 형 기술들은 인터페이스에서 지워 시스템 자원을 풀어주어야 한다.

사용자는 mm_ltdelete()의 단독 사용으로 다중 접속(또는 다중 가상생산 장치)의 형을 지울 수 없다.

8) 원격 변수 함수

이 계의 함수는 다음의 것들이 있다.

함수 이름	설 명
mm_dvariable()	Define Named Variable : 원격 VMD에 변수를 만들고 이름을 준다.
mm_dvresponse()	Define Named Variable Response : 원격 VMD에 변수를 만들라는 요구에 응답한다.
mm_vadelete()	Delete Variable Access : 서버에게 원격 VMD의 이름있는 변수 접근 객체를 지우라고 요구한다.
mm_vadresponse()	Delete Variable Access Response : 클라이언트의 원격 VMD의 이름있는 변수 접근 객체를 지우라는 요구에 응답한다.

이 계열의 함수는 클라이언트가 원격 가상생산 장치에 변수를 정의하고 지우는 것을 허락한다.

(1) mm_dvariable()함수

클라이언트는 mm_dvariable()함수를 사용하여 한 가상생산 장치에 이름있는 변수 객체를 만든다. 원하는 객체의 이름, (이름없는 변수의) 주소, 그리고 형 지정은 서버의 요구에 따라 옮겨질 필요가 있다. 이름있는 변수는 존재하는 다른 변수에 기초하나, 그것의 자료형과는 다를 수 있다(즉, 같은 메모리에 서로 다른 형을 적용한다). 이것이 발생하면, 새로운 변수는 원래 변수의 "alternate view"를 나타낸다고 말한다.

(2) mm_dvresponse()함수

mm_dvresponse()함수는 한 응용프로그램이 Indication Receive 함수로부터 받은 Define Named Variable 지시에의 응답을 허락한다.

(3) mm_vadelete()함수

클라이언트는 mm_vadelete() 함수를 사용하여 원격 또는 국부의 가상생산 장치에게 MMS deletable 성질이 true인 이름있는 변수 접근 객체를 지우라고 요구한다. 개개의 객체를 지울 뿐만 아니라, 같은 범위를 갖는 객체(즉, 모든 domain-specific 객체)를 모두 지울 수 있다.

(4) mm_vadresponse()함수

mm_vadresponse()함수는 한 응용프로그램이 Indication Receive 함수에 의해 받은 Delete Variable Access 지시에의 응답을 허락한다.

9) 자료 전송 함수

이 계열의 함수는 다음의 것들이 있다.

함수 이름	설 명
mm_read()	Read : 원격 서버에게 가지고 있는 변수의 값을 제공하라고 요구한다. 한 개 이상의 변수의 목록에 대해서 동작한다.
mm_rresponse()	Read Response : mm_ireceive()로 얻은 읽기 지시에의 응답에 사용한다. 지시는 원격 클라이언트가 한 개 이상의 국부 응용 프로그램 변수의 목록에서 자료를 읽겠다고 요구하는 것을 뜻한다.
mm_write()	Write : 원격 서버의 변수에 사용자가 지정한 자료의 값을 쓰겠다고 서버에게 요구한다. 한 개 이상의 변수의 목록에 대해서 동작한다.
mm_wresponse()	Write Response : mm_ireceive()의 호출로 얻은 쓰기 지시에의 응답에 사용한다. 지시는 원격 클라이언트가 사용자의 변수의 목록에 자료를 쓰겠다고 요구하는 것을 뜻한다.

mm_rinformation()	Report Indication : 요구받지 않은 자료를 동료에게 보낼 때 사용한다. 이 함수는 mm_write()함수의 사용과 유사하다. 이 함수는 동료의 확인을 받지 않는다. 요구하지 않은 자료를 전송하는 이유와 시기를 양쪽에서 이해하는 상황에서 mm_rinformation()을 이용한다.

이 계열의 함수는 자료를 MAP 망을 통해 동료에게 보내거나 망을 통해 동료에게서 도착한 자료를 관리한다.

이 함수를 성공적으로 사용하는 것은 앞에서 논한 함수들의 정확한 사용에 달려 있다. 만일 사용자가 다른 계열의 함수를 이해하면 이 계열의 함수를 사용하는데 어려움을 느끼지 않을 것이다. 이 계열의 모든 함수는 mm_mlist()와 mm_leextract()로 만들어지고 관리되는 변수의 MMS 목록과 같이 사용된다. 이 목록은 국부적으로 정의될 수도 있고 아닐 수도 있다. 국부적으로 정의된 목록이나 정의되지 않은 목록 모두 이 함수의 입력으로 주어질 수 있다.

국부적으로 정의된 목록의 값은 명백해야 한다. 사용자가 자료를 읽거나 쓰길 원할 때, 정의된 국부 목록을 사용하여 지루한 목록의 재작성을 피할 수 있다. 이 장 앞부분의 mm_dllist()를 보라.

(1) mm_read()함수

이 함수는 한 응용프로그램이 원격 서버에 자료를 읽을 수 있도록 허락한다. 이 함수의 입력은 정의된 MMS 변수의 국부 목록이나 변수 연계의 목록 모두 될 수 있다. 이 목록에는 몇 개의 내부 자원이 있다. 대부분의 응용프로그램은 그 목록을 mm_dllist()를 통해 정의한다. 그리고 나서 mm_read()를 호출하여 국부적으로 정의된 목록을 사용한다. 이 목록의 변수 연계는 일반적으로(반드시 그럴 필요는 없지만) 국부적으로 정의된 변수에 해당한다.

자료가 원격 서버로부터 돌아올 때, MMSI는 자료를 각 변수의 변수 연계 안의 국부 대응에 지정된 각 프로그램 변수에 쓰려한다. 이것은 내부적으로 mm_vput()을 사용한다. 만일 변수연계가 국부 대응을 포함하고 있지 않다면, mm_vput()은 사용할 수 없고 변수의 자료 에러는 Mm_DE_Transform_error가 된다.

mm_vput()을 수행하는데 정보가 불충분할 때마다, 하나의 데이터 핸들이 응용프로그램을 지나게 된다. 이 데이터 핸들은 mm_read()의 입력 자료제어블록의 Mm_Access_ result의 목록에 있다. 사용자의 응용프로그램은 이 데이터 핸들로부터 어떤 일을 할 것인지를 결정해야 한다. 그러나 이런 상황은 드물다. 보통 응용프로그램은 그 인터페이스에서 정의된 변수 읽기를 요구할 것이다.

(2) mm_rresponse()함수

이 함수는 원격 클라이언트가 국부 변수들의 자료 값을 요구했을 때, 응용프로그램이 응답하도록 한다. 읽기 지시가 mm_ireceive()로부터 왔을 때 MMSI는 요구된 변수에 해당하는 국부적으로 정의된 변수를 찾는다.

만일 변수들이 국부적으로 정의되면 사용자는 데이터 핸들을 얻기 위해서 mm_vget()에 대하여 앞에서 설명된 단계를 따라 행할 수 있다. 결과로 생긴 변수 연계의 목록은 mm_rresponse()의 입력 자료제어블록으로 사용된다.

다른 중요한 입력 값은 mm_ireceive()를 위한 입출력 자료제어블록의 info 구조체에서 original_invoke_id 필드로부터 얻는 invoke_id이다. 이것은 사용자가 어떤 특정 읽기 지정에 응답해야 하는지를 확인하고, 응용프로그램에 의해 수정되어서는 안된다.

▶ positive_response 필드

입력 자료제어블록의 boolean 필드인 positive_response는 그 요구가 성공인지 아닌지의 여부를 지정한다. 만일 FALSE라면 사용자는 error_response 구조체를 제공해야 한다.

사용자가 요구를 즉시 거절할 때만 positive_response를 FALSE로 한다. 만일 요구된 변수들 중의 어떤 변수 연계로 mm_vget()을 사용하고 싶으면 positive_response를 TRUE로 설정하라.

만일 mm_vget()의 호출이 실패하면, MMSI는 자료 접근 오류 필드를 적절히 만들 것이다.

(3) mm_write() 함수

이 함수는 한 응용 장치가 서버에게 서버의 국부 변수에 특정 자료 값을 쓰는 것을 요구하도록 한다.

이 함수의 입력은 변수 연계의 목록이나 정의된 국부 목록의 이름이다. 이 목록에는 몇 가지 잠재적인 자원이 있다. 대부분의 응용프로그램은 목록을 mm_dllist()로 정의하고 국부적으로 정의된 목록을 mm_write()의 호출에 사용한다. 그 목록의 변수 연계는 일반적으로(반드시 그럴 필요는 없지만) 국부적으로 정의된 변수에 해당한다.

보통, MMSI는 국부 변수의 자료 값이 쓰인 값이라고 가정한다. 그러나 사용자는 mm_ndata() 또는 mm_vget()을 통해 얻은 다른 데이터 핸들로 대치할 수 있다.

만일 한 개 이상의 원격 변수를 쓰려는 의도가 성공하지 않으면, 지정된 변수의 Mm_Write_result 안의 Boolean값인 success가 FALSE이다. 이 경우 지정된 변수의 Mm_Write_result안의 data_error값은 쓰기가 왜 실패했는지를 나타낸다.

(3) mm_wresponse() 함수

이 함수는 원격 클라이언트가 국부 변수에 새 자료 값을 쓰기를 요구했을 때, 한 응용프로그램이 응답하도록 한다. 쓰기 지시가 mm_ireceive()에 의해 접수됐을 때 MMSI는 요구된 변수에 해당하는 국부적으로 정의된 변수를 찾는다. Mm_Write_specific_ info 에서 찾아진 변수 연계의 목록은 쓰일 국부 변수를 지정한다.

만일 목록상의 MMS 변수들이 국부적으로 정의되면 사용자는 자료를 MMS 변수들로부터 국부변수로 쓰기 위해서 mm_vput()에 대하여 앞에서 설명된 단계를 따라 행할 수 있다. 결과로 생긴 변수 연계의 목록은 mm_wresponse()의 입력 자료제어블록으로 사용된다.

다른 중요한 입력 값은 mm_ireceive()를 위한 입출력 자료제어블록의 info 구조체에서 original_invoke_id 필드로부터 얻는 invoke_id이다. 이것은 사용자가 어떤 특정한 쓰기 지시에 응답해야 하는지를 확인한다.

▶ positive_response 필드

입력 자료제어블록의 부울 필드인 positive_response는 그 요구가 성공인지 아닌지의 여부를 지시한다. 만일 FALSE라면 사용자는 error_response 구조체를 제공해야 한다.

사용자는 요구를 즉시 거절할 때만 positive_response를 FALSE로 하여야 한다. 만일 사용자가 요구된 변수들 중의 어떤 변수 연계로 mm_vput()을 사용하고 싶으면 positive_response를 TRUE로 설정한다.

만일 mm_vput()의 호출이 실패하면, MMSI는 자료 접근 오류 필드를 적절히 만들 것이다.

(5) mm_rinformation() 함수

이 함수는 응용프로그램이 동료에게 자료를 보낼 것을 허락한다. 전형적으로 이 함수는 다음 두 방법 중 하나로 사용된다.

① 국부 상태 변화를 알리는 것(즉, 국부 변수가 중요 값을 얻었을 때)
② 예상된 주기 상태 정보의 제공

mm_rinformation()을 사용하여 자료를 보고하는 것은 mm_write()를 사용하여 자료를 쓰는 것과 거의 같다. 사실, mm_rinformation()의 입력 자료제어블록은 mm_write()의 입력 자료제어블록과 동일하고, 같은 방식으로 다뤄진다. 그러나, 이 함수는 확인과정이 없다.

(6) Information Report Indication

응용프로그램이 이 지시를 받으면 원격 서버는 요구하지 않은 자료를 받게 된다. 응답 함수는 없다. 아마도, 사용자의 응용프로그램과 원격 응용프로그램은 이것이 발생되는 환경에 동의되어 있다. 그러므로 사용자는 자료를 어떤 국부 변수에 쓰기를 원한다.

원격 장치의 응답이 없으므로, 국부 변수에 자료를 쓰는 과정은 mm_wresponse()를 호출할 준비로 자료를 쓰는 과정과 동일하다. 사실, mm_ireceive()의 입출력 자료제어블록의 ireport_ind_info 구조체는 original_invoke_id가 없다는 것(응답이 필요 없으므로)만 제외하면 write_info 구조체와 동일하다.

mm_vput()하에서 설명된 것과 동일한 프로그램 루프가 사용된다. 다만, 결과 목록은 다른 함수의 입력으로 사용되지 않는다.

만일 변수 연계가 mm_vput()의 동작이 성공하기에는 불충분한 정보를 제공하면 변수 연계의 데이터 핸들은 소비되지 않는다. 사용자의 응용프로그램은 그 데이터 핸들로 무엇을 할 것인가를 결정해야 한다. 그러나 이것은 드문 경우이다. 보통 응용프로그램은 인터페이스에 정의된 변수에 대한 정보보고 지시만 받는다.

10) 원격 변수 정보 함수

이 계열에는 다음의 함수들이 있다.

함수 이름	설 명
mm_gaattribute()	Get Access Attribute : 이 함수는 원거리 동료에게 원거리 동료상의 변수의 형 기술을 결정하라고 질문한다.
mm_gvresponse()	Get Variable Response : 이 함수는 (mm_gaattribute() 함수나 동등한 non-MMSI함수를 통해) 국부 MMS 변수에 대해 질문한 원거리 동료에게 응답하기 위해 사용한다.

이 함수들은 원격 동료 응용 프로세스에서 정의된 변수에 대한 정보를 얻기 위해 사용된다. 이 서비스로 원격 변수에 대한 형 핸들을 되찾을 수 있고 국부 형 기술이나 그 형의 변수를 정의하기 위해 그 핸들을 사용할 수 있다.

이 함수는 원격 동료가 이미 정의한 복잡한 변수에의 형 정의단계를 피하는 데 사용될 수 있다. 즉, 사용자가 mm_gaattribute()를 사용하면 변수를 만드는 전체 단계를 거치지 않고 원격 동료에게서 복잡한 변수의 형 기술을 얻을 수 있다.(두 응용 프로세스는 형 기술이 요구되었을 때 사용가능하도록 동기화되어야 한다) 그리고 나서 mm_dltype()을 호출하여 국부적으로 형을 만들 수 있다.
이 계열은 응용프로그램을 개발하는 초기 단계에서 원격 변수의 존재와 형을 확인하는 데 사용할 수 있다.

(1) mm_gaattribute()함수

이 함수는 원격 서버에 존재하는 지정된 변수의 형 기술 핸들을 제공하라고 요구한다.

이 함수의 주된 입력은 요구한 형을 가진 변수의 이름이다. 주된 출력은 원격 서버의 형 기술과 동일한 형 기술의 핸들이다.

(2) mm_gvresponse()함수

이 함수는 mm_gaattribute()나 동등한 non-MMSI 함수를 호출한 원격 클라이언트에 응답한다.

이 함수의 주된 입력은 다음과 같다.

① 요구가 성공인지 아닌지를 지정하는 입력 자료제어블록의 부울(boolean)값인 positive_response

② 만일 positive_response가 FALSE이면 사용자는 error_response 구조체를 제공해야 한다.

③ 만일 positive_response가 TRUE이면, 입력 자료제어블록은 형 기술의 핸들을 포함한다.

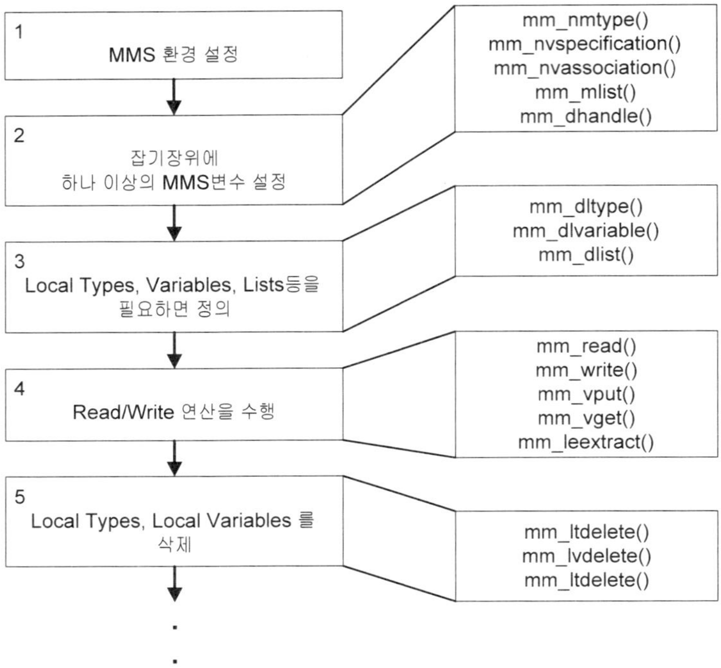

【그림 2.8.6】 MMS 변수서비스의 함수사용 흐름도

변수접근에 대한 예제 프로그램은 Var.c와 S_VAR.C로 부록에 포함되어졌다. 예제 프로그램을 보면 알 수 있듯이 매우 길고, 복잡해 보인다. 또한 내용도 참고문헌을 참조해야 하는 부분이 많이 들어있다. 예제 프로그램은 변수 쓰기와 읽기에 대한 내용으로 구성되어 있다.

우선 변수읽기에 대한 내용을 알아보면 클라이언트에서 Read()함수를 호출함으로써 이루어진다. 본 예제에서 응용되는 변수읽기는 서버에 있는 냉각수의 수위(CoolantLevel)를 클라이언트가 읽어오는 응용프로그램으로 구성되어 있다.

하나의 변수를 설정하여 응용하기 위해서는 우선 변수에 대한 사양을 만든다. mm_nvspecification()함수가 바로 그것이다. 이 함수를 호출하면 출력변수로 변수사양에 대한 핸들값인 new_var_spec이 생성된다. 이제 만들어진 변수사양을 가지고 변수연계를 수행하여야 한다. mm_nvassociation()함수를 호출한다. 이 함수의 입력변수로 사용되는 var_assoc_block변수에 위에서 생성된 변수사양 핸들인 new_var_spec을 넣어준다. 변수연계함수를 호출하면 출력변수로 integer_var_assoc이라는 변수연계 핸들값이 생성된다. 이제 마지막으로 이렇게 생성된 변수연계 핸들을 이용하여 리스트를 형성시킨다. mm_mlist()함수를 이용하면 되고, 이 함수의 입력변수로 변수연계에 의해 생성된 integer_var_assoc변수와 Mm_ET_Var_association이라는 element type값을 넣어준다. 이 함수가 호출된 후 new_list라는 형성된 리스트에 대한 출력 핸들이 얻어진다. 이제 실제 변수읽기 서비스를 호출해 보자.

우선 입출력 자료제어블록 변수를 생성시킨다. 입력 자료제어블록 변수인 read_input_dcb 변수의 내용을 넣어준다. 여기서 read_input_dcb의 var_assoc_list라는 구조체의 요소가 있는데 이 변수값에 위에서 생성된 리스트의 핸들값, new_list를 넣어준다. 입력 자료제어블록을 모두 넣어주고 mm_read()함수를 호출하면 변수읽기 서비스가 수행된다. mm_read()라는 함수 하나를 호출하기 위해 앞에서 설명한 것처럼 많은 작업을 수행하여야 한다. 그래서 서두에서 언급하였듯이 변수접근 서비스의 이용은 매우 복잡하고, 어려우며, 시간도 오래 걸리게 된다.

이제 S_VAR.C를 살펴보자. 클라이언트로부터 mm_read()함수가 호출되어 서버에 변수읽기 서비스 요구가 인지된다. 서비스의 인지는 mm_ireceive()함수를 호출함으로써 얻어진다. 변수읽기 서비스요구가 인지되면 이제 변수를 해석하는 작업을 수행하게 된다. 우선 mm_leextract()함수는 클라이언트에서 mm_mlist()함수를 통해 변수를 리스트로 만들어 서버에 보내졌음으로 서버에서는 수신된 리스트를 해석하게 된다. 바로 mm_leextract()함수가 그런 작업을 수행한다. 이 함수를 호출하면 ireceived_var_assoc_handle이라는 변수연계 핸들값과 element_type, var_assoc_list를 얻게 된다. 클라이언트에서 변수에 대해 리스트를 만들기 전에 변수연계 작업을 수행하였음으로 서버에서는 mm_leextract()함수를 통해 얻어진 변수연계 핸들값을 이용하여 클라이언트에서 생성된 변수연계를 해석하게 된다. 이용되는 함수는 mm_ivassociation()이다. 즉, 리스트를 해석하여 얻어진 변수연계 핸들을 이용하여 변수연계를 해석하게 된다. 이 함수 호출 후 var_assoc_block이 얻어진다. 이 변수의 정보는 클라이언트에서 보내진 var_assoc_block의 정보가 넣어져 있다. var_assoc_block을 얻은 후 변수사양을 해석하게 된다. 해석함수는 mm_ivspecification()이다. 이 함수가 호출되면 변수의 종류인 kind_of_variable과 var_spec_block이 얻어진다. 이 정보도 역시 클라이언트에서 mm_nvspecification() 함수를 만들 때 입력되었던 정보가 넣어져 있게 된다. 이제까지 설명한 해석함수를 통해 클라이언트가 서버에 정의되어 있는 변수에 대해 읽기 서비스를 올바로 수행하였는지를 검사하였다. 이제 변수읽기 서비스에 대한 응답을 하면 된다.

변수읽기 서비스 응답은 클라이언트에서 수행하였던 변수읽기 서비스 요구 동작과 유사하게 이루어진다. 즉, 변수의 사양을 만든 후 변수연계를 수행한다. 단, 변수읽기 서비스의 응답임으로 요구된 변수에 대한 값을 넣어주는 작업을 추가로 수행하여야 한다. 그것이 바로 mm_ndata()함수이다. 변수연계를 수행하기 전에 해당하는 변수값을 클라이언트로 보내기 위해 이 함수를 호출하게 된다. 이 함수 호출 후 new_data라는 변수가 얻어지는데 이 변수를 이용하여 변수연계함수인 mm_nvassociation()함수를 호출할 때 입력변수에 넣어주게 된다. 서버에서 수행하는 이러한 작업들은 mm_vget()함수로 대치될 수 있다. 이 함수내에 위에서 설명된 사항들을 삽입시켜 구현하면 그것이 바로 mm_vget()함수가 되는 것이다. 따라서, mm _vget()함수의 내용을 구현하는 것은 개발자에 응용에 따라 다양하게 구현될 수 있다.

변수연계함수 호출 후 얻어진 핸들값을 이용하여 리스트를 만든후 변수읽기 서비스에 대한 응답함수인 mm_rresponse()함수를 호출하는 서버는 변수읽기 서비스에 대한 응답작업이 완료된다.

이렇게 서버에서 변수읽기 서비스를 응답하면 클라이언트에서는 응답된 내용을 가지고 보내진 변수값을 알게 된다. 클라이언트에서는 서버로부터 수신된 내용을 해석하는 작업을 수행하여야 한다. 우선 서버에서 리스트로 만들어 변수내용을 송신하였기 때문에 mm_leextract()함수를 이용하여 리스트를 푼다. 다음 mm_ivassociation() 함수를 이용하여 변수연계에 대한 var_assoc_block을 얻게 된다. 이 변수내용을 살펴봄으로써 서버가 보낸 변수읽기에 대한 내용을 알게 된다. 즉, mm_idrepresentation() 함수가 바로 그것이다. 이 함수는 서버에서 mm_ndata()를 이용하여 변수값을 설정한 것을 클라이언트에서 해석시키는 역할을 담당한다. mm_idrepresentation() 함수를 수행하면 data_block변수를 얻게 되는데 이 변수의 data_address값에 변수읽기 내용이 넣어져 있게 된다.

mm_ivspecification() 함수는 역시 서버에서 보내진 변수읽기에 대하여 올바르게 수신되었는지를 점검하는 역할을 수행하게 된다. 따라서, mm_ ivassociation() 함수를 수행하고, mm_idrepresentation() 함수를 거치면 서버로부터 보내진 변수값을 알 수 있다.

위의 예제 프로그램에서 변수쓰기 서비스에 대한 내용은 클라이언트가 서버의 원재료유입속도(Feed Speed)를 변경시키는 작업을 수행하는 예제이다. 즉, 클라이언트가 원하는 원재료유입속도를 설정하여 서버에 요구하면 서버는 수신된 원재료유입속도를 서버내의 해당변수에 넣어주는 작업을 수행한다. 변수쓰기 서비스에 대한 내용은 변수읽기 서비스의 내용과 매우 유사하다. 단지 변수읽기 서비스의 반대되는 개념으로 보면 된다. 또한, 변수읽기 서비스에서 언급했던 mm_vget() 함수가 변수쓰기 서비스에서는 mm_vput()이라는 함수로 대응된다. 즉, 변수읽기 서비스에서는 mm_vget()함수가 사용되고 변수쓰기 서비스에서는 mm_vput()함수가 사용된다.

본 예제의 설명에서는 변수쓰기에 대한 설명은 생략한다.

위의 내용을 정리하면 다음 그림과 같다. 그림에서 mm_nmtype()이라는 함수가 있는데 이 함수는 변수의 형을 생성하는 함수로써 변수사양을 만들기 전에 수행되어야 하는 함수이다. 하지만, 위의 예제 프로그램에서 언급하지 않은 것은 사용된 변수의 종류가 이름 변수이기 때문에 변수 사양을 만들 때 변수에 대한 형은 요구하지 않기 때문이다. 변수가 만약 주소, 주소와 형, 분산접근형이면 변수사양을 만들기 전에 반드시 mm_nmtype()함수를 호출하여 변수에 대한 형을 먼저 만들어 mm_nvspecification()함수의 매개변수로 사용되는 var_spec_block의 type_specification에 변수 형 핸들값을 넣어 주어야 한다. mm_nmtype()함수를 만드는 방법에 대해서는 아래에 나타내었다.

```
integer_type_block.class = Mm_CL_Integer;
integer_type_block.size  = 32;

res = mm_nmtype ( Mm_KT_Simple, /* enum for the kind of type */
                  &integer_type_block,
                  &integer_type_handle, /* new type handle */
                  &result );
```

mm_nmtype()함수의 출력변수인 integer_type_handle을 mm_nvspecification()함수의 type_specification에 넣어주면 변수 형을 가진 변수사양이 만들어 진다. 이 부분에 대한 자세한 설명은 MAP 3.0 Specification이나 ISO9506을 참조하라.

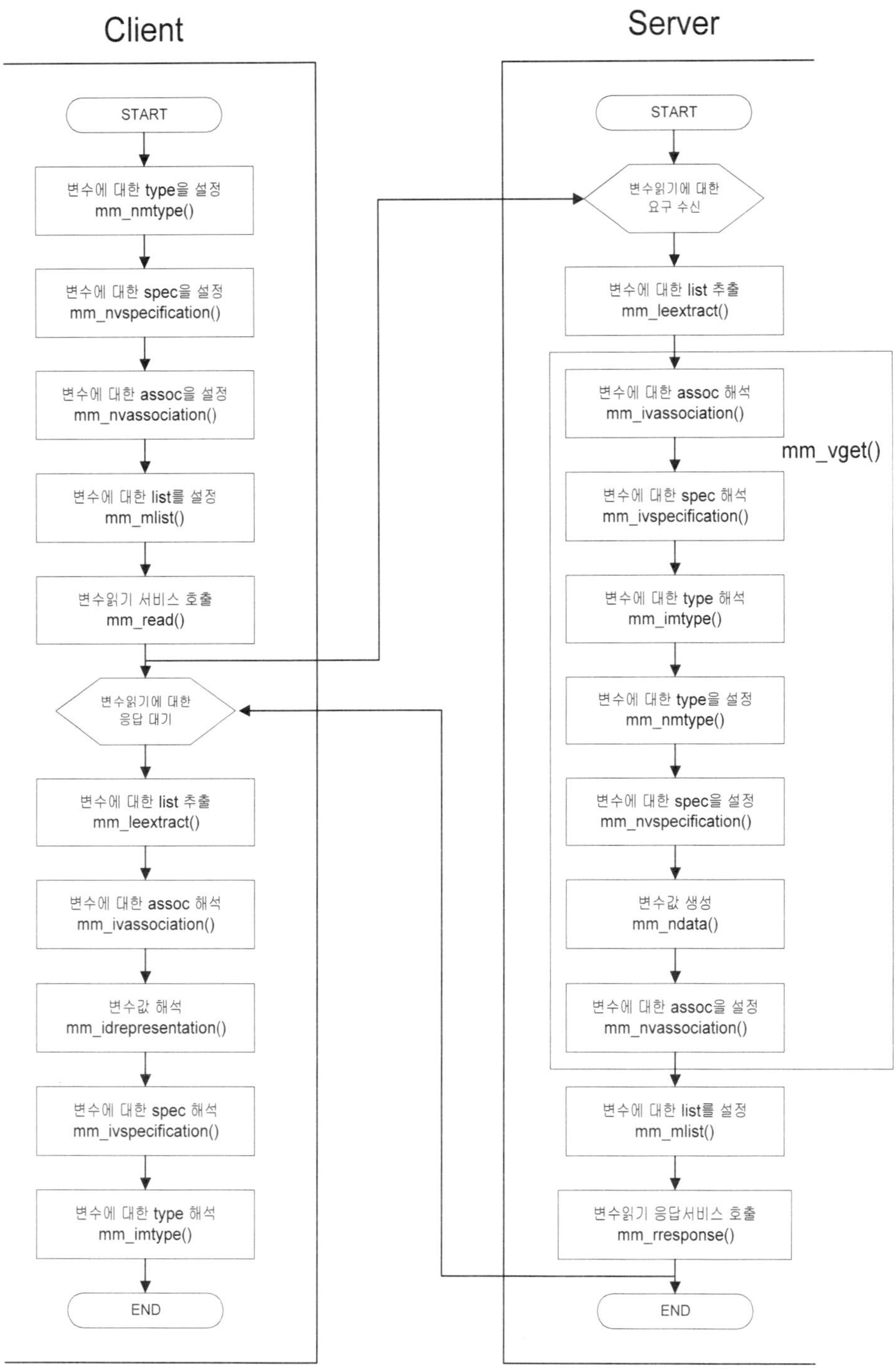

【그림 2.8.7】 변수읽기 서비스의 흐름도

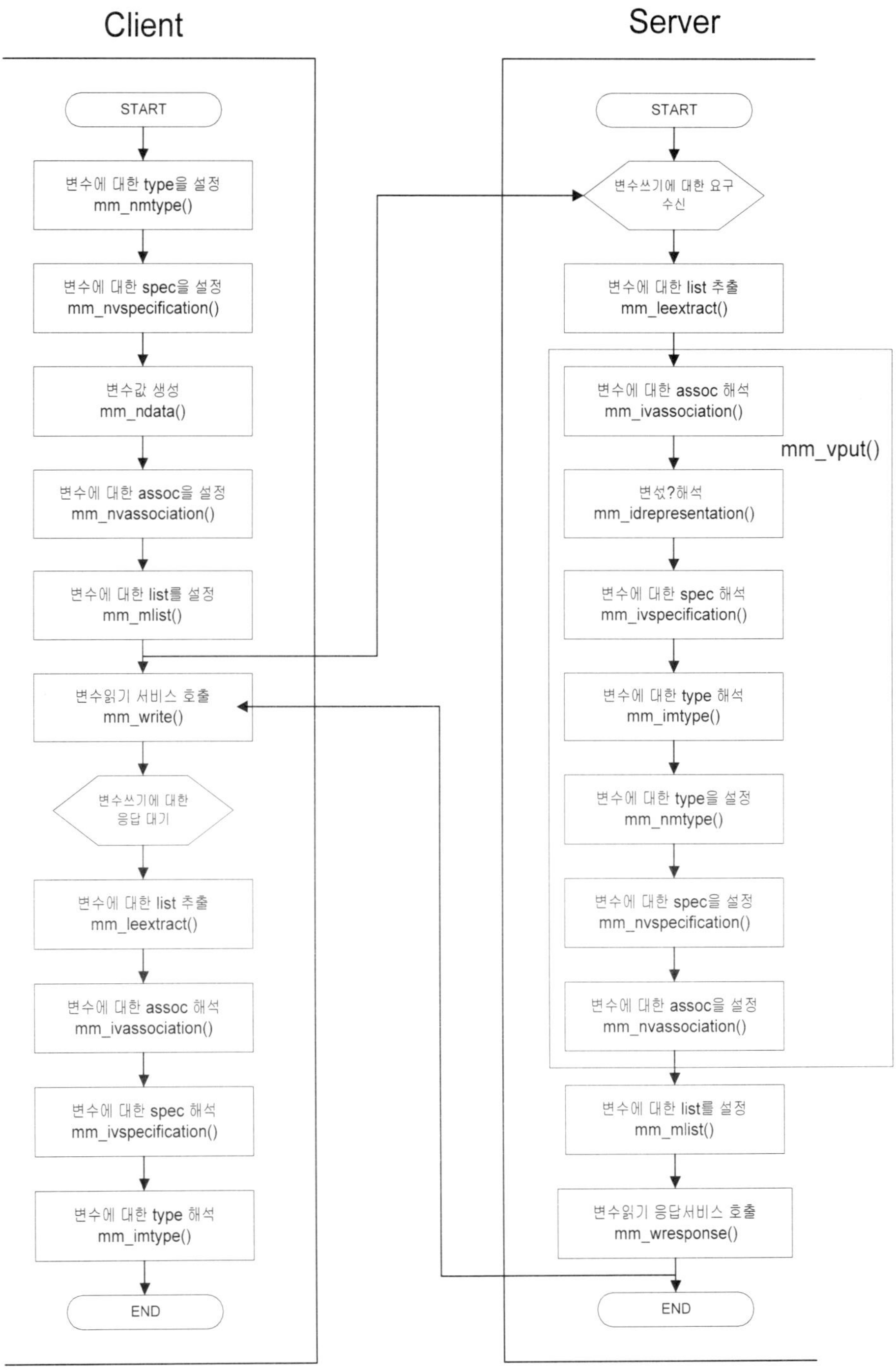

【그림 2.8.8】 변수Tm기 서비스의 흐름도

제 9 장

Operator Communication 서비스

9.1 개 요

조작자 통신 서비스는, 데이터, 데이터의 엔트리 또는 그 둘 다의 출력을 위한 조작자 스테이션과의 통신동작체계를 제공한다. 조작자 통신 서비스는 아래와 같다:

- 입력 서비스
- 출력 서비스

주) MMS 조작자 통신 서비스는 간단하고 제한적이다. 이는 응용 계층에 일반 조작자 통신 기능을 위한 가상 단말기 서비스 규격이 따로 있기 때문이다.

조작자 스테이션은 MMS가 이들 서비스에 대해 정의하는 일반적인 입출력 장치이다. 물리적으로 조작자 스테이션은 다양한 장치들 중 어느 하나로 설명할 수 있다. 전형적인 조작자 스테이션인 VDT나 키보드를 생각하면 쉬울 것이다. 이들 장치는 서버 장치에 붙어 있다.

9.1.1 조작자 스테이션 객체

조작자 통신 서비스는 입력과 출력의 서비스가 어떻게 사용되고 있는지를 설명하기 위하여 조작자 스테이션 객체를 사용한다. 하나 이상의 MMS 사용자가 조작자 스테이션 객체를 두고 경쟁하게 되는 경우에는 조작자 스테이션 객체의 제어를 관리하기 위해 MMS의 세마포어 관리 서비스를 사용한다.

1) 조작자 통신 모델

조작자 통신 모델은 다음과 같다.

객체 : 조작자 스테이션

핵심 속성 : 조작자 스테이션 이름
속성 : 스테이션 형 (엔트리, 출력, 엔트리및출력)
제약 : 스테이션 형 = 엔트리
　　속성 : 입력 버퍼
　　속성 : 상태 (휴지, 입력 문자열기다림, 입력버퍼가득참)
제약 : 스테이션 형 = 출력
　　속성 : 출력 버퍼의 목록
　　속성 : 상태 (휴지, 출력버퍼가득참)
제약 : 스테이션 형 = 엔트리및출력
　　속성 : 입력 버퍼
　　속성 : 출력 버퍼의 목록
　　속성 : 상태 (휴지, 프롬프트자료목록의출력,
　　　　입력문자열기다림, 입력버퍼가득참, 출력버퍼가득참)
　　속성 : 추가적인 세부사항

(1) 조작자 스테이션 이름

여기에서 이름이란 Mm_NS_VMD_specific의 범위에 속하는 보통의 이름을 뜻한다. 조작자 스테이션의 형태는 그것이 지원할 수 있는 상호작용 종류와 관계가 깊다. 조작자 스테이션 이름의 속성은 조작자국 객체를 유일하게 식별한다.

(2) 스테이션 형

스테이션 형 속성은 조작자 스테이션 객체의 스테이션 형을 나타낸다. 스테이션 형에는 입력, 출력, 입력과 출력의 세 가지 형이 있다

▶ 입력 버퍼

입력 버퍼 속성은 입력 서비스 응답의 입력 문자열의 값을 가지고 있다. 엔트리 또는 엔트리및출력의 형을 가지는 조작자 스테이션 객체가 이 속성을 가진다.

▶ 출력버퍼의 목록

출력버퍼의 목록은 출력 서비스 요구의 출력 자료 매개변수의 목록값 또는 입력 서비스 요구의 프롬프트 자료 매개변수의 목록값을 가지고 있다. 출력 또는 엔트

리및 출력의 형을 가지고 있는 조작자 스테이션 객체만이 이 속성을 가지고 있다.

▶ **상 태**

상태 속성은 조작자 스테이션 객체의 상태를 가지고 있다. 엔트리 형의 조작자 스테이션 객체는 휴지, 입력 문자열 기다림, 입력버퍼 가득참의 세가지 상태 중 하나가 될 것이다. 출력 형의 조작자 스테이션 객체는 휴지, 출력버퍼 가득참의 두가지 상태 중 하나가 될 것이다. 엔트리 및 출력 형의 조작자 스테이션 객체는 휴지, 프롬프트 자료 목록의 출력, 입력 문자열 기다림, 입력버퍼 가득참, 출력버퍼 가득참의 다섯가지 상태 중 하나가 될 것이다. 휴지상태의 객체는 그 형에 따라 입력 또는 출력 서비스 요구를 승인한다. 그 외 다른 상태의 조작자 스테이션 객체는 서비스 요구를 실행하는데 바쁘고, 구현에 사용되는 지역적인 흐름제어 동작체계에 따라 추가적인 서비스 요구에는 사용되지 않을 수도 있다.

▶ **추가적인 세부사항**

이 속성은 부가표준안에 의해 추가되는 속성을 허용하기 위해 삽입되었다.

2) 조작자 스테이션 상태도

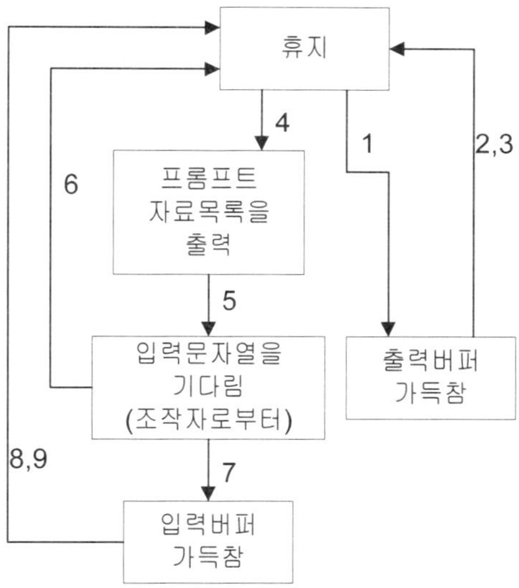

【그림 2.9.1】 조작 스테이션의 상태도

1. 출력 표시
2. 출력 응답(+)

3. 출력 응답(-)
4. 입력 표시
5. 프롬프트자료목록의 출력을 마친다. 입력 타임아웃이 있으면 시작한다.
6. 타임아웃으로 인한 입력 응답(-)
7. 입력버퍼에 입력 문자열 입력을 마친다. 입력 타임아웃이 있으면 멈춘다.
8. 입력 응답(+)
9. 입력 응답(-)

앞의 상태도는 엔트리 및 출력 형의 조작자 스테이션 객체에서 가능한 상태도를 보여준다. 만약 조작자 스테이션 객체가 엔트리 형이라면 상태천이 2와 3은 허용되지 않는다. 만약 조작자 스테이션 객체가 출력 형이라면 상태천이 1, 4, 5와 6은 허용되지 않는다.

조작자 스테이션 상태도의 천이는 【그림 2.9.1】 과 같다.

3) 조작자 스테이션 객체의 형

조작자 스테이션에는 입력(Entry), 디스플fp이, 입력-디스플레이(Entry-Display)의 세가지 형이 있다.

조작자국의 형태	개 요
입력(Entry)	이 조작자국의 형은 단지 입력(input)만 받을 수 있다. 이것은 디스플레이는 포함하지 않는다. 사용할 수 있는 조작자 통신 함수는 mm_input() 이다. 관련된 디스플레이가 없으므로 프롬프트를 보낼 수는 없다. 바코드 읽기 장치가 그 좋은 예이다.
디스플레이	이 조작자국의 형은 단지 디스플레이 출력만 포함하며 입력 장치는 포함하지 않는다. 사용할 수 있는 조작자 통신 함수는 mm_output() 이다. 프린터가 그 좋은 예이다.
입력-디스플레이 (Entry-Display)	이 조작자국의 형은 입력과 디스플레이 출력을 수용한다. 이 장치와 함께 mm_input(), mm_output() 모두를 사용할 수 있다. 키보드를 가진 VDT가 그 좋은 예이다.

주) 어떤 장치가 지원하는 조작자 스테이션의 형은 그 장치의 공급자에 의해 결정된다. 우리가 특정 장치들을 가지고 무슨 종류의 조작자 통신 서비스를 쓸 수 있는지를 확인하려면 장치에 관한 문서를 참고 하면 된다.

4) MMS 객체와 물리적 기기와의 관계

물리적인 조작자 스테이션 기기와 조작자 스테이션 객체의 입력버퍼 속성과 출력버퍼 속성간의 관계는 물리적인 자료저장영역과 함께 동작하는 추상적인 함수의 결합에 의해 지정된다. MMS 조작자 스테이션 객체의 입력버퍼 속성은 입력버퍼와 연관되어 있는데, 이것은 조작자에 의해 입력되는 입력 문자열의 값을 저장하고 있는 물리적인 저장장소이다. MMS 조작자 스테이션 객체의 출력버퍼목록 속성은 출력버퍼와 연관되어 있는데, 이것은 입력서비스 요구에서의 프롬프트자료목록 매개변수나 출력서비스 요구에서의 출력자료목록 매개변수의 값을 저장하고 있는 물리적인 저장영역이다. 이러한 버퍼에 저장되어 있는 값을 조작자로 하여금 입력과 출력 서비스 요구와 상호작용할 수 있는 방법으로 물리적인 기기에 대응시키는 추상적인 함수가 다음과 같이 서술된다.

(1) D-Put 함수

D-Put 함수는 출력버퍼에 포함되어 있는 값을 가지고 있고 이러한 값을 조작자 스테이션 기기의 물리적인 출력에 쓴다. 이것은 출력서비스 요구에 의해 출력자료 매개변수 값이 출력될 필요가 있을 때나 입력서비스 요구에 의해서 프롬프트 자료목록 매개 변수값이 출력될 필요가 있을 때 호출된다.

(2) E-Get 함수

E-Get 함수는 조작자에 의해 입력된 입력 문자열 매개변수값을 가지고 있고 이것을 입력버퍼에 쓴다. 이 함수는 지역적으로 정의된 입력의 끝출력이 수신될 때 그 동작을 완료한다.

9.2 관련 서비스

9.2.1 입력(Input) 서비스

MMS의 사용자는 입력서비스를 통해서 엔트리 또는 엔트리및출력의 형을 가진 조작자 스테이션 객체로부터 자료를 요구할 수 있다. 만약 입력 서비스가 엔트리 및 출력 형의 조작자 스테이션 객체에 대해 요구되면, MMS의 사용자는 프롬프트 자료목록 매개 변수를 통해 들어온 입력데이터에 앞서서 프롬프트 자료를 선택적으로 출력할 수 있고 입력 문자열 매개변수를 화면에 반향할 수도 있다.

1) 구 조

입력 서비스의 프리미티프 자료구조는 【표 2.9.1】 에 나타나 있다.

(1) 인 수

▶ **조작자 스테이션 이름 (Operator Station Name)**

형 식별자인 이 매개변수는 입력 문자열이 요구된 조작자 스테이션 객체를 식별한다. 조작자 스테이션 이름은 조작자 스테이션 객체의 조작자 스테이션 이름 속성의 값을 제공한다.

【표 2.9.1】 입력 서비스

매개변수 이름	요구	표시	응답	확인	적합성형성블록
인수 (COMP)	M	M(=)			
조작자국 이름 (Operator Station Name)	M	M(=)			
반향 (Echo)	M	M(=)			
프롬프트자료의 목록 (List Of Prompt Data)	U	U(=)			
입력 타임아웃 (Input Time Out)	U	U(=)			

결과(+) (COMP)			S	S(=)	
입력 문자열 (Input String)			M	M(=)	
결과(-)			S	S(=)	
오류 유형 (Error type)			M	M(=)	

▶ **반 향 (Echo)**

부울 형의 이 매개변수는 입력 문자열 매개변수의 값이 조작자 스테이션에 출력될 것인지 아닌지를 출력한다. 입력 서비스 요구의 반향 매개변수가 참이고 조작자 스테이션 객체 형이 엔트리 및 출력이고, 출력서비스 적합성 형성블록이 지원될 때, 입력버퍼의 값은 출력버퍼에 복사되고 D-Put 함수에 의해 출력된다. 이러한 일은 반향 매개변수가 거짓일 때에는 일어나지 않는다. 이 매개변수는 엔트리형의 조작자 스테이션 객체에서는 무시된다.

▶ **프롬프트자료의 목록 (List Of Prompt Data)**

이 선택적인 매개변수는 문자열의 목록이다. 이 매개변수는 조작자 스테이션 객체 형이 엔트리 및 출력이고 출력서비스 적합성 형성블록이 지원될 때에만 존재한다. D-Put 함수는 출력버퍼에 있는 프롬프트자료의 목록의 값을 조작자에 의해 제공되는 정보를 담고 있는 E-Get 함수의 기동에 앞서 출력하고 입력버퍼에 그 값을 써야한다. 목록의 각 항목은 출력에서의 각 하나의 줄을 대표해야 한다.

▶ **입력 타임아웃 (Input Time Out)**

정수 형의 이 선택적인 매개변수는 조작자 스테이션에 입력 문자열의 값을 입력하는 과정에 대한 타임아웃을 초단위로 설정하는 데 사용된다. 가상생산 장치는 거래 객체의 서비스 요구를 시작한 직후에 시계를 시작 한다. 그리고 프롬프트자료목록 매개변수가 있는 경우에는 조작자 스테이션의 출력 매개변수의 값을 D-Put함수가 쓰기를 마쳤을 때 시작한다. 입력서비스 요구를 위해 시간을 잴 때는 조작자에 의해 입력된 입력 문자열이 E-Get 함수에 의해 입력 버퍼에 쓰인 직후에 멈춘다. 입력 타임아웃 매개변수의 값의 범위는 0에서 $2^{31}-1$이다. 만약 이 매개변수가 존재하고 지정된 타임아웃이 다 되면 오류 결과가 되돌려진다. 만약 이 매개변수가 없다면 타임아웃에 제한이 없다. 이 매개변수가 0이면 오류 응답을 받지만, E-Get함수가 조작자에 의해 입력된 입력 문자열이 입력 버퍼에 이미 써져 있음을 출력할 때에는 예외이다.

(2) 결 과(+)

결과(+) 매개변수는 서비스요구가 성공했음을 나타낸다. 성공이 출력되었을 때에는 입력 문자열이 포함되어야 한다.

▶ 입력 문자열 (Input String)

문자열 형인 이 매개변수는 조작자에 의해 제공되는 자료이다. 입력서비스 응답에 있는 입력 문자열 매개변수는 하나의 입력버퍼의 값을 포함한다. 만약 여러 개의 입력 문자열이 요구한다면, 여러 번의 입력서비스를 사용한다.

(3) 결 과(-)

결과(-) 매개변수는 서비스요구가 실패했음을 나타낸다. 오류형 매개변수는 실패의 원인을 제공한다.

2) 서비스 절차

만약 프롬프트가 지정되었다면, 프롬프트자료 목록 매개변수의 각 항목은 D-Put함수에 의해서 응답하는 MMS 사용자가 지정한 조작자 스테이션 객체의 출력에 출력되어야 한다. 입력 문자열은 조작자에 의해 입력되어야 하고, 요구하는 MMS 사용자에게 돌려진다. 만약 입력 타임아웃이 지정되었다면, 입력 문자열은 조작자에 의해 입력되어야 하고 입력 타임아웃이 다되기 전에 E-Get 함수에 의해 입력버퍼로 복사되어야 한다. 만약 입력 타임아웃이 지정되지 않았다면, 입력 문자열을 입력하는데 제한없는 시간이 가능하다.

서비스는 다음과 같은 조건에서 실패하고 오류를 돌려준다.

① 조작자 스테이션 이름을 가지는 조작자 스테이션이 존재하지 않는다.
② 입력 서비스가 타임아웃 되었다.
③ 조작자 스테이션 객체가 휴지 상태가 아니다.
④ 조작자 스테이션 객체는 입력 서비스 요구에 지정된 입력 타임아웃을 지원할

수 없다.

⑤ 조작자 스테이션 객체는 제약속성이 엔트리 및 출력이 아니기 때문에 프롬프트자료목록 매개변수를 지원할 수 없다.

9.2.2 출력 서비스

MMS의 사용자는 조작자 스테이션 객체에 데이터를 지시하기 위해 출력서비스를 요구한다.

1) 구 조

성분 서비스 프리미티프들의 구조는【표 2.9.2】에 있는 것과 같다.

【표 2.9.2】 출력 서비스

매개변수 이름	요구	표시	응답	확인	적합성 형성블럭
인자	M	M(=)			
조작자국이름 (Operator Station Name)	M	M(=)			
출력데이타목록 (List Of Output Data)	M	M(=)			
결과(+)			S	S(=)	
결과(-)			S	S(=)	
오류유형 (Error type)			M	M(=)	

(1) 인 자

▶ **조작자 스테이션 이름**

이 매개변수는 출력데이터가 표시(display)될 조작자 스테이션 객체를 식별한다. 조작자 스테이션 이름은 조작자 스테이션 객체의 조작자 스테이션 이름 속성의 값을 제공한다.

▶ **출력 데이터의 목록**

이 매개변수는 문자열의 목록이다. 각 문자열은 D-Put함수에 의해 조작자 스테이션 객체의 표시기(Display)에 지시된다. 목록의 각 항목은 표시상의 한 줄에 해당한다.

(2) 결 과(+)

결과(+) 매개변수는 서비스요구가 성공했음을 나타낸다. 서비스에 특정한 매개변수는 없다.

(3) 결 과(-)

결과(-) 매개변수는 서비스요구가 실패했음을 나타낸다. 오류형 매개변수가 실패의 원인을 제공한다.

2) 서비스 절차

출력 데이터목록 매개변수에서 제공되는 값들은 조작자 스테이션 이름 매개변수에 의해 참조되는 조작자 스테이션 객체의 표시기에 표시되어야 한다. 이 서비스는 조작자 스테이션 이름을 가지는 조작자 스테이션 객체가 존재하지 않을 경우에는 실패하고 오류 응답이 결과로 된다.

9.3 조작자 통신 서비스 사용

9.3.1 조작자 통신 함수

이 그룹에는 다음의 표와 같이 네 가지의 MMSI 함수들이 있다.

함수 이름	개 요
mm_input()	입력 : 서버에 붙은 조작자국으로부터 입력을 얻기 위해 사용된다. 어떤 종류의 조작자국은 입력을 읽기 전에 임의의 프롬프트를 보일 수 있다. 상호작용의 입력 장치가 논리적인 모형인 반면에, 이 입력 장치는 임의적이다. 그것은 키보드, touch-sensitive screen, 스위치, 바코드 읽기 장치, 심지어 파일이 될 수도 있다. 세부 사항은 remote device에 관한 글들을 참고하여라.
mm_inresponse()	입력 응답 : 클라이언트의 입력 요구에 응답하기 위해 서버에 의해 사용된다.
mm_output()	출력 : 서버에게 출력장치에 나타낼 출력 정보를 제공하기 위해 사용된다. 시각 출력 장치가 논리적 모형이 반면에, 이 출력 장치는 임의적이다. 그것은 VDT, 프린터, 한 패널의 LED들, 또는 파일도 될 수 있다. 자세한 사항은 장치에 관한 글들을 참조해라.
mm_otresponse()	출력 응답 : 클라이언트의 출력에 관한 요구에 응답하기 위해 서버에 의해 사용된다.

9.3.2 조작자 통신을 사용하기

원격 장치에 붙어 있는 조작자 스테이션은 여기에 입력 패널을 가진 비디오 디스플fp이로 모델링되어 있다. 이 밖의 여러가지 다양한 방식으로 나타낼 수도 있다. SNU MMS 클라이언트가 mm_output() 함수를 사용할 때 그것은 표시 자료를 서버에게 보낸다. 서버는 mm_otresponse()로 응답하며 즉시 자료를 표시한다. SNU MMS 클라이언트가 mm_input() 함수를 사용할 때 서버는 mm_inresponse()로 응답한다. 입력 장치에서 다음의 부차적인 조작자 입력이 SNU MMS으로 전송된다.

1) 원격 자료 표시

mm_output() 함수를 사용했을 때, SNU MMS 응용 프로그램은 문자열의 목록을 서버에게 보낸다. 서버는 그 때 무엇으로 또는 어떻게 표시가 구현될 것인가를 결정하기 위해서 이 문자열에 관한 자체의 해석 과정을 거친다. 그리고 서버 쪽에서는 mm_otresponse()로 이 요구에 응답한다. 표시 버퍼가 해석되는 방법은 서버에 따라 다르다. mm_output()을 성공적으로 사용하기 위해서 사용자는 원격에서의 장치가 어떻게 표시 버퍼와 작용하는지를 명확하게 이해해야만 한다. 이것은 버퍼를 보내기 전에 올바르게 만들 수 있도록 도울 것이다.

주) 이 함수의 입력 자료제어블록은 Mm_Output_in_dcb 형이다. 또한 출력 자료제어블록은 Mm_Output_out_dcb 형이다.

2) 원격 자료 입력

mm_input() 함수를 사용했을 때 SNU MMS 응용 프로그램은 조작자가 원격 입력 장치에 입력하기를 기다린다. 입력의 끝을 구성하는 것은 서버에 따라 다르다. 그리고 서버는 mm_inresponse()로 이 요구에 응답한다. 조작자 스테이션에서 입력이 끝났을 때 원격 응용 프로세스는 입력 자료의 버퍼를 SNU MMS 응용 프로그램에 되돌려준다. 이 때 입력이 정해진 시간 내에 오지 않으면 결과는 시간종료에러(timeout error)와 함께 mm_input()이 끝난다.

원격 조작자 스테이션이 입력 및 표시 모두를 지원한다면 사용자는 입력이 얻어지기 전에 표시된 프롬프트를 가질 수 있다. 이것은 사용자의 응용 프로그램이 원격 조작자와 상호 통신할 수 있도록 해준다.

mm_input() 함수의 입력 자료제어블록은 input_string이라는 필드를 포함한다. 이 문자열은 조작자 스테이션에서 획득되는 입력 데이터를 담고 있다. mm_output() 함수와 같이 사용자가 효율적으로 mm_input() 함수를 사용하기 위해서는 (특히 입력-표시 조작자 스테이션에 대해서) 조작자 스테이션 장치에 관한 부차적인 정보를 필요로 한다. 사용자는 통신하기를 원하는 조작자 스테이션을 다음과 같은 두 가지 관점으로 이해할 필요가 있다.

① 그것이 어떤 종류의 출력 자료를 사용하고 어떻게 표시하는가?
② 그것이 얻은 입력 자료는 어떤 종류이며, 어떻게 자료가 입출력 자료제어블록에서 나타나는가?

이 정보는 조작자 스테이션 장치에 따라 특수하고, 장치에 관한 서류에서 찾아볼 수 있다.

제 10 장

MMS의 이식

이 장에서는 MMS를 실제 통신망에 이식하는 방법에 대해 다루고자 한다. MMS는 개방형 시스템간 상호 접속(OSI : Open Systems Interconnection) 7계층에서 응용 계층에 속한다. 또한 공장 자동화용 표준으로는 유일하기 때문에 표준을 따르는 응용 계층을 구현하는 경우에는 반드시 사용되는 국제 표준으로, 현재 여러 가지 통신망 시스템에서 사용되고 있다. 예를 들면 개인용 컴퓨터를 사용하여 Mini-MAP 시스템을 구축하는 경우, 개인용 컴퓨터에서 이더넷 카드를 사용하여 자동화 시스템을 구축할 때 TCP/IP 위에서 MMS를 사용하는 경우, Mini-MAP을 VME 시스템으로 구축하는 경우, Full-MAP에서 MMS를 사용하는 경우 등 매우 다양하다. 이 장에서는 여러 가지 중에서 Mini-MAP 에서의 MMS의 이식을 살펴보고 다음으로 TCP/IP 위에 MMS를 이식하는 방법에 대해서 살펴본다.

이 장의 구성은 개요, Mini-MAP에서의 MMS의 이식, TCP/IP에서의 MMS의 이식의 순서로 이루어진다.

10.1 개 요

MMS를 이식한다는 것은 통신망 시스템의 응용 계층으로 MMS를 올린다는 것을 말한다. 예를 들어 말하면 Mini-MAP의 경우 물리 계층, MAC, LLC, MMS로 이루어지는데 Mini-MAP에 MMS를 이식한다는 것은 LLC 위에 MMS를 얹는다는 뜻이 된다. 그림 10.1을 보면 Mini-MAP의 계층 구조에서 MMS가 LLC 위에 올라가 있음을 알 수 있다. 이 경우에 MMS를 이식한다는 것은 LLC와 MMS를 접속시킨다는 것과 의미가 비슷하다고 보면 된다. 이는 LLC까지는 보통 하드웨어와 함께 따라다니기 때문에 LLC와 MMS를 접속한다는 것은 해당 하드웨어에서 MMS를 사용할 환경을 만드는 것이 되기 때문이다.

7	MMS
2	Data Link (LLC)
1	Token Bus (IEEE 802.4)

【그림 2.10.1】 MMS on Mini-MAP

TCP/IP 위의 MMS의 경우에도 비슷하다.【그림 2.10.2】에 TCP/IP 위의 MMS를 보였다. 이 경우에는 MMS가 TCP/IP 위에 올라가 있다. 이런 경우에 MMS를 이식한다는 것은 TCP/IP와 MMS를 접속시킨다는 것으로 생각하면 된다.

보통 MMS를 이식하기 위해서 즉 MMS를 하위 계층과 접속시키기 위해서 MMS와 하위 계층을 연결하는 데이터 교환 프로토콜 (Data Exchange Protocol,

DEP)을 사용한다. Mini-MAP의 경우와 TCP/IP 위의 MMS의 경우에도 데이터 교환 프로토콜을 사용한다. 각각의 경우에 자세한 내용은 다음 절을 참고한다.

MMS
MMS-TCP 접속(Interface)
TCP (Transmission Control Protocol)
IP(Internet Protocol)
Ethernet(CSMA/CD) (IEEE 802.3)

【그림 2.10.2】 TCP/IP 위의 MMS

10.2 Mini-MAP에서의 MMS의 이식

이 절에서는 Mini-MAP에서의 MMS의 이식에 대해 설명한다. 여기서 대상으로 하는 Mini-MAP 시스템은 서울대학교의 제어정보시스템 연구실에서 구현한 개인용 컴퓨터용 Mini-MAP 시스템이다. 이 절의 주요내용은 개인용 컴퓨터용 Mini-MAP 시스템에서 MMS를 어떻게 사용하는가가 될 수 있다.

지금부터 서울대학교 제어정보시스템 연구실에서 구현한 개인용 컴퓨터용 Mini- MAP을 사용하여【그림 2.10.3】과 같은 통신망을 만든다고 하자.【그림 2.10.3】과 같은 통신망를 구현하는 전체적인 순서 속에서 MMS를 이식하는 방법을 소개하기로 한다.

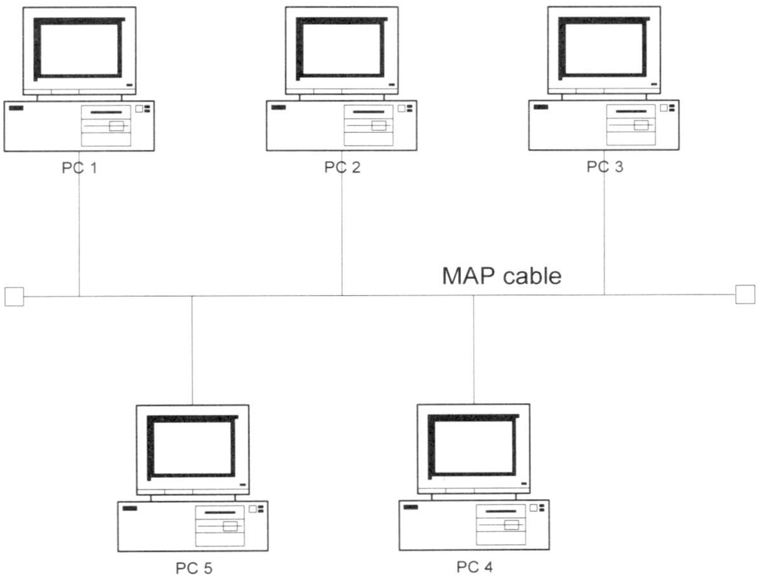

【그림 2.10.3】 PC Mini MAP network의 예

10.2.1 Mini-MAP 시스템

Mini-MAP 시스템은 3계층으로 구성된 공장 자동화용 통신망 시스템이다. 처음

에 MAP이 표준화되었을 때는【그림 2.10.4】와 같이 7계층으로 이루어진 Full-MAP 시스템이었다.

<table>
<tr><td>7</td><td>MMS</td><td>ACSE</td></tr>
<tr><td>6</td><td colspan="2">Presentation</td></tr>
<tr><td>5</td><td colspan="2">Session</td></tr>
<tr><td>4</td><td colspan="2">Transport</td></tr>
<tr><td>3</td><td colspan="2">Network</td></tr>
<tr><td>2</td><td colspan="2">Data Link (LLC)</td></tr>
<tr><td>1</td><td colspan="2">Ethernet CSMA/CD (IEEE 802.3)</td></tr>
</table>

【그림 2.10.4】 FULL MAP 시스템

이렇게 제안된 Full-MAP 시스템은 각 계층들이 다양한 기능들을 제공하여 상당히 강력한 기능성을 보유하였다. 하지만 여러 계층으로 구성되어 기능성을 확보할 수 있었지만 서비스의 속도가 느려지는 단점이 드러났다. 이 단점으로 실시간을 필요로 하는 공장 환경에서의 사용은 꺼리게 될 수밖에 없었다. 이러한 단점을 극복하기 위해서 Mini-MAP이 제안되었다.

Mini-MAP은 탄생 경위에서 알 수 있는 것처럼 Full-MAP의 단점인 속도를 빠르게 한 통신망 시스템이다. 속도를 빠르게 하기 위해서 다양한 기능성들을 약간 포기하였다. 이렇게 해서【그림 2.10.5】와 같이 3계층의 구조로 제안되었다.

7	MMS
2	Data Link (LLC)
1	Token Bus (IEEE 802.4)

【그림 2.10.5】 Mini-MAP 시스템

그림에서 옆의 숫자는 Full-MAP과 비교할 경우에 대응하는 계층을 나타내었다. 1계층의 경우 물리 계층과 2계층의 MAC가 함께 포함된 것으로 나타내었다. 이는 물리 계층과 MAC와는 따로 떼어서 생각하는 것이 곤란하기 때문이다. 그리고 2계층이 데이터링크 계층 중에서 LLC가 올라가 있는 것으로 나타나 있다. 엄밀하게는 2계층 데이터링크 계층에 MAC와 LLC가 모두 포함되지만 편의상 그림을 아래와 같이 그렸다. Mini-MAP은 Full-MAP에서의 느린 속도의 단점을 극복하기 위해서 제안된 공장 자동화용 네트워크로 Full-MAP에 있는 3계층부터 6계층까지를 없애고 2계층 위에 바로 응용 계층인 7계층의 MMS를 얹었다.

10.2.2 개인 컴퓨터용 Mini-MAP 시스템

개인 컴퓨터용 Mini-MAP 시스템은 MMS가 개인용 컴퓨터를 기반으로 한 Mini-MAP 시스템이다. 따라서 쉽게 설치할 수 있고 시스템을 구축하기가 쉽다. 【그림 2.10.3】을 예로 들어서 설명을 하도록 한다. 【그림 2.10.3】의 Mini-MAP 시스템을 구축하기 위해서는 우선 Mini-MAP 하드웨어와 소프트웨어가 필요하다. Mini-MAP 하드웨어라고 하면 Mini-MAP 보드를 말하고 소프트웨어라고 하면 Mini-MAP 보드에 올라가는 MAC, LLC 프로그램과 개인용 컴퓨터에서 실행되는 MMS를 말한다. 개인 컴퓨터용 Mini-MAP 보드는 개인용 컴퓨터의 AT 슬롯에 끼워 쓸 수 있게 만든 일종의 개인 컴퓨터용 카드이다. Mini-MAP 보드에는 물리층에 해당하는 모뎀이 있다. 이 모뎀이 실재로 MAP 케이블을 사용하여 연결된다.

이 모뎀을 제어하기 위한 MAC와 LLC가 Mini-MAP 보드의 ROM에 들어간다. 다시 말하면 Mini-MAP 보드에는 물리 계층, MAC, LLC 등이 올라간다. 따라서 개인용 컴퓨터에 Mini-MAP 보드를 끼우기만 하면 물리 계층, MAC, LLC에 대해서는 고려하지 않아도 된다.

MMS는 개인용 컴퓨터에서 돌아간다. 말하자면 MMS는 개인용 컴퓨터에서 동작하는 일종의 응용 프로그램이 되는 것이다. 하지만 앞에서 설명했듯이 LLC는 Mini-MAP 보드에서 실행되기 때문에 개인용 컴퓨터에서 실행되는 MMS와 접속하기 위해서는 둘(Mini-MAP 보드와 개인용 컴퓨터) 사이에 데이터를 교환하는 일종의 프로토콜이 필요하다. 이를 데이터 교환 프로토콜(DEP : Data Exchange Protocol)이라 한다. 개인용 컴퓨터에서 MMS를 사용하기 위해서 기본적으로 되어야 하는 부분이다. 데이터 교환 프로토콜이 제대로 동작하면 일단 90%는 된 셈이다.

보통 MMS를 설치하면 자연스럽게 된다. 나머지는 개인용 컴퓨터에서 MMS를 실행하기 위한 환경 설정이다. 환경 설정이 끝나면 MMS 서비스를 사용하여 통신을 할 수 있다. 【그림 2.10.3】과 같은 통신망의 경우 각 개인용 컴퓨터마다 Mini-MAP 보드를 꽂고 각 개인용 컴퓨터에서 환경 설정을 끝내면 하나의 Mini-MAP Cell이 만들어진다.

10.2.3 데이터 교환 프로토콜 (DEP:Data Exchange Protocol)

데이터 교환 프로토콜은 LLC와 MMS 사이에서 데이터를 교환할 때 사용하는 프로토콜을 말한다. Mini-MAP 보드와 개인용 컴퓨터를 접속한다는 것은 둘 사이에서 개인용 컴퓨터 슬롯을 통해 데이터를 주고받을 수 있도록 하는 것이다. 보통 데이터 교환 프로토콜은 Mini-MAP 보드와 함께 주어지는 MMS에 맞추어서 나오기 때문에 사용자가 바꾸거나 할 사항은 아니다. 단지 MMS를 사용하는 응용 프로그램의 초기화 과정에서 주어진 초기화 함수를 호출하여 Mini-MAP 보드와 데이터 교환 프로토콜을 초기화 해주기만 하면 된다.

예를 들면,

```
cisl_init_lower();
```

라는 함수를 사용하면 된다. 하지만 이 함수의 이름이 항상 똑같은 것은 아니고 사용하는 MMS에 따라 달라진다.

10.2.4 MMS 응용 프로그램을 실행하기 위한 환경설정

MMS를 사용하여 Mini-MAP 네트워크의 응용 프로그램을 구현하였으면(응용 프로그램의 구현에 대해서는 이 책의 본문을 참고) 이제는 실행해야 하는 단계이다. MMS 응용 프로그램을 실행하기 위해서는 기본적으로 설정해 주어야 하는 내용이 있다. 예를 들면, 개인용 컴퓨터에서 동작하는 Mini-MAP MMS 응용 프로그램이라고 하면 Mini-MAP 시스템이 개인용 컴퓨터에서 실행되도록 환경을 설정해 주어야 하고 만일 파일 시스템이 없는 시스템에서 응용 프로그램을 구현하였다면 그 시스템에 맞도록 시스템의 환경을 설정해 주어야 한다.

환경 설정의 주요 내용은 Mini-MAP 통신망에 대한 정보이다. Mini-MAP 통신망 안에 있는 통신망 스테이션의 주소, 이름, LSAP 등에 대한 정보 등이다. 개인용 컴퓨터용 Mini-MAP MMS는 내부에서 Mm_ch_info라는 데이터 구조 안에 Mini-MAP 통신망의 정보를 저장하고 이 정보를 사용하여 통신을 한다. 이 데이터 구조를 초기화 하는 것이 MMS의 환경 설정이다. 【그림 2.10.6】에 Mm_ch_info의 구조가 있다.

하나씩 살펴보면, name은 상대편 시스템과 이루어진 연결의 이름을 나타낸다. 이름으로 연결을 구분하고자 할 때 사용하면 된다. 기본값은 없다. 초기화를 하지 않아도 시스템이 동작하는 데는 문제가 없다.

used는 이 채널이 사용되고 있는지 아닌지를 나타낸다. 따라서 사용하고자 하는 채널의 used 값은 TRUE로 주어야 한다. 만일 이 값을 설정하지 않으면 시스템이 오동작을 할 수가 있다. 기본값은 FALSE이다.

```
struct   Mm_ch_info
{
    Uint8 name[32];
    Bool used;
    Uint8 active_tsm;
    Bool associated;
    Uint8 address_class;
    Uint8 sap_type;
    structMm_mini_address loc_addr;
    structMm_mini_address rem_addr;
};
```

【그림 2.10.6】 Mm_ch_info의 구조

active_tsm은 이 채널이 사용하는 transaction state machine(줄여서 TSM 이라 하자) 중에 현재 활동중인 TSM을 나타낸다. 하나의 채널은 하나 이상의 TSM을 사용한다. 하지만 사용자는 해당 채널이 무슨 TSM을 사용하는지를 모른다. 이 값은 시스템 내부에서 관리하기 위한 값이다. 따라서 이 값은 사용자가 임의로 바꾸면 안된다. 그대로 놔두면 된다.

associated는 사용하고자 하는 채널의 연결이 형성되었는지를 나타낸다. 연결을 형성한다는 것은 통신을 하려는 두 시스템 사이에서 통신을 위한 통로를 만드는 것을 말한다. 이 통로로 두 시스템은 통신을 할 수 있는데 엄밀하게 말하면 시스템 간에 통신 채널은 한 개 이상이 될 수 있기 때문에 연결을 두 시스템 간의 통신 통로라고 하기에는 문제가 있다. 쉽게 얘기해서 두 시스템 사이의 통신이지 정확하게는 두 시스템에 있는 응용 개체들 사이의 통신 통로이다. 어쨌든 associated라는 데이터는 두 응용 엔티티 사이에 통신 통로가 만들어져 있는지 아닌지를 나타낸다. 이 값은 내부에서 사용하는 값이므로 임의로 바꾸면 안된다. 그냥 그대로 놔두면 된다.

address_class는 데이터를 전송할 때 망에 있는 모든 스테이션에 보낼 것인지(이를 브로드 케스팅이라 한다) 아니면 특정 대상 시스템에 보낼 것인지를 나타내는 지시이다. 만약에 브로드 케스팅을 하는 채널이라면 이 값을 0x2(MM_GROUP)으로 초기화를 하고 채널이 특정 스테이션과 통신을 하기 위한 것이라면 0x0(MM_INDIV)로 초기화를 한다. 아래와 같이 정의되어 있다. 여기에서 MM_GROUP는 일단 고려하지 말자.

```
#define    MM_INDIV                              0
#define    MM_REPLY                              1
#define    MM_GROUP                    2
```

sap_type는 통신 채널을 만드는 방법을 선택하는 파라미터이다. 가능한 값으로는 아래와 같이 두 가지가 있다.

```
#define MM_EXPLICIT0x80    /* Association oriented lsap is used.*/
#define MM_IMPLICIT0x00    /* Associationless lsap is used.*/
```

통신 통로를 만드는 방법은 두 가지가 있다. 한 가지 방법은 연결(connection oriented 또는 association oriented) 통신 방식이고 나머지 한 방법은 비연결(connectionless 또는 associationless) 방식이다. 연결(connection oriented) 통신 방식은 두 응용 엔티티 사이에 통신을 하기 전에 통신 채널을 형성하는 과정을 거치는 방식을 말한다. MMS의 경우를 예로 들면 개시 서비스를 사용하여 두 응용 엔티티 사이에 통신 채널을 형성한다. 그리고 원하는 통신 서비스를 하고 나서는 종료 서비스를 사용하여 통신 채널을 해제한다. 통신 채널에 대한 두 응용 엔티티 사이의 통신 규약은 개시 서비스 프로세스를 통해서 이루어진다. 하지만 비연결 통신 방식은 두 응용 엔티티 사이에 미리 통신 규약을 정해 두고 따로 통신 채널을 형성하는 과정을 가지지 않고 통신을 하는 방식이다. 사용하기는 편하지만 신뢰성이 떨어지는 단점을 지니고 있다.

sap_type의 초기화 값은 비연결 통신 방식을 사용할 경우 0x0(MM_IMPLICIT)로 초기화하고 연결 통신 방식을 사용할 경우에는 0x80(MM_EXPLICIT)로 초기화한다.

그리고 sap_type에 따라서 associated의 초기 값이 달라진다. sap_type가 MM_IMPLICIT인 경우에는 미리 통신 채널이 형성된 것을 가정으로 하기 때문에 associated의 초기 값이 TRUE가 된다. 하지만 sap_type가 MM_EXPLICIT이면 associated의 초기 값은 FALSE가 되고 개시 서비스가 성공적으로 수행되었을 때 TRUE가 된다. 그리고 종료 서비스가 성공적으로 수행되면 다시 FALSE가 된다.

loc_addr과 rem_addr은 통신을 하려는 두 시스템 즉 국부 시스템과 원격 시스템의 Mini-MAP 주소를 나타낸다. 둘 다 Mm_mini_address 라는 구조체 형식으로 아래와 같다.

```
struct  Mm_mini_address
{
   Uint8   mac_ad[6];          /* MAC address field */
   Uint8   lsap;               /* LSAP field */
};
```

6바이트의 주소 부분인 mac_ad[6]과 1바이트의 LSAP인 lsap으로 이루어져 있다. 여기서 lsap은 통신 채널을 구분할 수 있게 해 준다. 이는 국부 시스템의 주소 부분인 6바이트는 항상 같기 때문에 통신 채널마다 lsap을 다르게 하여 통신 채널을 형성한다. Mini-MAP의 주소 예를 들면 아래와 같다.

```
mac_ad =  "0x0 0x0 0x49 0x0 0x0 0x10"
lsap = 0x10
```

loc_addr과 rem_addr을 시스템에 맞게 설정해 준다.

10.2.5 MMS 환경설정 지원 함수와 예

우선 앞 절에서 기술한 환경 설정의 실제 예를 C-code로 나타내었다.

환경 설정 프로그램의 예

```
Uint8 channel_setting_example()
{
  Uint8 channel;
  Mm_mini_address loc_addr, rem_addr;

  channel = 0;
  loc_addr.mac_ad[0] = 0x0;
  loc_addr.mac_ad[1] = 0x0;
  loc_addr.mac_ad[2] = 0x49;
  loc_addr.mac_ad[3] = 0x0;
  loc_addr.mac_ad[4] = 0x0;
  loc_addr.mac_ad[5] = 0x10;
  loc_addr.lsap = 0x10;

  rem_addr.mac_ad[0] = 0x0;
  rem_addr.mac_ad[1] = 0x0;
  rem_addr.mac_ad[2] = 0x49;
  rem_addr.mac_ad[3] = 0x0;
  rem_addr.mac_ad[4] = 0x0;
  re   m_addr.mac_ad[5] = 0x20;
  rem_addr.lsap = 0x10;

  cisl_set_name(channel, "MY_CHANNEL");
  cisl_set_used(channel, TRUE);
  cisl_set_address_class(channel, 0x0 /*MM_INDIV*/);
  cisl_set_sap_type(channel, 0x80 /*MM_EXPLICIT*/);
  cisl_set_loc_addr(channel, &loc_addr);
  cisl_set_rem_addr(channel, &rem_addr);
}
```

아래에서는 환경 설정을 지원하기 위한 함수를 소개한다. 아래에 정리한 환경 설정 지원 함수들을 사용하여 프로그램 예와 같이 환경을 설정한다. 그리고 환경 설정에 대한 내용은 앞 절을 참고하기 바란다.

```
Uint8 cisl_set_name(Uint8 channel, char *name);
```

채널의 이름을 설정한다. 이름의 최대 길이는 31자이다.

```
Uint8 cisl_set_used(Uint8 channel, Bool used);
```

채널의 used를 설정한다. used는 TRUE 또는 FALSE 값을 가진다.

Uint8 cisl_set_address_class(Uint8 channel, Uint8 address_class);

채널의 address_class를 설정한다. address_class 값은 MM_INDIV, MM_REPLY, MM_GROUP 중의 하나이다.

Uint8 cisl_set_sap_type(Uint8 channel, Uint8 sap_type);

채널의 sap_type을 설정한다. sap_type의 값은 MM_IMPLICIT 또는 MM_EXPLICIT 값이다.

Uint8 cisl_set_loc_addr(Uint8 channel, Mm_mini_address *loc_addr);

채널의 국부 Mini-MAP 주소를 설정한다.

Uint8 cisl_set_rem_addr(Uint8 channel, Mm_mini_address *rem_addr);

채널의 원격 Mini-MAP 주소를 설정한다.

10.3 TCP/IP에서의 MMS의 이식

TCP/IP 위의 MMS는 【그림 2.10.7】 과 같은 구조로 되어 있다. 앞 절에서 설명한 Mini-MAP의 MMS와는 다른 구조로 되어 있다. 그림을 보면 MMS 아래의 계층들이 완전히 다르다. 하지만 MMS를 사용하여 응용 프로그램을 구현하는 프로그래머는 그다지 신경 쓰지 않아도 된다. 왜냐하면 응용 프로그램은 MMS의 서비스만을 사용하기 때문이다. 따라서 MMS 아래 계층과 관련해서 알아야 할 것은 초기 환경 설정에 대한 것뿐이다.

MMS
MMS-TCP 접속(Interface)
TCP (Transmission Control Protocol)
IP(Internet Protocol)
Ethernet(CSMA/CD) (IEEE 802.3)

【그림 2.10.7】 MMS on TCP/IP

TCP/IP 위의 MMS를 사용하여서도 【그림 2.10.8】 과 같은 통신망을 구축할 수 있다. 【그림 2.10.8】 은 【그림 2.10.3】 과 거의 흡사하다. 단지 하위 계층에서 사용하는 프로토콜이 다르다는 것뿐이다.

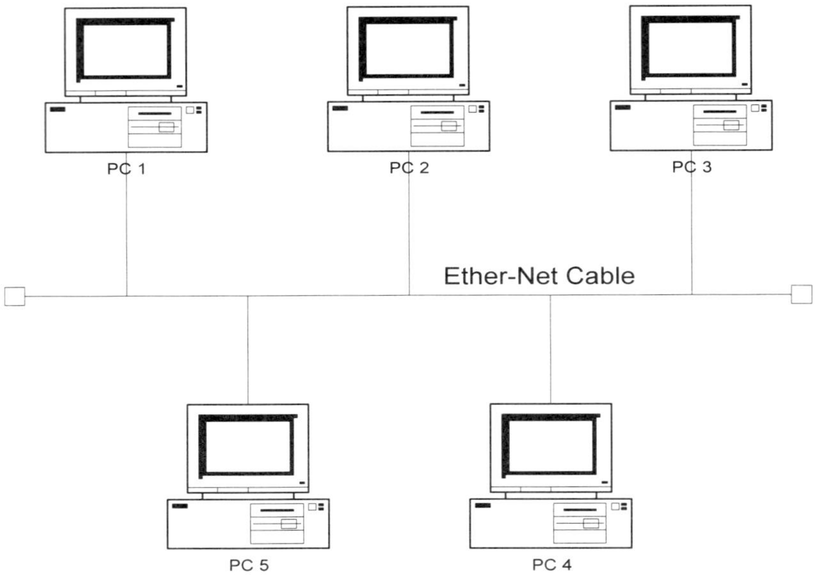

【그림 2.10.8】 TCP/IP 위의 MMS를 사용한 통신망의 예

초기 환경 설정에 관한 내용은 TCP/IP의 초기화, MMS의 초기화 그리고 TCP/IP와 MMS의 접속 부분의 초기화 등이 있다. 여기서 TCP/IP의 초기화라고 하는 것은 TCP 아래 계층에 대한 전반적인 초기화를 포함한다. 그리고 MMS의 초기화는 Mini-MAP MMS에서의 초기화와 별로 다를 것이 없다. TCP/IP와 MMS의 접속 부분의 초기화는 MMS 프로그래머가 깊이 알 필요는 없다. 단순히 초기화 함수를 불러 주기만 하면 된다.

서울대학교에서 구현한 TCP/IP 위의 MMS의 경우에는 아래와 같은 함수를 불러 주기만 하면 된다.

```
cisl_init_lower();
```

이 함수의 이름은 Mini-MAP에서의 초기화 함수 이름과 동일하다. 이 함수 내부에서 TCP/IP의 초기화(여기서 TCP/IP의 초기화라고 하는 것은 개인용 컴퓨터에 TCP/IP가 제대로 설치된 후의 초기화를 말하는 것이다. 개인용 컴퓨터에 TCP/IP를 설치하는 것에 대해서는 다음 절에서 다룬다)와 함께 TCP/IP와 MMS 접속 부분에 대한 초기화를 한다. 따라서 특별한 어려움 없이 MMS 프로그램을 사용할 수 있다. 나머지는 Mini-MAP MMS에서의 내용과 동일하다.

10.3.1 TCP/IP 환경설정

TCP/IP와 MMS의 접속 부분은 socket 프로그램이다. MMS에서 TCP/IP의 기능을 사용할 때 소켓 프로그램을 사용하였다. 이 때 사용한 소켓 라이브러리는 서울대학교 전기공학부 제어정보시스템연구실에서 TCP/IP 쉐어웨어를 사용하여 개발한 것이다. 이 소켓 라이브러리는 BSD 소켓 라이브러리와 호환이며 SPCIP(Simple PC IP)라고 한다. 여기서 다루려는 사안은 소켓 프로그램에 대한 것이 아니라 이 소켓 라이브러리를 사용하기 위한 환경 설정에 대한 것이다.

1) 패킷 드라이버(Packet driver) 설치

SPCIP는 패킷 드라이버 위에서 작동한다. 즉, SPCIP 라이브러리를 사용하는 프로그램을 실행하기 전에 이미 패킷 드라이버가 설치되어 있어야 한다. 패킷 드라이버란 FTP사의 "PC/TCP Packet Driver Specification"을 따르는 램상주 프로그램이다. 패킷 드라이버는 소프트웨어 인터럽트를 통해 서비스를 제공한다. 따라서 패킷 드라이버의 서비스 인터럽트 번호를 SPCIP 모듈에 알려주어야 하는데, 이는 "netconf"화일을 통해 이루어진다.

패킷 드라이버 프로그램은 통신망 카드와 함께 제공되는데, 그밖에도 Crynwr Packet Driver Collection처럼 프리웨어버전의 패킷 드라이버를 구할 수도 있다. Crynwr Packet Driver는,

```
"ftp://ftp.kornet.nm.kr/pub/msdos/pkdrvr/pktd11.zip"
```

과 같은 곳에서 찾을 수 있다.

패킷 드라이버 프로그램과 그 실행 인자는 통신망 카드(network card)에 따라 다르므로, 자신의 카드에 맞는 패킷 드라이버를 찾아 이에 맞는 인자를 주어 실행시켜야 한다. 패킷 드라이버 프로그램은 보통 통신망 카드와 비슷한 이름을 가지

고 있으며, 대개의 패킷 드라이버 프로그램은 인자 없이 실행시켰을 때 실행 인자에 관한 간단한 정보를 보여 주므로 이를 참조하면 된다.

패킷 드라이버의 인자로 주어지는 값은 대개 패킷 인터럽트 번호와, 통신망 카드의 인터럽트 수준(level), io 주소와 같은 것들로 이루어진다. 패킷 인터럽트 번호는 위에서 말한 패킷 드라이버 서비스 인터럽트 번호를 나타내며 0x60에서 0x7f 사이의 값 중 사용자가 임의로 정하는데, 보통 0x60을 사용한다. 물론 다른 드라이버와 충돌하지 않아야 한다. 통신망 카드의 인터럽트 수준이나 io 주소와 같은 정보는, 통신망 카드 기본값 설정시 정해지는 값으로, 각 통신망 카드와 함께 제공되는 셋업(setup) 프로그램을 사용하여 알아내도록 한다.

예를 들어, 인터럽트 수준이 3이고, io 주소로 0x300을 사용하는 NE2000 호환 카드에 대해 Crynwr packet driver를 설치하는 것을 보면 다음과 같다.

```
> ne2000.com 0x60 3 0x300
```

또한, 3Com의 3c509 card와 같은 경우를 보면, 다음과 같이 간단히 설치할 수 있다.

```
> 3c509.com 0x60
```

패킷 드라이버는 autoexec.bat에 포함시켜 시스템 초기화 때 설치되도록 한다.

2) 라이브러리 링크와 호출

SPCIP는 Borland-C나 MS-C에서 컴파일 할 수 있다. 단, 인라인 어셈블리를 사용하는 부분이 있으므로, MS-C는 버전 6.0이상을 사용하여야 한다. 또한, ether2.asm이라는 어셈블리 파일이 포함되어 있으므로, Turbo assembler나 Macro assembler가 있어야 한다.

SPCIP 라이브러리를 컴파일할 때는 spcip/include/와 spcip/lib/가 모두 include path에 포함되어야 한다. SPCIP 라이브러리 소스는 반드시 C로 컴파일 되어야 하지만, C++에서도 이미 C로 컴파일된 SPCIP 라이브러리를 호출하고 링크시키는 것이 가능하다.

SPCIP 라이브러리를 사용하는 모듈에서는 spcip/include/에 있는 파일만 포함하면 된다.

3) Netconf 파일

SPCIP 라이브러리는 환경 설정과 관련된 모든 정보를 netconf 파일을 통해서 구한다. netconf 파일의 path는 기본 값으로 "c:\net\netconf"인데 "NETCONF"라는 이름의 환경 변수를 통해 지정할 수도 있다. (예를 들면, "set NETCONF=c:\netconf")

Netconf파일은 General parameter와 Technical parameter, Debug message flag라는 세 가지 부류의 파라미터에 대한 정의로 이루어져 있는데, 다음의 default netconf파일의 내용을 보면 각각의 파라미터에 대해 알 수 있다. 이 default netconf 파일은 또한 netconf.h에 주석으로서 포함되어 있다.

```
# Backing store size for received packets
#ether_buf_size=16384

# Received date buffer size for each UDP socket
#udp_buf_size=4096

# Received date buffer size for each TCP socket
#tcp_buf_size=4096

# TCP timeout values
#tcp_retrans_timeout=4        # 220 msec
#tcp_user_timeout=360          # 20 sec

#
# SPCIP debug message flags
```

```
#
# These flag values are only for SPCIP debugging; Not for normal user.
# Value is 0 (no debug message) or 1 (show debug message).
#

#debug_ether  = 0
#debug_arp    = 0
#debug_ip     = 0
#debug_icmp   = 0
#debug_udp    = 0
#debug_tcp    = 0
#debug_socket = 0
#debug_netdb  = 0
# netconf - SPCIP network config file

# The default location of this file is "c:\net\netconf".
# But you can define the location of this file by setting the
# environment variable "NETCONF", such as "set NETCONF=c:\netconf".

# General parameters to be set by normal user

# The packet driver interface interrupt number (default: 0x60)
packetdriver=0x60
# Your ip address (required)
ipaddress=<d.d.d.d notation ip address for your machine>
# Your netmask (required)
netmask=255.255.255.0
# Your gateway address (optional)
#gateway=<d.d.d.d notation ip address for your gateway>
# The location where your hosts file is (default: c:\net\hosts)
#hostsfile=c:\net\hosts

# Technical parameters for SPCIP tuning.

# The meaning of the variable is self-explained,
# and the written digits are the default values.
# Time value scale is about 55 msec. (1/18 sec)
```

```
# Max socket number
#sock_max=32

# ARP parameters
#arp_cache_size=32
#arp_retrans_timeout=4        # 220 msec
#arp_request_timeout=180      # 10 sec
```

SPCIP 라이브러리를 포함하는 프로그램의 사용자는 자신의 시스템에 맞게 General parameter 값을 정해 주어야 한다. Technical parameter의 값은 SPCIP 라이브러리를 사용하는 응용 프로그램 개발자에 의해 프로그램의 특성에 맞게 조정될 수 있다.

4) 호스트(Host) 파일

호스트 파일은 NetDB 함수가 제공하는, IP 주소와 그에 대응하는 호스트이름에 대한 정보를 정의하는 텍스트파일로, 다음과 같은 형태를 가진다.

```
# comment
<d.d.d.d notation IP address> <hostname> [ <alias name> ... ]
...
```

패키지 안에는 호스트 파일이 포함되어 있지 않은데, 위와 같이, UNIX의 /etc/hosts 파일과 같은 형태이기만 하면 된다.

제 11 장

오류관리

11.1 개 요

공장 자동화의 응용과 그것의 통신망은 매우 복잡한 시스템을 포함한다. 이러한 복잡한 장치에서는 작업의 실패나 예기치 않았던 상태들이 발생하는 경우가 많다. 이러한 경우의 대부분이 사용자, 구현자 혹은 프로그래머에 의한 오류에 의해서 발생하게 된다. 따라서 설계자의 입장에서 오류 처리는 매우 중요한 부분이다. MMS 응용 프로그램의 예기치 않은 상황들에 대비하기 위해서 MMSI에서는 상당히 많은 오류를 처리하고 관리한다. 이 장에서는 SNU MMS의 오류 처리에 대해 설명한다. 주요 내용은 다음과 같다.

- 오류 받기와 보고
- MMS 오류의 분류
- MMS 오류의 원천
- 요구 오류, 그리고 error_block 구조
- 응답 오류, 그리고 error_response 구조

이 장은 MMS 오류에 대한 일반적인 정보와 오류 상태를 잘 다루기 위한 안내를 한다. 동시에 특정 오류에 관련된 특정 정보에 대해서도 설명한다.

11.2 오류받기와 보고

MMS 오류관리에는 생각해야 할 두 가지 관점이 있다.

- 오류받기
- 오류보고

이 장의 대부분에서는 예상치 못한 오류 상태가 발생했을 때, 이를 찾고 대응하는 법에 대해 설명한다. 예상치 못한 오류는 입출력 자료제어블록의 오류기록 자료 구조의 값에 나타날 뿐만 아니라 영(SUCCESS, 0)이 아닌 함수의 리턴 값으로도 나타난다. 이 장의 마지막 절인 "클라이언트에 오류를 알리기"는 한 개 이상의 원격 클라이언트에 대해 서버 역할을 하는 장치를 위한 것이다. 이러한 장치는 때때로 그들의 클라이언트에 오류를 보고할 필요가 있다. 이 절에서는 언제, 왜 장치가 응답에서 오류를 보고하는 지에 관해 설명한다. 어떤 오류 상태는 장치에 의해 찾을 수 없는 경우도 있다. MMS Reference Manual은 error_block 자료 구조와 error_response 자료 구조에 있는 각 필드의 적절한 값에 대한 순차적 목록을 포함하고 있다. 각각의 오류 값에 대해, MMS Reference Manual은 내부적 원인을 나열하고, 이 문제를 해결하는 치료법을 제시한다. MMS Reference Manual은 MMS의 각 함수에 대해 그 함수가 리턴하는 오류의 목록도 포함한다.

11.3 오류의 분류

MMS 오류들은 여러 방법으로 분류된다. 예를 들어 어떤 오류는 소프트웨어와 하드웨어에 의한 통신망의 문제를 반영하고 다른 오류는 MMS 응용 내부 오류를 나타내기도 한다. 하지만 특정 오류가 통신망에 기인하는지 응용 소프트웨어에 기인하는 지는 MMS Reference Manual의 설명을 참고해야 알 수 있다. 오류들은 그들의 근원이 어디인지에 따라 국부오류와 원격 오류로 분류할 수도 있다. 이러한 구성 속에서 오류들은 다음과 같은 부분에서 찾을 수 있다.

- 응용에 연결된 MMSI 라이브러리 루틴
- 응용의 활동 서비스 제공 프로세스중의 어떤 것
- 응용이 상호 작용하는 어떤 원격 MMS 서버 응용 프로세스

다른 기준에 따라 오류를 분류하는 방법들은 뒤의 절에서 설명한다. 그러나, ISO/IS 9506 규격이나 MMS Reference Manual에도 오류코드들은 분류되지 않고 각 오류에 정의된 상수의 알파벳순으로 열거되어 있다. 이 장에서의 오류 분류는 응용이 찾을 수 있는 넓은 범위의 오류를 표현하기 위한 구조를 주고 어떻게 좋은 응용을 디자인하고 만들 수 있는지 알 수 있도록 하기 위한 것이다.

11.3.1 통신망 오류

통신망 오류는 국부적으로나 원격에서나 모두 일어날 수 있고, 다음 종류와 같은 문제들이 원인이 될 수 있다.

- 소프트웨어와 하드웨어의 불완전
- 자원 한정
- 내부 시스템 문제
- 다른 MMS 의 장치로부터의 프로토콜 오류

이 오류들은 코딩의 결함이나 손실 없이도 프로그램 수행 중에 일어날 수 있는 것들이다. 따라서 가장 오류가 적은 응용이라 할지라도 어떤 오류를 예측하고 관

측하는 것이 필요하다. 이 오류 중 하나가 지속적으로 발생하면 이 오류의 원인을 없애기 위해 문제 제거 과정이 사용된다. 문제 제거를 쉽게 하는 법에 대해서는 이 장의 뒷부분에서 설명하도록 하겠다.

11.3.2 프로그램상 오류

프로그램상 오류는 응용이 갖는 설계나 코딩의 실수를 말한다. 주의깊게 만들어지고 충분히 테스트 된 응용에서도 이 오류가 발생할 수 있다. 응용은 MMSI 함수를 잘못 사용 했을때 종종 프로그램상의 오류를 발생한다. 그 예는 다음과 같다.

- 유효하지 않은 함수 인자
- MMSI 함수의 잘못된 호출
- 있어야할 파일이 없는 경우
- 응용 한정(application-specific) 상태 정보의 손실
- 응용과 다른 서버 간 상호 작용에 대한 잘못된 가정
- 많은 다른 종류의 설계와 프로그래밍 오류

이 장에서 추천하는 대로 세심하게 응용을 설계하고 철저한 테스트를 함으로써 프로그램상의 오류를 줄일 수 있다.

11.3.3 국부와 원격 오류

MMS Reference Manual은 MMS 오류의 원인에 대한 광범위한 정보를 포함한다. 그리고 오류가 발견되었을 때 처리하는 방법도 제공한다. 응용이 MMS를 지원하는 장치를 이용하는 한, 응용 프로세스와의 상호 작용을 할 때 원격 응용 프로세스에서 발생된 오류 코드가 정확히 MMS가 할당한 것과 같은 의미를 가진다고 할 수 있다. 원격 응용 프로세스로부터 받은 오류를 해석하기 위해서 고치기 위해서 다른 MMS 제품의 제어에 관해서 다음 두 가지 참고 문서가 필요하다.

- 원격 응용 프로세스의 MMS 구현에 관한 문서
- 원격 응용 프로세스 자체에 관한 문서

이 두 문서는 오류가 언제, 왜 보고되는지에 대한 정보를 제공한다.

11.4 함수 호출의 오류 찾기

MMSI 함수가 성공적으로 완료되었을 때, 함수 결과는 0과 같은 값인 SUCCESS 이다. 앞서 설명했듯이, SUCCESS는 호출이 동기냐 비동기냐에 따라 그 의미가 다르다.

- 비동기 호출에서의 "SSUCCES"는 요구의 성공적 초기화를 의미한다. 요구의 궁극적인 성공 여부는 후에 em_wait()사용으로 결정된다.
- 동기 호출에서의 "SUCCESS"는 요구가 성공적으로 완료되었음를 의미한다. 동기 함수의 호출이 완료되었을 때 그 최종 결과는 즉시 사용가능하다.

그러나 어떤 함수는 오류 상태로 인해 실패하기도 한다. 이때에, 응용은 다음의 두 소스에서 오류에 대한 정보를 얻을 수 있다.

- 함수의 리턴값. 함수 리턴 값은 Return_code 형이다.
- 입출력 자료제어블록 인자 안의 오류 기록 구조체. 어떤 입출력 자료제어블록은 Api_rc형의 result 필드만을 포함하지만 대부분의 입출력 자료제어블록은 Api_rc형의 result 인자를 포함하고 있는 Mm_Error_type 형의 error_block을 포함한다.(mm_connect()는 Api_rc 필드와 내부에 Mm_Error_type 필드를 가진다)

주) 모든 함수는 입출력 자료제어블록 안에 포함 되었든 인자 목록에 드러났던 간에 Api_rc형의 변수를 리턴한다.

특정 입출력 자료제어블록 내용이나 형태에 대한 자세한 사항은 MMS 사양서를 참고하라. 이 절에서는 오류 정보의 이 두가지 것들로 어떻게 그 내용을 알아내는지에 대해 알아보도록 하자.

11.4.1 함수 결과의 사용

앞서 설명했듯이 함수 결과는 MMSI 함수 호출의 리턴값에 대한 정보를 전송한다. 이 정보의 의미는 호출이 동기냐 비동기냐에 달려있다.

1) 동기 함수 호출 결과의 해석

return_event_name 인자가 SYNCHRONOUS이면 그 호출은 동기적으로 만들어진다. 즉, 호출이 완료될 때까지 응용은 아무 일도 하지 않는다.

(1) 성 공 (SUCCESS)

만일 동기 호출의 결과가 SUCCESS이면 그 함수는 성공이다. 입출력 자료제어블록 포인터는 즉시 유효하며 일반적으로 함수의 결과에 대한 출력 자료를 가리킨다.

(2) 함수 실패

만일 함수의 결과가 SUCCESS가 아니라면 그 함수는 주어진 작업의 수행에 실패한 것이다. 실패한 함수 호출의 결과 값은 그 실패의 원인에 의해 정해진다. 리턴 값을 가지고 실패의 원인을 알 수 있다.

동기 함수 호출에서 함수 결과는 함수의 성공 여부에 관계없이 입출력 자료제어블록의 Api_rc 형의 변수인 result.return_code의 값과 동일하다. 이것은 사용된 입출력 자료제어블록의 오류 기록 구조체와는 상관이 없다. 입출력 자료제어블록 인자가 Mm_Error_type 형의 변수를 포함하면 그것은 오류에 대해 더 많은 정보를 주기 위한 것이다.

2) 비동기 함수 호출 결과의 해석

호출시 return_event_name이 SYNCHRONOUS가 아닐 때 그 호출은 비동기적으로 수행된다. 이 경우 함수 결과 값이 동기 호출과 조금 다른 의미를 갖는다. MMS library 루틴은 비동기 함수 호출이 합당하고 유효하면 그 수행을 결정한다. 이 때 요구에 대해 SUCCESS를 리턴하고 응용은 수행을 재개한다. 만일 호출이 유효하지 않다면 함수의 리턴값은 0 이외의 값이 되고 요구된 응용은 수행되지 않는다.

▶ 성 공

비동기 함수 호출의 리턴이 SUCCESS이면 그것은 단지 호출이 합법적이며 유효하다는 것을 의미한다. 호출의 마지막 결과는 em_wait()가 함수의 완료를 알려줄 때까지 알지 못한다. 그 다음부터 원래 호출의 입출력 자료제어블록이 유효하다.

주) 비동기 호출의 입출력 자료제어블록 인자는 특별한 주의를 받는다. em_wait()가 함수의 완료를 알려줄 때까지 입출력 자료제어블록은 유효하지 않다. 이는 참조될 수 없고 다른 수행에 사용되어서도 안된다.

▶ 함수 실패

만일 비동기 호출에서 함수의 리턴 값이 0이 아니면 그 함수는 불법이거나 유효하지 않다는 것을 나타낸다. 성공하지 않은 함수의 결과 값은 어떤 원인이 실패를 유발 했느냐에 달려있다. 이 경우 오류는 서비스 제공 프로세스가 호출에 대한 서비스를 하기 전에 찾아 낼 수 있다. 따라서 비동기 함수 호출의 실패에 관한 조작은 동기 함수 호출의 실패와 동일하다.

11.4.2 오류기록 자료구조의 사용

응용은 입출력 자료제어블록의 오류 기록 자료 구조를 다음의 순간에 살핀다.

- 함수 호출이 0이 아닌 결과를 리턴 할 때(호출이 동기냐 비동기냐에 관계없이)
- em_wait()가 앞 비동기 함수 호출이 완료되었음을 지시할 때

앞서 설명했듯이 다른 입출력 자료제어블록은 다른 구조를 갖는다. 오류 기록 자료 구조는 그것이 포함된 자료제어블록에 따라 다양하다. 그러나, 입출력 자료제어블록은 주로 Mm_Error_type 형의 error_block을 포함한다. 대부분 입출력 자료제어블록은 이 변수를 포함한다. 다른 입출력 자료제어블록은 단순한 오류 기록(Api_rc 형태)을 사용한다. 이 때 Api_rc 형은 Mm_Error_type 형을 대신한다.

```
typedef struct Api_rc{
   Return_code return_code;
   Return_code vendor_code;
```

```
} Api_rc;
```

return_code는 MMS Reference manual에 있는 값 중 하나를 포함한다. vendor_code 필드는 MMS 장치의 추가 정보를 포함하고자 하는 경우 사용된다. 이 정보가 유용하면 vendor_code 필드는 MMS Reference manual에 있는 값 중 하나를 포함한다. 원격 응용 프로세스가 오류 정보를 제공할 때 vendor_code가 0이면 이것은 추가 정보가 없다는 것을 의미한다.

그리고 Api_rc는 Mm_Error_type 형의 중요한 필드 중에 하나이기도 하다. Mm_Error_type의 형태는 아래와 같은데 많은 입출력 자료제어블록 들이 Mm_Error_type 형의 error_block을 포함한다.

```
typedef struct Mm_Error_type
{
   Mask              mask;
#define MM_ET_ERROR_CODE                  BIT(0)
#define MM_ET_ADDITIONAL_ERROR            BIT(1)
#define MM_ET_ADDITIONAL_DESCRIPTION      BIT(2)
   Api_rc            result;
   Uint16            error_code;
   Uint16            additional_error;
   Printable_string    additional_description;
} Mm_Error_type;
```

11.5 추천하는 습관

11.5.1 오류 피하기

좋지 못한 프로그램 습관은 MMS 오류 상태를 유발할 수 있다. MMS 프로그램을 하는 경우 피해야 할 프로그램 습관은 다음과 같다.

- 소비된 핸들을 참조하려 하지 말라.
- 비동기 호출을 사용할 때 em_wait()가 호출 완료를 지시하기 전에 함수의 입출력 자료제어블록을 참조하지 말라.
- 접속유실에 의한 오류상태의 발생을 피하라. mm_conclude(), mm_aedeactivation(), mm_vdeactivation()을 사용해 접속을 안전하게 끊도록 하라.
- 더 이상 필요 없는 메모리를 풀어준다. 이것은 MMS에 의해 할당된 메모리에 대해 mm_dfdcb()와 mm_fdmemory()를 사용하고 malloc()에 의해 할당된 메모리에 대해 free()함수를 사용하라는 의미이다.

주) MMS 함수에 의해 할당된 메모리에 C함수 free()를 절대 사용하지 말고 대신 mm_dfdcb()와 mm_fdmemory()를 사용한다. free()함수의 사용은 프로그램을 다운시키거나 수행 메모리를 방해할 수 있다.

11.5.2 오류상태의 예측

응용은 MMSI 함수를 호출할 때 예기치 않은 결과의 가능성을 예측할 수 있다. 이 가능성을 발견하자마자 오류를 체크해야 한다.

- 동기함수인지 아닌지에 관계없이 어떤 MMSI 함수가 리턴 할 때 예기치 않았던 결과를 확인하라. 만일 함수 리턴 값이 SUCCESS가 아니면 더 많은 정보를 얻기 위해서는 입출력 자료제어블록의 오류 기록 필드를 사용한다.
- 비동기 호출에서는 em_wait()가 함수의 완료를 알릴 때 예기치 않은 결과에 대해 입출력 자료제어블록 인자의 오류 기록 필드를 살펴본다.

11.5.3 오류상태에 적응하기

오류가 발견되었을 때 응용이 취할 수 있는 오류 해결 방법은 여러 가지가 있을 수 있다. 그 중 한가지는 함수 호출을 재시도 한다. 이것은 어떤 일시적인 문제에 의한 오류를 해결할 수도 있다. 이 때에는 함수가 다시 호출되어야 문제가 해결된다. 예를 들어 한 함수의 return_code가 MME186_RESOUCE_ERROR이고 error_code가 MMC020_MEMORY_UNAVAILABLE이면 서버는 분명히 요구 수행에 불충분한 가능 메모리를 갖는다. 그러나 메모리는 곧 풀어질 수 있으며 반복된 요구는 성공할 수도 있다. 그러나 어떤 오류는 회복 불가능하며 프로그래머의 직접적인 개입이 필요한 경우도 있다. 이 형태의 오류는 정도에 따라 다양하다.

11.5.4 비극적(Catastrophic) 오류

이는 가장 나쁜 경우로 함수의 return_code가 MME037_SYSTEM_STATE_ERROR이고, vendor_code가 MMV004_CORRUPT_PROCESS_DATA일 때 MMS의 비극적인 실패로 오류가 야기된다. 이 경우 어떤 MMS 함수도 더 이상의 사용이 불가능하다. 이 상태는 모든 가상생산 장치와 응용 개체에 대해 응용이 시작할 때 일어날 수 있다. 이 때 회복은 불가능하다. MMS는 이 경우 국부적으로 청소 작업을 하고 응용을 마치라고 권한다. 하지만 이러한 상태는 드물며 일반적으로 응용 프로그램과 시스템 사이의 인터페이스 부분에서 발생할 수 있다.

11.5.5 장치와 연결관련 오류

원격장치가 제대로 응답을 할 수 없거나 특정 연결이 끊겼을 때 이 오류가 발생한다. 이 때에는 오류의 범위에 따라 응용이 제한된 기능을 가지고 계속 동작하도록 하거나 국부적인 청소작업을 하고 실행을 중단한다. 예를 들어 한 셀 제어기가 세 개의 색칠 기계를 관리한다고 가정하자. 한 기계가 고장났다고 해서 다른 두 개를 정지 시킬 필요는 없다.

11.5.6 분석을 위한 오류의 기록

오류를 기록하는 것은 이후 분석을 위해 많은 도움이 된다. 언제 어떤 실패를 했는지에 대한 기록이 있으면 많은 실패를 피할 수 있다. 이 기록은 일반적으로 "log"파일로 알려져 있다. 각 MMS 응용에 대해 log 파일을 유지하라고 추천한다. log된 정보는 그것이 포함된 응용에 의존한다.

11.6 클라이언트에 오류 알리기

서버가 클라이언트의 요구에 응답할 때 국부 오류를 보고하는 것이 필요하다. 예를 들어, 사용자의 응용이 존재하지 않는 변수를 읽으라는 요구를 해왔다면 서버는 이 문제를 원격 클라이언트에 가능한 자세히 알려야 한다. 이러한 경우 응답 함수의 입력 자료제어블록은 요구 함수의 입출력 자료제어블록의 error_block에 해당하는 자료 구조(error_block)를 가진다.

- 응답 함수 입력 자료제어블록의 error_response를 통해 클라이언트에 오류 정보를 되돌린다.
- 요구 함수 입출력 자료제어블록의 error_block을 통해 서버로부터 오류정보를 받는다.

【그림 2.11.1】은 둘 사이의 관계를 보여준다.

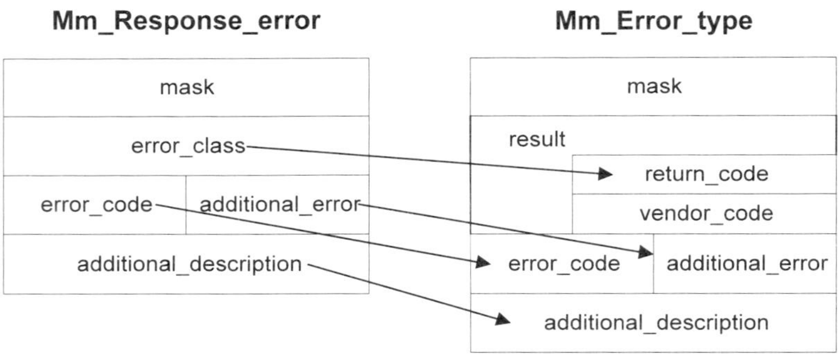

【그림 2.11.1】 error_response와 error_block의 관계

error_response 변수를 사용하는 데는 다음과 같은 몇 가지 중요한 유의점이 있다.

① 요구하는 응용 프로세스는 적절할 때 오류 정보를 응용에 전달한다. 이것이 실패할 경우에는 원격 응용 프로세스간에 MMS통신이 두절될 수 있는 심각한 문제점을 야기할 수 있다.

② 유사하게 MMSI는 error_response 필드에 할당된 값을 유효하다고 가정한다.

MMSI는 사용자가 알맞은 값을 할당했는지 확인하지 않는다. 합당한 값을 할당하는 것은 사용자의 책임이다.

③ MMSI는 additional_description 필드의 값을 정의하지 않는다. 사용자가 제공하는 모든 정보는 요구한 응용 프로세스에 있다. MMSI는 그 응용 프로세스들이 additional_description 값으로 무엇을 할 것인가 동의 하였다고 가정한다.

④ 하드웨어와 소프트웨어를 포함한 원격 프로토콜 기기는 응용에 대한 지식 없이 사용된다.

제 12 장

자동화공장을 통한 MMS 사용의 실례

12.1 자동화시스템 공동 연구소의 유연 생산 시스템(FMS : Flexible Manufacturing System) 공장의 데모 시스템

12.1.1 개 요

생산 정보 통신망 과제의 주요목표 중에 다수 기업의 이종 생산 기기들을 하나의 표준화된 통신망으로 통합하여 서로 연결하는 것을 보이고 실용화하는 것이 있었다. 이를 위하여 자동화 시스템 공동 연구소에 표준화 통신망을 설치하고 각 참여 기업의 기기들을 이 표준화 통신망를 사용하여 기존의 유연 생산 시스템 공장에 설치하여 통합된 동작을 보이도록 하였다.

기존의 유연 생산 시스템 공장은 자동창고, 가공셀, 조립셀, 검사셀, 샵 플로어 제어실, 셋업 스테이션 셀, 및 AGV로 구성되어 있어서 각 셀간의 이송을 AGV가 담당한다. AGV의 제어는 셋업 스테이션 셀에 설치되어 있는 AGV 제어기가 담당한다. 기존의 데모 시나리오에서는 자동창고에서 출고된 원자재를 가공 셀에서 가공한 후 완재품을 출고 또는 자동 창고에 재입고시키는 형태로 구성되어 있었다. 샵 플로어 제어실에 위치하는 SFC(Shop Floor Controller)에서 각 셀의 셀 제어기를 제어하며 각 셀은 그 셀의 셀 제어기에 의해 제어된다. SFC와 셀제어기와의 연결은 이더넷(Ethernet) 상의 TCP/IP를 사용한 유연 생산 시스템 통신 라이브러리에 의해 이루어진다.

이와 같은 기존의 유연 생산 시스템 데모 시스템에 생산정보 통신망 과제의 결과물을 사용한 표준 통신망을 설치한다. 가공 셀과 샵 플로어 제어기에 TCP/IP상의 MMS를 설치하고 Mini-MAP을 채택한 세척 및 검사셀을 추가한다. 세척 및 검사셀의 검사기에는 TCP/IP상의 MMS를 설치하여 샵플로어 제어기와 직접 통신하도록 한다. 샵 플로어 제어기와 가공셀 제어기간의 통신, 샵 플로어 제어기와 검사기간의 통신은 MMS를 사용한 통신서비스를 사용한다. 세척 및 검사 셀의 기기들에는 Mini-MAP이 설치되어 상호 통신을 한다. 샵 플로어 제어기와 세척 및 검사셀 제어기간의 통신을 MMS를 사용한 통신서비스를 사용하기 위하여 TCP/IP 상의 MMS와 Mini-MAP간의 게이트웨이(Gateway)를 설치한다. 또한, 전체 시스템의 모니터링을 위하여 모니터링 스테이션을 설치하여 Full-MAP을 사용한 통신을 사용한다. Full-MAP이 설치된 모니터링 스테이션은 유연 생산 시스템 통신 라이브러리를 사용하여 샵 플로어 제어기와 통신하여 전체 시스템에 관련된 정보를 수집하며, Full-MAP과 Mini-MAP간의 게이트웨이를 설치하여 이 게이트웨이를 통하여 세척 및 검사 셀 제어기와 통신하여 세척 및 검사셀의 상세한 정보를 수집한다. 또한 필드 버스 데모 시스템을 구성한다. 전체 유연 생산 시스템 데모 시스템의 평면도가 【그림 2.12.1】에 나와 있고 통신망의 구조가【그림 2.12.2】에 나와 있다.

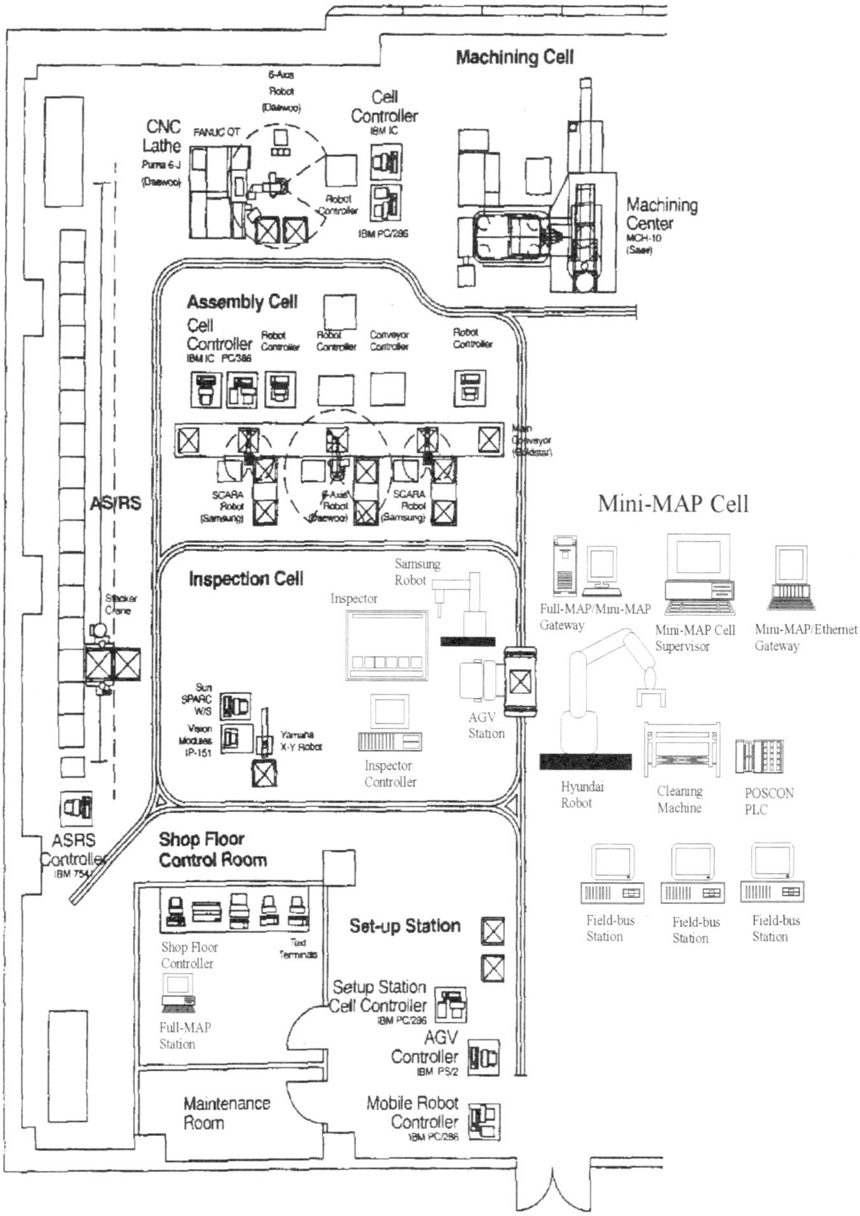

【그림 2.12.1】 FMS 데모 시스템의 평면도

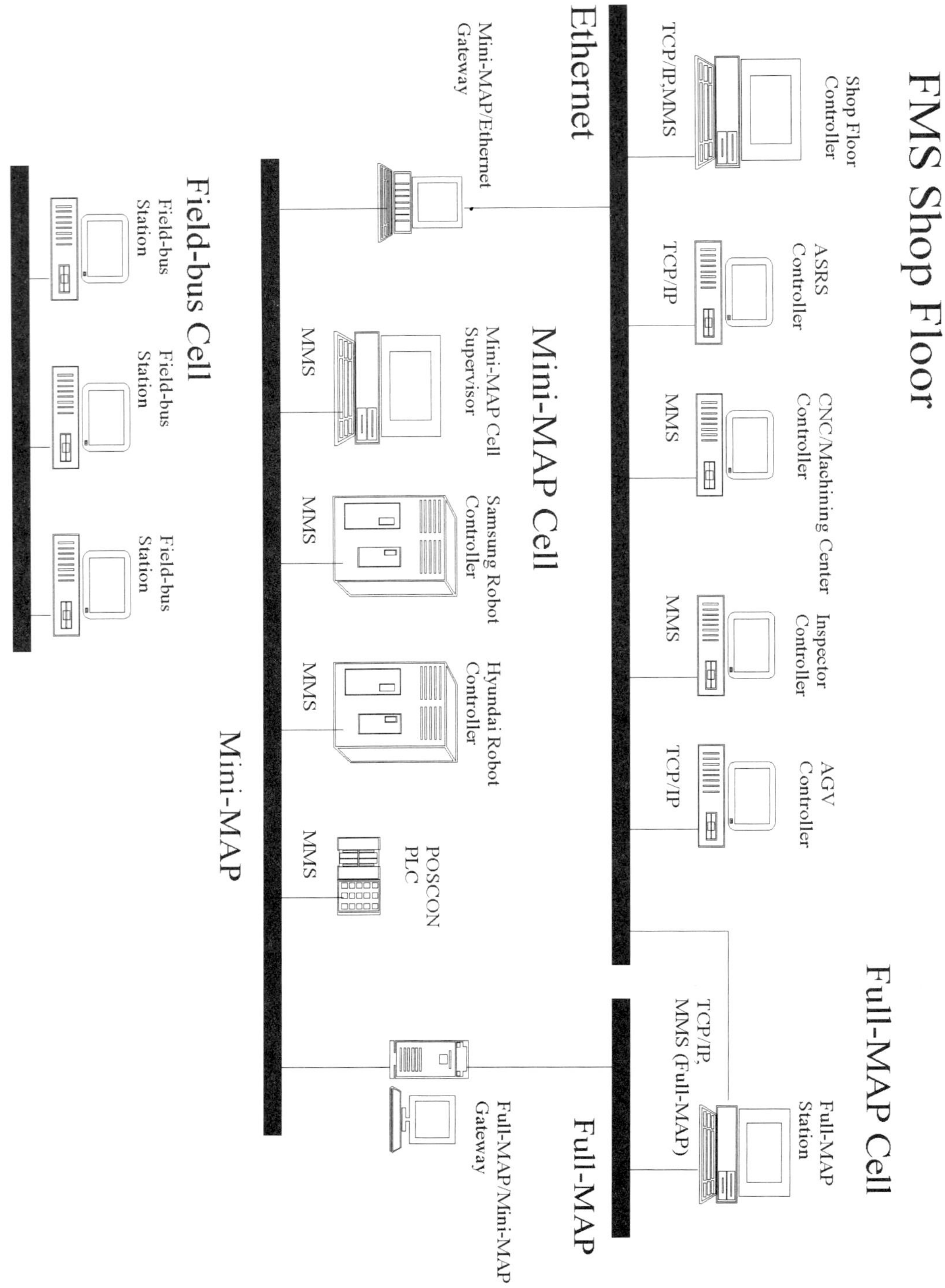

【그림 2.12.2】 FMS 데모 시스템의 네트워크 구조

12.1.2 전체적인 동작

기존의 유연 생산 시스템 데모 시스템의 동작은 아래와 같다.

원자재 출고 -> 셀간 운반 -> 가공 -> 셀간 운반 -> 완제품

① 자동창고에서 명판 또는 캠 섀프트를 제작하기 위한 2종의 원자재 중의 하나가 출고된다.
② AGV를 사용하여 셀간의 운반작업(자동창고에서 가공셀로의 운반)이 이루어진다.
③ 가공셀에서 가공된다. 가공셀에는 머시닝센터(Machining Center)와 컴퓨터 수치 제어기(CNC : Computerized Numerical Controller) 선반이 있으며, 명판의 경우 머시닝센터에서 가공되고 캠 새프트의 경우 컴퓨터 수치 제어기 선반에서 가공된다.
④ AGV를 사용하여 셀간의 운반작업(가공셀에서 자동창고 또는 셋업 스테이션으로의 운반)이 이루어진다.
⑤ 자동창고로 입고되거나 셋업 스테이션에서 소비자(customer)에게 보내진다.

샾 플로어 제어실(SUN SPARC Workstation 1대)에서 전체 공정 관리를 한다. 머시닝 셀은 셀 제어기(IBM PC)로 작업관리(작업 종류 결정, 작업 시작 명령, 작업 종료 확인)를 한다. AGV는 AGV 제어기(IBM PS/2)를 통해 관리된다. 각 셀간의 통신은 유연 생산 시스템 공장 전체에 설치되어 있는 TCP/IP on Ethernet을 사용한다.

기존의 유연 생산 시스템 데모 시스템에 생산정보 통신망 과제의 결과물을 결합시킨 수정된 시스템의 동작은 다음과 같다.

원자재 출고 -> 셀간 운반 -> 가공 -> 셀간 운반 -> 작업구간내 운반 -> 세척 -> 작업구간내 운반 -> 작업구간내 운반 -> 검사 -> 작업구간내 운반 -> 셀간 운반 -> 완제품

① 자동창고에서 명판 또는 캠 섀프트를 제작하기 위한 2종의 원자재 중의 하나가 출고된다.
② AGV를 사용하여 셀간의 운반작업(자동창고에서 가공셀로의 운반)이 이루어진다.
③ 가공셀에서 가공된다. 가공셀에는 머시닝 센터와 컴퓨터 수치 제어기 선반이 있으며, 명판의 경우 머시닝 센터에서 가공되고 캠 섀프트의 경우 컴퓨터 수치 제어기 선반에서 가공된다. 현대 정보 기술의 MMS on TCP/IP를 머시닝 셀을 제어하는 개인용 컴퓨터에 장착하여 샵 플로어 제어기와 통신하며 동작한다.
④ AGV를 사용하여 셀간의 운반작업(가공셀에서 세척 및 검사셀로의 운반)이 이루어진다.
⑤ 세척 및 가공셀에 가공품이 도착하였다는 정보가 샵플로어 제어기로부터 세척 및 가공셀 관리기(CICS ; Cleaning and Inspection Cell Supervisor)에 전달되면, 현대중공업 로봇이 AGV 스테이션에서 세척기로 이동시킨다.
⑥ POSCON의 프로그램 가능 논리 제어기(PLC : Programmable Logic Controller)가 세척기를 제어하여 가공품을 세척한다.
⑦ 현대중공업 로봇이 가공품을 세척기에서 AGV 스테이션으로 이동시킨다.
⑧ 삼성전자 로봇이 가공품을 AGV 스테이션에서 3차원 측정기로 이동시킨다.
⑨ 3차원 측정기(CMM ; Coordinate Measuring Machine)에서 가공상태를 검사한다.
⑩ 삼성전자 로봇이 가공품을 3차원 측정기에서 AGV 스테이션으로 이동시킨다.
⑪ AGV를 사용하여 셀간의 운반작업(세척 및 검사셀에서 자동창고 또는 셋업 스테이션으로의 운반)이 이루어진다.
⑫ 자동창고로 입고되거나 셋업 스테이션에서 소비자에게 보내진다.

본 시스템에 새로 추가되는 기기들(현대중공업 로봇, 삼성전자 로봇, POSCON

PLC)은 Mini-MAP을 사용하여 통신한다. 3차원 측정기는 MMS on TCP/IP를 사용하여 샵 플로어 제어기(SFC : Shop Floor Controller)와 통신한다. 세척 및 검사 셀에는 MMS on TCP/IP와 Mini-MAP과의 게이트웨이 스테이션을 설치한다. 샵 플로어 제어실(SUN SPARC Workstation 1대)에서 전체 공정 관리. 중앙제어기에는 기존의 TCP/IP상의 통신 라이브러리와 함께 현대 정보 기술의 MMS on TCP/IP를 설치. 응용프로그램이 이 MMS on TCP/IP를 사용하여 다른 MMS on TCP/IP를 장착한 스테이션들과 통신하고, 게이트웨이 스테이션을 통하여 Mini-MAP 스테이션과 통신한다. 머시닝 셀은 현대 정보 기술의 MMS on TCP/IP를 장착한 셀 제어기 (IBM PC)로 작업관리를 한다. Full-MAP을 장착한 스태이션을 설치하여 작업관리등의 일을 담당한다. 전체 시스템과의 연결을 위하여 Full-MAP과 Mini-MAP과의 게이트웨이를 적당한 위치에 설치한다. 세척 및 검사 셀에 셀 관리기를 설치하여 G7 기기들과 통신한다. 이 셀 관리기는 IBM PC로서 Mini-MAP 스테이션으로 구성된다.

12.1.3 MAP 관련기기 상세 설명

1) 검사셀 운반용 로봇

삼성전자의 로봇 1대(소규모 작업용, PC-MAP I/F card, Mini-MAP MMS 내장)로 구성된다. AGV 스테이션과 3차원 측정기 사이의 물류 운반 작업을 담당한다. (2종류의 물품에 대한 AGV 스테이션에서 3차원 측정기로의 운반작업과 3차원 측정기에서 AGV 스테이션으로의 운반작업의 프로그래밍. 필요한 경우 초기화 및 긴급정지 등의 추가적인 동작) 통신은 세척 및 가공셀 관리기로부터 명령을 받을 경우 해당작업을 수행하고 세척 및 가공셀 관리기로부터 요구가 있을 경우 현재 상태를 송신한다.

2) 세척셀과 검사셀간의 운반용 로봇

현대중공업의 로봇 1대(대규모 작업용, 전용 MAP I/F card, Mini-MAP MMS 내장)로 구성된다. 검사셀의 AGV 스테이션과 세척기 사이의 물류 운반작업을 담당한다.(2종류의 물품에 대한 AGV 스테이션에서 세척기로의 운반작업과 세척기에서 AGV 스테이션으로의 운반작업의 프로그래밍. 필요한 경우 초기화 및 긴급정지 등의 추가적인 동작) 통신은 중앙 제어기로부터 명령을 받을 경우 해당작업을 수행하고 중앙제어기로부터 요구가 있을 경우 현재 상태를 송신한다.

3) 세척기 제어를 위한 프로그램 가능 논리 제어기

POSCON의 프로그램 가능 논리 제어기 1대(전용 MAP I/F card, Mini-MAP MMS내장)로 구성된다. 동작은 세척기의 제어 및 감시를 한다.(2종류의 물품의 세척을 위한 세척기의 구동 및 세척 동작 감시. 필요한 경우 초기화 및 긴급동작 등의 추가적인 동작) 통신은 중앙 제어기로부터 명령을 받을 경우 해당작업을 수행하고 중앙제어기로부터 요구가 있을 경우 현재 상태를 송신한다.

4) 샵 플로어 제어기

SUN SPARC Workstation으로 구성되어 있는 기존의 중앙제어기에 현대정보기술에서 개발된 MMS on TCP/IP를 장착하여 MAP관련기기와 통신하며 동작한다. 기존의 응용프로그램의 통신을 그대로 따른다. 샵 플로어 제어기는 세척 및 검사셀이 추가됨에 따라 세척 및 가공셀 관리기와 통신을 하여야 한다. 가공품이 세척 및 검사셀의 AGV 스테이션에 도착하면 샵 플로어 제어기는 이것을 세척 및 가공셀 관리기에 알려주고, 세척 및 가공셀 관리기가 세척이 완료되고 검사준비가 되었음을 샵 플로어 제어기에 알리면 샵 플로어 제어기는 3차원 측정기에 측정을 하도록 한 후 측정작업의 완료를 세척 및 가공셀 관리기에 알린다. 세척 및 가공셀 관리기는 다시 물품을 AGV 스테이션에 옮긴 후 이것을 샵 플로어 제어기에 알리고, 샵 플로어 제어기는 기존의 작업을 계속한다.

5) 머시닝 셀 제어기

IBM PC로 구성되어 있는 기존의 머시닝 셀 제어기에 현대정보기술에서 개발된 MMS on TCP/IP를 장착하여 MAP관련기기와 통신하며 동작한다. 기존의 응용프로그램의 통신을 그대로 따른다.

6) 3차원 측정기

3차원 측정기의 제어기는 IBM PC로 구성되어 있으며, 여기에 현대정보기술에서 개발된 MMS on TCP/IP를 장착하여 중앙제어기와 통신하며 동작한다. 3차원 측정기는 샵 플로어 제어기로부터 2종의 가공품중 하나에 대한 측정을 요구하는 명령을 받으면, 가공품을 측정하고, 측정이 끝나면 측정결과와 함께 측정이 완료되었음을 샵 플로어 제어기에 알린다.

7) 세척 및 가공셀 관리기

IBM PC로 구성되며 개발된 Mini-MAP을 장착하여 통신한다. 세척 및 가공셀 관리기를 통해 세척 동작의 시작과 끝을 감시하고 동작 상황을 감시한다.

8) Mini-MAP과 MMS on TCP/IP와의 게이트웨이

Mini-MAP 스테이션들과 샵 플로어 제어기와의 중계(MMS on TCP/IP <-> Mini-MAP MMS)를 담당한다. 샵 플로어 제어기이외에 MMS on TCP/IP를 장착한 임의의 스테이션과 통신이 가능하다.

9) 감시 스테이션 (Full-MAP station)

개발된 Full-MAP을 장착한 VME SUN Workstation으로 이루어진다. 유연 생산 시스템 데모 시스템의 감시를 수행한다.

10) Mini-MAP과 Full-MAP간의 게이트웨이 스테이션

Mini-MAP 스테이션들과 Full-MAP 스테이션과의 통신을 중계한다.

12.1.4 데모 시스템의 통신

MAP과 관련된 기기의 상세 동작은 다음과 같다. 일반적인 작업을 위한 일반동작과 보조적인 관리 등을 위한 보조동작이 있다.

1) 일반 동작

정상상태에서의 동작을 말하며 각 단계의 수행은 순차적으로 이루어진다. 그리고 물류의 종류가 type 1과 type 2 두 가지로 수행 단계도 2가지로 나눈다.

아래의 순서대로 동작하며 아래와 같은 기호를 사용하여 표현하였다.

- 기기명 A -> 기기명 B : A기기에서 B기기로의 통신
- 기기명 A : A기기에 의한 수행
- 통신신호A[통신채널B] : 통신채널 B를 통하여 통신신호 A를 송신 또는 수신
- 통신신호 XXXX?XXXX : type?의 물류에 대한 신호임을 지시

[x].과 같이 지시된 것은 Mini-MAP 셀과 무관한 유연 생산 시스템의 다른 시스템에서 수행되는 단계임

① 세척 및 검사 셀의 AGV 스테이션에 물류 도착을 알리는 신호 수신
(Shop Floor Controller (SFC) -> Mini-MAP 셀 관리기 (MMCS), CleaningAndInspect?[SFC_MMCS])

② 세척기로의 운반을 지시하는 신호 송신
(MMCS -> 현대중공업 로봇 (HHIRT), Move?AGV2Clean[MMCS_HHIRT])

③ 세척기로의 운반을 지시하는 신호 수신 후 수행
(HHIRT)

④ 세척기로의 운반완료후 완료를 알리는 신호 송신
(HHIRT -> MMCS, Finish?AGV2Clean[MMCS_HHIRT])

⑤ 세척 개시를 요구하는 신호 송신
(HHIRT -> POSCON PLC (POPLC), Cleaning?[HHIRT_POPLC])

⑥ 세척 개시를 요구하는 신호 수신 후 세척 수행
(POPLC+세척기)

⑦ 세척 완료후 완료를 알리는 신호 송신
(POPLC -> MMCS, FinishCleaning?[MMCS_POPLC])

⑧ AGV station으로의 운반을 요구하는 신호 송신
(POPLC -> HHIRT, Move?Clean2AGV[HHIRT_POPLC])

⑨ AGV station으로의 운반을 요구하는 신호 수신 후 수행

(HHIRT)

⑩ 세척기로부터 AGV station으로의 운반 완료 후 완료를 알리는 신호 송신
(HHIRT -> MMCS, Finish?Clean2AGV[MMCS_HHIRT])

⑪ AGV station으로부터 3차원 측정기로의 운반을 요구하는 신호 송신
(HHIRT -> 삼성전자 로봇 (SERT), Move?AGV2Inspect[HHIRT_SERT])

⑫ AGV station으로부터 3차원 측정기로의 운반을 요구하는 신호 수신 후 운반 수행 (SERT)

⑬ 운반 완료 후 완료를 알리는 신호 송신
(SERT -> MMCS, Finish?AGV2Inspect[MMCS_SERT])

⑭ 검사를 요구하는 신호를 SFC에게 송신
(MMCS -> SFC, ReadyInspect?[SFC_MMCS])

⑮ 3차원 측정기에 검사 개시를 지시
(SFC -> 3차원 측정기 (3DI), Inspect?[SFC_3DI])

⑯ 검사 완료 후 검사 결과 송신
(3DI -> SFC, InspectResult[SFC_3DI])

⑰ 검사 완료를 알리는 신호 송신
(SFC -> MMCS, FinishInspect?[SFC_MMCS])

⑱ 3차원 측정기에서 AGV station으로의 운반을 지시하는 신호 송신
(MMCS -> SERT, Move?Inspect2AGV[MMCS_SERT])

⑲ 3차원 측정기에서 AGV station으로의 운반을 지시하는 신호 수신 후 운반 수행 (SERT)

⑳ 운반 완료 후 완료를 알리는 신호를 MMCS에 송신
(SERT -> MMCS, Finish?Inspect2AGV[MMCS_SERT])

㉑ 검사작업의 완료를 알리는 신호를 송신
(MMCS -> SFC, FinishCleaningAndInspect?[SFC_MMCS])

2) 보조 동작

보조 동작은 일반 동작과는 독립적으로 보조 기능을 위해 수행되며, 모든 기기에 공통적으로 해당한다.

① 초기화 : 기기의 상태를 초기화
(MMCS -> HHIRT, MMCS -> SERT, MMCS -> POPLC,
InitDevice[MMCS_HHIRT, MMCS_SERT, MMCS_POPLC])

② 상태보고요구 : 요구받은 기기는 요구한 기기에 현재 상태를 보고한다.
(MMCS -> HHIRT, MMCS -> SERT, MMCS -> POPLC, HHIRT -> POPLC, POPLC -> HHIRT, HHIRT -> SERT, SERT -> HHIRT, StatusRead[MMCS_HHIRT, MMCS_SERT, MMCS_POPLC, HIRT_POPLC, HHIRT_SERT])

③ 작업 불능 신호 : 이상 상태로 천이하여 현재 작업이 불가능 하거나, 조금 전에 수신된 명령을 수행할 수 없을 경우 송신한다.
(HHIRT -> MMCS, POPLC -> MMCS, SERT -> MMCS,AbnormalSignal[MMCS_HHIRT, MMCS_POPLC, MMCS_SERT])

④ 경보 신호 : 위험한 상태에 빠지는 경우 송신
(HHIRT -> MMCS, POPLC -> MMCS, SERT -> MMCS,
AlarmSignal[MMCS_HHIRT, MMCS_POPLC, MMCS_SERT])

⑤ 비상 정지 신호: 무조건 정지할 것을 요구
(MMCS -> HHIRT, MMCS -> SERT, MMCS -> POPLC,
EmergencyStop[MMCS_HHIRT, MMCS_SERT, MMCS_POPLC])

통신을 위하여 다음과 같은 서비스를 사용한다. 기본적으로 MMS 변수 읽기/쓰기 서비스를 사용한다. (named type, integer type variable) 명령(command) 송신은 MMS 쓰기 서비스를 사용하고, 상태 읽기 (StatusRead)는 MMS 읽기 서비스를 사용한다. 변수의 이름은 명령의 경우 _CMD의 접미사를 뒤에 붙이고 상태의 경우 _STA의 접미사를 뒤에 붙이며, 명령의 경우 수신하는 스테이션(그 명령을 수행할 스테이션)의 이름을 앞에 붙이고 상태의 경우 송신하는 스테이션(그 스테이션의 상태)의 이름을 앞에 붙인다. 예를 들어 세척 및 가공셀 관리기에서 HHIRT에 명령을 내릴 경우 HHIRT가 가지고 있는 HHIRT_CMD라는 이름을 갖는 변수에 쓰기를 수행하며, 세척 및 가공셀 관리기가 SERT의 상태를 읽고 싶은 경우는 SERT가 가지고 있는 SERT_STA라는 이름을 갖는 변수 읽기를 수행하게 된다.

통신 채널의 설정을 위해 각 기기들의 MAC 주소를 다음과 같이 설정한다. MAC의 주소는 IEEE 표준의 바이트(Byte) 순서로 나타내어져 있으며 각 숫자는 16진수로 나타내어져 있다.

```
SFC :           44-01-96-77-DE-10   (=> Mini-MAP측에서 본 주소)
CICS :      44-01-96-77-DE-20
HHIRT :         44-01-96-77-DE-30
POPLC :         44-01-96-77-DE-40
SERT :      44-01-96-77-DE-50
CMM :       44-01-96-77-DE-60       (=> Mini-MAP측에서 본 주소)
MCC :           44-01-96-77-DE-70   (=> Mini-MAP측에서 본 주소)
(MCC ; Machining Cell Controller)
M/E GW :        44-01-96-77-DE-90
(M/E GW ; Mini-MAP/Ethernet Gateway)
M/F GW :        44-01-96-77-DE-A0
(M/F GW ; Mini-MAP/Full-MAP Gateway)
Full-MAP : 44-01-96-77-DE-B0    (=> Mini-MAP측에서 본 주소)
```

명령이나 상태의 송신 방향에 따라 다른 채널을 사용한다. 예를 들어 세척 및 가공셀 관리기에서 HHIRT로 송신하는 채널과 HHIRT에서 세척 및 가공셀 관리기로 송신하는 채널은 서로 다른 채널을 사용한다. 세척 및 가공셀 관리기에서 HHIRT로 송신하는 채널의 경우 이름을 CICS_HHIRT로 정한다. 다른 채널도 같은 방식으로 정한다.

부 록

MMS 실습 예제

부록A MMS와 TCP/IP Interface 방법

1) Visual Studio를 이용한 Winsock Programming

TCP/IP 통신을 위해서는 서버(server)와 클라이언트(client), 소켓(socket)이 요구되는데 이것은 Serversock.h, Serversock.cpp, Clientsock.h, Clientsock.cpp을 사용하면 된다.

추가적인 작업은 xxxxView.cpp에 OnAccept(), OnReceive(), OnSend() 멤버함수를 만들어 주어야 하는데, 여기서 OnAccept()와 OnReceive()는 handle로 만들어져야 한다. Handle을 만드는 방법은 우선 xxxxView.h에 다음 부분을 추가시킨다.

※ 여기서 xxxx는 프로젝트 파일이름이다.

```
// Attributes
public:
   CMMSP3Doc* GetDocument();
   // 첨가부분
   clientsock *m_pClientSock;
   serversock *m_pServerSock;
   clientsock *m_pChildSock;

// Generated message map functions
protected:
   //{{AFX_MSG(CMMSP3View)
   afx_msg LONG OnAccept(UINT,LONG);
   afx_msg LONG OnReceive(UINT,LONG);
```

xxxxView.cpp에 다음과 같이 추가시킨다.

```
#include "serversock.h"

#define DATABUFFER 1024     // defaulat size for receive and send data
```

```
//}}AFX_MSG_MAP

// by dskim for TCP/IPWM_RECEIVE_DATA
ON_MESSAGE(WM_RECEIVE_DATA,OnReceive)
ON_MESSAGE(WM_ACCEPT_SOCKET,OnAccept)

int Whoami;     // if Whoami is 0, Client operation
        // else Whoami is 1, Server operation
LONG CMMSP3View::OnAccept(UINT wParam, LONG lParam)
{
   m_pChildSock = new clientsock;
   m_pChildSock = m_pServerSock->GetAcceptSocket();
   m_pChildSock->SetWnd(this->m_hWnd);

   // Accept indication message response to client
   char temp[DATABUFFER];
   sprintf(temp, "Successfully Connection Initialized...");
   m_pChildSock->Send((LPSTR)temp, DATABUFFER);

   Whoami = 1;      // Server Operation

   // get IP address
   CString rPeerAddress;
   UINT rPeerPort;
   m_pChildSock->GetPeerName(rPeerAddress, rPeerPort);

   // get peer name
   unsigned long IPAddress = inet_addr(rPeerAddress);
   CString rPeerName;
   PHOSTENT phostent;
   phostent = gethostbyaddr((char *)&IPAddress, 4, PF_INET);

   return TRUE;
}

unsigned char *Receive_Buffer; // global variable for received data
// converstion PDU data to indication function
```

```
extern Return_code Pdu2Function(Connection_id);
int Receive_DataSize;  // received data size set for PDU data size
int ConfirmMessage;// acknowlege for response service from server
int Flag;  // acknowlege for event generation(receive)
int Flag1; // acknowlege for connection receive

LONG CMMSP3View::OnReceive(UINT wParam, LONG lParam)
{
   char temp[DATABUFFER];

if(Whoami == 0)
{
if((Receive_DataSize=m_pClientSock->Receive((LPSTR)temp, DATABUFFER)) == 0)
   {
       MessageBox("I can't read incomming data!");
       return FALSE;
   }
   }
else if(Whoami == 1)   // Server Operation
{
if((Receive_DataSize = m_pChildSock->Receive((LPSTR)temp, DATABUFFER)) ==
0)
   {
       MessageBox("I can't read incomming data!");
       return FALSE;
   }
   }
   // by dskim for MMS
   Flag = 0;
   Receive_Buffer = (unsigned char *)temp;
   if(!ConfirmMessage)
   if(Pdu2Function(0) != SUCCESS)
   {
       WinPrintfT("I can't retreive peer service");
   }
   }

   return TRUE;
```

```
}
void CMMSP3View::OnSend(MMS_PDU *m_pMmsPdu)
{
    if(Whoami == 0)
    {
    if((m_pClientSock->Send(m_pMmsPdu->pdu, m_pMmsPdu->pduLength)) == 0)
    {
        MessageBox("I can't send my data!");
        return;
    }
    }
    else if(Whoami == 1)// Server Operation
    {
    if((m_pChildSock->Send(m_pMmsPdu->pdu, m_pMmsPdu->pduLength)) == 0)
    {
        MessageBox("I can't send my data!");
        return;
    }
    }
}
```

xxxxView.h파일에 다음을 추가시킨다.

```
#include "header₩snuapi.h"
#include "header₩snummsi.h"
#include "header₩build.h"
```

xxxx.cpp 파일에 다음을 추가시킨다.

```
#include "serversock.h"
```

xxxxView.cpp 파일에 있는 OnInitializeUpdate()함수의 마지막 부분에 다음을 추가시킨다.

```
Whoami = 1;    // Default Server Operation
```

```
OnInitComm();
}
```

TCP/IP 통신부분은 초기연결시 OnAccept()함수를 제외하고는 모두 OnSend()와 OnReceive()함수를 이용하여 수행된다.

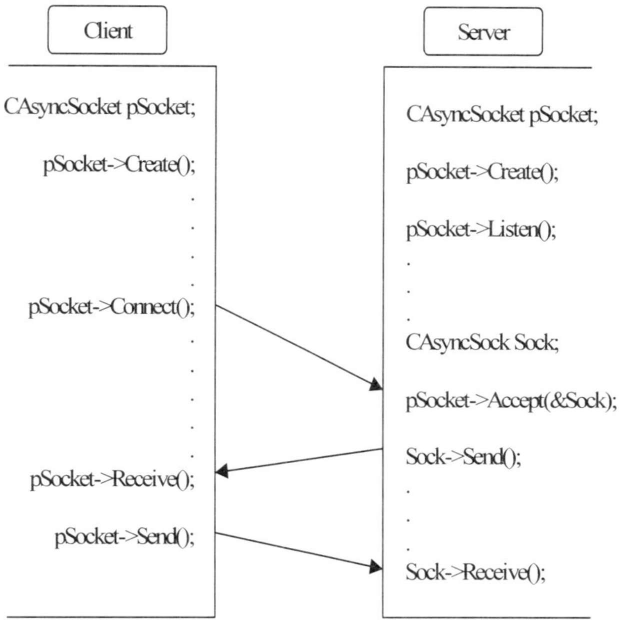

하지만, OnReceive()함수는 메시지 이벤트에 의하여 발생됨으로 실제 MMS 서비스 사용에서는 직접 호출하는 것이 아니라 메시지를 체크하는 Gateway용 함수를 이용하여 호출된다.

본 연구에서는 MMS_Send()와 MMS_Receive()함수를 이용하여 구현하였다.

MMS_Send()에서는 OnSend()함수를 호출하여 구현되었으며, MMS_Receive()함수에서는 다음과 같은 부분은 구현하여 메시지 이벤트를 조사하였다.

```
extern int ConfirmMessage; // acknowlege for response service from server
extern int Flag;    // acknowlege for event generation(receive)
bool MMS_Receive()
{
```

```
    ConfirmMessage = 1;

    Flag = 1;
    while(Flag)
    {
    MSG msg;
    if ( ::PeekMessage( &msg, NULL, 0, 0, PM_REMOVE ) )
    {
        ::TranslateMessage(&msg);
        ::DispatchMessage(&msg);
    }
    }

    ConfirmMessage = 0;
    Flag = 0;
    return true;
}
```

2) TCP/IP와 MMS PDU의 Interface

TCP/IP를 통하여 전송 혹은 수신될 데이터는 MMS로 서비스로 연결하기 위하여 PDU로 변환시키는 작업 요구된다.

우선 OnReceive()로부터 얻어진 데이터의 MMS PDU 변환은 OnReceive()함수 내에 있는 Pdu2Function()에서 담당하는데, 이 함수에서는 상대로부터 보내진 PDU를 받아 해당하는 MMS 서비스로 맵핑시키는 역할을 수행한다.

따라서, MMS 서비스 요구시에는 PDU를 만든 다음(build_pdu) MMS_Send()함수를 호출하고 그 결과를 얻기 위해 MMS_Receive()함수를 호출하게 된다. 또한 MMS 서비스 응답시에는 OnReceive()함수에서 Pdu2Function()함수를 호출하여 해당하는 응답함수를 호출하게 된다. 그런 후에 그 응답함수 내에서 PDU를 만든 다음 MMS_Send()함수를 호출하여 요구자 쪽으로 보내게 된다.

```
Return_code Pdu2Function(Connection_id connection_id)
{
```

```
    .

    rc=mm_ireceive(connection_id, SYNCHRONOUS, &ir_inout_dcb, &indication_name);

    if(rc != SUCCESS)
    {
        return(rc);
    }
    else
    {
        switch(indication_name)
        {

  // VMD associated services
     case MM_STATUS_IND:
              sresponse(connection_id, ir_inout_dcb);
  break;
  case MM_IDENTIFY_IND:
              iresponse(connection_id, ir_inout_dcb);
  break;
     case MM_USTATUS_IND:
     ustatus_ind(connection_id, ir_inout_dcb);
  break;

   .

  default:
  //printf("I received an indication which can't be served.\n");
  break;
        }
    }
    return(rc);
  }
```
다음 그림은 Client에서 MMS 서비스를 요구할 때의 순서도를 나타낸 것이다.

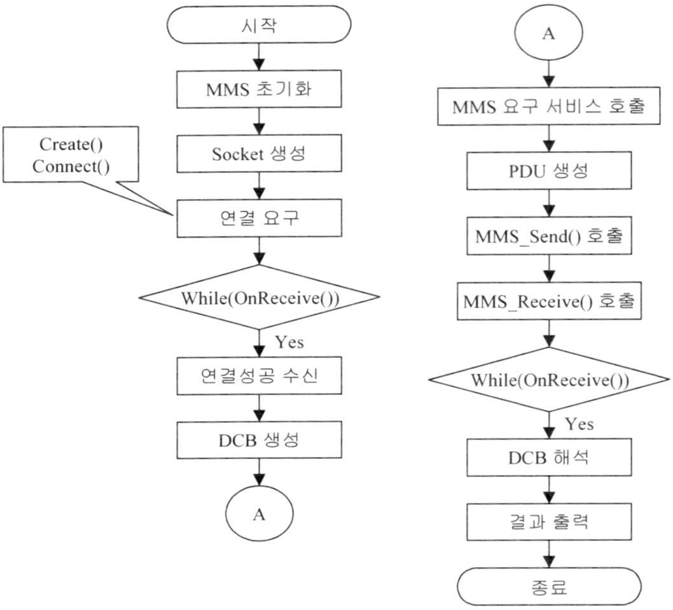

다음 그림은 Server에서 MMS 서비스를 인지할 때의 순서도를 나타낸 것이다.

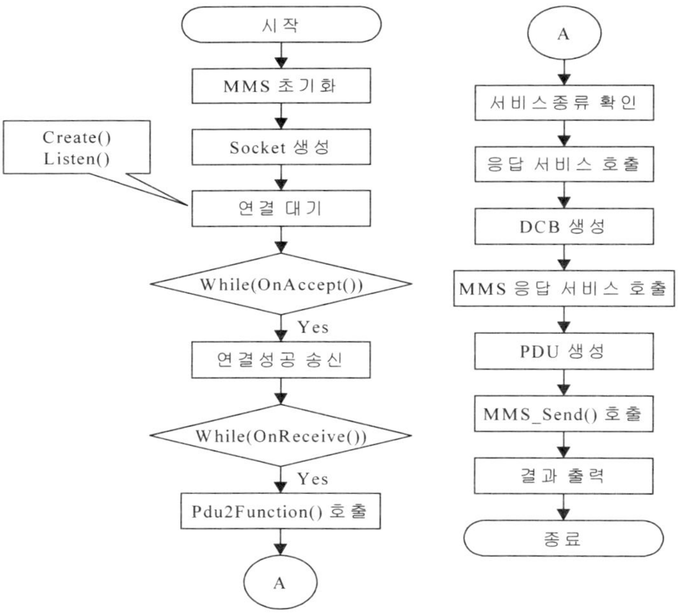

부록B 응용 프로그램 설명서 (MS Window용 프로그램)

본 연구에서 개발된 MMS on TCP/IP는 기존에 서울대에서 개발된 SNUMMS에 기초하며 그 서비스 종류는 총 15개로써 다음과 같다.

- VMD관련 서비스(3) : Status, Identify, Unsolicited Status
- Domain관련 서비스(6) : Initiate Download, Download Segment, Terminate Download, Initiate Upload, Upload Segment, Terminate Upload
- PI관련 서비스(4) : Create, Start, Stop, Delete
- Variable관련 서비스(2) : Read, Write

개발된 응용프로그램들은 Windows95, WindowsNT에서 동작되도록 구현되었으며, MicroSoft Visual C++4.0/5.0으로 개발되었다. TCP/IP통신 부분을 구현하기 위해 Windows Socket 프로그래밍을 하였으며, 사용된 Class는 CAsyncSocket을 사용하여 비동기 방식으로 구현되었다

B.1 중앙제어용 응용프로그램

중앙제어용 응용프로그램은 시범 플랜트의 전산실 또는 CAD/CAM실에 위치하며, Windows95, NT에서 동작하도록 구현되었다. 그 기능은 중형현장에 있는 각 공작기계들과 TCP/IP를 통하여 MMS 서비스를 수행하는데, 현장에 있는 기기들의 현재 상태,(Status service) NC 프로그램 download후에 그 프로그램의 원격 실행, 각종 파라미터 및 PMC데이터 수신 등을 수행한다. 사용된 MMS 서비스들은 상태를 읽기 위한 status service가 있고 원격실행을 위한 PI start, stop, delete service와 파라미터 및 PMC 데이터의 전송 및 수신을 위한 read, write service등으로 구현되었다. 그림6 응용프로그램의 실행모습이다.

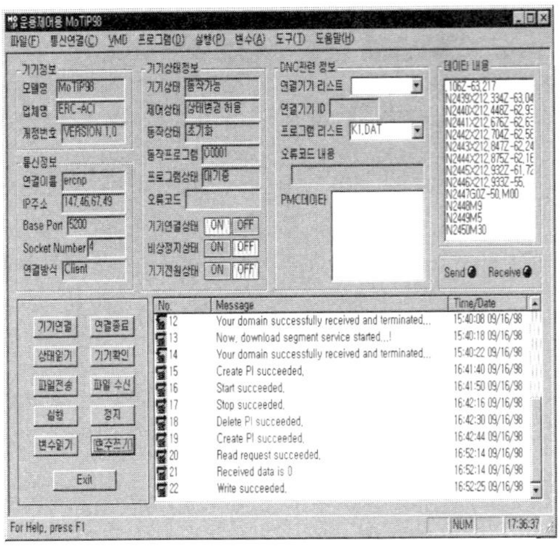

【그림 6】 모니터링 응용 프로그램

1) 개발언어와 도구

본 연구에서 개발된 MoTiP98은 Window 기반 환경하에서 동작될 수 있도록 구현되었으며, MicroSoft사의 Visual C++로 개발되었다. 또한, TCP/IP 통신을 위하여 MSVC++에서 제공되는 CAsyncSocket Class를 사용하여 구현되었다.

2) 응용프로그램 구조

개발된 응용프로그램은 다음과 같은 기능들을 포함하며 메뉴의 선택 및 버튼의 선택을 통하여 쉽게 원하는 서비스를 수행할 수 있도록 구현되었다.

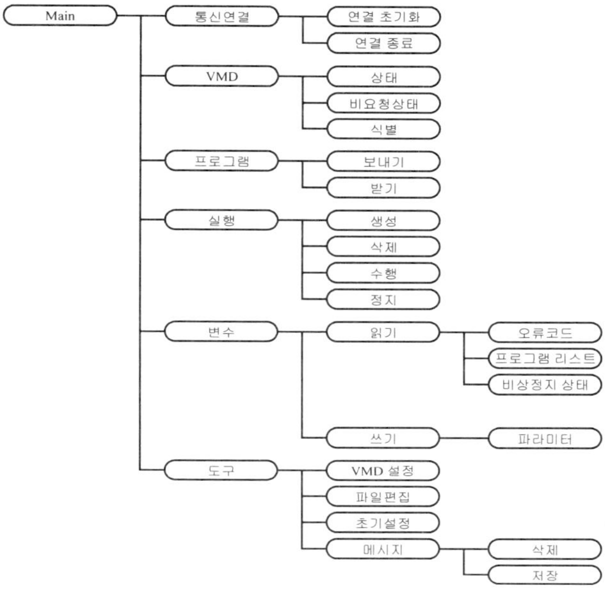

각 항목에 대하여 설명하면 다음과 같다.

(1) 통신연결

통신연결은 MMS on TCP/IP를 통하여 통신하고자 하는 기기와의 연결 및 해제 등의 기능을 수행한다. 본 응용프로그램의 통신서비스들은 반드시 이 통신연결의 선택에 의해 그 기능이 활성화된다. 즉, 하나의 서비스를 수행하려면 상대기기와 반드시 연결 상태가 되어 있어야 한다. 통신연결을 선택하면 다음과 같은 창이 생성된다.

왼쪽의 리스트는 연결할 기기들의 호스트 이름들이다. 이 리스트 중 통신연결을 원하는 기기이름을 선택하여 OK버튼을 누르면 해당기기와 통신연결이 이루어진다. 연결할 기기의 리스트는 Windows디렉터리 밑에 있는 hosts파일을 참조하여 얻어진다. 따라서, 새로운 기기를 추가하기 위해서는 추가버튼을 선택하여 연결할 기기 호스트이름과 IP주소를 입력한다. 추가된 기기는 리스트를 재선택하면 hosts 파일이 갱신되어 나타나게 된다. 연결할 기기의 호스트이름과 IP주소는 윈도우에 있는 네트워크 환경의 등록정보에 있다.

통신연결종료는 현재 연결된 기기와 통신종료를 수행한다. 아래의 그림은 통신

연결이 성공적으로 이루어진 경우 얻어지는 결과이다.

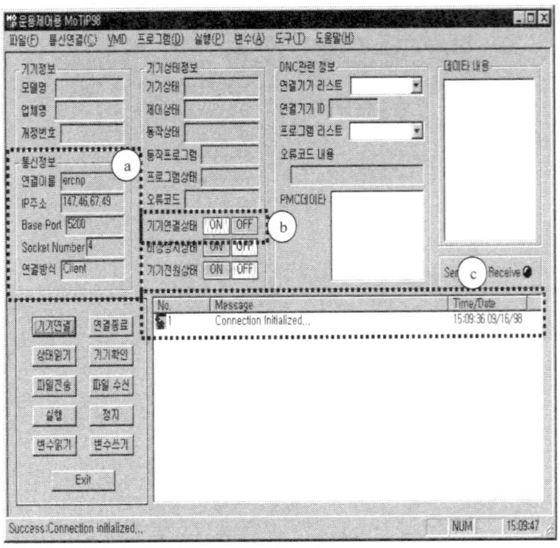

ⓐ는 연결된 기기의 통신정보를 나타내며, ⓑ는 연결상태의 ON/OFF를 나타낸다. ⓒ는 통신연결 서비스를 수행한 후에 얻어지는 결과를 보여준다.

(2) VMD

VMD는 Virtual Manufacturing Device의 약자로써 MMS에서 사용되는 용어이다. 이것은 통신연결된 기기의 각종 상태 및 식별을 위한 내용을 가지게 된다.

▶ 상 태

상태는 현재 연결된 기기의 상태를 얻는 서비스이다. 그 결과는 다음과 같다.

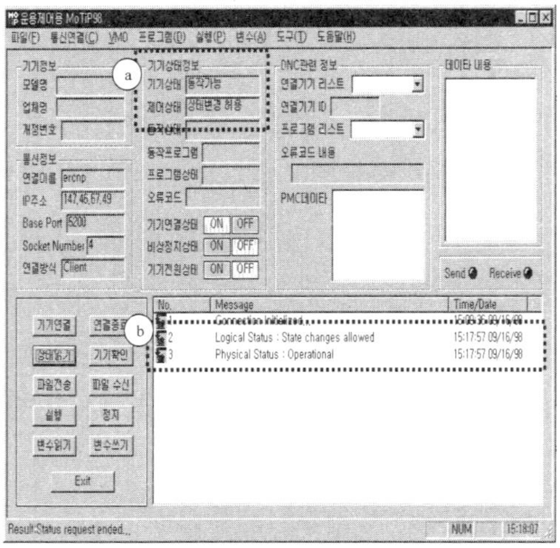

ⓐ는 상태서비스를 통하여 현재 연결된 기기의 상태 및 제어 상태를 나타낸다. ⓑ에는 기기의 물리적 상태 및 논리적 상태를 나타낸다. MMS에서 기기의 논리적 상태와 물리적 상태는 각각 4가지로 구분된다.

▶ 비요청 상태

비요청 상태 서비스는 연결된 기기가 자신에게 보내지는 서비스로 긴급한 내용의 전송이 요구될 때 사용된다. 그 예로는 공작기계인 경우 비상정지 상태가 발생하였을 때 원격제어 PC에 그 내용을 바로 알려줄 때 사용된다.

▶ 식 별

식별은 현재 연결된 기기의 확인 정보를 얻게 된다. 이 정보에는 기기의 생산자, 모델명, 개정번호 등의 정보를 담고 있다.

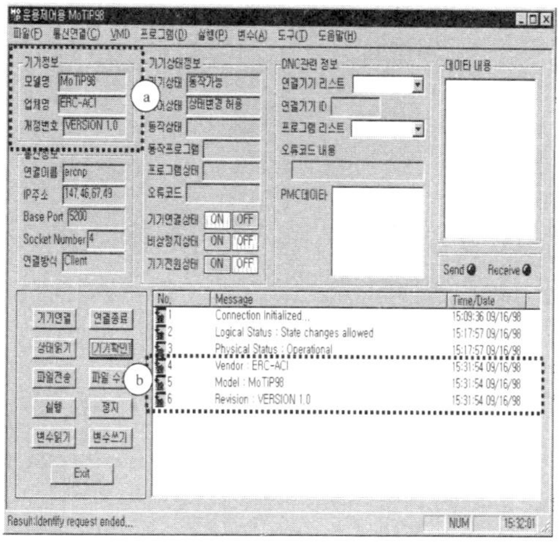

(3) 프로그램

프로그램은 자신의 하드디스크에 가지고 있는 파일을 통신 연결된 기기에 전송하거나 그 기기에 있는 프로그램을 가져오는 기능을 수행한다. 즉, CAD/CAM실에서 작성된 NC용 데이터 파일을 이 기능을 이용하여 직접 NC에 전송시켜 준다. 또, NC에 있는 NC 프로그램을 원격에서 받아갈 수 있다.

▶ 보내기

보내기 서비스는 연결된 기기에 프로그램을 전송하는 서비스이다. 파일전송 크기는 최소 100byte에서 최대 8Kbyte까지 가능하다. 이 전송크기의 의미는 파일전송시 세그먼트라는 단위로 파일을 분해하여 보내지는데 한번에 분해될 세그먼트의 크기를 정하는 것이다. 이 크기는 최대로 설정하면 전송속도가 빨라지지만 충분한 메모리 공간이 있어야 안정적으로 수행될 수 있다. 이 크기의 설정은 도구메뉴에 있는 전송크기설정에서 그 값을 설정할 수 있다.

(4) 프로그램

프로그램은 자신의 하드디스크에 가지고 있는 파일을 통신 연결된 기기에 전송하거나 그 기기에 있는 프로그램을 가져오는 기능을 수행한다. 즉, CAD/CAM실에서 작성된 NC용 데이터 파일을 이 기능을 이용하여 직접 NC에 전송시켜 준다. 또, NC에 있는 NC 프로그램을 원격에서 받아갈 수 있다.

▶ 보내기

보내기 서비스는 연결된 기기에 프로그램을 전송하는 서비스이다. 파일전송 크기 는 최소 100byte에서 최대 8Kbyte까지 가능하다. 이 전송크기의 의미는 파일전송시 세그먼트라는 단위로 파일을 분해하여 보내지는데 한번에 분해될 세그먼트의 크기를 정하는 것이다. 이 크기는 최대로 설정하면 전송속도가 빨라지지만 충분한 메모리 공간이 있어야 안정적으로 수행될 수 있다. 이 크기의 설정은 도구메뉴에 있는 전송크기설정에서 그 값을 설정할 수 있다.

▶ 받 기

받기는 연결되어진 기기에서 원하는 파일을 자신에게 가져올 때 사용된다. 이 서비스는 현재 사용자 편의를 위하여 계속 개발중이며, 추후 완성된 예정이다.

(5) 실 행

실행은 연결된 기기를 원격에서 기기제어를 수행하는 기능을 가지고 있다. 실행 기능에는 생성, 삭제, 수행, 정지등의 서비스로 이루어져 있는데 여기서 생성은 연결된 기기로 파일전송 후 그 NC프로그램을 기기에 loading하는 개념으로 생각하면 되고 삭제는 이와 반대되는 개념이다. 수행 및 정지는 현재 loading되어 있는 NC프로그램을 실행시키고, 정지시키는 서비스를 의미한다. 주 윈도우에서 실행버튼이 있는데 이것은 생성과 수행을 결합하여 놓은 것으로 한번의 선택으로 NC프로그램을 기기에 loading한 후 실행시키는 동작을 수행한다. 반대로 정지버튼은 기기에서 동작되고 있는 NC프로그램을 정지시킨 후 기기에서 unloading시키는 기능을 수행한다. 아래의 그림은 생성→수행→정지→삭제의 동작을 수행한 결과를 나타낸다. 그림에서 ⓐ는 기기의 동작제어와 관련된 정보들을 보여주고 있다. ⓑ에는 수행된 서비스들의 내용 및 결과를 나타내고 있고, ⓒ에는 위에서 설명한 프로그램 보내기를 수행하였을 때 전송된 NC프로그램의 내용을 보여주고 있다.

▶ 생 성

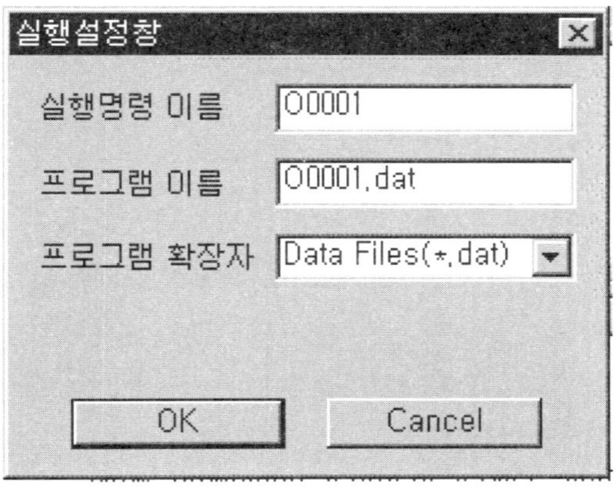

생성 서비스를 수행하면 아래의 그림과 같은 창이 생성된다. 이 창에 실행할 이름을 입력하는데 보통 기기에 있는 NC프로그램 이름을 입력하면 된다. 참고로 실행명령 이름에 원하는 문자를 입력하면 자동적으로 프로그램 이름도 그 이름으로

바뀌어 입력되어 진다. 이 서비스를 수행하면 실행 및 정지등 기기제어에 관련된 준비기능이 수행된 것으로 생각하면 된다.

▶ 실행 및 정지

실행 및 정지 서비스는 단지 선택에 의해서 그 기능이 이루어지는데, 이것은 앞에서 이미 생성을 통하여 실행 및 정지해야 될 프로그램이 이미 기기에 loading되어져 있기 때문이다.

▶ 삭 제

삭제 서비스도 선택에 의해 바로 수행되어 진다. 삭제 서비스를 수행한 후에는 다시 실행 및 정지 서비스를 할 수 없으며, 생성을 거쳐야만 그 기능을 수행할 수 있다.

(6) 변 수

변수 기능은 연결된 기기와 통신을 통하여 오류코드, 비상정지상태 등 각종 변수들을 읽거나 쓰는 기능을 수행한다. 본 연구에서 개발된 응용프로그램에서는 오류코드, 프로그램 리스트, 비상정지상태의 변수를 읽을 수 있으며, 파라미터를 쓰기 서비스를 이용하여 기기로 보낼 수 있도록 구현되었다.

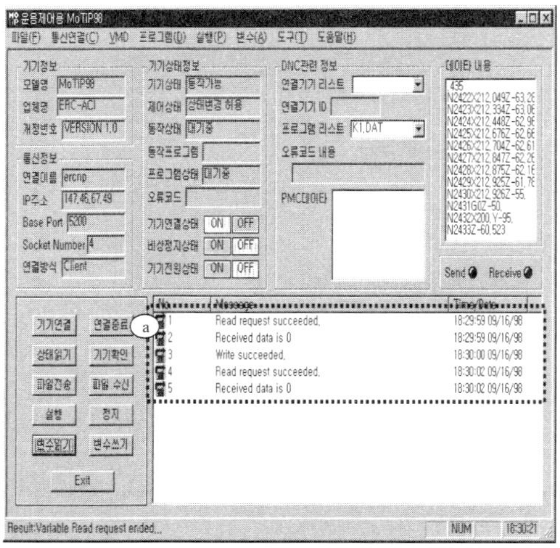

(7) 도 구

도구에는 통신을 통한 기기와의 연관성은 없지만, 사용자 편의를 위해 몇가지 서비스를 제공하도록 구현되었다. 이 도구에 있는 서비스를 이용함으로써 사용자는 쉽게 통신환경, 파일편집, 통신내용 보관 등의 기능을 제공받는다.

▶ VMD 설정

VMD 설정은 자신의 기기에 대한 각종 정보를 입력하는 것으로, 기기의 이름, 생산자, 모델명 등의 내용을 저장하고 있다가 연결된 기기에서 그 정보의 요청이 있게 되면 해당정보를 보내주게 된다.

▶ 파일편집

파일편집은 의미 그대로 간단한 Notepad라고 생각하면 된다. 프로그램이나 데이터 파일을 읽어 그 내용을 수정할 때 이 기능을 편리하게 사용하면 된다. 참고로 읽을 수 있는 프로그램의 크기는 10Kbyte로 제한하고 있다.

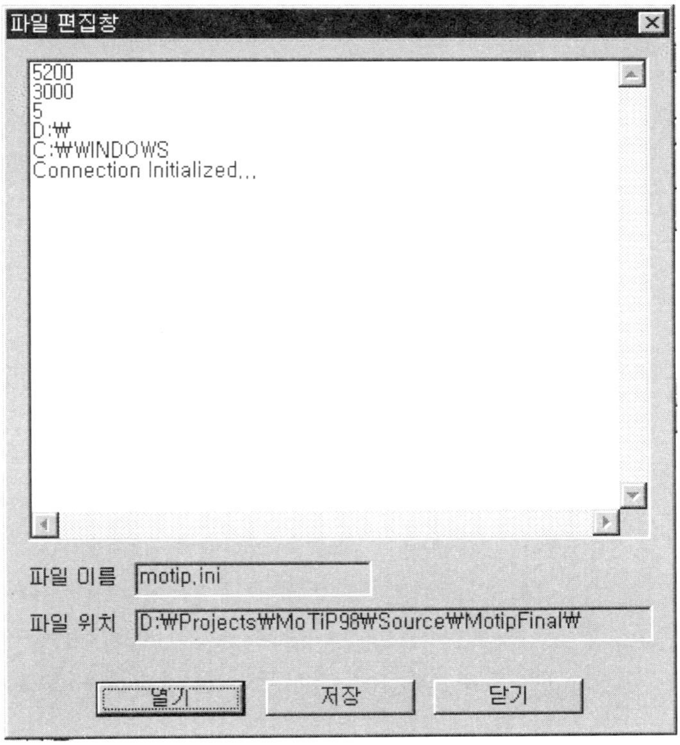

(8) 초기설정

초기설정 메뉴는 MoTiP98을 처음 실행하게 되면 가장 먼저 보이는 화면이 있는데 이 내용을 수정하는 기능을 수행한다.

▶ TCP/IP 설정

통신연결을 위한 포트설정 및 프로그램 보내기에 필요한 전송크기 설정, 연결이 이루어졌을 경우에 그 확인 메시지 등을 포함한다. 여기서 입력된 값들은 motip.cif 파일에 자동으로 최종값이 저장되어 진다. 여기서 사용된 Base Port 번호는 기본적으로 5,200을 사용한다. 이 번호는 자신 및 연결될 기기가 모두 동일값으로 설정되어야만 통신이 이루어진다. 만약 자신의 PC가 여러 대의 기기와 통신을 원한다면 연결될 각 기기에 고유한 Base Port를 따로따로 설정해 주어야 한다.

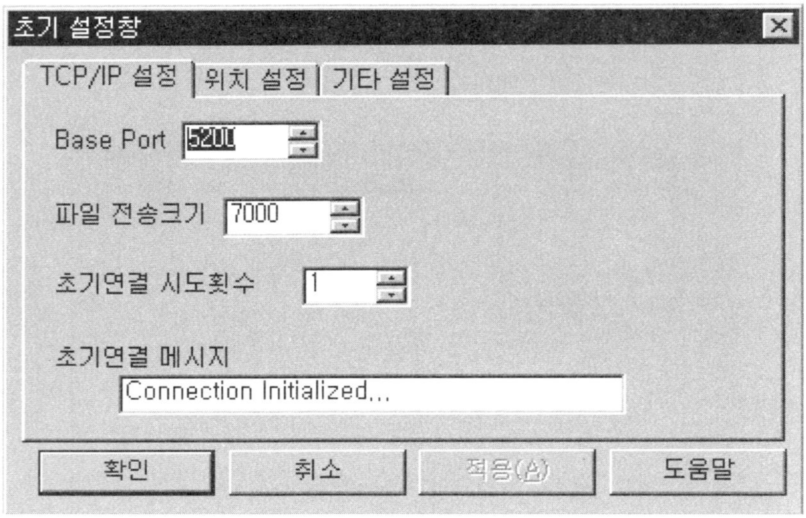

▶ 위치 설정

위치 설정에는 MoTiP98을 통하여 전송 및 수신된 각종 메시지 내용을 파일로 저장할 디렉터리를 설정하는 부분과 연결된 기기로부터 보내진 프로그램이나 파일을 저장할 디렉터리 설정, 연결기기 선택시 필요한 hosts파일이 존재하고 있는 디렉터리 설정 등이 있다. 참고로 위의 각 디렉터리는 정확히 입력되어져야 하며 특히, hosts파일의 디렉터리는 반드시 확인 후 응용프로그램을 사용하여야 한다.

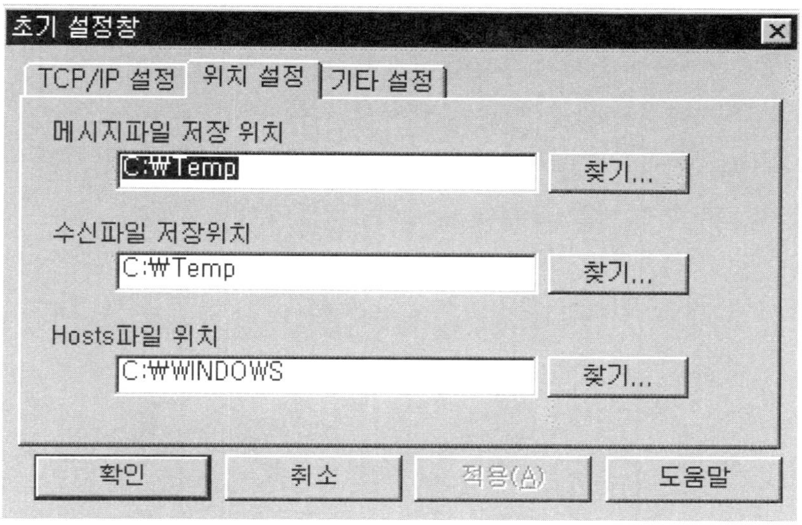

▶ **기타 설정**

이 부분은 기능이 구현되어 있지 않다.

(9) 전송크기 설정

이것은 초기설정에 있는 전송크기설정과 같은 내용이다. 전송크기는 크면 클수록 파일전송시 빠른 전송이 이루어진다. 하지만, 앞에서도 언급했듯이 메모리의 용량을 생각하여 설정해 준다. 입력범위는 100byte - 8Kbyte이다.

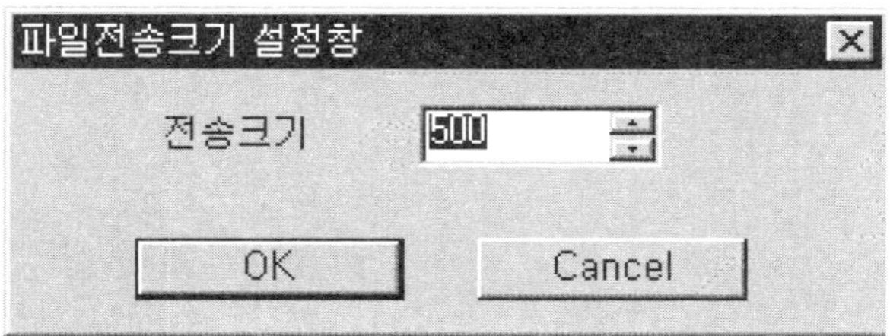

(10) 메시지

메시지 메뉴에는 메시지 삭제와 저장이 있다. 메시지 삭제는 주 화면에 있는 통신상에서 얻어진 각 내용들을 모두 삭제하려 할 때 사용되며, 저장은 현재까지 연결된 기기와의 통신내용을 파일로 저장하는 기능을 수행한다. 저장 파일은 앞에서 언급한 메시지저장위치에 생성되며, 그 이름은 msglist.lst로 된다. 이 파일을 편집기를 통하여 볼 수 있으며 통신 개수, 내용, 날짜 및 시간 등의 정보를 담고 있다. 참고로 메시지 리스트의 개수가 5,000이상이 되면 저장하던지 아니면 삭제를 해 주어야 한다. 이것은 메모리의 한계 때문이다.

부록C 예제 프로그램

C.1 예제 프로그램

1) VMD.C

```
#include "snuapi.h"
#include "snummsi.h"
#include <stdio.h>

void check_result (Api_rc *result )
{
  printf("Error occurs.₩n");
}

void identify_ ( connection_id )
Connection_id   connection_id;
{
/*
     This function requests that the peer identify itself
                                                              */
/*
     Define the local variables and constants.
                                                              */

     Mm_Identify_in_dcb       *identify_input_dcb;
     Mm_Identify_out_dcb      *identify_inout_dcb;
     Api_rc                       result;
     Return_code              res;

/*
     Get identifying information from our peer.  The information
     which should be returned is:

     vendor name
```

```
        model name
        revision number

        A call to mm_didcb will be made to allocate the input dcb space.

        The output dcb will be initialized to be a NULL pointer so
        that the mm_identify routine will allocate the space for us.
                                                                   */

    identify_input_dcb = NULL;

    res = mm_didcb ( MMiIdentify, /*  the dcb type       */
                     0,     /*  extra size wanted  */
                     (Octet **)&identify_input_dcb,
                     &result );
    if ( res != SUCCESS )
     {
         check_result ( &result );
     }

    identify_inout_dcb = NULL;

    res = mm_didcb ( MMoIdentify, /*  the dcb type       */
                     0,     /*  extra size wanted  */
                     (Octet **)&identify_inout_dcb,
                     &result );
    if ( res != SUCCESS )
     {
         check_result ( &result );
     }

    res = mm_identify ( connection_id,/* identifies the connection */
                  SYNCHRONOUS,/* return event name */
                  identify_input_dcb,/* pointer to the input dcb */
                  &identify_inout_dcb ); /* address of output dcb
                                            pointer */

  /*
        Check the result from the mm_identify call.  If it is anything
        other than SUCCESS, the program will exit.
```

```
                                                                        */

    if ( res != SUCCESS )
        check_result ( &(identify_inout_dcb->error_block.result) );

/*
        Print all of the information obtained from the mm_identify call.
                                                                        */

    if ( identify_inout_dcb->vendor_name != NULL )
        printf ("Vendor: %s\n", identify_inout_dcb->vendor_name);
    if ( identify_inout_dcb->model_name != NULL )
        printf ("Model: %s\n", identify_inout_dcb->model_name);
    if ( identify_inout_dcb->revision != NULL )
        printf ("Revision: %s\n", identify_inout_dcb->revision);

    res = mm_dfdcb ( (Octet *)identify_input_dcb,
                     &result );
    if ( res != SUCCESS )
     {
         check_result ( &result );
     }

    res = mm_dfdcb ( (Octet *)identify_inout_dcb,
                     &result );
    if ( res != SUCCESS )
     {
         check_result ( &result );
     }

}

void status_ ( connection_id )
        Connection_id   connection_id;
{

/*
        This function requests status information from the peer.
        The information which should be returned is:
```

```
        vmd logical status
        vmd physical status
        local details
                                                                */

/*
        Define the local variables and constants.
                                                                */

        Return_code              res;
        Return_code              rc;

        Api_rc                   result;
        Mm_Status_in_dcb         *status_input_dcb;
        Mm_Status_out_dcb        *status_inout_dcb=NULL;
        int                      i;

/*
        Get status information
                                                                */

    status_inout_dcb = NULL;    /* mm_status will allocate
                                      the inout_dcb parameter */
    status_input_dcb = NULL;

    rc = mm_didcb( MMiStatus,   /* the type of dcb we are
                 initializing */
                 0,             /* additional size wanted */
                 (Octet **)&status_input_dcb, /* address of a
                                          pointer to the dcb */
                 &result);      /* address of api_result */

    if ( rc != SUCCESS )
        check_result( &result );

    rc = mm_didcb( MMoStatus,   /* the type of dcb we are
                 initializing */
                 0,             /* additional size wanted */
                 (Octet **)&status_inout_dcb, /* address of a
```

```
                    pointer to the dcb */
                   &result);     /* address of api_result */

    if ( rc != SUCCESS )
        check_result( &result );

    status_input_dcb->context_id = MM_MMS;
    status_input_dcb->extended_derivation = FALSE;

    res = mm_status( connection_id,
                     SYNCHRONOUS,
                     status_input_dcb,
                     &status_inout_dcb);
    if(res != SUCCESS)
    {
/*
  Check result
*/
      printf("Status service failed.\n");

      rc = mm_dfdcb ( (Octet *)status_input_dcb, &result );
      if ( rc != SUCCESS )
          check_result( &result );

      rc = mm_dfdcb ( (Octet *)status_inout_dcb, &result );
      if ( rc != SUCCESS )
          check_result( &result );
      return;
    }

/*
     Print status information
                                                         */
    printf("Logical status: \n");
    switch (status_inout_dcb->status_info.vmd_logical_status) {
           case Mm_LS_State_changes_allowed:
                printf("   State changes allowed \n");
                break;
```

```
        case Mm_LS_No_state_changes_allowed:
            printf("   No state changes allowed ₩n");
            break;
        case Mm_LS_Limited_services_permit:
            printf("   Limited services permitted ₩n");
            break;
        case Mm_LS_Support_services_allowed:
         printf("  Support services allowed ₩n");
         break;
        default:
         printf("Unknown logical status₩n");
} /* end vmdlogical switch */

printf("Physical status: ₩n");
switch (status_inout_dcb->status_info.vmd_physical_status) {
        case Mm_PS_Operational:
            printf("   Operational ₩n");
            break;
        case Mm_PS_Partially_operational:
            printf("   Partially operational ₩n");
            break;
        case Mm_PS_Inoperable:
            printf("   Inoperable ₩n");
            break;
        case Mm_PS_Needs_commissioning:
            printf("   Needs commissioning ₩n");
            break;
        default:
         printf("Unknown physical status.₩n");
         break;
} /* end vmdphysical switch */

if ( status_inout_dcb->status_info.mask &
   MM_SB_LOCAL_DETAIL ) {
      printf( "residue (number of unused bits) = %d₩n",
              status_inout_dcb->status_info.local_detail.residue);
      printf( "length (number of octets) = %d₩n",
              status_inout_dcb->status_info.local_detail.length);
```

```
        printf( "octets (first octet contains MSB): ₩n");
        for ( i = 0 ;
         i < status_inout_dcb->status_info.local_detail.length;
  i++) {
            printf("%2.2X₩n",
(*(status_inout_dcb->status_info.local_detail.data)+i) );
        }
    }

    rc = mm_dfdcb ( (Octet *)status_input_dcb, &result );
    if ( rc != SUCCESS )
        check_result( &result );

    rc = mm_dfdcb ( (Octet *)status_inout_dcb, &result );
    if ( rc != SUCCESS )
        check_result( &result );

}

void gcplist_(Connection_id c_id)
{
   Mm_GCList_in_dcb        *gcp_list;
   Mm_GCList_out_dcb       *gcp_list_out;

   Return_code     rc;
   Api_rc                  result;

   Visible_string  capabilities;
   Mm_Element_type element_type;

  gcp_list_out = NULL;
  gcp_list = NULL;

  rc = mm_didcb(MMiGclist, 0, (Octet **)&gcp_list, &result);
  if ( rc != SUCCESS )
    check_result( &result );

  rc = mm_didcb(MMoGclist, 0, (Octet **)&gcp_list_out,
            &result);
```

```
if ( rc != SUCCESS )
  check_result( &result );

 gcp_list->mask = 0;
 gcp_list->continue_after = NULL;
 gcp_list->context_id = MM_MMS;

 rc = mm_gclist(c_id,
      SYNCHRONOUS,
      gcp_list,
      &gcp_list_out);
 if(rc)
 {
 printf("return_code = [%ld]₩n", rc);
 if(gcp_list_out->error_block.mask &
      MM_ET_ERROR_CODE)
 {
      printf("error_code = [%d]₩n",
              gcp_list_out->error_block.error_code);
 }

 if(gcp_list_out->error_block.mask &
      MM_ET_ADDITIONAL_ERROR)
 {
      printf("error_code = [%d]₩n",
        gcp_list_out->error_block.additional_error);
 }

 if(gcp_list_out->error_block.mask &
      MM_ET_ADDITIONAL_DESCRIPTION)
 {
      printf("error_code = [%d]₩n",
      gcp_list_out->error_block.additional_description);
 }
 return;
 }
 else
 {
```

```
 while(1)
 {
     rc =
       mm_leextract(gcp_list_out->list_of_capabilities,
                              (MMS_list_element*)&capabilities,
         &element_type,
         &(gcp_list_out->list_of_capabilities),
         &result);
     if(rc == MME248_NO_ITEM_ON_LIST)
     {
         break;
     }
     if(rc)
     {
       printf("Capabilities list extract Error.₩n");
       break;
     }
     else
     {
       printf("Cap: %s₩n",capabilities);
     }
 }
 }

if(gcp_list_out->more_follows == TRUE)
{
 printf("More follows = TRUE₩n");
}
else
{
 printf("More follows = FALSE₩n");
}

  rc = mm_dfdcb ( (Octet *)gcp_list, &result );
  if ( rc != SUCCESS )
       check_result( &result );

  rc = mm_dfdcb ( (Octet *)gcp_list_out, &result );
```

```
    if ( rc != SUCCESS )
        check_result( &result );

}
```

1) S_VMD.C

```
#include "snuapi.h"
#include "snummsi.h"
#include <stdio.h>
#include <string.h>

void check_result2(Api_rc *result)
{
  printf("Error occurs.₩n");
}

void sresponse ( connection_id, ireceive_inout_dcb )
         Connection_id            connection_id;
    Mm_indication_out_dcb    *ireceive_inout_dcb;
{

/*
      This function responds to requests status information from
      the peer.
      The information which should be returned is:
      vmd logical status
      vmd physical status
      local details
                                                                  */

/*
      Define the local variables and constants.
                                                                  */

        Return_code                res;
        Return_code                rc;
```

```
        Api_rc                    result;
        Mm_SResponse_in_dcb       *sresp_input_dcb=NULL;
        Mm_SResponse_out_dcb      *sresp_inout_dcb=NULL;
        Mm_Logical_status          vmd_logical_status;
        Mm_Physical_status         vmd_physical_status;

/*
        Initialize status information
                                                                */

  printf("I received Status indication.\n");

   vmd_logical_status = Mm_LS_State_changes_allowed;
   vmd_physical_status = Mm_PS_Operational;

   rc = mm_didcb( MMiSresponse,    /* the type of dcb we are
                                        initializing */
                  0,            /* additional size wanted */
                  (Octet **)&sresp_input_dcb, /* address of a
                        pointer to the dcb */
                  &result);     /* address of api_result */

   if ( rc != SUCCESS )
        check_result2( &result );

   rc = mm_didcb( MMoSresponse,    /* the type of dcb we are
                                        initializing */
                  0,            /* additional size wanted */
                  (Octet **)&sresp_inout_dcb, /* address of a
                    pointer to the dcb */
                  &result);     /* address of api_result */

   if ( rc != SUCCESS )
        check_result2( &result );

   sresp_input_dcb->invoke_id =
  ireceive_inout_dcb->info.status_info.invoke_id;
   sresp_input_dcb->positive_response = TRUE;
```

```
    sresp_input_dcb->status_info.vmd_logical_status =
   vmd_logical_status;
    sresp_input_dcb->status_info.vmd_physical_status =
   vmd_physical_status;
    sresp_input_dcb->status_info.mask = 0;      /* no local details */
    printf("Status response.₩n");
    res = mm_sresponse( connection_id,
                        SYNCHRONOUS,
                        sresp_input_dcb,
                        &sresp_inout_dcb);
    if(res != SUCCESS)
    {

/*
      Check the result from the mm_sresponse call.  If it is
      anything other than SUCCESS, the program exit.
                                                                  */

      printf("Status response failed.₩n");
    }
    else
    {
      printf("Status response succeeded.₩n");
    }

    rc = mm_dfdcb ( (Octet *)sresp_input_dcb, &result );
    if ( rc != SUCCESS )
        check_result2( &result );

    rc = mm_dfdcb ( (Octet *)sresp_inout_dcb, &result );
    if ( rc != SUCCESS )
       check_result2( &result );

}

void iresponse ( connection_id, ireceive_inout_dcb )
        Connection_id            connection_id;
    Mm_indication_out_dcb   *ireceive_inout_dcb;
```

```
{
  Return_code       rc;
  Api_rc        result;
  char          vendor_name[32];
  char          model_name[32];
  char          revision[32];

  Mm_VIResponse_in_dcb  *input_dcb;
  Mm_VIResponse_out_dcb *inout_dcb;

  printf("I received Identify indication.₩n");

  input_dcb = NULL;
  inout_dcb = NULL;

  rc = mm_didcb(MMiViresponse,
             0,
             (Octet **)&input_dcb,
             &result);

  if ( rc != SUCCESS )  check_result2( &result );

  rc = mm_didcb(MMoViresponse,
             0,
             (Octet **)&inout_dcb,
             &result);

  if ( rc != SUCCESS )  check_result2( &result );

  input_dcb->mask = 0;
  input_dcb->list_of_syntaxes = NULL;
  input_dcb->invoke_id =
   ireceive_inout_dcb->info.identify_info.invoke_id;
  input_dcb->positive_response = TRUE;
  strcpy(vendor_name, "SNU CISL");
  input_dcb->vendor_name = vendor_name;
  strcpy(model_name, "ISO/OSI MMS");
  input_dcb->model_name = model_name;
```

```
  strcpy(revision,"VERSION 1.0");
  input_dcb->revision = revision;

  printf("Identify response.₩n");

  rc = mm_viresponse(connection_id,
                     SYNCHRONOUS,
                     input_dcb,
                     &inout_dcb);
  if(rc != SUCCESS)
  {
    printf("Identify response failed.₩n");
  }
  else
  {
    printf("Identify response succeeded.₩n");
  }

  rc = mm_dfdcb ( (Octet *)input_dcb, &result );
  if ( rc != SUCCESS )
       check_result2( &result );

  rc = mm_dfdcb ( (Octet *)inout_dcb, &result );
  if ( rc != SUCCESS )
      check_result2( &result );
}

void gcpresponse (Connection_id c_id,
   Mm_indication_out_dcb *ireceive_inout_dcb)
{
  Mm_GCResponse_in_dcb *gcp_resp;
  Mm_GCResponse_out_dcb*gcp_resp_out;

  Return_code               rc;
  Api_rc            result;

  MMS_list_element      element;
  Mm_Element_type       element_type;
```

```
Visible_string        capabilities = "CAPABILITIES";
int                   i;

gcp_resp = NULL;
gcp_resp_out = NULL;

rc = mm_didcb(MMiGcresponse,0, (Octet **)&gcp_resp,
 &result);
if ( rc != SUCCESS )  check_result2( &result );

rc = mm_didcb(MMoGcresponse, 0, (Octet **)&gcp_resp_out,
 &result);
if ( rc != SUCCESS )  check_result2( &result );

 printf("I received Get Capability list request.₩n");
if(ireceive_inout_dcb->info.gcl_info.mask &
 MM_GCL_INFO_CONTINUE_AFTER)
{
 printf("continue_after: %s₩n",
  ireceive_inout_dcb->info.gcl_info.continue_after);
}
else
{
 printf("No continue after field.₩n");
}

gcp_resp->invoke_id = ireceive_inout_dcb->info.gcl_info.invoke_id;
gcp_resp->positive_response = TRUE;
gcp_resp->more_follows = FALSE;

element = (MMS_list_element)capabilities;
element_type = Mm_ET_Capability;
gcp_resp->list_of_capabilities = NULL;

for(i=0; i<5; i++)
{
 rc = mm_mlist(gcp_resp->list_of_capabilities,
     element, element_type,
```

```
        &(gcp_resp->list_of_capabilities), &result);
    if(rc)
    {
        printf("mlist error [%ld]₩n", rc);
        return;
    }
   }

   rc = mm_gcresponse(c_id,
        SYNCHRONOUS,
        gcp_resp,
        &gcp_resp_out);
   if(rc)
   {
    printf("Error [%ld]₩n");
   }
   else
   {
    printf("Get Capability list response success.₩n");
   }

     rc = mm_dfdcb ((Octet *)gcp_resp, &result);
     if (rc != SUCCESS)
          check_result(&result);

     rc = mm_dfdcb ((Octet *)gcp_resp_out, &result);
     if (rc != SUCCESS)
         check_result(&result);
}
```

C.2 예제 프로그램

1) Domain.C

```
#include "snuapi.h"
#include "snummsi.h"

#include <stdio.h>
```

```
#include <string.h>

#define SEGM_SIZE 2000

void check_result3 (Api_rc *result)
{
  printf("Error occurs₩n");
}

*
    The Domain Management Services allow the MMS-user to
    manage domains
    defined at the MMS server.  The domain, a subset of the
    capabilities
    of the VMD, is dynamic in nature and is created or removed
    from the
    system by the MMS services or by local action.
                                                              */

char *buff = "This is domain.₩n";

void c_download ( connection_id, domain)
        Connection_id  connection_id;
        char           *domain;

{
/*
    Define the local variables and constants.
                                                              */

        Return_code                 res;
        Return_code                 rc;
        Api_rc                      result;
        Mm_indication_out_dcb       *ireceive_inout_dcb=NULL;
        Uint32                      indication_name;
        Mm_IDSequence_in_dcb        *idseq_input_dcb=NULL;
        Mm_IDSequence_out_dcb       *idseq_inout_dcb=NULL;
        Mm_DSResponse_in_dcb        *dsresp_input_dcb=NULL;
        Mm_DSResponse_out_dcb       *dsresp_inout_dcb=NULL;
        Mm_TDResponse_in_dcb        *tdresp_input_dcb=NULL;
```

```
        Mm_TDResponse_out_dcb       *tdresp_inout_dcb=NULL;
        MMS_list                    capab_list=NULL;
        int                         nbytes;

    /*
        Call mm_didcb to allocate and initialize the input_dcb
                                                                      */

    rc = mm_didcb( MMildsequence, /* the type of dcb we are
                                       initializing */
                   0,                    /* additional size wanted */
                   (Octet **)&idseq_input_dcb, /* address of a
                                                    pointer to the
                         dcb */
                   &result);             /* address of api_result */

    if ( rc != SUCCESS )
        check_result3( &result );

    rc = mm_didcb( MMoldsequence, /* the type of dcb we are
                                       initializing */
                   0,                    /* additional size wanted */
                   (Octet **)&idseq_inout_dcb, /* address of a
                        pointer to
                                                    the dcb */
                   &result);             /* address of api_result */

    if ( rc != SUCCESS )
        check_result3( &result );

    idseq_input_dcb->mask = 0;
    strcpy(idseq_input_dcb->domain_name.pointer, domain);
    idseq_input_dcb->domain_name.length = strlen(domain);
    idseq_input_dcb->sharable = FALSE;
    idseq_input_dcb->list_of_capabilities = NULL;

    res = mm_idsequence( connection_id,
                         SYNCHRONOUS,
                         idseq_input_dcb,
```

```
                    &idseq_inout_dcb );

if(res != SUCCESS)
{
  printf("Initiate download sequence failed.₩n");
  return;
}
else
{
  printf("Initiate download sequence succeeded.₩n");
}

rc = mm_didcb( MMiDsresponse,   /* the type of dcb we are
                                    initializing */
                    0,                  /* additional size wanted */
                    (Octet **)&dsresp_input_dcb, /* address of a
                       pointer to
                                                the dcb */
                    &result);        /* address of api_result */

if ( rc != SUCCESS )
     check_result3( &result );

rc = mm_didcb( MMoDsresponse, /* the type of dcb we are
                                    initializing */
                    0,                  /* additional size wanted */
                    (Octet **)&dsresp_inout_dcb, /* address of a
                       pointer to
                                                the dcb */
                    &result);        /* address of api_result */

if ( rc != SUCCESS )
     check_result3( &result );

ireceive_inout_dcb = NULL;

rc = mm_didcb(MMoIreceive,
               0,(Octet **)&ireceive_inout_dcb,
               &result);
```

```
    if ( rc != SUCCESS )
      check_result3( &result );

    printf("Now I wait download segment.₩n");

    do {
        res = mm_ireceive ( connection_id,    /* identifier of the
                                                  connection */
                            SYNCHRONOUS,  /* indicates a
                       synchronous call */
                            &ireceive_inout_dcb, /* addr of ptr to
                          output dcb */
                            &indication_name); /* addr of the
                         indication name */
        if(res != SUCCESS)
        {
          printf("Error occurs.₩n");
        }

        if ( indication_name == MM_DOWNLOAD_IND ) {

          printf("I received Download segment indication.₩n");

           dsresp_input_dcb->invoke_id =

ireceive_inout_dcb->info.download_info.invoke_id;

           strcpy(dsresp_input_dcb->load_data_ref.pointer, buff);
           nbytes = strlen(buff);

           dsresp_input_dcb->load_data_ref.length=(Uint32)nbytes;
           dsresp_input_dcb->positive_response = TRUE;

           if ( nbytes < SEGM_SIZE )
      {
                 dsresp_input_dcb->more_follows = FALSE;
           }
      else
      {
```

```
                dsresp_input_dcb->more_follows = TRUE;
            }

            printf("Download segment response.\n");

            res = mm_dsresponse(connection_id, /* connection
                          identifier  */
                            SYNCHRONOUS, /*return_event_name*/
                            dsresp_input_dcb,   /* pointer to the
                         input dcb */
                            &dsresp_inout_dcb); /* address of the
                         inout dcb pointer */
            if(res != SUCCESS)
            {
             printf("download segment response failed.\n");
            }
            else
            {
             printf("download segment response succeeded.\n");
            }
        } /* indication name = MM_DOWNLOAD_IND */

        if ( indication_name == MM_TDOWNLOAD_IND )
        {

    printf("I received Terminate upload sequence indication.\n");
/*
    Terminate the download sequence
                                                                   */

            rc = mm_didcb( MMiTdresponse, /* the type of dcb */
                    0,             /* additional size wanted */
                    (Octet **)&tdresp_input_dcb, /* address of a
                        pointer to the dcb */
                    &result);          /* address of api_result */

            if ( rc != SUCCESS )
                check_result3( &result );
```

```
rc = mm_didcb( MMoTdresponse, /* the type of dcb */
        0,            /* additional size wanted */
        (Octet **)&tdresp_inout_dcb, /* address of a
       pointer to the dcb */
        &result);     /* address of api_result */

if ( rc != SUCCESS )
    check_result3( &result );

tdresp_input_dcb->invoke_id =
              ireceive_inout_dcb->info.td_info.invoke_id;
tdresp_input_dcb->positive_response = TRUE;

if (!ireceive_inout_dcb->info.td_info.discarded) {

/*
    The downloaded domain content is retained, the domain is
    placed in the
    Ready state and normal services follows
                                                               */

    printf(
           "discarded is false\n");
} else {

/*
    the Download sequence has been aborted and the MMS server
    has discarded
    any portion of the domain content received; the domain has
    been deleted.
    Normally some error condition was detected by the MMS
    server, but not
    necessarily by the MMS client.
                                                               */

    printf(
           "discarded is true\n");
}

printf("Terminate download sequence response.\n");
```

```
        res = mm_tdresponse(connection_id, /* connection
                          identifier */
                    SYNCHRONOUS,    /* return_event_name */
                    tdresp_input_dcb,/* pointer to the input dcb */
                    &tdresp_inout_dcb); /* addr of the inout dcb
                                        pointer */
        if(res != SUCCESS)
        {
      printf("Terminate download sequence response failed.₩n");
        }
        else
        {
printf("Terminate download sequence response succeeded.₩n");
        }

        rc = mm_dfdcb((Octet *)tdresp_input_dcb, &result);

        if ( rc != SUCCESS )
            check_result3( &result );

        rc = mm_dfdcb((Octet *)tdresp_inout_dcb, &result);

        if ( rc != SUCCESS )
            check_result3( &result );

    } /* indication_name ==
    MM_TERMINATE_DOWNLOAD_SEQUENCE_IND */
} while ( indication_name == MM_DOWNLOAD_IND );

rc = mm_dfdcb((Octet *)dsresp_input_dcb, &result);
if ( rc != SUCCESS )
    check_result3( &result );
rc = mm_dfdcb((Octet *)dsresp_inout_dcb, &result);
if ( rc != SUCCESS )
    check_result3( &result );

rc = mm_dfdcb((Octet *)idseq_input_dcb, &result);
```

```
    if ( rc != SUCCESS )
        check_result3( &result );

    rc = mm_dfdcb((Octet *)idseq_inout_dcb, &result);
    if ( rc != SUCCESS )
        check_result3( &result );
}

void c_upload ( connection_id, domain)
        Connection_id  connection_id;
        char           *domain;
{
/*
        Start upload sequence: request the Server to send the
        domain| content.
                                                                */

/*
        Define the local variables and constants.
                                                                */

        Return_code                 res;
        Return_code                 rc;
        Api_rc                      result;
        Mm_IUSequence_in_dcb        *iuseq_input_dcb=NULL;
        Mm_IUSequence_out_dcb       *iuseq_inout_dcb=NULL;
        Mm_USegment_in_dcb          *usegm_input_dcb=NULL;
        Mm_USegment_out_dcb         *usegm_inout_dcb=NULL;
        Mm_TUSequence_in_dcb        *tuseq_input_dcb=NULL;
        Mm_TUSequence_out_dcb       *tuseq_inout_dcb=NULL;
        Bool                        more_follows=FALSE;

/*
  Start upload sequence: request the Server to send the domain| content.
                                                                */

    rc = mm_didcb( MMilusequence,  /* the type of dcb we are
                    initializing */
                  0,                    /* additional size wanted */
```

```
                (Octet **)&iuseq_input_dcb, /* address of a
                  pointer to the dcb */
                &result);            /* address of api_result */

    if ( rc != SUCCESS )
         check_result3( &result );

    rc = mm_didcb( MMolusequence,  /* the type of dcb we are
                                      initializing */
                0,                   /* additional size wanted */
                (Octet **)&iuseq_inout_dcb,/* address of a
                  pointer to the dcb */
                &result);            /* address of api_result */

    if ( rc != SUCCESS )
         check_result3( &result );

    strcpy(iuseq_input_dcb->domain_name.pointer, domain);
    iuseq_input_dcb->domain_name.length = strlen(domain);

    res = mm_iusequence( connection_id,
                         SYNCHRONOUS,
                         iuseq_input_dcb,
                         &iuseq_inout_dcb );
    if(res != SUCCESS)
    {
      printf("Initiate Upload sequence failed.\n");
      return;
    }
    else{
      printf("Initiate Upload sequence succeeded.\n");
    }

    more_follows = FALSE;

/*
      Initialize the input_dcb
                                                          */
```

```
rc = mm_didcb(MMiUsegment,        /* the type of dcb we are
                                     initializing */
           0,                    /* additional size wanted */
           (Octet **)&usegm_input_dcb, /* address of a
             pointer to the dcb */
           &result);             /* address of api_result */

if ( rc != SUCCESS )
    check_result3( &result );

rc = mm_didcb(MMoUsegment,        /* the type of dcb we are
                                     initializing */
           0,         /* additional size wanted */
           (Octet **)&usegm_inout_dcb, /* address of a
             pointer to the dcb */
           &result);      /* address of api_result */

if ( rc != SUCCESS )
    check_result3( &result );

usegm_input_dcb->ulsm_id = iuseq_inout_dcb->ulsm_id;

/*
    call mm_usegment in order to receive the domain content.
    The loop repeats until all data have been received.
                                                              */

do {

    res = mm_usegment(connection_id,      /* connection
                 identifier    */
                 SYNCHRONOUS, /* return_event_name */
        usegm_input_dcb, /* pointer to the inputdcb */
                 &usegm_inout_dcb); /* address of the
              inout dcb pointer */

    more_follows = usegm_inout_dcb->more_follows;
```

```
} while (more_follows == TRUE);

rc = mm_dfdcb((Octet *)usegm_input_dcb, &result);
if ( rc != SUCCESS )
     check_result3( &result );

rc = mm_dfdcb((Octet *)usegm_inout_dcb, &result);
if ( rc != SUCCESS )
     check_result3( &result );

/*
    Call mm_didcb, to allocate and initialize the input dcb
    necessary for the mm_tusequence call.
                                                              */

rc = mm_didcb(MMiTusequence,     /* the type of dcb we are
                   initializing */
              0,         /* additional size wanted */
              (Octet **)&tuseq_input_dcb, /* address of a
                   pointer to the dcb */
              &result);      /* address of api_result */

if ( rc != SUCCESS )
     check_result3( &result );

rc = mm_didcb(MMoTusequence,     /* the type of dcb we are
                   initializing */
              0,         /* additional size wanted */
              (Octet **)&tuseq_inout_dcb, /* address of a
                 pointer to the dcb */
              &result);      /* address of api_result */

if ( rc != SUCCESS )
     check_result3( &result );

tuseq_input_dcb->ulsm_id = iuseq_inout_dcb->ulsm_id;


res = mm_tusequence(connection_id,       /* connection
```

```
                                identifier */
                                SYNCHRONOUS,    /* return_event_name */
                                tuseq_input_dcb,    /* pointer to the input
                             dcb */
                                &tuseq_inout_dcb); /* address of the inout
                             dcb ptr */

    rc = mm_dfdcb((Octet *)tuseq_input_dcb, &result);
    if ( rc != SUCCESS )
        check_result3( &result );

    rc = mm_dfdcb((Octet *)tuseq_inout_dcb, &result);
    if ( rc != SUCCESS )
        check_result3( &result );

    rc = mm_dfdcb((Octet *)iuseq_input_dcb, &result);
    if ( rc != SUCCESS )
        check_result3( &result );

    rc = mm_dfdcb((Octet *)iuseq_inout_dcb, &result);
    if ( rc != SUCCESS )
        check_result3( &result );
}
```

2) S_Domain.C

```
#include "snuapi.h"
#include "snummsi.h"

#include <stdio.h>
#include <string.h>

void downres(connection_id, ireceive_inout_dcb)
  Connection_id   connection_id;
  Mm_indication_out_dcb *ireceive_inout_dcb;
{
  Return_code rc;
  Api_rc result;
```

```
char domain[40];

Mm_IDLResponse_in_dcb      *id_input_dcb;
Mm_IDLResponse_out_dcb     *id_inout_dcb;

Mm_DSegment_in_dcb         *ds_input_dcb;
Mm_DSegment_out_dcb        *ds_inout_dcb;

Mm_TDSequence_in_dcb       *td_input_dcb;
Mm_TDSequence_out_dcb      *td_inout_dcb;

printf("I received Initiate download sequence indication.₩n");
strcpy(domain,
 ireceive_inout_dcb->info.idl_info.domain_name.pointer);
printf("Domain:[%s]₩n",domain);

if(ireceive_inout_dcb->info.idl_info.sharable == TRUE)
{
  printf("This domain can be sharable.₩n");
}
else
{
  printf("This domain can not be sharable.₩n");
}

id_input_dcb = NULL;
id_inout_dcb = NULL;

rc = mm_didcb(MMiIdlresponse,
              0,
              (Octet **)&id_input_dcb,
              &result);

if(rc != SUCCESS)
{
  printf("Dynamic initialize error.₩n");
  return;
}
```

```
rc = mm_didcb(MMoIdlresponse,
              0,
              (Octet **)&id_inout_dcb,
              &result);

if(rc != SUCCESS)
{
  printf("Dynamic initialize error.\n");
  return;
}

printf("Now Initiate download sequence response.\n");

id_input_dcb->invoke_id =
 ireceive_inout_dcb->info.idl_info.invoke_id;
id_input_dcb->positive_response = TRUE;

rc = mm_idlresponse(connection_id,
                    SYNCHRONOUS,
                    id_input_dcb,
                    &id_inout_dcb);

if(rc != SUCCESS)
{
  printf("Initiate download sequence response failed.\n");
}
else
{
  printf("Initiate download sequence response succeeded.\n");
}

rc = mm_dfdcb((Octet *)id_input_dcb, &result);

if(rc != SUCCESS)
{
  printf("Dynamic free error.\n");
  return;
}
```

```
rc = mm_dfdcb((Octet *)id_inout_dcb, &result);

if(rc != SUCCESS)
{
  printf("Dynamic free error.₩n");
  return;
}

printf("Download segment requests.₩n");

ds_input_dcb = NULL;
ds_inout_dcb = NULL;

rc = mm_didcb(MMiDsegment,
              0,
              (Octet **)&ds_input_dcb,
              &result);

if(rc != SUCCESS)
{
  printf("Dynamic initialize error.₩n");
  return;
}

rc = mm_didcb(MMoDsegment,
              0,
              (Octet **)&ds_inout_dcb,
              &result);

if(rc != SUCCESS)
{
  printf("Dynamic initialize error.₩n");
  return;
}

ds_input_dcb->context_id = MM_MMS;
strcpy(ds_input_dcb->domain_name.pointer,domain);
ds_input_dcb->domain_name.length = strlen(domain);
```

```
rc = mm_dsegment(connection_id,
                 SYNCHRONOUS,
                 ds_input_dcb,
                 &ds_inout_dcb);

if(rc != SUCCESS)
{
  printf("Download segment failed.₩n");
}
else
{
  printf("Download segment succeeded.₩n");
}

rc = mm_dfdcb((Octet *)ds_input_dcb, &result);

if(rc != SUCCESS)
{
  printf("Dynamic free error.₩n");
  return;
}

rc = mm_dfdcb((Octet *)ds_inout_dcb, &result);

if(rc != SUCCESS)
{
  printf("Dynamic free error.₩n");
  return;
}

printf("Terminate download sequence request.₩n");

td_input_dcb = NULL;
td_inout_dcb = NULL;

rc = mm_didcb(MMiTdsequence,
              0,
              (Octet **)&td_input_dcb,
```

```
                &result);

    if(rc != SUCCESS)
    {
      printf("Dynamic initialize error.\n");
      return;
    }

    rc = mm_didcb(MMoTdsequence,
                0,
                (Octet **)&td_inout_dcb,
                &result);

    if(rc != SUCCESS)
    {
      printf("Dynamic initialize error.\n");
      return;
    }

    td_input_dcb->mask = 0;
    td_input_dcb->context_id = MM_MMS;
    strcpy(td_input_dcb->domain_name.pointer,domain);
    td_input_dcb->domain_name.length = strlen(domain);
    td_input_dcb->discarded = TRUE;

    rc = mm_tdsequence(connection_id,
                  SYNCHRONOUS,
                  td_input_dcb,
                  &td_inout_dcb);

    if(rc != SUCCESS)
    {
      printf("Terminate download sequence failed.\n");
    }
    else
    {
      printf("Terminate download sequence succeeded.\n");
    }
```

```
  rc = mm_dfdcb((Octet *)td_input_dcb, &result);

  if(rc != SUCCESS)
  {
    printf("Dynamic free error.₩n");
    return;
  }

  rc = mm_dfdcb((Octet *)td_inout_dcb, &result);

  if(rc != SUCCESS)
  {
    printf("Dynamic free error.₩n");
    return;
  }
}

/*
  Upload related service
*/


void iusresponse(connection_id, ireceive_inout_dcb)
  Connection_id   connection_id;
  Mm_indication_out_dcb *ireceive_inout_dcb;
{
  Return_code rc;

  Mm_IULResponse_in_dcb      *ius_input_dcb = NULL;
  Mm_IULResponse_out_dcb     *ius_inout_dcb = NULL;
  Api_rc result;

  Sint16 my_ulsm = 0;

  printf("I received Initiate upload sequence indication.₩n");

  printf("Domain name: [%s]₩n",
        ireceive_inout_dcb->info.iul_info.domain_name.pointer);
```

```
  printf("Now Initiate upload sequence response.₩n");

  rc = mm_didcb(MMiulresponse,
                0,
                (Octet **)&ius_input_dcb,
                &result);
  if(rc != SUCCESS)
  {
    printf("Dynamic initialize error.₩n");
  }

  rc = mm_didcb(MMoiulresponse,
                0,
                (Octet **)&ius_inout_dcb,
                &result);
  if(rc != SUCCESS)
  {
    printf("Dynamic initialize error.₩n");
  }

  ius_input_dcb->invoke_id = ireceive_inout_dcb->info.iul_info.invoke_id;
  ius_input_dcb->positive_response = TRUE;
  ius_input_dcb->mask = 0;

  ius_input_dcb->ulsm_id = my_ulsm;

  ius_input_dcb->list_of_capabilities = NULL;

  rc = mm_iulresponse(connection_id,
                      SYNCHRONOUS,
                      ius_input_dcb,
                      &ius_inout_dcb);
  if(rc != SUCCESS)
  {
    printf("Initiate upload sequence response failed.₩n");
  }

}
```

```
char *buff = "This is load data ref.₩n";
char *buff2 = "This is load data.₩n";

void usresponse(connection_id, ireceive_inout_dcb)
  Connection_id   connection_id;
  Mm_indication_out_dcb *ireceive_inout_dcb;
{
  Return_code rc;

  Mm_USResponse_in_dcb      *us_input_dcb = NULL;
  Mm_USResponse_out_dcb     *us_inout_dcb = NULL;

  Api_rc result;

  printf("I received Upload segment indication.₩n");

  printf("My ULSM = [%ld]₩n",
         ireceive_inout_dcb->info.usegment_info.ulsm_id);

  printf("Now Upload segment response.₩n");

  rc = mm_didcb(MMiUsegment,
              0,
              (Octet **)&us_input_dcb,
              &result);
  if(rc != SUCCESS)
  {
    printf("Dynamic initialize error.₩n");
  }

  rc = mm_didcb(MMoUsegment,
              0,
              (Octet **)&us_inout_dcb,
              &result);
  if(rc != SUCCESS)
  {
    printf("Dynamic initialize error.₩n");
  }
```

```
us_input_dcb->invoke_id                                              =
ireceive_inout_dcb->info.usegment_info.invoke_id;
 us_input_dcb->positive_response = TRUE;

 strcpy(us_input_dcb->load_data_ref.pointer, buff);
 us_input_dcb->load_data_ref.length = strlen(buff);

 us_input_dcb->load_data.load_data_type = Mm_String_load_data;
 strcpy(us_input_dcb->load_data.data.string_load_data.pointer,buff2);

 us_input_dcb->load_data.data.string_load_data.length =strlen(buff2);

 us_input_dcb->more_follows = FALSE;

 rc = mm_usresponse(connection_id,
                    SYNCHRONOUS,
                    us_input_dcb,
                    &us_inout_dcb);
 if(rc != SUCCESS)
 {
   printf("Upload segment response failed.₩n");
 }
 else
 {
   printf("Upload segment response succeeded.₩n");
 }

 rc = mm_dfdcb((Octet *)us_input_dcb, &result);

 if(rc != SUCCESS)
 {
   printf("Dynamic free error.₩n");
 }

 rc = mm_dfdcb((Octet *)us_inout_dcb, &result);

 if(rc != SUCCESS)
 {
```

```
      printf("Dynamic free error.\n");
    }
}

void tusresponse(connection_id, ireceive_inout_dcb)
  Connection_id   connection_id;
  Mm_indication_out_dcb *ireceive_inout_dcb;
{
  Return_code rc;

  Mm_TUResponse_in_dcb    *tus_input_dcb = NULL;
  Mm_TUResponse_out_dcb   *tus_inout_dcb = NULL;

  Api_rc result;

  printf("I received Terminate upload sequence indication.\n");

  printf("My ULSM = [%ld]\n",
   ireceive_inout_dcb->info.usegment_info.ulsm_id);

  printf("Now Terminate upload sequence response.\n");

  rc = mm_didcb(MMiTusequence,
                0,
                (Octet **)&tus_input_dcb,
                &result);
  if(rc != SUCCESS)
  {
    printf("Dynamic initialize error.\n");
  }

  rc = mm_didcb(MMoTusequence,
                0,
                (Octet **)&tus_inout_dcb,
                &result);
  if(rc != SUCCESS)
  {
    printf("Dynamic initialize error.\n");
  }
```

```
    tus_input_dcb->invoke_id =
          ireceive_inout_dcb->info.tu_info.invoke_id;
    tus_input_dcb->positive_response = TRUE;

    rc = mm_turesponse(connection_id,
                       SYNCHRONOUS,
                       tus_input_dcb,
                       &tus_inout_dcb);
    if(rc != SUCCESS)
    {
      printf("Terminate upload sequence response failed.\n");
    }
    else
    {
      printf("Terminate upload sequence response succeeded.\n");
    }

    rc = mm_dfdcb((Octet *)tus_input_dcb, &result);

    if(rc != SUCCESS)
    {
      printf("Dynamic free error.\n");
    }

    rc = mm_dfdcb((Octet *)tus_inout_dcb, &result);

    if(rc != SUCCESS)
    {
      printf("Dynamic free error.\n");
    }
  }
```

C.3 예제 프로그램

1) PI.C

```
  #include "snuapi.h"
```

```
#include "snummsi.h"

#include <stdio.h>
#include <string.h>

void check_result6 (Api_rc *result)
{
  printf("Error occurs.₩n");
}

void cpinvocation ( connection_id, prog_invoc_name, domain )
Connection_id  connection_id;
char           *prog_invoc_name;
char           *domain;
{

  Return_code                 res;
  Return_code                     rc;
  Api_rc                          result;
  Mm_CPInvocation_in_dcb          *cpinvoc_input_dcb=NULL;
  Mm_CPInvocation_out_dcb         *cpinvoc_inout_dcb=NULL;
  Mm_Identifier                   domain_name;

  rc = mm_didcb( MMiCpinvocation, /* the type of dcb we are
                 initializing*/
                  0,               /* additional size wanted */
                  (Octet **)&cpinvoc_input_dcb, /* address of a pointer
                             to the dcb */
                  &result);   /* address of api_result */

  if ( rc != SUCCESS )
        check_result6( &result );

  rc = mm_didcb( MMoCpinvocation,  /* the type of dcb we are
                                          initializing */
                  0,             /* additional size wanted */
                  (Octet **)&cpinvoc_inout_dcb, /* address of a pointer
                      to the dcb */
                  &result);     /* address of api_result */
```

```
    if ( rc != SUCCESS )
            check_result6( &result );

    cpinvoc_input_dcb->mask = 0;
    cpinvoc_input_dcb->monitor_type = FALSE;
    strcpy(cpinvoc_input_dcb->program_invocation_name.pointer,
  prog_invoc_name);
    cpinvoc_input_dcb->program_invocation_name.length =
              strlen(prog_invoc_name);

  /*
        make a list of domain names
                                                                    */

    strcpy(domain_name.pointer, domain);
    domain_name.length = strlen(domain);

    rc = mm_mlist( NULL,
                   &domain_name,
                   Mm_ET_Domain_name,
                   &cpinvoc_input_dcb->list_of_domain_names,
                   &result );

    if ( rc != SUCCESS )
    {
      printf("Make list error.\n");
      return;
    }

    res = mm_cpinvocation( connection_id,
                           SYNCHRONOUS,
                           cpinvoc_input_dcb,
                           &cpinvoc_inout_dcb );

    if(res != SUCCESS)
    {
        printf("Create PI failed.\n");
    }
    else
```

```
    {
        printf("Create PI succeeded.\n");
    }

    rc = mm_dfdcb((Octet *)cpinvoc_input_dcb, &result);
    if ( rc != SUCCESS )
        check_result6( &result );

    rc = mm_dfdcb((Octet *)cpinvoc_inout_dcb, &result);
    if ( rc != SUCCESS )
        check_result6( &result );
}

void strt( connection_id, prog_invoc_name )
Connection_id  connection_id;
char           *prog_invoc_name;
{
  Return_code                res;
  Return_code                rc;
  Api_rc                     result;
  Mm_Strt_in_dcb            *strt_input_dcb=NULL;
  Mm_Strt_out_dcb           *strt_inout_dcb=NULL;

  rc = mm_didcb( MMiStrt,   /* the type of dcb we are initializing */
                 0,     /* additional size wanted */
                 (Octet **)&strt_input_dcb, /* address of a pointer to
                     the dcb */
                  &result);     /* address of api_result */

  if ( rc != SUCCESS )
        check_result6( &result );

  rc = mm_didcb( MMoStrt,   /* the type of dcb we are initializing */
                 0,     /* additional size wanted */
                 (Octet **)&strt_inout_dcb, /* address of a pointer to
                     the dcb */
                  &result);     /* address of api_result */

  if ( rc != SUCCESS )
```

```
        check_result6( &result );

    strt_input_dcb->mask = 0;
   strcpy(strt_input_dcb->program_invocation_name.pointer,prog_invoc_name);
    strt_input_dcb->program_invocation_name.length =
            strlen(prog_invoc_name);

    res = mm_strt( connection_id,
                   SYNCHRONOUS,
                   strt_input_dcb,
                   &strt_inout_dcb);

    if(res != SUCCESS)
    {
        printf("Start failed.\n");
    }
    else
    {
        printf("Start succeeded.\n");
    }

    rc = mm_dfdcb((Octet *)strt_input_dcb, &result);
    if ( rc != SUCCESS )
        check_result6( &result );

    rc = mm_dfdcb((Octet *)strt_inout_dcb, &result);
    if ( rc != SUCCESS )
        check_result6( &result );
}

void stop( connection_id, prog_invoc_name)
Connection_id  connection_id;
char           *prog_invoc_name;
{
    Return_code              res;
    Return_code              rc;
    Api_rc                   result;
    Mm_Stop_in_dcb           *stop_input_dcb=NULL;
```

```
Mm_Stop_out_dcb          *stop_inout_dcb=NULL;

rc = mm_didcb( MMiStop,   /* the type of dcb we are initializing */
               0,     /* additional size wanted */
               (Octet **)&stop_input_dcb, /* address of a pointer to
                                             the dcb */
               &result); /* address of api_result */

if ( rc != SUCCESS )
       check_result6( &result );

rc = mm_didcb( MMoStop,   /* the type of dcb we are initializing */
               0,     /* additional size wanted */
               (Octet **)&stop_inout_dcb, /* address of a pointer to
                                             the dcb */
               &result); /* address of api_result */

if ( rc != SUCCESS )
       check_result6( &result );

stop_input_dcb->mask = 0;
strcpy(stop_input_dcb->program_invocation_name.pointer,prog_invoc_name);
stop_input_dcb->program_invocation_name.length =
          strlen(prog_invoc_name);

res = mm_stop( connection_id,
               SYNCHRONOUS,
               stop_input_dcb,
               &stop_inout_dcb);
if(res != SUCCESS)
{
    printf("Stop failed.₩n");
}
else
{
    printf("Stop succeeded.₩n");
}
```

```
  rc = mm_dfdcb((Octet *)stop_input_dcb, &result);
  if ( rc != SUCCESS )
       check_result6( &result );

  rc = mm_dfdcb((Octet *)stop_inout_dcb, &result);
  if ( rc != SUCCESS )
       check_result6( &result );
}

void pidelete( connection_id, prog_invoc_name )
Connection_id  connection_id;
char           *prog_invoc_name;
{
  Return_code                res;
  Return_code                rc;
  Api_rc                     result;
  Mm_PIDelete_in_dcb         *pidelete_input_dcb=NULL;
  Mm_PIDelete_out_dcb        *pidelete_inout_dcb=NULL;

  rc = mm_didcb( MMiPidelete,  /* the type of dcb we are initializing */
                 0,     /* additional size wanted */
                 (Octet **)&pidelete_input_dcb, /* address of a pointer to
                                                  the dcb */
                 &result); /* address of api_result */

  if ( rc != SUCCESS )
       check_result6( &result );

  rc = mm_didcb( MMoPidelete,  /* the type of dcb we are initializing */
                 0,     /* additional size wanted */
                 (Octet **)&pidelete_inout_dcb, /* address of a pointer to
                                                  the dcb */
    &result);  /* address of api_result */

  if ( rc != SUCCESS )
       check_result6( &result );

  strcpy(pidelete_input_dcb->program_invocation_name.pointer,
```

```
            prog_invoc_name);
    pidelete_input_dcb->program_invocation_name.length =
            strlen(prog_invoc_name);
    res = mm_pidelete( connection_id,
                       SYNCHRONOUS,
                       pidelete_input_dcb,
                       &pidelete_inout_dcb);
    if(res != SUCCESS)
    {
        printf("Delete PI failed.₩n");
    }
    else
    {
        printf("Delete PI succeeded.₩n");
    }

    rc = mm_dfdcb((Octet *)pidelete_input_dcb, &result);
    if ( rc != SUCCESS )
           check_result6( &result );

    rc = mm_dfdcb((Octet *)pidelete_inout_dcb, &result);
    if ( rc != SUCCESS )
           check_result6( &result );
}
```

2) S_PI.C

```
#include "snuapi.h"
#include "snummsi.h"

#include <stdio.h>
#include <string.h>

void check_result7 (Api_rc *result)
{
  printf("Error occurs.₩n");
}

#define MAX_SIZE 39
```

```
#define PI_NAME "cooking_program"

void cpresponse ( connection_id, list_of_domains, ireceive_inout_dcb)
Connection_id          connection_id;
MMS_list               *list_of_domains;
Mm_indication_out_dcb  *ireceive_inout_dcb;
{
  Return_code              res;
  Return_code                  rc;
  Api_rc                       result;
  Mm_CPResponse_in_dcb         *cpresp_input_dcb=NULL;
  Mm_CPResponse_out_dcb        *cpresp_inout_dcb=NULL;
  char                         pi[MAX_SIZE+1];
  Mm_Identifier                *name_entry;
  MMS_list_element             element;
  Mm_Element_type              element_entry_type;
  Mm_CPI_specific_info         *cpi_info;

  memset(pi, '₩0', MAX_SIZE+1);
  cpi_info = &(ireceive_inout_dcb->info.cpi_info);
  strncpy( pi, cpi_info->program_invocation_name.pointer,
   cpi_info->program_invocation_name.length);
  if ( strcmp( PI_NAME, pi) != 0 )
  {
        printf ( "Nonexistent Program %s ₩n", pi);
    exit (1);
  }

  rc = mm_didcb( MMiCpresponse,/* the type of dcb we are initializing */
                 0,             /* additional size wanted */
                 (Octet **)&cpresp_input_dcb, /* address of a pointer to
                                               the dcb */
                 &result); /* address of api_result */

  if ( rc != SUCCESS )
        check_result7( &result );

  rc = mm_didcb( MMoCpresponse,/* the type of dcb we are initializing */
```

```
                    0,         /* additional size wanted */
                    (Octet **)&cpresp_inout_dcb, /* address of a pointer to
                                                    the dcb */
                    &result); /* address of api_result */

    if ( rc != SUCCESS )
        check_result7( &result );

    while ( TRUE )
    {
        res = mm_leextract( cpi_info->list_of_domain_names,
            &element,
            &element_entry_type,
            &cpi_info->list_of_domain_names,
            &result );

        if (res == MME248_NO_ITEM_ON_LIST)
     {
        break;
     }
     if (res != SUCCESS)
     {
            check_result7 ( &result );
     }

     name_entry = (Mm_Identifier *)element;

     if (memcmp( list_of_domains, name_entry->pointer,
                 name_entry->pointer, name_entry->length ) == 0 )
     {
            break;
     }
    } /* while */

    cpresp_input_dcb->invoke_id = cpi_info->invoke_id;
    cpresp_input_dcb->positive_response = TRUE;

    res = mm_cpresponse( connection_id,
```

```
                              SYNCHRONOUS,
                              cpresp_input_dcb,
                              &cpresp_inout_dcb );

    if(res != SUCCESS)
    {
     printf("Create PI response failed.\n");
    }
    else
    {
     printf("Create PI response succeeded.\n");
    }

    rc = mm_dfdcb((Octet *)cpresp_input_dcb, &result);
    if ( rc != SUCCESS )
         check_result7( &result );

    rc = mm_dfdcb((Octet *)cpresp_inout_dcb, &result);
    if ( rc != SUCCESS )
         check_result7( &result );
}

void sttresponse( connection_id, ireceive_inout_dcb)
Connection_id              connection_id;
Mm_indication_out_dcb     *ireceive_inout_dcb;
{
  Return_code                    res;
  Return_code                    rc;
  Api_rc                         result;
  Mm_STTResponse_in_dcb          *sttresp_input_dcb=NULL;
  Mm_STTResponse_out_dcb         *sttresp_inout_dcb=NULL;
  char                           pi[MAX_SIZE+1];
  Mm_STT_specific_info           *stt_info;

  memset( pi, '\0', MAX_SIZE+1);
  stt_info = &(ireceive_inout_dcb->info.stt_info);
  strncpy( pi, stt_info->program_invocation_name.pointer,
     stt_info->program_invocation_name.length);
```

```
if (strcmp( PI_NAME, pi ) != 0)
{
    printf( "program invocation '%s' not known₩n₩n", pi);
}

rc = mm_didcb( MMiSttresponse,/* the type of dcb we are initializing */
               0,     /* additional size wanted */
               (Octet **)&sttresp_input_dcb, /* address of a pointer to
                                                the dcb */
               &result); /* address of api_result */

if ( rc != SUCCESS )
      check_result7( &result );

rc = mm_didcb( MMoSttresponse,/* the type of dcb we are initializing*/
               0,     /* additional size wanted */
               (Octet **)&sttresp_inout_dcb, /* address of a pointer to
                                               the dcb */
               &result); /* address of api_result */

if ( rc != SUCCESS )
      check_result7( &result );

sttresp_input_dcb->invoke_id = stt_info->invoke_id;
sttresp_input_dcb->positive_response = TRUE;
sttresp_input_dcb->mask = 0;

res = mm_sttresponse( connection_id,
                      SYNCHRONOUS,
                      sttresp_input_dcb,
                      &sttresp_inout_dcb);

if(res != SUCCESS)
{
   printf("Start failed.₩n");
}
else
{
   printf("Start succeeded.₩n");
```

```
    }

    printf( "Program %s Invocation Succeed₩n₩n", pi);

    rc = mm_dfdcb((Octet *)sttresp_input_dcb, &result);
    if ( rc != SUCCESS )
           check_result7( &result );

    rc = mm_dfdcb((Octet *)sttresp_inout_dcb, &result);
    if ( rc != SUCCESS )
           check_result7( &result );
}

void stpresponse( connection_id, ireceive_inout_dcb)
Connection_id             connection_id;
Mm_indication_out_dcb     *ireceive_inout_dcb;
{
  Return_code                  res;
  Return_code                  rc;
  Api_rc                       result;
  Mm_STPResponse_in_dcb        *stpresp_input_dcb;
  Mm_STPResponse_out_dcb       *stpresp_inout_dcb=NULL;
  char                         pi[MAX_SIZE+1];
  Mm_STP_specific_info         *stp_info;

  memset( pi, '₩0', MAX_SIZE+1);
  stp_info = &(ireceive_inout_dcb->info.stp_info);
  strncpy( pi, stp_info->program_invocation_name.pointer,
          stp_info->program_invocation_name.length);
  if (strcmp( PI_NAME, pi ) != 0)
  {
       printf( "program  %s not known₩n₩n", pi);
  }

  rc = mm_didcb( MMiStpresponse,/* the type of dcb we are initializing */
                 0,     /* additional size wanted */
                 (Octet **)&stpresp_input_dcb, /* address of a pointer to
                                                  the dcb */
                 &result); /* address of api_result */
```

```
if ( rc != SUCCESS )
      check_result7( &result );

rc = mm_didcb( MMoStpresponse,/* the type of dcb we are initializing*/
               0,     /* additional size wanted */
               (Octet **)&stpresp_inout_dcb, /* address of a pointer to
                                             the dcb */
               &result); /* address of api_result */

if ( rc != SUCCESS )
      check_result7( &result );

stpresp_input_dcb->invoke_id = stp_info->invoke_id;
stpresp_input_dcb->positive_response = TRUE;
stpresp_input_dcb->mask = 0;

res = mm_stpresponse( connection_id,
                      SYNCHRONOUS,
                      stpresp_input_dcb,
                      &stpresp_inout_dcb);

if(res != SUCCESS)
{
   printf("Stop response failed.₩n");
}
else
{
   printf("Stop response succeeded.₩n");
}

printf( "Program %s Invocation Stop Succeed₩n₩n", pi);

rc = mm_dfdcb((Octet *)stpresp_input_dcb, &result);
if ( rc != SUCCESS )
      check_result7( &result );

rc = mm_dfdcb((Octet *)stpresp_inout_dcb, &result);
if ( rc != SUCCESS )
```

```
        check_result7( &result );
}

void dpresponse( connection_id, ireceive_inout_dcb)
Connection_id              connection_id;
Mm_indication_out_dcb     *ireceive_inout_dcb;
{
  Return_code                    res;
  Return_code                    rc;
  Api_rc                         result;
  Mm_DPResponse_in_dcb           *dpresp_input_dcb;
  Mm_DPResponse_out_dcb          *dpresp_inout_dcb=NULL;
  char                           pi[MAX_SIZE+1];
  Mm_DP_specific_info            *dp_info;

  memset( pi, '₩0', MAX_SIZE+1);
  dp_info = &(ireceive_inout_dcb->info.dp_info);
  strncpy( pi, dp_info->program_invocation_name.pointer,
        dp_info->program_invocation_name.length);
  if (strcmp( PI_NAME, pi ) != 0)
  {
      printf( "program  %s not known₩n₩n", pi);
  }

  rc = mm_didcb( MMiDpresponse,/* the type of dcb we are initializing */
                 0,     /* additional size wanted */
                 (Octet **)&dpresp_input_dcb, /* address of a pointer to
                                                 the dcb */
                 &result); /* address of api_result */

  if ( rc != SUCCESS )
        check_result7( &result );

  rc = mm_didcb( MMoDpresponse,/* the type of dcb we are initializing */
                 0,     /* additional size wanted */
                 (Octet **)&dpresp_inout_dcb, /* address of a pointer to
                                                 the dcb */
                 &result); /* address of api_result */
```

```
    if ( rc != SUCCESS )
          check_result7( &result );

    dpresp_input_dcb->invoke_id = dp_info->invoke_id;
    dpresp_input_dcb->positive_response = TRUE;

    res = mm_dpresponse( connection_id,
                         SYNCHRONOUS,
                         dpresp_input_dcb,
                         &dpresp_inout_dcb);

    if(res != SUCCESS)
    {
        printf("Delete PI response failed.₩n");
    }
    else
    {
        printf("Delete PI response succeeded.₩n");
    }

    printf( "Program %s Invocation Delete  Succeed₩n₩n", pi);

    rc = mm_dfdcb((Octet *)dpresp_input_dcb, &result);
    if ( rc != SUCCESS )
          check_result7( &result );

    rc = mm_dfdcb((Octet *)dpresp_inout_dcb, &result);
    if ( rc != SUCCESS )
          check_result7( &result );
}
```

C.4 예제 프로그램

1) VAR.C

```
#include "snuapi.h"
#include "snummsi.h"

#include <stdio.h>

extern Return_code   check_result();

int   CoolantLevel; /* Define variable for Read Service */

void Read(void)
{
    Mm_Kind_of_type          kind_of_type;

    Mm_Type_block            integer_type_block;
    MMS_type                 integer_type_handle;

    Mm_Nature_of_variable    kind_of_variable;

    Mm_Variable_block        var_spec_block;
    MMS_var_spec             new_var_spec;

    MMS_list                 new_list,
                             access_result_list;

    Mm_Access_result         *access_result;

    Mm_Var_assoc_block       var_assoc_block;

    MMS_var_assoc            integer_var_assoc;

    MMS_list_element         element_type;

    Mm_Read_in_dcb           *read_input_dcb=NULL;
    Mm_Read_out_dcb          *read_inout_dcb=NULL;

    Return_code              res;
    Api_rc                   result;
```

```
var_spec_block.var_name.name_scope        = Mm_NS_Vmd_specific;
var_spec_block.var_name.vmd_specific.pointer = "CoolantLevel";
var_spec_block.var_name.vmd_specific.length  = strlen ("CoolantLevel");

res = mm_nvspecification ( Mm_NV_Name, /*enum for a named var*/
                           &var_spec_block,
                           &new_var_spec, /*new var spec handle*/
                           &result );

if (res != SUCCESS )
    check_result ( &result);

var_assoc_block.mask      = MM_VAB_VAR_SPEC;
var_assoc_block.var_spec = new_var_spec;

res = mm_nvassociation ( &var_assoc_block,
                         &integer_var_assoc,/*new var assoc handle*/
                         &result );

if ( res != SUCCESS )
    check_result ( &result );

res = mm_mlist ( NULL, /* create a new list */
                 integer_var_assoc, /* new element */
                 Mm_ET_Var_association, /* element type */
                 &new_list, /* new list */
                 &result );

if ( res != SUCCESS )
        check_result ( &result );

res = mm_didcb ( MMiRead, /* the dcb type */
                 0, /*  extra size wanted */
                 &read_input_dcb,
                 &result );

if ( res != SUCCESS )
```

```
    check_result ( &result );

res = mm_didcb ( MMoRead, /* the dcb type */
                 0, /*  extra size wanted  */
                 &read_inout_dcb,
                 &result );

if ( res != SUCCESS )
    check_result ( &result );

read_input_dcb->mask = MM_READ_IN_DCB_VAR_ASSOC_LIST;
read_input_dcb->context_id      = MM_MMS;
read_input_dcb->var_assoc_list = new_list;

res = mm_read ( connection_id,
                SYNCHRONOUS,
                read_input_dcb,
                &read_inout_dcb );

if(res != SUCCESS)
    printf("Read failed.\n");
else
    printf("Read succeeded.\n");

access_result_list = read_inout_dcb->list_of_access_result;

while ( TRUE )
{
    res = mm_leextract ( access_result_list, /* original list */
                         &access_result, /* returned element */
                         &element_type, /* returned element type */
                         &access_result_list, /* new list */
                         &result );

    if ( res == MME248_NO_ITEM_ON_LIST )
        break;
    else if ( res != SUCCESS )
        check_result ( &result );
```

```
if ( element_type != Mm_ET_Var_association )
{
    printf ("Unexpected element type₩n");
    exit (1);
}

if ( access_result->success == FALSE )
    printf ("The data error was: %d", access_result->data_error);

res = mm_ivassociation( (MMS_var_assoc *)access_result,
                        &var_assoc_block,
                        &result );

if ( res != SUCCESS )
    check_result ( &result );

if ( (var_assoc_block.mask & MM_VAB_VAR_SEPC) )
{
    res = mm_ivspecification( var_assoc_block.var_spec,
                              &kind_of_variable,
                              &var_spec_block,
                              &result );
    if ( res != SUCCESS )
        check_result ( &result );

    if ( kind_of_variable != Mm_NV_Name )
    {
        printf ("Invalid Kind of Variable!₩n");
        return ( MME169_INV_VAR_ASSOC );
    }

    if(var_spec_block.var_name.name_scope!=Mm_NS_Vmd_specific)
    {
        printf ("Invalid Vriable Name Scope!₩n");
        return ( MME169_INV_VAR_ASSOC );
    }
}
```

```
    if ( var_assoc_block.mask & MM_VAB_DATA_HANDLE )
    {
        res = idrepresentation( var_assoc_block.data_handle,
                                &data_block,
                                &kind_of_data,
                                &result );

        if ( res != SUCCESS )
            check_result ( &result );

        if ( kind_of_data != Mm_KD_Integer )
        {
            printf ("Invalid Kind Data!₩n");
            return ( MME169_INV_VAR_ASSOC );
        }

     CoolantLevel = atoi(data_block.data_address);
    }

    res = mm_fdmemory ( access_result,
                        &result );

    if ( res != SUCCESS )
        check_result ( &result );

} /* while */

res = mm_dfdcb ( read_input_dcb,
                 &result );

if ( res != SUCCESS )
    check_result ( &result );

res = mm_dfdcb ( read_inout_dcb,
                 &result );

if ( res != SUCCESS )
    check_result ( &result );
```

```
/*
    Print out the values of the local variables to validate that
    the read call succeeded.
                                                                  */

    printf ("Coolant Level = %d\n", CoolantLevel);

}

int   FeedSpeed; /* Define variable for Write Service */

void Write(void)
{
    Mm_Kind_of_type           kind_of_type;

    Mm_Data_block             data_dcb;
    MMS_data                  new_data;

    Mm_Type_block             integer_type_block;
    MMS_type                  integer_type_handle;

    Mm_Nature_of_variable     kind_of_variable;

    Mm_Variable_block         var_spec_block;
    MMS_var_spec              new_var_spec;

    MMS_list                  new_list,
                              write_result_list;

    Mm_Access_result          *write_result;

    Mm_Var_assoc_block        var_assoc_block;

    MMS_var_assoc             integer_var_assoc;

    MMS_list_element          element_type;

    Mm_Write_in_dcb           *write_input_dcb=NULL;
    Mm_Write_out_dcb          *write_inout_dcb=NULL;
```

```
Return_code              res;
Api_rc                   result;

var_spec_block.var_name.name_scope          = Mm_NS_Vmd_specific;
var_spec_block.var_name.vmd_specific.pointer = "FeedSpeed";
var_spec_block.var_name.vmd_specific.length  = strlen ("FeedSpeed");

res = mm_nvspecification ( Mm_NV_Name, /*enum for a named var*/
                         &var_spec_block,
                         &new_var_spec, /*new var spec handle*/
                         &result );

if (res != SUCCESS )
    check_result ( &result);

FeedSpeed = 50;
itoa(FeedSpeed, data_dcb.data_address, 10);
data_dcb.data_precision = 32;

res = mm_ndata( Mm_KD_Integer, /* nature of the data */
              &data_dcb,
              &new_data,
              &result );

if ( res != SUCCESS )
    check_result ( &result );

var_assoc_block.mask =
              (MM_VAB_VAR_SPEC|MM_VAB_DATA_HANDLE);
var_assoc_block.data_handle    = new_data;
var_assoc_block.var_spec       = new_var_spec;

res = mm_nvassociation ( &var_assoc_block,
                       &integer_var_assoc,/*new var assoc handle*/
                       &result );

if ( res != SUCCESS )
```

```
    check_result ( &result );

res = mm_mlist ( NULL, /* create a new list */
                 integer_var_assoc, /* new element */
                 Mm_ET_Var_association, /* element type */
                 &new_list, /* new list */
                 &result );

if ( res != SUCCESS )
        check_result ( &result );

res = mm_didcb ( MMiWrite, /* the dcb type */
                 0, /*  extra size wanted  */
                 &write_input_dcb,
                 &result );

if ( res != SUCCESS )
    check_result ( &result );

res = mm_didcb ( MMoWrite, /* the dcb type */
                 0, /*  extra size wanted */
                 &write_inout_dcb,
                 &result );

if ( res != SUCCESS )
    check_result ( &result );

read_input_dcb->mask = MM_WRITE_IN_DCB_VAR_ASSOC_LIST;
read_input_dcb->context_id     = MM_MMS;
read_input_dcb->var_assoc_list = new_list;

res = mm_write ( connection_id,
                 SYNCHRONOUS,
                 write_input_dcb,
                 &write_inout_dcb );

if(res != SUCCESS)
    printf("Write failed.\n");
```

```
else
    printf("Write succeeded.₩n");

write_result_list = write_inout_dcb->list_of_write_result;

while ( TRUE )
{
    res = mm_leextract ( write_result_list, /* original list */
                         &write_result, /* returned element */
                         &element_type, /* returned element type */
                         &write_result_list, /* new list */
                         &result );

    if ( res == MME248_NO_ITEM_ON_LIST )
        break;
    else if ( res != SUCCESS )
        check_result ( &result );

    if ( element_type != Mm_ET_Write_result )
    {
        printf ("Unexpected element type₩n");
        exit (1);
    }

    if ( write_result->success == FALSE )
        printf ("The data error was: %d", write_result->data_error);

    res = mm_ivassociation( (MMS_var_assoc *)write_result,
                         &var_assoc_block,
                         &result );

    if ( res != SUCCESS )
        check_result ( &result );

    if ( (var_assoc_block.mask & MM_VAB_VAR_SEPC) )
    {
        res = mm_ivspecification( var_assoc_block.var_spec,
                               &kind_of_variable,
```

```
                                        &var_spec_block,
                                        &result );

            if ( res != SUCCESS )
                check_result ( &result );

            if ( kind_of_variable != Mm_NV_Name )
            {
                printf ("Invalid Kind of Variable!\n");
                return ( MME169_INV_VAR_ASSOC );
            }

            if(var_spec_block.var_name.name_scope!=Mm_NS_Vmd_specific)
            {
                printf ("Invalid Vriable Name Scope!\n");
                return ( MME169_INV_VAR_ASSOC );
            }
        }

        res = mm_fdmemory ( write_result,
                            &result );

        if ( res != SUCCESS )
            check_result ( &result );

    } /* while */

    res = mm_dfdcb ( write_input_dcb,
                     &result );

    if ( res != SUCCESS )
        check_result ( &result );

    res = mm_dfdcb ( write_inout_dcb,
                     &result );

    if ( res != SUCCESS )
        check_result ( &result );
```

```
}
```

2) S_VAR.C

```
#include "snuapi.h"
#include "snummsi.h"

#include <stdio.h>

extern Return_code   check_result();

int   CoolantLevel; /* Define variable for Read Service */

void S_Read(void)
{
    Mm_Kind_of_type                kind_of_type;

    Mm_Type_block                  integer_type_block;
    MMS_type                       integer_type_handle;

    Mm_Nature_of_variable          kind_of_variable;

    Mm_Variable_block              var_spec_block;
    MMS_var_spec                   new_var_spec;

    MMS_list                       new_list;

    Mm_Var_assoc_block             var_assoc_block,
                                   received_var_assoc_handle;

    MMS_var_assoc                  integer_var_assoc;

    MMS_list_element               element_type;

    struct Mm_indication_out_dcb  *ireceive_inout_dcb=NULL;

    Mm_RResponse_in_dcb            *rresponse_input_dcb=NULL;
    Mm_RResponse_out_dcb           *rresponse_inout_dcb=NULL;
```

```
Return_code                     res;
Api_rc                          result;

do
{
    res = mm_ireceive( connection_id,
                       ASYNCHRONOUSE,
                       &ireceive_inout_dcb,
                       &indication_name );

    if ( res != SUCCESS )
        printf("Indication receive failed!₩n");

} while( indication_name != MM_READ_IND );

while
{
    r e s = m m _ l e e x t r a c t (
ireceive_inout_dcb->info.read_info.var_assoc_list,
                   &received_var_assoc_handle,
                   &element_type,
                   &(ireceive_inout_dcb->info_read_info.var_assoc_list),
                   &result );

    if ( res == MME248_NO_ITEM_ON_LIST )
        break;
    else if ( res != SUCCESS )
        check_result ( &result );

    if ( element_type != Mm_ET_Var_association )
    {
        printf ("Unexpected element type₩n");
        exit (1);
    }

    if ( received_var_assoc_handle->success == FALSE )
        printf ("The data error was: %d",
                        received_var_assoc_handle->data_error);
```

```
    res=mm_ivassociation((MMS_var_assoc *)received_var_assoc_handle,
                        &var_assoc_block,
                        &result );

    if ( res != SUCCESS )
        check_result ( &result );

    if ( (var_assoc_block.mask & MM_VAB_VAR_SEPC) )
    {
        res = mm_ivspecification( var_assoc_block.var_spec,
                                  &kind_of_variable,
                                  &var_spec_block,
                                  &result );

        if ( res != SUCCESS )
            check_result ( &result );

        if ( kind_of_variable != Mm_NV_Name )
        {
            printf ("Invalid Kind of Variable!₩n");
            return ( MME169_INV_VAR_ASSOC );
        }

        if(var_spec_block.var_name.name_scope!=Mm_NS_Vmd_specific)
        {
            printf ("Invalid Vriable Name Scope!₩n");
            return ( MME169_INV_VAR_ASSOC );
        }
    }

    res = mm_fdmemory ( received_var_assoc_handle,
                        &result );

    if ( res != SUCCESS )
        check_result ( &result );

} /* while */
```

```
var_spec_block.var_name.name_scope = Mm_NS_Vmd_specific;
var_spec_block.var_name.vmd_specific.pointer = "CoolantLevel";
var_spec_block.var_name.vmd_specific.length  = strlen ("CoolantLevel");

res = mm_nvspecification ( Mm_NV_Name, /*enum for a named var*/
                           &var_spec_block,
                           &new_var_spec, /*new var spec handle*/
                           &result );

if (res != SUCCESS )
    check_result ( &result);

CoolantLevel = 50;
itoa(CoolantLevel, data_dcb.data_address, 10);
data_dcb.data_precision = 32;

res = mm_ndata( Mm_KD_Integer, /* nature of the data */
                &data_dcb,
                &new_data,
                &result );

var_assoc_block.mask =
                (MM_VAB_VAR_SPEC|MM_VAB_DATA_HANDLE);
var_assoc_block.data_handle    = new_data;
var_assoc_block.var_spec       = new_var_spec;

res = mm_nvassociation ( &var_assoc_block,
                         &integer_var_assoc,/*new var assoc handle*/
                         &result );

if ( res != SUCCESS )
    check_result ( &result );

res = mm_mlist ( NULL, /* create a new list */
                 integer_var_assoc, /* new element */
                 Mm_ET_Var_association, /* element type */
                 &new_list, /* new list */
                 &result );
```

```
if ( res != SUCCESS )
        check_result ( &result );

res = mm_didcb ( MMiRresponse, /* the dcb type */
                 0, /*  extra size wanted */
                 &rresponse_input_dcb,
                 &result );

if ( res != SUCCESS )
    check_result ( &result );

res = mm_didcb ( MMoRresponse, /* the dcb type */
                 0, /*  extra size wanted  */
                 &rresponse_inout_dcb,
                 &result );

if ( res != SUCCESS )
    check_result ( &result );

rresponse_input_dcb->invoke_id =
                  ireceived_inout_dcb->info.read_info.orginal_invoke_id;
rresponse_input_dcb->positive_response = TRUE;
rresponse_input_dcb->var_assoc_list    = new_list;

res = mm_rresponse ( connection_id,
                     SYNCHRONOUS,
                     rresponse_input_dcb,
                     &rresponse_inout_dcb );

if(res != SUCCESS)
    printf("Read response failed.\n");
else
    printf("Read response succeeded.\n");

res = mm_dfdcb ( ireceive_inout_dcb,
                 &result );
```

```
    if ( res != SUCCESS )
        check_result ( &result );

    res = mm_dfdcb ( rresponse_input_dcb,
                     &result );

    if ( res != SUCCESS )
        check_result ( &result );

    res = mm_dfdcb ( rresponse_inout_dcb,
                     &result );

    if ( res != SUCCESS )
        check_result ( &result );

}

int   FeedSpeed; /* Define variable for Write Service */

void S_Write(void)
{
    Mm_Kind_of_type                 kind_of_type;

    Mm_Type_block                   integer_type_block;
    MMS_type                        integer_type_handle;

    Mm_Nature_of_variable           kind_of_variable;

    Mm_Variable_block               var_spec_block;
    MMS_var_spec                    new_var_spec;

    MMS_list                        new_list,
                                    access_result_list;

    Mm_Access_result                *access_result;

    Mm_Var_assoc_block              var_assoc_block,
                                    received_var_assoc_handle;
```

```
MMS_var_assoc                  integer_var_assoc;

MMS_list_element               element_type;

struct Mm_indication_out_dcb  *ireceive_inout_dcb=NULL;

Mm_WResponse_in_dcb           *wresponse_input_dcb=NULL;
Mm_WResponse_out_dcb          *wresponse_inout_dcb=NULL;

Return_code                   res;
Api_rc                        result;

do
{
    res = mm_ireceive( connection_id,
                       ASYNCHRONOUSE,
                       &ireceive_inout_dcb,
                       &indication_name );

    if ( res != SUCCESS )
        printf("Indication receive failed!\n");

} while( indication_name != MM_WRITE_IND );

while
{
    r e s = m m _ l e e x t r a c t (
ireceive_inout_dcb->info.write_info.var_assoc_list,
                   &received_var_assoc_handle,
                   &element_type,
                   &(ireceive_inout_dcb->info_write_info.var_assoc_list),
                   &result );

    if ( res == MME248_NO_ITEM_ON_LIST )
        break;
    else if ( res != SUCCESS )
        check_result ( &result );
```

```
if ( element_type != Mm_ET_Var_association )
{
    printf ("Unexpected element type₩n");
    exit (1);
}

if ( received_var_assoc_handle->success == FALSE )
    printf ("The data error was: %d",
     received_var_assoc_handle->data_error);

res=mm_ivassociation((MMS_var_assoc *)received_var_assoc_handle,
                      &var_assoc_block,
                      &result );

if ( res != SUCCESS )
    check_result ( &result );

if ( (var_assoc_block.mask & MM_VAB_VAR_SEPC) )
{
    res = mm_ivspecification( var_assoc_block.var_spec,
                              &kind_of_variable,
                              &var_spec_block,
                              &result );

    if ( res != SUCCESS )
        check_result ( &result );

    if ( kind_of_variable != Mm_NV_Name )
    {
        printf ("Invalid Kind of Variable!₩n");
        return ( MME169_INV_VAR_ASSOC );
    }

    if(var_spec_block.var_name.name_scope!=Mm_NS_Vmd_specific)
    {
        printf ("Invalid Vriable Name Scope!₩n");
        return ( MME169_INV_VAR_ASSOC );
    }
}
```

```
        if ( var_assoc_block.mask & MM_VAB_DATA_HANDLE )
        {
            res = idrepresentation( var_assoc_block.data_handle,
                                    &data_block,
                                    &kind_of_data,
                                    &result );

            if ( res != SUCCESS )
                check_result ( &result );

            if ( kind_of_data != Mm_KD_Integer )
            {
                printf ("Invalid kind data!₩n");
                return ( MME169_INV_VAR_ASSOC );
            }

            FeedSpeed = atoi(data_block.data_address);
/*
      Print out the values of the local variables to validate
                                                                      */

            printf ("Feed Speed = %d₩n", FeedSpeed);
        }

        res = mm_fdmemory ( received_var_assoc_handle,
                            &result );

        if ( res != SUCCESS )
            check_result ( &result );

    } /* while */

    if ( res != SUCCESS )
        check_result ( &result );

    var_spec_block.var_name.name_scope = Mm_NS_Vmd_specific;
    var_spec_block.var_name.vmd_specific.pointer = "FeedSpeed";
    var_spec_block.var_name.vmd_specific.length  = strlen ("FeedSpeed");
    res = mm_nvspecification ( Mm_NV_Name, /*enum for a named var*/
```

```
                                    &var_spec_block,
                                    &new_var_spec, /*new var spec handle*/
                                    &result );

    if (res != SUCCESS )
        check_result ( &result);

    var_assoc_block.mask      = MM_VAB_VAR_SPEC;
    var_assoc_block.var_spec = new_var_spec;

    res = mm_nvassociation ( &var_assoc_block,
                                  &integer_var_assoc,/*new var assoc handle*/
                                  &result );

    if ( res != SUCCESS )
        check_result ( &result );

    res = mm_mlist ( NULL, /* create a new list */
                     integer_var_assoc, /* new element */
                     Mm_ET_Var_association, /* element type */
                     &new_list, /* new list */
                     &result );

    if ( res != SUCCESS )
            check_result ( &result );

    res = mm_didcb ( MMiWresponse, /* the dcb type */
                     0, /*  extra size wanted */
                     &wresponse_input_dcb,
                     &result );

    if ( res != SUCCESS )
        check_result ( &result );

    res = mm_didcb ( MMoWRresponse, /* the dcb type */
                     0, /*  extra size wanted  */
                     &wresponse_inout_dcb,
                     &result );
```

```
    if ( res != SUCCESS )
        check_result ( &result );

    wresponse_input_dcb->invoke_id =
         ireceived_inout_dcb->info.read_info.orginal_invoke_id;
    wresponse_input_dcb->positive_response = TRUE;
    wresponse_input_dcb->var_assoc_list    = new_list;

    res = mm_wresponse ( connection_id,
                         SYNCHRONOUS,
                         wresponse_input_dcb,
                         &rresponse_inout_dcb );

    if(res != SUCCESS)
        printf("Write response failed.₩n");
    else
        printf("Write response succeeded.₩n");

    res = mm_dfdcb ( ireceive_inout_dcb,
                     &result );

    if ( res != SUCCESS )
        check_result ( &result );

    res = mm_dfdcb ( wresponse_input_dcb,
                     &result );

    if ( res != SUCCESS )
        check_result ( &result );

    res = mm_dfdcb ( wresponse_inout_dcb,
                     &result );

    if ( res != SUCCESS )
        check_result ( &result );

}
```

참고 문헌

[1] 산업용 필드버스 통신망, 권욱현, 김형석, 김동성, 성안당, 2004

[2] D-S.Kim, W.H.Kwon and Z.J.Haas, "Implementation of Virtual Factory Communication Systems using Manufacturing Message Specification", The Handbook of Industrial Information Technology, CRC Press, pp. 68-1~68-14, FL, November, 2004

[3] D-S.Kim and Z.J.Haas, "Virtual Factory Communication Systems using ISO 9506 standard and Its Application to Networked Factory Machine", The Indutrial Communication Technology Handbook, pp. 37-1~37-11, CRC Press, Talylor& Farncis, Februray, 2005.

[4] "발전소 통신망의 응용 메시지 규약 및 현황", 김동성, 월간 산업용 통신망, 2008년 3월

[5] ISO9506-1, Manufacturing Message Specification - Part 1: Service definition 2003

[6] ISO 9506-2, Manufacturing Message Specification - Part 2: Protocol Specification, 2003.

[7] M. Lefebvre, E. Gressier, S. Natkin "MMS sur TCP/IP: une nouvelle solution pour l'echange de donnees en informatique de production". RTS'95, Paris, Janurary 1995.

[8] E. Gressier-Soudan, M. Lefebvre, M. Rozier. "Protocole de messagerie MMS sur Chorus: differentes approches". RTS'96, Paris, Janurary 1996.

[9] G. Guyonnet, E. Gressier-Soudan, J-Y. Simiand, F. Weis. "Une approche CORBA pour MMS: COOL-MMS". RTS'97, Paris, Janurary 1997.

[10] P. Castori, P. Pleinevaux, "Mechanisms to ensure ordered execution in MMS", Proc. of ETFA'95, IEEE International Conference on Emerging Technologies for Factory Automation, Paris (France), October 10-13, 1995.

[11] P. Castori, "An Event-based Algorithm for Distributed Deadlock Detection Resolution", Proc. of ERSADS'95, L'Alpe d'Huez (France), April 1995.

[12] P. Castori, "XED: A Simple but Powerful Extension to MMS Events", Proc. of IASTED Systems and Control'94, pp. 1-5, Lugano (Switzerland), June 1994.

[13] P. Castori, P. Pleinevaux, "Structuration de la Gestion d'Evenements MMS", AGEN Mitteilungen, No. 56/57, pp. 33-39, June 1993.

[14] T. Richner, P. Castori, P. Pleinevaux, "Architecture of an MMS Event Manager", Proc. of COMPEURO'93, Paris (France), May 1993, pp. 439-444. -EPFL Technical Paper

[15] P. Castori, Architecture of an MMS Event Manager, May 1993

[16] P. Castori, Extending MMS Event Detection to Satisfy User Provided Predicate Based Conditions, July 1994

저자 약력

■ 권욱현

서울대학교 전자공학과 졸업
미국 브라운 대학교 공학 박사
현 서울대학교 전기 컴퓨터 공학부 교수
현 국제자동화제어연맹(IFAC) 회장
현 서울대학교 전기컴퓨터 공학부 명예교수
IEEE Fellow, TWAS Fellow
관심 연구분야 : 제어 시스템 이론, 자동화 통신망

연구실 웹페이지 : http://cisl.snu.ac.kr

■ 김동성

한양대학교 전자공학과 졸업
서울대학교 전기 및 컴퓨터 공학부 공학박사
미국 코넬 대학교 전기 및 컴퓨터 공학부 박사후 연구원
미국 University of California 전산학부 객원 교수
현 금오공대 전자공학부 교수
관심 연구분야 : 산업용 통신망, 네트워크 기반
임베디드 시스템, 무선 제어망

연구실 웹페이지 : http://knut.kumoh.ac.kr/~nsl

MMS의 이해와 응용프로그래밍
-체계적 분석에서 실습까지-

초판인쇄 2008년 7월 10일
초판발행 2008년 7월 15일

저 자 권욱현 · 김동성 저
발 행 인 곽 종 학
발 행 처 도서출판 Ohm사

주 소 140-150 서울 용산구 갈월동 17번지 세기B/D
전 화 02-776-4868~9
팩 스 02-779-6757
등록번호 1975년 9월 12일 제3-3호

http://www.ohm.co.kr E-mail : ohm@ohm.co.kr

ISBN 89-7101-779-1 정가 42,000원